普通高等教育能源动力类专业"十四五"系列教材

碳中和与能源绿色发展

主编 王树众

参编 杨健乔 景泽锋 李艳辉 赵 军

U0282259

西安交通大学出版社
XI'AN JIAOTONG UNIVERSITY PRESS

图书在版编目(CIP)数据

碳中和与能源绿色发展/王树众主编;杨健乔等编. —西安:西安交通大学出版社,2023.9
ISBN 978-7-5693-3241-4

Ⅰ.①碳… Ⅱ.①王… ②杨… Ⅲ.①二氧化碳－节能减排 ②能源政策－研究 Ⅳ.①X511 ②F416.2

中国国家版本馆 CIP 数据核字(2023)第 093396 号

Tanzhonghe yu Nengyuan Lüse Fazhan

书　　名	碳中和与能源绿色发展
主　　编	王树众
参　　编	杨健乔　景泽锋　李艳辉　赵　军
丛书策划	田　华
责任编辑	陈　昕
责任校对	魏　萍　李　文

出版发行	西安交通大学出版社
	(西安市兴庆南路1号　邮政编码 710048)
网　　址	http://www.xjtupress.com
电　　话	(029)82668357　82667874(市场营销中心)
	(029)82668315(总编办)
传　　真	(029)82668280
印　　刷	西安日报社印务中心

开　　本	787 mm×1092 mm　1/16	印张 20.375	字数 504 千字
版次印次	2023 年 9 月第 1 版　2023 年 9 月第 1 次印刷
书　　号	ISBN 978-7-5693-3241-4
定　　价	58.00 元

如发现印装质量问题,请与本社市场营销中心联系。

订购热线:(029)82665248　(029)82667874

投稿热线:(029)82664954

读者信箱:190293088@qq.com

前　言

我们生活在一个不断发展的世界,气候变化问题已经成为全球共同关注的重要议题。为了应对这一挑战,碳中和目标的实现被广泛认为是降低温室气体排放、实现可持续发展的关键之一。

本书通过对碳中和政策背景、碳市场机制原理、清洁能源技术及碳减排技术的介绍,帮助读者掌握相关政策背景,了解我国在应对气候变化、碳减排领域的过往做法和未来重点发展的技术方向,熟悉能源动力领域的碳减排技术,分析各行业在"3060"目标(二氧化碳排放力争2030年前达到峰值,力争2060年前实现碳中和)下的行动方案与发展路径。

全书共分为12章,主要内容包括介绍碳中和的基本技术路线,分析重点行业和领域(钢铁、电力、水泥及石化等行业和交通、建筑领域)的碳排放来源,介绍多种脱碳、零碳及负排放技术,系统分析电力、工业、建筑和交通部门的碳中和发展路线,以及面向碳中和的大气、土壤、水污染协同治理路径。本书还介绍美国、欧盟、日本已提出的碳中和发展路线,以及碳经济、碳金融相关领域知识。

本书的编写借鉴了国内外权威教材和研究成果,力求提供准确、全面的知识。参与本书编写的有西安交通大学能源与动力工程学院王树众、杨健乔、景泽锋、李艳辉和赵军。除此之外,研究生张凡、孙圣瀚、刘璐、张馨艺、李紫成、蒋代晖、王进龙、刘伟、赫文强对本书的编写有所贡献。

希望本书能够为高等学校学生及相关领域从业人员提供有益的学习资源,并成为其在学习和研究各领域碳中和技术时的重要参考。祝愿读者在学习本书的过程中收获满满,掌握宝贵的知识,并将其应用于未来的研究和实践中。让我们一起努力,为构建一个低碳、可持续的未来世界贡献力量。

编者

2023 年 6 月

目　录

第1章

碳中和与绿色发展理念概论

1.1　地球环境及生态系统演化

1.1.1　地球的形成

地球是人类独一无二的家园。它是怎样诞生的，又是如何发展成为今天的样子？这始终是人类面临的终极科学问题之一，也是关乎人类生存发展与地球命运的哲学命题。当人们研究这一问题时，不能把地球作为一个孤立的个体来考虑，而必须把地球放到所处的宇宙环境之中，因为地球的诞生和其所处的太阳系的形成是紧密联系的。

对地球的产生和演化问题，现在流行的看法是地球作为一个行星，远在 46 亿年以前形成于原始太阳星云。地球和其他行星一样，经历了吸积、碰撞等物理演化过程。地球形成一开始，温度较低，并无分层结构，陨石物质的轰击、放射性衰变致热和原始地球的重力收缩，使地球温度逐渐增加。随着温度的升高，地球内部物质也就具有越来越大的可塑性，且有局部熔融现象。这时，在重力作用下物质开始分离，地球外部较重的物质逐渐下沉，地球内部较轻的物质逐渐上升，一些重的元素沉到地球中心，形成一个密度较大的地核。物质的对流伴随着大规模的化学分离，最后地球就逐渐形成现今的地壳、地幔和地核等层次(图 1-1)。

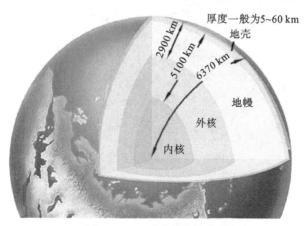

图 1-1　地球的结构示意图

地球和太阳系内的其他行星在太阳星云残留下来的气体与尘埃形成的圆盘内产生。通过吸积的过程,经过1000万～2000万年的时间,地球初具形态。在地球形成之初,其表面可能是一个炙热熔融的"岩浆海"。当岩浆海冷却,结晶密度较轻的矿物漂浮聚集在岩浆海的最表层,形成了最初的岩石圈。

大气圈在这一时期可能已经存在,主要是由氢、氦等元素组成的原始大气,非常稀薄,大部分逃离了地球的引力或者富存于矿物的晶格中,所以这样的"大气圈"存在的时间并不长。以现在地球水圈的水量与火山水气生成速率推测,地球形成早期一定存在非常强烈的火山活动。火山活动等地球排气活动对大气圈的组分产生了重要影响。其中地幔和地壳里矿物晶体中的大量结构水在火山活动中以水分子形式析出,最终进入大气圈,并成为水圈的最初来源。水的形成对于地球而言至关重要,目前最古老的沉积岩年龄近40亿年,说明当时地球上已有水的存在。在距今25亿年前,海水的体积已颇具规模。水出现以后,才有大洋的形成、发展和演化。

岩石圈、大气圈和水圈的形成与发展,使得地球表层动力系统逐渐完善。在太阳能的作用下,产生各种地质、气候和水文现象,也带来了地球的第二次"诞生"——生命。生命最初的形成原因和年代,一直是人类科学研究的终极问题之一。生命诞生的时间通常认为是液态水形成以后,但是目前还没有证据表明在超过40亿年前的液态水中已经有了生命。目前地球上生命存在的最早证据来自格陵兰地区。在格陵兰地区年龄超过38.5亿年的沉积岩中,碳同位素碳13的含量能够被检测到。因为生物吸收碳元素是有选择性的,即优先吸收碳12而非碳13,这就使得与自然环境相比,生物体中的碳13的含量偏低,而碳12偏高。这说明早在38.5亿年前,地球上可能已经有了生命活动。生命的演化成为地质历史的重要坐标,记录并划分了此后地球演变的各个历史阶段,同时为地球源源不断地注入了生机和活力。从此以后,岩石圈、大气圈、水圈和生物圈的渗透交织成为地球表层最鲜明而重要的特征(图1-2)。

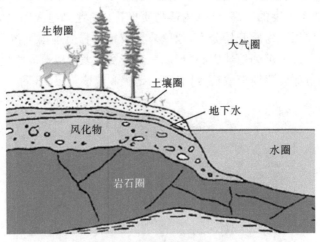

图1-2　地球系统示意图

地球的第一次"诞生"具有宇宙中行星天体形成演化的共同特征,第二次"诞生"就具有地球自身独特的过程和环境。这颗行星经历了储备物质和创造生命的两次"诞生",才从宇宙不计其数的天体之中脱颖而出,成为我们独一无二的地球[1]。

1.1.2 生态系统的形成

生态系统是指在一定空间中共同栖居的所有生物与其环境之间,由于不断地进行物质循环和能量流动而形成的统一整体。生物圈中有多种类型的生态系统,典型的如森林、灌丛、草原、湿地和海洋生态系统等。各种类型的生态系统为不同的动物、植物和微生物提供着独特的生存和繁衍条件。生态系统是由非生物环境、生产者、消费者和分解者四部分组成的。非生物环境如空气、水、阳光等,是生产者能持续合成有机物的必要条件。生产者如植物和光合细菌,在有阳光和水的自然条件下,能自行将来自土壤和空气中的简单化合物合成复杂有机物。消费者如草食动物和肉食动物,依靠食用植物或动物而生长、繁衍。它们直接或间接地将生产者产生的有机物变成了自己的身体,把自己的粪便和尸体排向大自然。分解者如细菌和真菌类微生物,能将消费者的粪便和尸体分解成简单化合物,使物质流动在大自然中形成循环。

在生态圈中,生产者的一个主要化合物来源是二氧化碳。地球生物都是碳基生命,碳循环在生物圈中的意义不言而喻。碳循环的第一步是生物利用太阳能将环境中的二氧化碳固定,将光能转化为化学能,这是维持整个生物圈物质和能量的基础。之后的碳生物流从生产者到消费者,最后经过分解者回归自然被生产者再次利用。在物质和能量守恒定律的约束下,自然界大大小小的生物圈处于完美的和谐之中(图 1 - 3)。

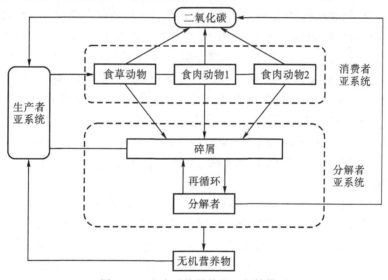

图 1 - 3 生态系统结构的一般性模型

但是,随着地球人口数量爆炸式增长,粮食短缺、能源危机、环境污染等重大国计民生问题日益突出。人类在利用自然界的生物质和能源时,一方面过量消费生产者导致碳生物流源头枯竭,另一方面过度开发化石能源使自然界过剩的生物固定碳再次释放。因为没有考虑能量和物质利用后的再生和再循环问题,从而造成目前诸多能源和环境问题,如二氧化碳过量排放导致的温室效应及次生气候灾害、海洋酸化等。

1.2 温室气体与温室效应

1.2.1 走近二氧化碳

1. 基本性质

二氧化碳(分子式:CO_2)是空气中常见的化合物,由两个氧原子与一个碳原子通过极性共价键连接而成。空气中有微量的二氧化碳,约占 0.04%。二氧化碳略溶于水,可以与水反应形成碳酸,碳酸是一种弱酸。

二氧化碳平均约占大气体积的 0.04%,不过每年因为人为的排放量增加,比率还在逐步上升。2019 年 5 月大气二氧化碳月均浓度超过 0.0415%,为过去 80 万年来最高。大气中的二氧化碳含量随季节变化,这主要是由于植物生长的季节性变化而导致的。当春夏季来临时,植物由于更多的光合作用消耗二氧化碳,其含量便随之减少;反之,当秋冬季来临时,植物不但光合作用效率降低,反而更多地制造二氧化碳,其含量便随之上升。

二氧化碳是无色的。在低浓度时,二氧化碳气体是无味的,但在较高浓度时会有酸性气味,可造成窒息并产生刺激。当吸入浓度比大气层平常浓度高很多的二氧化碳时,它可以产生一种酸的味道让鼻子和喉咙产生刺痛感,气体溶解在黏膜和唾液中产生了碳酸,这种感觉像喝下碳酸饮料。在标准温度和压力下,二氧化碳的密度大约是 $1.98\ kg/m^3$,是空气的 1.5 倍。零下 78.51 ℃ 时,二氧化碳会凝华,固态二氧化碳俗称"干冰",是十分普遍的冷冻剂。

二氧化碳通常由有机化合物燃烧、细胞的呼吸作用、微生物的发酵作用等产生,植物在有阳光的情况下吸取二氧化碳,在其叶绿体内进行光合作用,产生碳水化合物和氧气,氧气可供其他生物呼吸,这种循环称为碳循环。二氧化碳是温室气体之一,它允许可见光自由通过,但会吸收红外线与紫外线,这可以把来自太阳的热能锁起来,不让其流失。如果大气中的二氧化碳含量过多,热量难以流失,地球的平均气温也会随之上升,这种情况称为温室效应。

2. 常见用途

虽然空气中二氧化碳仅占 0.04%,然而其有很多重要的作用。

二氧化碳最重要的用途是为植物光合作用提供原料。光合作用是植物、藻类等生产者和某些细菌,利用光能把二氧化碳、水或硫化氢变成碳水化合物的过程,可分为产氧光合作用和不产氧光合作用。光合作用会因为不同环境改变反应速率。植物之所以被称为食物链的生产者,是因为它们能够通过光合作用利用无机物生产有机物并且储存能量,其能量转换效率约为 6%。食物链的消费者可以吸收植物所储存的能量,效率为 10% 左右。对大多数生物来说,这个过程是赖以生存的关键。而在地球上的碳氧循环中,光合作用是其中最重要的一环(图 1-4)。

在食品领域,二氧化碳可注入饮料中增加压力,使饮料带有气泡,增加饮用时的口感,像汽水、啤酒均为此类饮料。二氧化碳可用来酿酒,二氧化碳气体创造了一个缺氧的环境,有助于防止细菌的生长,还可用于杀菌,填充于密封罐用以保存食物。

作为惰性气体,二氧化碳主要用于焊接保护气和灭火气体。二氧化碳的质量比空气大,不助燃,因此许多灭火器都通过产生二氧化碳,利用其特性灭火。而二氧化碳灭火器是直接用液化的二氧化碳灭火,除上述特性外,更有灭火后不会留下固体残留物的优点。二氧化碳也可用作焊接用的保护气体,其保护效果不如其他惰性气体(如氩),但价格便宜许多。

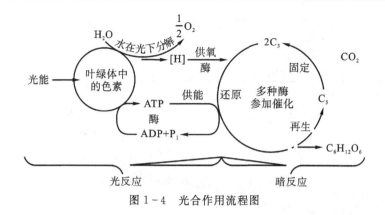

图 1-4　光合作用流程图

作为二氧化碳的固体形式,干冰同样具有多种用途。干冰可以用于制造人造雨、舞台的烟雾效果、美食的特殊效果等。干冰还可以用于清理核工业设备及印刷工业的版辊等。同时,干冰广泛应用于汽车、轮船、航空与电子工业。

1.2.2　温室效应

温室效应是指大气的保温效应,俗称"花房效应"。大气能使太阳短波辐射到达地面,但地表向外散发的长波热辐射却被大气吸收,这样就使地表和低层大气温度增高,因其作用类似于栽培农作物的温室,故名温室效应。温室效应的产生离不开温室气体,温室气体有 30 多种,其中二氧化碳占温室气体的 75%,其次是甲烷、一氧化二氮、氯氟碳化合物、臭氧以及水气等。

地球的温度是太阳光入射的辐射和地球向太空中辐射能量之间建立平衡的结果。大气层的存在和构成对地球所发出的辐射产生强烈的影响。如果我们像月球一样没有大气层的话,地球表面的平均温度将约为零下 18 ℃。但是,大气层中自然水平浓度为 0.027% 的二氧化碳吸收了向外的辐射,从而将这些能量保留在大气层中并温暖了地球。大气层将地球的温度保持在大约 15 ℃,比月球高出 33 ℃。二氧化碳对 13～19 μm 波长带辐射吸收强烈。而另一种大气气体——水蒸气,则对 4～7 μm 波长带辐射吸收强烈。地球上约 70% 向外的热辐射在 7～13 μm 波长带的"窗口"中逃逸,从而达到了热量平衡,维持了地球上舒适的温度。

自工业革命 200 多年来,人类活动将越来越多的"大气气体"释放到大气层中,这些气体吸收 7～13 μm 波长带辐射,尤其是二氧化碳、甲烷、臭氧、一氧化二氮和氯氟烃。这些气体会阻碍正常的能量逃逸,并导致地表温度升高(图 1-5)。

如果二氧化碳的含量比现在增加一倍,全球气温将升高 3～5 ℃,而靠近两极地区将可能升高 10 ℃,气候将明显变暖。由此导致大气环流异常变化,使某些地区雨量骤增,而另一些地区的干旱、飓风将增强、增多,自然灾害加剧。更令人担忧的是,气温升高会使大量冰川融化,海平面上升,沿海国家、城市将面临被淹没的威胁。在 20 世纪 60 年代末,非洲牧区曾发生 6 年的干旱,由于缺少粮食和牧草,牲畜致死者无数,因饥饿死亡的人数超过 150 万人。大气升温还将给人类生活带来许多潜在的影响,如将使植物产生变异,生物界将遭受新类型病毒的袭击,土壤将变质和锐减,水陆动物、植物种群将锐减甚至灭绝。地球表面平均温度持续上升如图 1-6 所示。

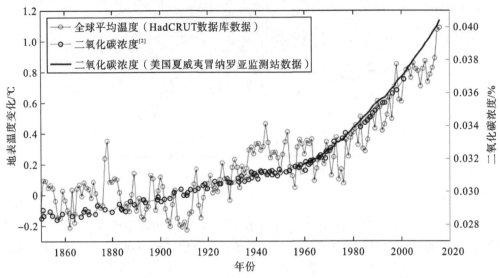

图 1-5　大气中二氧化碳浓度上升与平均温度变化的相关性[3]

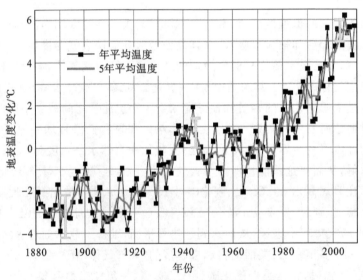

图 1-6　地球表面平均温度持续上升[4]

1.3　可持续发展概念的提出

步入 21 世纪以来,世界正在面对不断恶化的紧张局势和经济不确定性,一些热点地区的生态系统正在退化,气候变化和不平等待遇造成的冲击进一步加剧。国际社会必须共同应对这些挑战,才能为所有人建立一个包容的社会和可持续发展的地球。

1.3.1　可持续发展的历史进程

几千年来,人类文明建设取得了巨大的进步,而这种进步与人类对自然资源的认识、开发、利用紧密相关。在取得进步的同时,人类也在面临着生存的资源、环境问题。特别是进入 20 世纪以来,随着人类生存环境的日益恶化,环境和生态危机成为当今世界最引人关注的突出问题之一。从历史的角度去审视,人类破坏其赖以生存的自然环境的历史几乎同人类文明史一样古老。

在原始文明时期,由于征服和改造自然的能力低下,人类与自然存在着密切的依存关系,人类依赖大自然的恩赐,自觉利用土地、生物、水和海洋等自然资源。世界四大文明古国古埃及、古印度、古巴比伦、中国分别发端于水量充沛、自然条件优越的尼罗河、印度河、两河流域(幼发拉底河、底格里斯河)和黄河流域。人类接受大自然的馈赠,逐水草而居,刀耕火种,从事渔猎,与大自然和谐共处。这一时期,生产力水平很低,人类对自然环境的破坏也较小。

进入农业文明后,人类已经能够利用自身的力量去影响和改变局部地区的自然生态系统,在创造物质财富的同时产生了一定的环境问题。随着生产工具的不断改进,人类征服和改造自然的能力不断加强,对自然的依存关系相对减弱。从原始的石制工具开始,到青铜工具的出现,再到铁制工具的广泛应用,人类利用自然、改造自然的能力进一步增强。更多的土地被开发,人类更好地繁衍,使农耕文明的发展面临着人与资源的激烈矛盾。人类社会需要更多的资源来扩大物质生产规模,烧荒、垦荒、兴修水利工程等改造活动出现,推动了农耕文明的发展,却引发了一些严重的环境问题,如地力下降、土地盐碱化、水土流失,甚至河流淤塞、改道和决口,危及人类的生存。在中国,根据有关史料,自 1949 年回溯 2500 年,黄河下游决口 2500 多次,较大的改道 26 次,无数人丧生。正如著名历史学家阿·汤因比所说,人类"通过求生走向毁灭"。当然,从整体上看,在农耕文明时期,人类对自然的破坏作用尚未达到造成全球环境问题的程度。这时,人类的环境意识尚属原始,在宗教思想中表现出崇拜自然、畏惧自然、依赖自然。

随着工业文明的到来,人类利用、征服自然的能力迎来一个飞跃。第一次工业革命,人类步入了蒸汽时代,促使交通运输、冶金、采煤、机器制造业大发展,极大地提高了社会生产力。第二次工业革命,人类历史进入了电气时代。内燃机的发明和使用,促使石油的开采和提炼技术得到发展,石油像电力一样成为极其重要的能源。随着工业文明发展,人的生存建立在对自然界不可再生资源的过分开发利用,以及对自然的污染和破坏的基础之上。欣欣向荣的工业文明使一部分人自认为已经能够彻底摆脱自然的束缚,成为主宰地球的精灵。以培根和笛卡儿为代表提出的"驾驭自然,做自然的主人"的机械论思想开始影响全球,鼓舞着一代又一代人企图征服大自然,创造新文明。在这一时代,人们把自然环境同人类社会、把客观世界同主观世界形而上学地分割开来,没有意识到人类同环境之间存在着协同发展的客观规律。人们的生活方式和价值观都发生了重大的变化。"人定胜天"的思想充斥着整个世界。直到威胁人类生存和发展的环境问题不断地在全球显现,这才引起人们的震惊与正视。在这样的价值取向下,人们的主观能动性会脱离人的受动性而盲目膨胀,以致祸及自身。早在一个多世纪之前,恩格斯就指出:"我们不要过分陶醉于我们对自然界的胜利,对于每一次这样的胜利,自然界都报复了我们。"当人类受到自然界报复的时候,也就受到了自然界的教育。马克思说:"人作为对象的感性动物,是一个受动的存在物。"即作为主体的人必然要受到客体的制约。在改造自然的过程中,人并不能以纯粹自我规定的活动来实现自己的主观愿望,不能对人所具有的能动性无限制地发挥。

无论是大气污染、水污染、水土流失、土地荒漠化,还是酸雨和有毒化学品污染,各式各样的环境问题几乎都是人类文明进程中的伴生物。在 20 世纪中叶以来处理环境问题的实践中,人们又进一步认识到,单靠科学技术手段和用工业文明的思维定式去修补环境是不可能从根本上解决问题的,必须在各个层次上去调控人类的社会行为和改变支配人类社会行为的思想。至此,人类终于认识到,环境问题也是一个发展问题,是一个社会问题,是一个涉及人类社会文明的问题。人类经过了多少个世纪的探索和努力,终于得到一个结论:必须走可持续发展之路。而这也标志着人类文明发展即将进入一个崭新的阶段,可持续发展文明正迎面向我们走来。

1.3.2 可持续发展理论的提出

西方现代可持续发展理论的产生与建立,开始于人类经受了惨痛教训之后的反思。可持续发展观念的酝酿和提出,被称为世界发展史上一次划时代的事件,受到全世界的极大关注。

1.《寂静的春天》

1962年,美国海洋生物学家雷切尔·卡逊的著作《寂静的春天》问世,书中描绘出杀虫剂,特别是双对氯苯基三氯乙烷(DDT)对鸟类和生态环境的毁灭性危害,惊呼人类将失去"春光明媚的春天"。该书一出版,迅速成为畅销书。作者在书中的大声疾呼引起美国公众的警醒,舆论迫使美国政府对剧毒杀虫剂的危害进行调查,并成立环境保护局,各州立法规定禁止生产和使用剧毒的DDT。《寂静的春天》的出版引发了公众对环境问题的注意,从此环境问题从一个边缘问题逐渐走向全球经济议程的中心,各种环境保护组织纷纷成立,环境问题成为不容忽视的焦点,标志着人类关心生态环境问题的开始。

2.《人类环境宣言》

1972年5月,联合国在斯德哥尔摩召开了有183个国家和地区的代表参加的第一次人类环境会议,这成为"环境时代"的起点。这次会议的宗旨是"取得共同看法,制定共同原则,以鼓舞世界人民保持和改善人类环境"。会议还通过了将每年的6月5日作为"世界环境日"的建议。会议把生物圈的保护列入国际法之中,这成为国际谈判的基础,第三世界国家成为保护世界环境的重要力量,环境保护成为全球的一致行动,并得到各国政府的承认与支持。在会议的建议下,成立了联合国环境规划署。会议通过了著名的《斯德哥尔摩人类环境宣言》(简称《人类环境宣言》)以及《人类环境行动计划》。《人类环境宣言》是保护环境的一个划时代的历史文件,是世界上第一个维护和改善环境的纲领性文件。宣言认为保护和改善人类环境是关系到全世界各国人民的幸福和经济发展的重要问题,也是各国人民的迫切期望和各国政府的责任;人们在决定行动时,必须更加审慎地考虑它们对环境产生的后果。为人类当代和将来的世世代代保护和改善环境已成为我们的紧迫目标。世界各国在制定自身环境政策、开发自然资源时,不得损害其他国家环境,应遵循平等和合作的原则解决国际环境冲突,这掀开了人类可持续发展的序幕。

3.《我们共同的未来》

《我们共同的未来》是世界环境与发展委员会发布的一份关于人类未来的著名报告,于1987年4月正式出版。该报告以详实的资料,对当今世界面临的生存和发展问题进行了系统研究,提出人类必须寻求一条新的可持续的发展道路、将社会发展与环境保护结合起来的战略原则,对世界各国政府的发展理念和政策选择产生了广泛而深远的影响。

这份报告呼吁人类携手共同应对现实的严峻挑战,分三个篇章展开:

(1)"共同的关切"强调全人类要以积极的态度面对未来,主张可持续发展的理念;

(2)"共同的挑战"详细分析了人类发展面临的共同挑战,包括人口、粮食生产、物种与生态系统、能源、工业、城市问题等各个方面；

（3）"共同的努力"强调人类要通过共同的努力解决发展的问题，要求实现公共资源更合理有效的管理，处理好和平、安全、发展与环境的关系问题，最后倡导人们集体行动起来，让这些努力付诸具体的机构和立法改革。

《我们共同的未来》体现了人类集体对自身发展问题的反思和担当，以及对新的发展方式的探索，是后工业时期人们建设新文明形态的重要一步。《我们共同的未来》对可持续发展下了这样的定义：可持续发展是在"满足当代人的需要的同时，不损害人类后代满足其自身需要的能力"。这个定义鲜明地表达了两个基本观点：一是人类要发展，尤其是穷人要发展；二是发展要有限度，不能危及后代人的发展。《我们共同的未来》将可持续发展的概念从生态范围转向社会范围，提出消灭贫困、限制人口、政府立法和公众参与等社会政治问题。1989 年，为了进一步统一国际社会对可持续发展原则的认识，联合国环境规划署的环境规划理事会发布了《关于可持续发展的声明》，提出可持续发展绝不侵犯国家主权、国际和国内合作、国家和国际公平，以及合理使用自然资源等原则，丰富了可持续发展的内容。

1.3.3　中国可持续发展概念的提出

1.《中国 21 世纪议程——中国 21 世纪人口、环境与发展白皮书》

20 世纪 80 年代以后，全球资源、能源消耗和环境破坏的形势日益严峻，如何实现人类经济社会的可持续发展，引起全世界共同关注。1992 年的联合国环境与发展大会以"可持续发展"为指导方针，制定并通过了《21 世纪议程》和《里约宣言》等重要文件，正式提出了可持续发展战略。

1994 年 3 月，《中国 21 世纪议程——中国 21 世纪人口、环境与发展白皮书》在国务院常务会议上正式通过，中国成为世界上第一个编制出本国 21 世纪议程行动方案的国家。

1995 年 9 月，中共十四届五中全会正式将可持续发展战略写入《中共中央关于制定国民经济和社会发展"九五"计划和 2010 年远景目标的建议》，提出"必须把社会全面发展放在重要战略地位，实现经济与社会相互协调和可持续发展"。这是在党的文件中第一次使用"可持续发展"的概念。江泽民在会上发表题为《正确处理社会主义现代化建设中的若干重大关系》的讲话，强调"在现代化建设中，必须把实现可持续发展作为一个重大战略"。

根据十四届五中全会精神，1996 年 3 月，第八届全国人民代表大会第四次会议批准了《国民经济和社会发展"九五"计划和 2010 年远景目标纲要》，将可持续发展作为一条重要的指导方针和战略目标上升为国家意志。1997 年中共十五大进一步明确将可持续发展战略作为我国经济发展的战略之一。实施可持续发展战略，体现了中国政府和人民对"我们生存的家园"的深切关怀，是一项惠及子孙后代的战略性举措，是中华民族对于全球未来的积极贡献。

2."双碳"目标

1992 年，中国成为最早签署《联合国气候变化框架公约》（以下简称《公约》）的缔约方之一。之后，中国不仅成立了国家气候变化对策协调机构，而且根据国家可持续发展战略的要求，采取了一系列与应对气候变化相关的政策措施，为减缓和适应气候变化作出了积极贡献。在应对气候变化问题上，中国坚持共同但有区别的责任原则、公平原则和各自能力原则，坚决捍卫包括中国在内的广大发展中国家的权利。

2002 年中国政府核准了《京都议定书》。2007 年中国政府制定了《中国应对气候变化国家方案》，明确到 2010 年应对气候变化的具体目标、基本原则、重点领域及政策措施，要求 2010 年单位国内生产总值（GDP）能耗比 2005 年下降 20%。2007 年，科技部、国家发改委等 14 个部门共同制定和发布了《中国应对气候变化科技专项行动》，提出到 2020 年应对气候变化领域科技发展和自主创新能力提升的目标、重点任务和保障措施。

2013 年 11 月，中国发布第一部专门针对适应气候变化的战略规划《国家适应气候变化战略》，使应对气候变化的各项制度、政策更加系统化。2015 年 6 月，中国向《联合国气候变化框架公约》秘书处提交了《强化应对气候变化行动——中国国家自主贡献》文件，确定了到 2030 年的自主行动目标：二氧化碳排放 2030 年左右达到峰值并争取尽早达峰；单位国内生产总值二氧化碳排放比 2005 年下降 60%~65%，非化石能源占一次能源消费比重达到 20% 左右，森林蓄积量比 2005 年增加 45 亿 m³ 左右。并继续主动适应气候变化，在抵御风险、预测预警、防灾减灾等领域向更高水平迈进。作为世界上最大的发展中国家，中国为实现《公约》目标所作出的努力得到国际社会的认可，世界自然基金会等 18 个非政府组织发布的报告指出，中国的气候变化行动目标已超过其"公平份额"。

在中国的积极推动下，世界各国在 2015 年达成了应对气候变化的《巴黎协定》，中国在自主贡献、资金筹措、技术支持、透明度等方面为发展中国家争取了最大利益。2016 年，中国率先签署《巴黎协定》并积极推动落实。到 2019 年底，中国提前超额完成 2020 年气候行动目标，树立了信守承诺的大国形象。通过积极发展绿色低碳能源，中国的风能、光伏和电动车产业迅速发展壮大，为全球提供了性价比最高的可再生能源产品，让人类看到可再生能源大规模应用的"未来已来"，从根本上提振了全球实现能源绿色低碳发展和应对气候变化的信心。

2020 年 9 月，习近平主席在第七十五届联合国大会一般性辩论上阐明："应对气候变化的《巴黎协定》代表了全球绿色低碳转型的大方向，是保护地球家园需要采取的最低限度行动，各国必须迈出决定性步伐。"同时宣布："中国将提高国家自主贡献力度，采取更加有力的政策和措施，二氧化碳排放力争于 2030 年前达到峰值，努力争取 2060 年前实现碳中和。"中国的这一庄严承诺，在全球引起巨大反响，赢得国际社会的广泛积极评价。在此后的多个重大国际场合，习近平反复重申了中国的"双碳"目标，并强调要坚决落实。特别是在 2020 年 12 月举行的气候雄心峰会上，习近平主席进一步宣布："到 2030 年，中国单位国内生产总值二氧化碳排放将比 2005 年下降 65% 以上，非化石能源占一次能源消费比重将达到 25% 左右，森林蓄积量将比 2005 年增加 60 亿 m³，风电、太阳能发电总装机容量将达到 12 亿 kW 以上。"习近平还强调："中国历来重信守诺，将以新发展理念为引领，在推动高质量发展中促进经济社会发展全面绿色转型，脚踏实地落实上述目标，为全球应对气候变化作出更大贡献。"

1.4 《联合国气候变化框架公约》

1.4.1 发展历程

1.背景

1896 年，瑞典科学家斯万警告说，二氧化碳排放量可能会导致全球变暖。然而，直到 20 世纪 70 年代，随着科学家们逐渐深入了解地球大气系统，气候变化的问题才引起了大众的广泛关注。20 世纪 80 年代末 90 年代初，为了响应越来越多的科学认识，这期间举行了一系列以气候变化为重点的政府间会议。1988 年,为了让决策者和一般公众更好地理解这些科研成果,联合国环境规划署和世界气象组织成立了政府间气候变化专门委员会。1990 年,该委员会发布了第一份评估报告。经过数百名顶尖科学家和专家的评议,该报告确定了气候变化的科学依据,它对政策制定者和广大公众都产生了深远的影响,也影响了后续的气候变化公约的谈判。1990 年,第二次世界气候大会呼吁建立一个气候变化框架条约。本次会议由 137 个国家加上欧洲共同体进行部长级谈判,主办方为世界气象组织、联合国环境署和其他国际组织。经过艰苦的谈判,在最后宣言中并没有指定任何国际减排目标,然而,它确定的一些原则为以后的气候变化公约奠定了基础。这些原则包括:气候变化是人类共同关注的;公平原则;不同发展水平国家"共同但有区别的责任";可持续发展和预防原则。

《联合国气候变化框架公约》于 1992 年 5 月在联合国总部纽约通过,同年 6 月在巴西里约热内卢举行的联合国环境与发展大会期间正式开放签署,并于 1994 年 3 月 21 日生效。从 1995 年开始每年举行一次《公约》缔约方大会,简称"联合国气候变化大会"。所谓《联合国气候变化框架公约》,是气候变化国际谈判的一个总体框架。目前,有 190 多个国家加入,这些国家被称为《公约》缔约方。欧盟作为一个整体也是《公约》的一个缔约方。《公约》为应对未来数十年的气候变化设定了减排进程。特别是建立了一个长效机制,使政府间报告各自的温室气体排放和气候变化情况。此信息将定期公布以追踪《公约》的执行进度。此外,发达国家同意推动资金和技术转让,帮助发展中国家应对气候变化。

2. 核心内容

(1)确立应对气候变化的最终目标。《公约》第 2 条规定:"本公约以及缔约方会议可能通过的任何法律文书的最终目标是:将大气温室气体的浓度稳定在防止气候系统受到危险的人为干扰的水平上。这一水平应当在足以使生态系统能够可持续进行的时间范围内实现。"

(2)确立国际合作应对气候变化的基本原则,主要包括"共同但有区别的责任"原则、公平原则、各自能力原则和可持续发展原则等。

(3)明确发达国家应承担率先减排和向发展中国家提供资金技术支持的义务。《公约》附件一国家缔约方(发达国家和经济转型国家)应率先减排。附件二国家(发达国家)应向发展中国家提供资金和技术,帮助发展中国家应对气候变化。

(4)承认发展中国家有消除贫困、发展经济的优先需要。《公约》承认发展中国家的人均排放仍相对较低,因此在全球排放中所占的份额将增加,经济和社会发展以及消除贫困是发展中国家首要和压倒一切的优先任务。

3. 历次会议

自 1995 年 3 月 28 日首次缔约方大会在柏林举行以来,缔约方每年都召开会议。第 2 至第 6 次缔约方大会分别在日内瓦、京都、布宜诺斯艾利斯、波恩和海牙举行。

1997 年 12 月 11 日,第 3 次缔约方大会在日本京都召开,149 个国家和地区的代表通过了《京都议定书》。

2000 年 11 月在海牙召开第 6 次缔约方大会期间,世界上最大的温室气体排放国美国坚持要大幅度放宽它的减排指标,因而使会议陷入僵局,大会主办者不得不宣布休会,将会议延期到 2001 年 7 月在波恩继续举行。

2001 年 10 月,第 7 次缔约方大会在摩洛哥马拉喀什举行。

2002 年 10 月,第 8 次缔约方大会在印度新德里举行。会议通过《德里宣言》,强调应对气候变化必须在可持续发展的框架内进行。

2003 年 12 月,第 9 次缔约方大会在意大利米兰举行。本次会议讨论有关气候变化的最新研究成果、相关政策和技术,以及对 1997 年《京都议定书》的执行情况。本次会议提出,《京都议定书》提出到 2012 年全球二氧化碳的排放量在 1990 年的基础上降低 5% 的目标很难实现,根据最新的研究报告,2010 年工业化国家的二氧化碳排放量将比 1990 年增加 17%。

2004 年 12 月,第 10 次缔约方大会在阿根廷布宜诺斯艾利斯举行。

2005 年 2 月 16 日,《京都议定书》正式生效。2005 年 11 月,第 11 次缔约方大会在加拿大蒙特利尔市举行。

2006 年 11 月,第 12 次缔约方大会在肯尼亚首都内罗毕举行。

2007 年 12 月,第 13 次缔约方大会在印度尼西亚巴厘岛举行,会议着重讨论"后京都"问题,即《京都议定书》第一承诺期在 2012 年到期后如何进一步降低温室气体的排放。15 日,联合国气候变化大会通过了"巴厘岛路线图",启动了加强《公约》和《京都议定书》全面实施的谈判进程,致力于在 2009 年底前完成《京都议定书》第一承诺期 2012 年到期后全球应对气候变化新安排的谈判并签署有关协议。

2008 年 12 月,第 14 次缔约方大会在波兰波兹南市举行。2008 年 7 月 8 日,八国集团领导人在八国集团首脑会议上就温室气体长期减排目标达成一致。八国集团领导人在一份声明中说,八国寻求与《联合国气候变化框架公约》其他缔约国共同实现到 2050 年将全球温室气体排放量减少至少一半的长期目标,并在相关谈判中与这些国家讨论并通过这一目标。

2009 年 12 月,190 多个国家的环境部长和其他官员们在哥本哈根召开第 15 次缔约方会议,商讨《京都议定书》第一承诺期到期后的后续方案,就未来应对气候变化的全球行动签署新的协议。这是继《京都议定书》后又一具有划时代意义的全球气候协议书,毫无疑问,对地球今后的气候变化走向产生决定性的影响。这是一次被喻为"拯救人类的最后一次机会"的会议。

2018 年 4 月 30 日,《联合国气候变化框架公约》框架下的新一轮气候谈判在德国波恩开幕。缔约方代表就进一步制定实施气候变化《巴黎协定》的相关准则展开谈判,以期使该协定能够在操作层面得以落实。谈判持续至 2018 年 5 月 10 日。

接下来将介绍几次具有重要意义的联合国气候大会年度会议及其形成的文件。

1.4.2 《京都议定书》

为了人类免受气候变暖的威胁,1997 年 12 月在日本京都召开的《联合国气候变化框架公约》缔约方第 3 次会议通过了旨在限制发达国家温室气体排放量以抑制全球变暖的《京都议定书》。

《京都议定书》规定,到 2010 年,所有发达国家二氧化碳等六种温室气体的排放量,要比 1990 年减少 5.2%。具体说,各发达国家从 2008 年到 2012 年必须完成的削减目标是:与 1990 年相比,欧盟削减 8%,美国削减 7%,日本削减 6%,加拿大削减 6%,东欧各国削减 5%～8%。新西兰、俄罗斯和乌克兰可将排放量稳定在 1990 年水平上。同时允许爱尔兰、澳大利亚和挪威的排放量比 1990 年分别增加 10%、8% 和 1%。

《京都议定书》需要在占全球温室气体排放量 55% 以上的至少 55 个国家获得批准,才能成为具有法律约束力的国际公约。中国于 1998 年 5 月签署并于 2002 年 8 月核准了该议定书。欧盟及其成员国于 2002 年 5 月 31 日正式批准了《京都议定书》。2004 年 11 月 5 日,俄罗斯总统普京在《京都议定书》上签字,使其正式成为俄罗斯的法律文本。

　　美国人口仅占全球人口的 3%～4%,而二氧化碳排放量却占全球排放量的 25% 以上,为全球温室气体排放量最大的国家。美国曾于 1998 年签署了《京都议定书》。但 2001 年 3 月,布什政府以"减少温室气体排放将会影响美国经济发展"和"发展中国家也应该承担减排和限排温室气体的义务"为借口,宣布拒绝批准《京都议定书》。

　　2005 年 2 月 16 日,《京都议定书》正式生效。这是人类历史上首次以法规的形式限制温室气体排放。为了促进各国完成温室气体减排目标,《京都议定书》允许采取以下四种减排方式:

　　(1)两个发达国家之间可以进行排放额度买卖的"排放权交易",即难以完成削减任务的国家,可以花钱从超额完成任务的国家买进超出的额度;

　　(2)以"净排放量"计算温室气体排放量,即从本国实际排放量中扣除森林所吸收的二氧化碳的数量;

　　(3)可以采用绿色开发机制,促使发达国家和发展中国家共同减排温室气体;

　　(4)可以采用"集团方式",即欧盟内部的许多国家可视为一个整体,采取有的国家削减、有的国家增加的方法,在总体上完成减排任务。

1.4.3　巴厘岛路线图

　　2007 年 12 月 15 日,经过持续十多天的马拉松式谈判,联合国气候变化大会终于通过名为"巴厘岛路线图"的决议。

　　"巴厘岛路线图"共有 13 项内容和 1 个附录,其中亮点如下。

　　第一,强调了国际合作。"巴厘岛路线图"在第一项的第一款指出,依照《公约》原则,特别是"共同但有区别的责任"原则,考虑社会、经济条件以及其他相关因素,与会各方同意长期合作共同行动,行动包括一个关于减排温室气体的全球长期目标,以实现《公约》的最终目标。

　　第二,把美国纳入进来。由于拒绝签署《京都议定书》,美国如何履行发达国家应尽义务一直存在疑问。"巴厘岛路线图"明确规定,《公约》的所有发达国家缔约方都要履行可测量、可报告、可核实的温室气体减排责任,这把美国纳入其中。

　　第三,除减缓气候变化问题外,还强调了另外三个在以前国际谈判中曾不同程度受到忽视的问题:适应气候变化问题、技术开发和转让问题以及资金问题。这三个问题是广大发展中国家在应对气候变化过程中极为关心的问题。有评价说,"巴厘岛路线图"这次把减缓气候变化问题与另外三个问题一并提出来,就像给落实《公约》的事业"装上了四个轮子",让它可以奔向远方。

　　第四,为下一步落实《公约》设定了时间表。"巴厘岛路线图"要求有关的特别工作组在 2009 年完成工作,并向《公约》第 15 次缔约方会议递交工作报告,这与《京都议定书》第二承诺期的完成谈判时间一致,实现了"双轨"并进。

　　第五,中国为绘成"巴厘岛路线图"作出了自己的贡献。中国把环境保护作为一项基本国策,将科学发展观作为执政理念,根据《公约》的规定,结合中国经济社会发展规划和可持续发展战略,制定并公布了《中国应对气候变化国家方案》,成立了国家应对气候变化领导小组,颁布了一系列法律法规。中国的这些努力在本次大会上得到各方普遍好评。

1.4.4　《哥本哈根协议》

　　2009 年 12 月 7 日至 19 日,《联合国气候变化框架公约》第 15 次缔约方会议暨《京都议定书》第5次缔约方会议在丹麦哥本哈根召开。来自190多个缔约方的大约4万名各界代表出席,119名国家领导人和国际机构负责人出席,这在气候变化的谈判中,从规模和规格上讲,都是史无前例的。2009年12月19日,会议以决定附加文件方式通过了《哥本哈根协议》。尽管这一协议不具约束力,但它第一次明确认可2℃温升上限,而且明确可以预期的资金额度。哥本哈根会议的这一成果成为全球气候合作的坚实基础和新的起点。

1. 会议成果的意义

尽管《哥本哈根协议》是一项不具法律约束力的政治协议,但它表达了各方共同应对气候变化的政治意愿,锁定了已经达成的共识和谈判取得的成果,推动谈判向正确方向迈出了第一步。其积极意义表现在三个方面:

(1)坚定维护了《联合国气候变化框架公约》及《京都议定书》,坚持"共同但有区别的责任"原则,维护了"巴厘岛路线图"授权。会议主办方丹麦一度联合主要发达国家起草"丹麦草案",试图"两轨并一轨",抛弃《京都议定书》,为发展中国家强加减排义务。经过缔约方尤其是发展中国家缔约方的不懈努力,坚定了"巴厘岛路线图"的方向。

(2)在发达国家实行强制减排和发展中国家采取自主减缓行动方面迈出了新的坚实步伐。截至目前,所有发达国家都提出了中期减排目标,主要发展中大国也提出了自己减缓行动的目标。尽管一些发达国家的目标在利用森林碳汇和海外减排等方面还不清晰,有些还有附加条件,而且根据国际相关研究机构的评估,发达国家2020年相比1990年整体减排幅度仅为8%~12%,仍远低于政府间气候变化专门委员会的科学结论25%~40%以及多数发展中国家要求的至少40%的水平,但这些目标是推动后续谈判的重要基础。

(3)在全球长期目标、资金和技术支持、透明度等焦点问题上达成广泛共识。《哥本哈根协议》认可有关控制全球升温不超过2℃的科学结论作为全球合作行动的长期目标;初步形成了发达国家2010—2012年快速启动阶段提供300亿美元,2020年增加到每年1000亿美元的短期和长期资金援助计划;两大阵营之间就发达国家履行减排义务和发展中国家采取减缓行动的透明性问题也达成了共识。

2. 中国为推动谈判进程发挥的积极和建设性作用

在哥本哈根会议谈判进程中,中国自始至终采取积极和建设性的态度,努力通过各种双边和多边平台展开外交努力,积极推动哥本哈根会议取得积极成果,主要表现在三个方面:

(1)提出中国减缓行动目标,展现中国的诚意。在2009年9月的联合国气候大会上,胡锦涛主席提出了单位GDP碳排放强度显著下降、提高可再生能源和增加森林碳汇等政策措施。哥本哈根会议开幕前两周,中国提出了2020年在2005年基础上单位GDP碳排放强度下降40%~45%的减缓行动目标。不仅积极回应了国际社会的期待,而且没有附加条件,不与其他国家减排目标挂钩,主要依靠国内资源完成,展现了中国努力减排的诚意,对推动哥本哈根会议谈判发挥了积极作用。

(2)联合发展中国家,协同维护发展中国家利益。中国在哥本哈根会议谈判进程中,积极与主要发展中大国协调立场。会前中国、印度、巴西、南非就谈判主要问题形成了共同立场。会议期间,在部分发达国家拿出丹麦文本而使会议可能误入歧途的关键时刻,中国协同发展中国家缔约方,坚持《公约》和《京都议定书》规定的"共同但有区别责任"的基本原则以及双轨制,有效维护了发展中国家的利益。作为快速工业化、城市化进程中的发展中大国,中国在资金问题上明确表示小岛屿国家、最不发达国家和非洲国家应优先获得资金支持,有效维护了发展中国家阵营的团结。

（3）为促进国际合作积极斡旋,政策更具有灵活性。在哥本哈根会议谈判最后时刻,温家宝总理发表讲话阐述中国的立场,尤其是中国以"言必信,行必果"的坚定决心认真完成甚至超过减排目标的态度得到国际社会的普遍赞誉。为了哥本哈根会议能达成某种政治协议不至无果而终,中国也展现了政策上的灵活性,与其他发展中大国和美国一起,积极沟通和斡旋,最终促成了《哥本哈根协议》的产生。尽管这一框架性的政治协议也远不足以解决全球气候变化问题,但达成协议本身就意味着巩固成果、继续前进,中国对此应该说功不可没。

3. 局限性与未来挑战

《哥本哈根协议》是"巴厘岛路线图"的一个里程碑,是全球合作保护气候的新起点,尽管后续谈判进程必将充满艰难和坎坷。当然,哥本哈根会议达成的政治协议并不具有约束力,后续谈判进展不可能一帆风顺。美国能否提出更高的减排目标,落实筹集资金的义务,发达国家能否提出具有雄心的量化中期减排指标并兑现资金承诺,国际社会将拭目以待。

坚持"共同但有区别的责任"原则,全球合作保护气候,是《哥本哈根协议》的内核所在。有了这一基石,后续谈判就有了方向。不可否认,后续谈判形势更为错综复杂,谈判任务更为艰巨,但哥本哈根进程必将在艰难险阻中前行,为 2010 年在墨西哥城举办的气候变化会议奠定基础。

1.4.5　《巴黎协定》

《巴黎协定》是 2015 年 12 月 12 日在巴黎气候变化大会上通过,2016 年 4 月 22 日在纽约签署的气候变化协定,该协定为 2020 年后全球应对气候变化行动作出安排。《巴黎协定》的长期目标是将全球平均气温较前工业化时期上升幅度控制在 2 ℃以内,并努力将温度上升幅度限制在 1.5 ℃以内。

1. 重大事件

2016 年 4 月 22 日,170 多个国家领导人齐聚纽约联合国总部,共同签署气候变化问题《巴黎协定》,承诺将全球气温升高幅度控制在 2 ℃范围之内。国务院副总理张高丽作为习近平主席特使出席签署仪式,并代表中国签署《巴黎协定》。美国国务卿克里抱着孙女签署《巴黎协定》。

2016 年 10 月 5 日,联合国秘书长潘基文宣布,《巴黎协定》于 10 月 5 日达到生效所需的两个门槛,并将于 2016 年 11 月 4 日正式生效。

2016 年 11 月 4 日,欧洲议会全会以压倒性多数票通过了欧盟批准《巴黎协定》的决议,欧洲理事会当天晚些时候经书面程序通过了这一决议。这意味着《巴黎协定》已经具备正式生效的必要条件。联合国气候大会组委会在摩洛哥的马拉喀什发布新闻公报,庆祝《巴黎协定》生效,强调这是人类历史上一个值得庆祝的日子,也是一个正视现实和面向未来的时刻,需要全世界坚定信念,完成使命。

2019 年 11 月 4 日,美国国务卿蓬佩奥证实,特朗普政府已正式通知联合国,将让美国退出《巴黎协定》。这也是退出协定为期一年流程中的第一个正式步骤。

2020 年 11 月 4 日,美国正式退出了《巴黎协定》,成为迄今为止唯一退出《巴黎协定》的缔约方。

2020 年 11 月 30 日,美国福克斯新闻记者帕特·沃德援引过渡团队消息称,拜登和哈里斯已经与国家安全和气候政策官员进行远程会谈。双方商讨了拜登对于国际气候的承诺,其中包括在上任第一天就重返《巴黎协定》。

2020年12月12日,美国当选总统拜登在其社交媒体上宣布,美国将在39天后重回《巴黎协定》。2021年1月20日,美国总统拜登签署行政令,美国将重新加入《巴黎协定》。2月19日,美国方面宣布,正式重新加入《巴黎协定》。

2.《巴黎协定》的主要内容

《巴黎协定》共29条,当中包括目标、减缓、适应、损失损害、资金、技术、能力建设、透明度、全球盘点等内容。

从环境保护与治理上来看,《巴黎协定》的最大贡献在于明确了全球共同追求的"硬指标"。协定指出,各方将加强对气候变化威胁的全球应对,把全球平均气温较工业化前水平升高控制在2℃之内,并为把升温控制在1.5℃之内努力。只有全球尽快实现温室气体排放达到峰值,21世纪下半叶实现温室气体净零排放,才能降低气候变化给地球带来的生态风险以及给人类带来的生存危机。

从人类发展的角度看,《巴黎协定》将世界所有国家都纳入了呵护地球生态、确保人类发展的命运共同体当中。协定涉及的各项内容摒弃了"零和博弈"的狭隘思维,体现出与会各方多一点共享、多一点担当,实现互惠共赢的强烈愿望。《巴黎协定》在联合国气候变化框架下,在《京都议定书》、"巴厘岛路线图"等一系列成果基础上,按照共同但有区别的责任原则、公平原则和各自能力原则,进一步加强《联合国气候变化框架公约》的全面、有效和持续实施。

从经济视角审视,《巴黎协定》同样具有实际意义:首先,推动各方以"自主贡献"的方式参与全球应对气候变化行动,积极向绿色可持续的增长方式转型,避免过去几十年严重依赖石化产品的增长模式继续对自然生态系统构成威胁;其次,促进发达国家继续带头减排并加强对发展中国家提供财力支持,在技术周期的不同阶段强化技术发展和技术转让的合作行为,帮助后者减缓和适应气候变化;再次,通过市场和非市场双重手段,进行国际间合作,通过适宜的减缓、顺应、融资、技术转让和能力建设等方式,推动所有缔约方共同履行减排贡献。此外,根据《巴黎协定》的内在逻辑,在资本市场上,全球投资偏好未来将进一步向绿色能源、低碳经济、环境治理等领域倾斜。

3.《巴黎协定》的特征

1)延续性

《巴黎协定》是继1992年《联合国气候变化框架公约》、1997年《京都议定书》之后,人类历史上应对气候变化的第三个里程碑式的国际法律文本,形成2020年后的全球气候治理格局。

2)公平性

《巴黎协定》获得了所有缔约方的一致认可,充分体现了联合国框架下各方的诉求,是一个非常平衡的协定。协定体现共同但有区别的责任原则,同时根据各自的国情和能力自主行动,采取非侵入、非对抗模式的评价机制,是一份让所有缔约国达成共识且都能参与的协议,有助于国际间(双边、多边机制)的合作和全球应对气候变化意识的培养。

欧美等发达国家继续率先减排并开展绝对量化减排,为发展中国家提供资金支持;中印等发展中国家应该根据自身情况提高减排目标,逐步实现绝对减排或者限排目标;最不发达国家和小岛屿发展中国家可编制和通报反映它们特殊情况的关于温室气体排放发展的战略、计划和行动。

3）长期性

《巴黎协定》制定了"只进不退"的棘齿锁定机制。各国提出的行动目标建立在不断进步的基础上，建立从 2023 年开始每 5 年对各国行动的效果进行定期评估的约束机制。《巴黎协定》在 2018 年建立了一个对话机制，盘点减排进展与长期目标的差距。

4）可行性

《巴黎协定》要求建立针对国家自定贡献机制、资金机制、可持续性机制（市场机制）等的完整、透明的运作和公开透明机制以促进其执行。所有国家都将遵循"衡量、报告和核实"的同一体系，但会根据发展中国家的能力提供灵活性。

1.5　碳排放历史及当前现状

1.5.1　人均碳排放与人均累积碳排放

顾名思义，人均碳排放是指一个集体在某一时间段内的全部碳排放与人数做除法得到的数据，当前广泛用于评估集体碳排放能力。2008 年 12 月 2 日波兹南气候会议上中国代表团提出"人均累积碳排放"这一概念，得到社会各界有识之士的广泛认可。

人均累积碳排放是将历史上一段时期内某一国家累积的碳排放量求和（中国使用的是 1900—2010 年的数据），再除以该国当前人口数。事实上通过这一公式计算得出的结果在责任主体方面相当一致，从科学的角度看本身就是个正确的概念。在研究推动人为气候变化原因时，必须考虑历史上的排放。数据显示，1750 年以来，中国排放了 2200 亿 t 二氧化碳，仅比美国的一半多一点，后者排放了 4100 亿 t。

2014 年，中国的年均碳排放量约为美国的 2 倍，而人口数量约为 4 倍，如果按"人均碳排放"计算，人均碳排放量已经几乎相当于美国人的一半。但是实际截至 2014 年，中国历史累积碳排放量为 1200 亿 t，美国为 3500 亿 t，从累积碳排放量来看，美国大约是中国的 3 倍。按照公式计算出人均累积碳排放量实际只有美国的 1/12，这一数字是人均碳排放量的近 1/6，责任被人为扩大了 5 倍多。

1.5.2　中国碳排放历史及当前现状

中国碳排放量情况从新中国成立之初 7858 万 t 到改革开放 14.6 亿 t，呈缓慢增长状况。进入 2000 年以后快速增长，到 2019 年中国碳排放量已达到 101.7 亿 t。2020 年尽管受到新冠疫情影响，但中国经济快速恢复，碳排放量增长 0.796%，达 102.51 亿 t（图 1-7）。

为节能减排，中国从"十一五"阶段就开始提出相应要求。2005 年以后在节能减排方面，尤其是工业领域不断加大管控力度，中国单位 GDP 的碳排放量从 2.524 kg/美元迅速下降至 2010 年的 1.39 kg/美元，说明"十一五"以来的节能减排效果明显。2020 年中国单位 GDP 的碳排放量仅为 0.653 kg/美元，为 2005 年的 1/4 左右（图 1-8）。

化石燃料的燃烧是产生二氧化碳的主要来源。从 1950 年到 2019 年中国碳排放来源数据来看，煤炭是我国碳排放的主要来源（图 1-9）。2020 年，传统三大化石能源煤炭、石油和天然气的合计碳排放量分别占碳排放来源的 71.11%、14.93% 和 5.83%。中国是煤炭消费大国，根据公开数据统计，2015 年到 2020 年，尽管中国政府已经逐渐意识到节能减排的重要性，但

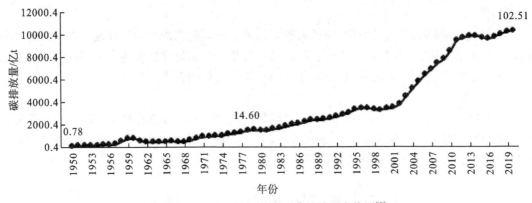

图 1-7　1950—2019 年中国碳排放量走势图[5]

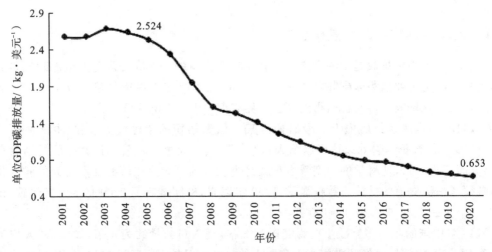

图 1-8　2001—2020 年中国单位 GDP 碳排放量[5]

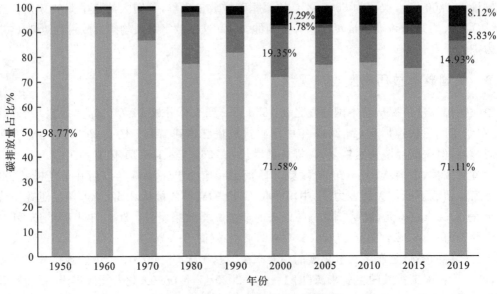

图 1-9　1950—2019 年中国碳排放来源[5]

是由于经济发展的需要,煤炭消费量仍然呈现不断上升趋势。2020 年中国煤炭消费量为40.2 亿 t,占终端能源消费量的 56.7%,是中国主要终端能源消费。

因此,为了尽早实现碳达峰、碳中和的目标,中国政府在传统能源产业绿色发展的管控上近年来日趋严格,"去除过剩产能,推动产业绿色升级"成为行业政策发展的主旋律。预计在新的政策发展规划下,传统能源产业的发展将迎来巨大的变革,行业将面临较大的挑战。

1.5.3　世界碳排放历史及当前现状

全球二氧化碳排放量在工业革命之前非常低。直到 20 世纪中叶,碳排放量的增长仍然相对缓慢。根据牛津大学的汇总统计,1950 年全球二氧化碳排放量仅约 50 亿 t,与美国目前的排放总量相当。到 1990 年,这一数字翻了两番,达到 220 亿 t。此后排放量继续快速增长,现在全球每年的碳排放量超过 360 亿 t。在过去的几年里排放量增长趋势已经放缓,但还没有达到峰值。

自 18 世纪后半叶以来,人类社会开始进入大量使用化石燃料的工业时代。特别是自1850 年以来,人类使用化石燃料的规模迅速增加,化石燃料燃烧产生的温室气体量(包括二氧化碳、甲烷、氧化亚氮、氢氟碳化物等)急剧增加。根据政府间气候变化专门委员会(IPCC)第五次报告,如果要在大于 66% 的概率条件下,将人为二氧化碳单独引起的升温限制在 2 ℃(相对于 1861—1880 年)以内,则需要 1880 年以来所有人为二氧化碳累计排放量限制在 790 Gt。

从不同地区来看,20 世纪全球碳排放量一直由欧洲和美国主导。1900 年,90% 以上的碳排放量来自欧洲或美国;即使到了 1950 年,欧美每年也占到排放量的 85% 以上。但近几十年来,情况发生了显著变化。在 20 世纪后半叶,世界其他地区的排放量显著上升,特别是亚洲(图 1-10)。2018 年,美国和欧洲的排放量仅占不到 1/3,中国排放 100.6 亿 t,占 27.5%。

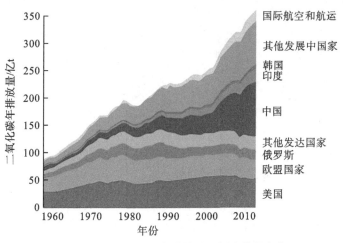

图 1-10　世界主要国家碳排放量历史数据变化

从人均排放的角度看,世界上人均二氧化碳排放量最大的国家是主要的石油生产国,大多数在中东。2017 年卡塔尔的人均排放量最高,为 49 t,其次是特立尼达和多巴哥(30 t)、科威特(25 t)、阿拉伯联合酋长国(25 t)、文莱(24 t)、巴林(23 t)和沙特阿拉伯(19 t)。石油生产国之外,发达国家的人均碳排放量普遍较高。2017 年澳大利亚的人均碳排放量为 17 t,其次是美国 16.2 t,加拿大为 15.6 t。欧洲国家的排放量与全球平均水平相差不远:2017 年,葡萄牙的人均排放量为 5.3 t;法国为 5.5 t;英国为 5.8 t。根据联合国环境规划署《2020 年排放差距报告》,中国目前人均温室气体排放量仍低于发达国家,2019 年中国人均排放量与欧盟水平相近,远低于美国和俄罗斯。值得注意的是,2016 年中国人均温室气体排放为 8.8 t 二氧化碳当量,比二十国集团国家平均值高 17%。可见,"排放总量大但人均排放量低"已经不适合描述中国了。

本章参考文献

[1]罗璐.地球的两次"诞生"[J].地球,2020(4):6.

[2]BEREITER B. Revision of the EPICA Dome C CO_2 record from 800 to 600 kyr before present[J]. Geophysical Research Letters,2015,42(2):542 - 549.

[3]HENLEY B,ABRAM N J T C. The three-minute story of 800000 years of climate change with a sting in the tail[EB/OL]. (2017 - 06 - 12)[2023 - 05 - 25]. https://theconversation. com/the-three-minute-story-of - 800 - 000 - years-of-climate-change-with-a-sting-in-the-tail - 73368.

[4]HANSEN J,SATO M,RUEDY R,et al. Global temperature change[J]. Proceedings of the National Academy of Sciences,2006(103):14288 - 14293.

[5]宁凯亮.十张图了解中国碳达峰、碳中和市场发展趋势 传统能源产业面临挑战、新能源产业迎来新机遇[EB/OL]. (2021 - 07 - 02)[2023 - 05 - 25]. https://www. qianzhan. com/analyst/detail/220/210702 - cbfeedc6. html.

第2章
重点行业和领域碳源解析

2.1 碳源的概念

"碳源"(carbon source)是指碳排放的源头,是向大气中释放碳的过程、活动或机制。生物的呼吸作用及分解者分解动植物的排遗或尸体,为自然界主要的碳源。但化石燃料燃烧排放、大规模森林破坏及土地利用形态的改变,均造成大量额外的碳排放到大气中,全球每年约有70亿 t 的碳经人类活动而排入大气中。与碳源相对应的一个概念是碳汇(carbon sink),即碳的吸收与储存,是从大气中清除碳的过程、活动或机制。碳源与碳汇是碳循环中的两个重要的概念,如果碳源和碳汇能够在循环中获得平衡,则温室气体在大气中的浓度就会稳定,温室效应便停止上升。

在我国,如果将碳源按照产业进行分类,可以分成六大类,分别是能源(电力)碳排放、工业碳排放、交通运输(移动源)碳排放、建筑碳排放、私有部门(民用)碳排放以及其他碳排放(表 2-1)。

表 2-1 碳排放源的分类及具体内容

类别	具体内容
能源(电力)碳排放	能源(电力)碳排放指的是利用能源进行发电过程中产生的碳排放,这是我国碳排放比重最高的领域,约占碳排放总额的38%～40%
工业碳排放	工业碳排放指的是国家与企业在进行工业生产及开采加工的过程中产生的碳排放。我国工业碳排放约占碳排放总额的28%～32%
交通运输(移动源)碳排放	交通运输碳排放主要来自于航空、船舶运输和非电力驱动铁路及汽车。由于对石油的高度依赖和交通运输总体体量的不断攀升,交通运输碳排放总额也较高,约占碳排放总额的10%～13%
建筑碳排放	建筑碳排放指的是建筑在建材生产和运输、建筑施工、建筑运行、建筑拆除和废料回收处理五个阶段中产生的温室气体的总和。一些机构也将建筑碳排放划归工业源碳排放中
私有部门(民用)碳排放	私有部门(民用)碳排放指的是居民在日常生活,即衣、食、住、行的过程中产生的温室气体的总和
其他碳排放	其他碳排放指的是除以上五大领域之外产生的温室气体的总和

　　至于具体细分到每个行业的碳排放量有多少,各个科研机构的测算不尽相同。表2-2给出了2020年中国细分行业碳排放数据。从表中可以看出,2020年碳排放前三的行业分别是燃煤电厂、钢铁和水泥,这三个行业的排放量占比超过了全国总量的60%。如果将表中由煤炭燃烧引发的碳排放加到一起,可以发现总量达到了52.11亿t,占比达到了我国2020年碳排放总量的50.22%。钢铁、水泥行业也是碳排放贡献大户,对总量的贡献均超过了10%。化学工业、采矿行业、建筑行业及交通部门等对碳排放的贡献也不能忽视。民用生物质被认为是碳中性行业,所以没有碳排放;溶剂使用源是过程排放行业,没有碳排放,排放因子为0。

表2-2　2020年中国细分行业碳排放数据[1]

行业大类	细分行业	二氧化碳排放量/亿 t	占比/%
电力	燃煤电厂	35.39	34.11
	其他燃煤电厂	1.26	1.22
工业	钢铁	15.98	15.40
	水泥	11.12	10.71
	石油化工	5.49	5.29
	工业燃煤供热	5.00	4.82
	工业燃煤锅炉	4.16	4.01
	其他工业锅炉	3.51	3.38
	其他建材生产	1.92	1.85
	有色金属冶炼	1.39	1.34
	其他燃料供热	0.50	0.48
移动源	汽油车	3.98	3.84
	柴油车	3.59	3.46
	非道路机械	1.51	1.45
民用	其他民用燃烧	2.67	2.58
	民用燃煤供热	2.57	2.47
	乡村民用燃煤	2.48	2.39
	城镇民用燃煤	1.25	1.20
	民用生物质	0	0
溶剂使用	溶剂使用源	0	0
合计		103.76	100.00

　　根据对我国能源结构、碳排放结构的分析,本章将从冶金、电力、水泥、化工、采矿、交通、建筑、信息技术等行业和领域介绍碳源现状,分析各行业、领域碳排放的具体过程和细分排放量,从而明确重点行业、领域的碳排放情况,为后续碳中和技术路线的制定做铺垫。

2.2　钢铁及有色冶金行业碳源解析

冶金是指从矿物中提取金属或金属化合物,用各种加工方法将金属制成具有一定性能的金属材料的过程和工艺。冶金的技术主要包括火法冶金、湿法冶金及电冶金。

冶金行业分为黑色冶金行业和有色冶金行业,黑色冶金主要包括生铁、钢和铁合金的生产;有色冶金指有色金属通过熔炼、精炼、电解或其他方法从有色金属矿、废杂金属料等有色金属原料中提炼常用金属的生产活动,其中包括铝、铜、镍、铅、锌、稀土、金、银等金属的冶炼。黑色冶金行业又称钢铁行业,为冶金行业的主要部分。下面分别对钢铁及有色冶金行业的碳源进行介绍。

2.2.1　钢铁行业碳源解析

1. 钢铁行业碳排放源

1)冶炼工艺分类

钢铁行业冶炼工艺分为长流程和短流程两种。长流程又称高炉-转炉炼钢工艺,短流程又称电炉炼钢工艺,这是两种典型的钢铁冶炼工艺,其核心设备分别为高炉/转炉、电弧炉。

长流程是通过高炉将铁矿石等原料炼成铁水,再经过转炉将铁水冶炼成粗钢。长流程占冶炼工艺的 90%。基本生产过程包括炼铁、炼钢、轧制(热轧、冷轧),即通过高炉法、直接还原法或熔融还原法等,把铁从铁矿石中还原后生产出铁水;再经过氧化反应脱碳、升温、合金化、去除气体以及非金属夹杂,冶炼出钢水;之后连铸或锻造成钢坯,经过热轧、冷加工、锻压等加工制成具有一定形状的钢材。

短流程是通过电炉将废钢冶成粗钢。回收再利用的废钢经破碎、分选加工,预热后加入电弧炉中,利用电能熔化废钢,去除杂质(如磷、硫)后出钢,再经二次精炼获得合格钢水。

2)冶炼工序过程及碳排放源

钢铁联合企业生产中,长流程包括炼焦、烧结、炼铁、炼钢、钢铁加工五个环节,而次长流程包括后四个环节。短流程从炼钢开始,后续环节同长流程一致。对应的碳排放工序细分为焦化工序、烧结/球团工序、炼铁工序、炼钢工序、钢铁加工工序、供热工序和其他辅助工序(图2-1)。短流程仅包括炼钢工序、钢铁加工工序。

对各工艺流程环节及相应的碳排放源介绍如下:

(1)焦化工序。按照比例配煤后,隔绝空气条件下在炼焦炉内加热至 950～1050 ℃,进行高温干馏制成焦炭和粗煤气。1 t 煤约 75% 变成焦炭,25% 变成粗煤气。将粗煤气加工后可获得多种化工产品以及净焦炉煤气。制成的焦炭和焦炉煤气可供其他生产工序使用。焦化工序中的二氧化碳主要是由燃料燃烧产生的,部分二氧化碳是焦炉煤气及气态化工产品在生产过程中逸出的。

(2)烧结工序。其主要由原料储运、原料破碎、配料混料、抽风烧结、破碎筛分等工序组成。将准备好的铁料、燃料、熔剂、代用品等各种原料按照一定比例进行配比、混合、制粒,铺于烧结机的台车上,在负压下点火,整个烧结过程是在 1000～1600 mm 负压抽风下,自上而下进行的[2]。点火后借助燃烧与铁氧矿物氧化产生的高温让烧结料部分软化熔化,发生物理和化学反应,产生部分液相黏结,形成足够强度和粒度的块状炉料,再经破碎和筛分后,最终得到烧结

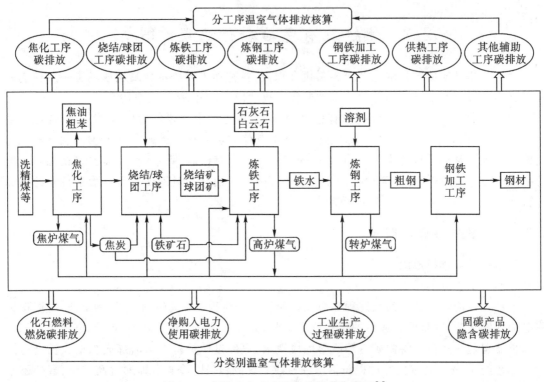

图 2-1 钢铁生产企业碳排放核算边界图[3]

矿。烧结工序中的二氧化碳主要在烧结料燃烧及熔剂烧结过程中产生。

（3）炼铁工序。高炉炼铁工序是我国钢铁生产流程中能耗最高的工序，占整个工序能耗的50%以上[4]。首先将烧结矿、球团矿、铁矿等含铁原料、燃料和其他辅助原料按照比例装入高炉，热风炉经高炉下部封口向内吹入热风助燃，伴随着熔炼过程，炉内的原料及燃料不断下降，与上升的煤气发生传热、脱炭和还原作用，熔融的铁水从出铁口放出，铁矿石中的脉石、焦炭及喷吹物中的灰分与加入炉内的石灰石等熔剂结合成炉渣，从出渣口排出。煤气从炉顶导出，经过除尘处理后可作为工业煤气。炼铁工序中的二氧化碳排放主要源自焦炭或其他燃料燃烧产生的排放，外购生铁、铁合金等其他含碳原料消耗产生的排放，以及熔剂分解产生的排放。

（4）炼钢工序。根据冶炼工艺不同分别对长流程及短流程工艺进行介绍。

在钢铁冶金生产长流程中，炼钢工序是核心环节。钢的化学成分和冶金质量，主要是靠炼钢来达到要求的。炼钢工序主要由原料储运、转炉冶炼、转炉烟气净化、汽化冷却、渣处理和连铸等组成。按照比例配料，将废钢、铁水倒入转炉内，加入生石灰等造渣材料，经炉顶吹入氧气将铁水中的杂质元素硅、硫、碳、锰、磷等氧化成各类氧化物，形成钢渣或气体后脱除。去除杂质后，将炉体倾斜，进行出钢。炼钢工序中二氧化碳的排放主要源自燃料燃烧、铁水中碳的氧化。

在钢铁冶金生产短流程中，全废钢连续加料炉短流程工艺是将回收再利用的废钢加工、分选及运输后，采用连续加料的方式装入炉中，特点是全过程不开炉盖，同时炉子产生的高温烟气可以对入炉前的废钢进行紧急处理。废钢进入高温炉后熔化，去除杂质、均匀成分及温度后出钢，再经二次精炼获得加速水，直到经连铸、连轧获得钢材产品。全废钢连续加料电弧炉短流程工艺中,吨钢碳排放量为 0.911 t,其中电弧炉炼钢精炼工序的吨钢碳排放量为 0.667 t,在整个短流程中占比为 73.2%。因此全废钢连续加料循环流程的碳排放集中在精炼工序。而在高温炉钢炼制过程中,电能消耗占全废钢连续加料炉短流程碳排放的主导地位[5]。

(5)钢铁加工工序。钢铁加工的形式有多种,在钢铁联合企业中以轧钢为主。热轧主要包括原料准备、钢坯加热、轧制、卷曲、检验、包装、打捆等。钢坯进入加热炉内加热,除磷之后粗轧,切头后进行精轧,张力卷曲并打包入库,钢坯推入加热炉内加热,粗轧机轧制后经辊道送到热剪机进行切头,送入精轧机轧制,分剪后进行分类和打包。冷轧的加工线较为分散,冷轧产品主要有普通冷轧板、镀锌层板、涂镀层板包括镀锡板、镀锌板和彩涂板等。以生产冷轧卷为例,将钢卷放入酸洗槽进行酸洗,经漂洗、烘干后切边,之后进行反复轧制,再进行冷却,经卷曲机卷曲成卷打包存放。此过程涉及电力、热力以及燃料燃烧产生的碳排放。

2. 钢铁行业碳排放现状及特征

1)整体工序方面

2020 年我国钢铁工业的二氧化碳排放量占我国碳排放总量的 15%,是仅次于火电的第二大排放来源。

根据 2013 年试行的《中国钢铁生产企业温室气体排放核算方法与报告指南》,钢铁生产的碳排放按类别划分,包括化石燃料燃烧、净购入电力和热力使用、工业生产过程和固碳产品隐含的碳排放。燃料燃烧排放是指化石燃料与氧气进行充分燃烧产生的温室气体排放;工业生产过程排放是指原材料在工业生产过程中除燃料燃烧之外的物理或化学变化造成的温室气体排放;净购入使用的电力、热力产生的排放是指企业消费的净购入电力和净购入热力(如蒸汽)所对应的电力或热力生产环节产生的二氧化碳排放;固碳产品隐含的排放是指固化在粗钢、甲醇等外销产品中的碳所对应的二氧化碳排放。

从类别上进行对比,化石燃料燃烧碳排放量最大,占钢铁企业的 80% 以上;其次为净购入电力、热力使用产生的碳排放量。

从工序上进行对比,炼铁工序碳排放量最大[3]。高炉炼铁工序能耗占总能耗的 50% 左右,其中碳素燃烧的能耗占 70% 左右。焦炭、煤粉等燃料的燃烧和石灰石、白云石等熔剂中碳酸盐的分解使得高炉炼铁工序排放大量的二氧化碳。

2)炼钢工艺方面

长流程和短流程是两种典型的钢铁冶炼工艺,其中高炉/转炉、电弧炉分别是长流程和短流程的核心设备。在原料上,长流程采用铁矿石和冶金焦冶炼铁水,短流程采用废钢为主要原料。

通常,长流程高炉-转炉炼钢工艺以铁矿石为原料生产钢铁,耗能高,碳排放强度约为每吨钢 2~3 t;而短流程电炉炼钢使用再熔废钢生产钢铁,耗能相对低,碳排放强度仅为每吨钢 0.8 t。

然而,中国钢铁生产过程一直以长流程高炉-转炉炼钢工艺为主。我国短流程炼钢占比仅 10% 左右,远低于美国(69.7%)、欧盟(41.3%)、韩国(31.8%)和世界平均值(27.9%)。长流程制钢占比高的原因在于废钢资源缺乏。我国钢铁产能大,对原材料需求较为旺盛,废钢资源难以支撑钢铁对原材料的需求,这导致了我国钢铁行业制钢过程以长流程为主,最终造成铁钢比过高,废钢比远小于世界平均水平。故工信部发布的《关于推动钢铁工业高质量发展的指导意见(征求意见稿)》指出,到 2025 年,电炉钢产量占粗钢总产量比例提升至 15% 以上,力争达到 20%;废钢比达到 30%。电炉短流程工艺利用废钢炼铁能有效减少碳排放,即利用废钢生产 1 t 钢大约减少 1.4 t 碳排放[3]。

2.2.2 有色冶金行业碳源解析

1. 有色冶金行业碳排放源

有色冶金行业是从矿石、精矿、二次资源或其他物料中提取主金属和伴生元素或其化合物的工业。提取方法主要有火法冶金、湿法冶金和电冶金三类。火法冶金一般是在高温条件下进行,包括焙烧、熔炼、还原、吹炼、精炼等过程;湿法冶金是在水溶液中进行,包括浸出、液固分离、溶液净化、金属提取等过程;电冶金是利用电化学反应或电热进行的冶金过程,包括水溶液电解、熔融盐电解、电解提取、电解精炼等过程。

湿法冶金能耗较低,环境影响较小。火法冶金和电冶金能耗较大,环境影响也较大,是有色金属工业主要的碳排放和污染物排放来源。

有色冶炼环节的碳排放通过直接或间接消耗化石燃料产生:火法冶金直接消耗化石燃料,向大气中直接排放二氧化碳气体;电冶金直接消耗电能,而我国的电力系统以火电为主,火电约占全国总发电量的 70%,因此电冶金过程间接消耗化石燃料,向大气中间接排放二氧化碳气体[6],同时当电解槽发生阳极效应时,会释放四氟化碳(四氟甲烷)和六氟乙烷两种强温室气体。

2020 年,我国十种常用有色金属产量达到 6168.0 万 t,其产量占比如图 2-2 所示。其中,精炼铜 1002.5 万 t,占十种有色金属产量的 16.25%;原铝(电解铝)3708.0 万 t,占十种有色金属产量的 60.12%;精炼铅 644.3 万 t,占十种有色金属产量的 10.45%;精炼锌 642.5 万 t,占十种有色金属产量的 10.42%;电解镍 16.49 万 t,占十种有色金属产量的 0.26%。

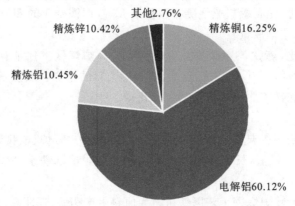

图 2-2　2020 年中国常用有色金属产量占比

常用有色金属冶炼中,电解铝和精炼铜占比较大,下面对常用有色金属冶炼中电解铝与冶炼铜的碳排放源进行介绍。

1)电解铝碳排放源

电解铝生产碳足迹(采用冰晶石熔岩法)如图 2-3 所示。电解铝生产企业的碳排放分为直接排放和间接排放。直接排放包括阳极消耗产生的二氧化碳排放、运输工具燃油等燃料燃烧导致的排放,以及电解槽发生阳极效应时的全氟化物排放;间接排放是企业消耗的电量在发电过程中产生的碳排放。

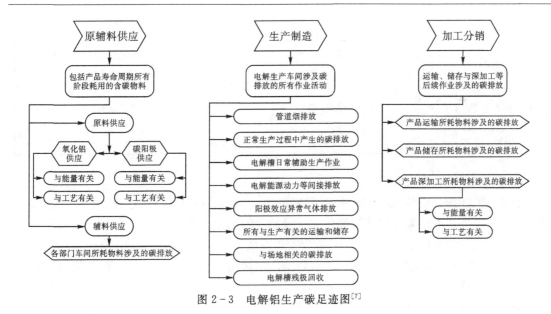

图 2-3　电解铝生产碳足迹图[7]

电解铝企业法人边界的碳排放,根据《中国电解铝生产企业温室气体排放核算方法与报告指南(试行)》和温室气体排放核算与报告要求进行碳排放核算。其核算包括直接生产系统、辅助生产系统和附属生产系统等产生的碳排放。辅助生产系统主要包含动力、供电、供水、机修、化验和运输等;附属生产系统主要是生产指挥系统(厂部),以及厂内相关的生产服务部门和单位(浴室、职工食堂等)。

具体来说,电解铝企业碳排放核算范围包括:

(1)化石燃料燃烧导致的二氧化碳排放。化石燃料包括天然气、汽油和柴油等。

(2)能源作为原材料用途的二氧化碳排放。铝电解生产过程中碳阳极作为原材料消耗而不是燃烧发生化学反应产生二氧化碳。

(3)工业生产过程中的二氧化碳排放。当电解槽发生阳极效应时,会释放四氟甲烷和六氟乙烷两种强温室气体,因此在核算碳排放的时候还需核算电解槽发生阳极效应时产生的四氟甲烷和六氟乙烷,然后根据两种气体的温室效应系数折算为二氧化碳当量。

(4)净购入电力和热力导致的二氧化碳排放[8]。具体的碳排放源信息见表 2-3,电解铝碳排放源主要来自购入的电力。从表 2-3 可看出,净购入电力年度碳排放占全厂碳排放总量的 84.63%。

表 2-3　某电解铝企业的碳排放源信息[9]

排放类别	温室气体排放种类	能源/物料品种	设备名称	每吨铝的碳排放量/t	碳排放量占比/%
化石燃料燃烧	二氧化碳	天然气	焙烧炉	0.04994	0.52
	二氧化碳	柴油	厂内运输工具	0.01099	
	二氧化碳	汽油	公务用车	0.00098	
能源作为原材料用途	二氧化碳	碳阳极	电解槽	1.50304	12.71

续表

排放类别	温室气体排放种类	能源/物料品种	设备名称	每吨铝的碳排放量/t	碳排放量占比/%
工业生产过程	六氟乙烷	阳极效应	电解槽	0.25156	2.13
	四氟甲烷				
净购入电力消费	二氧化碳	电力	用电设施	10.0065	84.63

2)冶炼铜碳排放源

火法冶铜碳排放核算,以企业(法人或视同法人的独立核算单位)为边界,核算并报告边界内所有生产设施产生的温室气体排放。生产设施范围包括直接生产系统、辅助生产系统,以及直接为生产服务的附属生产系统,其中辅助生产系统包括动力、供电、供水、检验、机修、库房、运输等,附属生产系统包括生产指挥系统(厂部)、厂区内为生产服务的部门和单位(如职工食堂、车间浴室、保健站等)。

铜冶炼企业碳排放核算边界如图2-4所示。

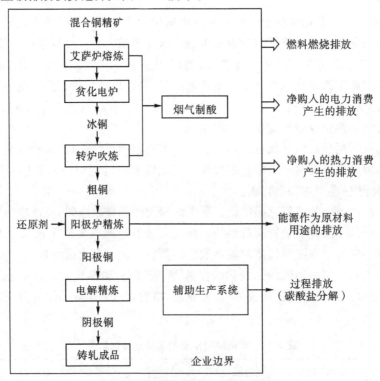

图2-4 铜冶炼企业碳排放核算边界

铜冶炼企业碳排放包括以下几个部分。

(1)燃料燃烧排放:煤炭、燃气、柴油等燃料在各种类型的固定或移动燃烧设备(如锅炉、窑炉、内燃机等)中与氧气充分燃烧产生的二氧化碳排放。

(2)能源作为原材料用途的排放:主要是冶金还原剂消耗所导致的二氧化碳排放。常用的冶金还原剂包括焦炭、蓝炭、无烟煤、天然气等。

（3）过程排放：主要是企业消耗的各种碳酸盐及草酸发生分解反应导致的排放。

（4）净购入电力产生的排放：企业购入并消耗的电力所对应的二氧化碳排放。

（5）净购入热力产生的排放：企业购入并消耗的热力（蒸汽、热水）所对应的二氧化碳排放[10]。

经过系统计算得到各过程的碳排放量，如表 2-4 所示。铜冶炼企业碳排放量占比最大的是净购入电力产生的排放，其次是燃料燃烧排放[11]。

表 2-4　某铜企碳排放计算表[11]

排放类别	排放量/t	碳排放量占比/%
燃料燃烧排放	29154.69	8.20
能源作为原材料用途的排放	832.21	0.23
过程排放	3476.13	0.98
净购入电力产生的排放	316743.12	89.07
净购入热力产生的排放	5386.65	1.52
合计	355592.80	100.00

2. 有色冶金行业碳排放现状及特征

有色冶金行业又称有色金属冶炼行业，属于有色金属行业。根据中国有色金属工业协会数据，2020 年中国有色金属工业碳排放量约 6.5 亿 t，占全国各行业总排放量的 6.5%[12]。

有色金属工业的二氧化碳排放主要由能源消耗产生，集中在铝、铜、铅、锌等有色金属的冶炼环节。这些金属冶炼环节的二氧化碳排放量约占有色金属工业总排放量的 80%[13]，即有色冶金行业 2020 年碳排放量约 5.2 亿 t。综合考虑每吨金属冶炼产生的碳排放量和总产量，发现碳排放量占比最大的为电解铝，2020 年总产碳量为 4.2 亿 t，占比高达 80%，其次为精炼锌，再次为精炼铜。

有色金属冶炼碳排放情况如表 2-5 所示。

表 2-5　有色金属冶炼碳排放情况[12]

有色金属	采选	中间品	精炼	总排放
铜	铜精矿（0.73）	阳极铜（0.90）	精炼铜（2.34）	铜（3.97）
铝	铝土矿（0.01）	氧化铝（0.93）	电解铝（11.2）	铝（12.14）
水电铝	铝土矿（0.01）	氧化铝（0.93）	电解铝（0）	铝（0.94）
铝（再生）	铝土矿（0.01）	氧化铝（0.93）	电解铝（0.23）	铝（1.17）
锌	锌精矿（0.01）		精炼锌（5.15）	锌（5.16）
铅	铅精矿（0.98）		精炼铅（0.44）	铅（1.42）
锡	锡精矿（0.02）		精炼锡（3.83）	锡（3.85）
镍	镍精矿（0.29）		电解镍（6.76）	镍（7.05）
钴				钴（0.8）
锂	锂精矿（0.01）	碳酸锂（0.01）	氢氧化锂（0.01）	锂（0.03）

有色金属	采选	中间品	精炼	总排放
镁				镁(0.01)
稀土	稀土矿(0.50)		稀土氧化物(0.01)	稀土(0.51)

注:表中数值为有色金属碳排放中每吨金属排放的二氧化碳数量(t)。

2.3　电力行业碳源解析

中国电力行业近十年不论在装机容量还是发电量上都有跨越式的发展,中国已经成为世界上名副其实的电力生产和消费大国。但同时,电力行业是碳排放的重点领域,也是实现碳达峰、碳中和目标的主要"责任人"。电力行业碳排放量占我国碳排放总量的比例最高,其碳减排力度对减少我国二氧化碳排放量具有重要影响。

2.3.1　电力行业的碳排放源

一般电力行业的碳排放被认为是发电环节所产生的直接排放,但这些二氧化碳并非从电厂直接排入大气,而是伴随着电力潮流的虚拟"碳流",经过电网输配,直至用户侧。电网侧产生了线损,用户侧消费了电能,这都需要支付生产时所产生的碳排放成本,所以碳排放责任不应单从电源侧进行归算,也应由电网侧和用户侧主动承担[14]。因此,电力行业的碳排放主要是由电力系统的三个环节产生的,即电源侧排放、电网侧排放及用户侧排放。

1. 电源侧碳排放源

我国电力行业碳排放量主要来自于发电环节,属于直接碳排放。对于发电而言,无论何种电源形式,只要发电都要排放二氧化碳。表2-6为全球各种电源的平均二氧化碳排放强度,由表可知化石能源电力,即煤电、油电和气电均为高碳排放电源(简称"高碳电源"),其中煤电最高,而其余八种电源均是低碳排放电源(简称"低碳电源")[15]。

表2-6　全球各种电源的平均二氧化碳排放强度　单位:g/(kW・h)

电源名称	排放强度	电源名称	排放强度
煤电	1001	生物质	18
油电	840	核电	16
气电	469	风电	12
光伏	48	潮汐	8
地热	45	水电	4
光热	22		

1)高碳电源碳排放

高碳电源中包含煤电、油电和气电,其中煤电是碳排放强度最高且排放量最大的电源,以下我们对煤电能源链的生命周期碳排放进行分析。煤炭从开采、加工、运输到电厂发电整个过程都进行着能量的传输,即煤电能源链,其流程如图2-5所示。

煤电能源链各环节都会产生相应的碳排放,主要涉及煤炭生产环节、电煤运输环节及燃煤

图 2-5　煤电能源链

发电环节三个部分,其整个生命周期碳排放如图 2-6 所示[16]。

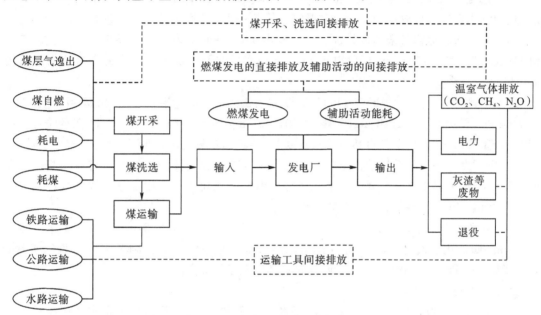

图 2-6　煤电能源链生命周期碳排放

(1)煤炭在开采环节的碳排放。

①开采过程中煤层气(主要是瓦斯,伴有少量二氧化碳)逸漏排放。电厂发电 1 kW·h 带来的煤开采产生的温室气体排放为二氧化碳逸出排放,约 5647.69 mg;甲烷(CH_4)逸出排放约 2597.08 mg,逸出归一化二氧化碳当量排放约 59732.73 mg。归一化后发电 1 kW·h,二氧化碳总逸出排放约 65380.42 mg。

②露天煤矿或堆煤因热量积聚发生煤自燃温室气体排放。电厂发电 1 kW·h 在煤开采过程中因自燃损失原煤量带来的温室气体排放为二氧化碳约 8486.78 mg,一氧化二氮约 0.54 mg,归一化二氧化碳当量排放约 159.54 mg。归一化后发电 1 kW·h,二氧化碳总排放量为 8646.33 mg。

③煤炭开采过程中因耗费电能和自用原煤产生的排放。电厂开采发电 1 kW·h 的原煤耗用电能带来的温室气体排放为二氧化碳约 14221.87 mg,一氧化二氮约 0.90 mg,归一化二氧化碳当量排放约为 267.29 mg。而开采发电 1 kW·h 的原煤耗用原煤带来的温室气体排放为二氧化碳约 22065.63 mg,一氧化二氮约 1.40 mg,归一化二氧化碳当量排放为 414.70 mg。因此,开采发电 1 kW·h 的原煤耗能带来的温室气体归一化后,二氧化碳当量排放约 36969.48 mg。

④煤炭洗选过程中耗能产生的排放。电厂发电 1 kW·h 所需原煤在原煤洗选过程中用电产生的温室气体排放为二氧化碳约 1219.02 mg,一氧化二氮约 0.01 mg,归一化二氧化碳当量排放约 2.37 mg。归一化后发电 1 kW·h,二氧化碳当量排放约 1221.39 mg。

(2)煤炭在运输环节的碳排放。

①铁路煤炭运输带来的碳排放。在铁路运输中，内燃机车和电力机车基本承担了全部铁路客货运，蒸汽机车的保有量基本保持在 0.5% 左右，只在部分技术极其落后地区用以调度。电厂发电 1 kW·h 带来的铁路煤炭运输的温室气体排放为：内燃机车的二氧化碳排放约 620.60 mg；电力机车的二氧化碳排放约 577.09 mg，电力机车的一氧化二氮排放约 0.04 mg，归一化二氧化碳当量排放约 10.95 mg；温室气体归一化二氧化碳当量排放约 1208.64 mg。

②公路与水路运输带来的碳排放。电厂发电 1 kW·h 带来的公路煤炭运输产生的二氧化碳排放约为 1731.48 mg；电厂发电 1 kW·h 带来的水路煤炭运输产生的二氧化碳排放约为 4015.26 mg。

综上所述，电厂发电 1 kW·h 所需煤碳在运输环节产生的二氧化碳当量排放 = 1208.64 mg（铁路）+ 1731.48 mg（公路）+ 4015.26 mg（水路）≈ 6.96 g。此外，在运输过程中还可能产生遗散煤，但由于其自然氧化反应缓慢，生成的二氧化碳较少，因此可以忽略不计。

(3)电厂发电环节的碳排放。电厂发电运行中的碳排放主要为燃煤发电排放及相关辅助活动排放，产生的温室气体主要是二氧化碳和少量的一氧化二氮。燃煤电厂按常规燃烧方式所生成的氮氧化物中，一氧化二氮仅占 1% 左右。

电厂发电环节发电 1 kW·h 产生的温室气体为：二氧化碳约 840.19 g，一氧化二氮约 53.35 mg，归一化二氧化碳当量排放约 15792.15 mg。归一化后发电 1 kW·h，二氧化碳当量排放约为 855.98 g。由此可见，发电环节的碳排放强度是最高的。

2)低碳电源碳排放

从上述煤电能源链生命周期的碳排放分析中我们知道，化石能源发电带来的碳排放量是很大的。因此，未来碳减排的有力措施是使用风能、水能、核能、太阳能等非化石能源进行发电。然而，虽然相比于化石能源，这些非化石能源属于清洁能源，但是也会产生一定的碳排放。

在风力发电过程中，碳排放主要来自于上游制造端，钢、铝和铜等金属原材料的开采，及风机制造环节排放的二氧化碳总量占风电碳排放量的 86% 左右。在风电行业中，钢材主要应用于塔筒、机舱罩等部件之中，而风电场中电缆、控制电线、海缆及电机设备则是主要的铜应用场景。风电是使用原材料铜最多的清洁能源形式，以发电 1 MW 计算，海上风电用铜量可达到 8000 kg，陆上风电用铜量则为 2900 kg 左右。

近年来，我国风电塔筒高度也在不断增加，高塔筒技术的发展可能带来更高的钢铁消费量。此外，风电场全生命周期中约有 14% 的碳排放来自于运输、吊装、运维及风电场退役后的风机设备处置等环节。截至目前，全球退役风机仍无法实现 100% 回收，风机叶片更因其材料特殊而难以重复利用，大量叶片垃圾堆积成片的现象屡见不鲜。

图 2-7 为风电碳排放核算的系统边界[17]。

使用低碳工艺制造的"绿色"钢材和混凝土，将成为风电行业减排的重要一环，同时，在制造过程中增加可再生能源电力的使用，在运输环节使用电动汽车，这些手段都可以进一步减少碳排放。另外，风机技术进步也将有助于提高风机耐用性，从而减少实地运维需求[18]。

在水力发电过程中也会产生一定的碳排放。当一片区域作为水库开始蓄水时，这片区域原有的有机材料覆盖在水体之下，这样一来，水底微生物便开始消化有机物质，最终产生甲烷气泡。还有不断向水库中涌进的淡水河水中沉积的有机物质。在这些气体中，大约 80% 是甲烷，17% 是二氧化碳，其余是亚硝酸氧化物。全球每年从水坝和水库排放的甲烷大约相当于 10 亿 t 二氧化碳排放量，占人为产生温室气体总量的 1.3%[19]。

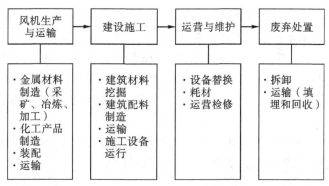

图 2-7　风电碳排放核算的系统边界

对于核电来说,从生命周期角度考虑,核电生产并不是温室气体零排放。如图 2-8 所示,核电生命周期由核燃料处理前端、核燃料处理末端、核电站建设过程、核电站运营过程、核电站退役五部分构成,从铀矿开采、浓缩,到核电站的建设与运营、核废料的处理,直至核设施退役,均涉及温室气体排放[20]。

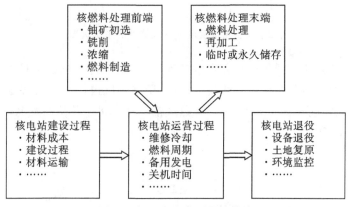

图 2-8　核电生命周期碳排放

太阳能发电技术包含光伏发电和光热发电,相比于光伏发电来说,光热发电的碳排放量非常少。光伏发电过程不涉及传统能源的燃烧,基本上是零碳排放。但是,光伏发电系统生产过程的很多环节涉及能源的大量使用,也涉及碳排放。光伏发电系统生产是一个非常复杂的过程,一套完整的光伏系统包含光伏组件、系统控制器、逆变器、安装支架等。图 2-9 为光伏发电系统涉及碳排放的各种部件[21]。要了解光伏发电系统生产过程中的碳排放,必须从源头开

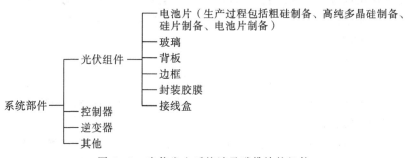

图 2-9　光伏发电系统涉及碳排放的组件

始,综合考虑全产业链过程所包含的直接碳排放和间接碳排放。光伏组件的生产又涉及数十道工艺过程,这些部件的生产过程都涉及碳排放,其单位功率的碳排放量对于光伏系统是否能实现碳减排非常关键。采用新技术,提高效率、产能和产品质量等行为,都能有效地减少碳排放,对光伏发电系统是否最终能实现碳减排具有关键的影响。

直接碳排放是生产过程中二氧化碳直接向大气中的排放,比如粗硅的反应过程:

$$SiO_2(石英砂)+C \longrightarrow Si+CO_2$$

间接碳排放是生产过程中所需的能源前期的碳排放,因此全部的过程都涉及碳排放。

光伏发电碳排放核算的系统边界如图 2-10 所示[17]。

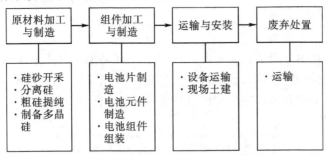

图 2-10 光伏发电碳排放核算的系统边界

生物质发电的工艺流程同传统火力发电较为类似,只不过用植物秸秆等原料替代煤等原料作为燃料供给。植物秸秆在运输到达发电厂后,用破碎机进行粉碎,而后通过传送带送至焚烧炉进行燃烧,将化学能转化为热能,产生水蒸气推动汽轮机运转从而发电。其碳排放核算的系统边界如图 2-11 所示。

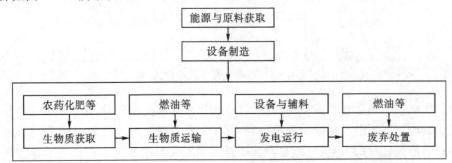

图 2-11 生物质发电碳排放核算的系统边界

整个生命周期可以分为生物质获取阶段、生物质运输阶段、设备制造与运输阶段、发电运行阶段及废弃处置阶段。在这整个生命周期中,发电运行阶段生物质燃烧所带来的碳排放为主要排放,占 95% 以上[17]。

2. 电网侧碳排放源

电网企业的温室气体排放主要由两部分组成[22]:第一部分为六氟化硫设备运行、修理与退役过程产生的六氟化硫的直接排放;第二部分为输配电损失引起的二氧化碳间接排放。

1)六氟化硫的直接排放

电网企业涉及的直接排放主要是指六氟化硫对应的排放,由于其在绝缘方面的广泛应用和不可替代性,目前 80% 被用于电力行业。六氟化硫的温室效应等效于二氧化碳的 23900

倍,即六氟化硫的全球变暖潜势值(GWP 值)为 23900。如果将其等效为二氧化碳,其产生的排放值等于设备修理和退役产生的六氟化硫排放量乘以六氟化硫的 GWP 值。现阶段主流电网企业均已完成或正在建设六氟化硫气体的回收净化利用处理中心,同步配备气体回收、回充装置,从而促进绿色电网发展,实现低碳经济。随着电网企业六氟化硫回收和循环利用率的不断提高,电网的直接碳排放数量相对于间接碳排放数量微乎其微。

2)输配电损失引起的二氧化碳间接排放

电网企业还存在一定量的间接排放,这往往是由电能在传输过程中的损耗引起的。因此,间接碳排放与电网的线损水平密切相关。输配电损失对应的二氧化碳排放量＝网损电量×区域电网年平均供电排放因子。电网排放因子是指单位电量的碳排放水平,通过电网覆盖区域内所使用电力在发电过程中产生的直接碳排放量除以该地区的总电量得到。电网排放因子与电源结构、发电煤耗水平直接相关,火电发电比例越大,则电网排放因子越大;反之清洁能源发电比例越大,则电网排放因子越小,发电煤耗小,电网的排放因子就小。

当前我国网损率已经处于较低水平,在国际上位于领先地位。一方面,进一步降损的成本极高;另一方面,电网自身的内部减排潜力是非常有限的,这是由网损的固有物理特性决定的,网损始终存在,且降到一定程度后趋于稳定,通过技术管理手段很难再降低,即使加大电网改造投资,效果也并不明显。网损降到一定程度后,电网企业通过技术和管理手段降损难度加大,不可控因素对网损的影响也越来越大,在上游发电结构与分布、下游用户需求边界条件确定后,电网企业内部影响因素挖潜空间越来越小,外部因素作用越来越大。由于我国西部和北部大型能源基地的电力在本地消纳空间有限,因此电力开发以外送为主。建设长距离的坚强智能电网是实现远距离输送和大范围消纳的重要出路,线损率也会相应增加。此外,随着我国经济结构调整和产业优化升级,用电结构明显变化,第三产业用电量增加,加之电网公司采取的一系列以电代油、以电代煤等电能替代措施,都将进一步加大中低压用户用电比重,带来线损率升高[23]。

降损措施主要包括:①加强电网改造,例如进行电网升压改造,调整不合理网络结构,优化电源分布,应用新技术等;②提高输电容量,优化利用发电资源;③合理进行无功补偿,提高电网的功率因素;④抓紧电网建设,更换高耗能设备;⑤降低输送电流,合理配置变电器;⑥降低导线阻抗;⑦合理安排运行方式;⑧提高计量准确性[24]。

3. 用户侧碳排放源

在电力行业中发电环节通常被认为是碳排放源头,但实际上,需求引致生产,在某种意义上电力负荷才是碳排放的真正源头。以下将从全社会用电、分地区用电、工业和制造业用电及高载能行业用电四个部分的用电情况来分析其所带来的碳排放量[25]。

1)全社会用电情况

全社会用电情况涵盖了第一产业、第二产业、第三产业和城乡居民生活的用电量情况。2020 年 1—9 月全国全社会用电量 54134 亿 kW·h。图 2-12 为 2020 年 1—9 月各产业用电量占全社会用电量比例。

由图 2-11 可知,第二产业用电量占主导,占比达 66%,其产生的间接碳排放量处于领先地位。其次是占比 17% 的第三产业和 16% 的城乡居民生活用电量,第一产业用电量仅有 1%。因此调整和优化产业结构可能是实现碳减排的一大有力措施。

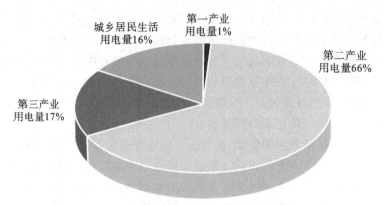

图 2-12　各产业用电量占全社会用电量比例

2)分地区用电情况

全国用电区域可以划分为东部、中部、西部和东北地区四个地区(不包括港澳台)。其中,东部地区包括北京、天津、河北、上海、江苏、浙江、福建、山东、广东、海南 10 个省(市);中部地区包括山西、安徽、江西、河南、湖北、湖南 6 个省;西部地区包括内蒙古、广西、重庆、四川、贵州、云南、西藏、陕西、甘肃、青海、宁夏、新疆 12 个省(区、市);东北地区包括辽宁、吉林、黑龙江 3 个省。

2020 年 1—9 月全国东部、中部、西部和东北地区全社会用电量分别为 25636 亿、10163 亿、15262 亿、3073 亿 kW·h。可以看到,东部地区占比最大,其带来的间接碳排放量也最大。其次是西部地区和中部地区。当然这与省市划分有关,毕竟东部地区有 10 个省(市),且是经济最发达地区,西部地区有 12 个省(区、市)。此外,东部地区的一些用电是通过"西电东送"工程从西部输送过来的,其用电量实际上导致了西部某些地区的碳排放增加。

3)工业和制造业用电情况

工业和制造业用电情况包含工业用电情况和制造业用电情况。其中制造业用电情况除了总体情况外,还分为四大高载能行业(化工行业、建材行业、黑色金属冶炼行业和有色金属冶炼行业)、高技术及装备制造业、消费品制造业、其他制造业这四类行业用电量情况。从全社会用电量可以看到,第二产业是用电量最大的产业。第二产业里大部分是工业,工业里有很多制造业。

2021 年 1—12 月全国工业用电量为 55090 亿 kW·h,占全社会用电量的 66.3%。全国制造业用电量 41778 亿 kW·h,占全社会用电量的 50.26%。其中,四大高载能行业用电量合计 22671 亿 kW·h,高技术及装备制造业用电量 8912 亿 kW·h,消费品制造业用电量 5606 亿 kW·h,其他制造业用电量 4589 亿 kW·h。

由此看来,第二产业中工业用电量占了绝大部分,工业中制造业用电量又占了很大的比例,因此碳中和路线应当从制造业开始减排。

4)高载能行业用电情况

高载能行业用电情况是指化工行业、建材行业、黑色金属冶炼行业和有色金属冶炼行业四个高载能行业的用电情况。图 2-13 为 2020 年 1—9 月高载能行业用电情况。

其中,化工行业用电量为 3314 亿 kW·h,建材行业用电量为 2728 亿 kW·h,黑色金属冶炼行业用电量为 4329 亿 kW·h,有色金属冶炼行业用电量为 4531 亿 kW·h。这几个行业用

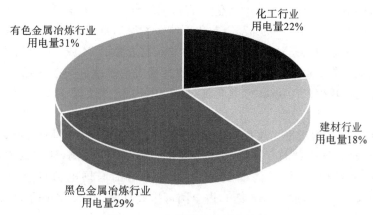

图 2 - 13　高载能行业用电情况

电带来的碳排放量是巨大的,由此看来,制造业的碳减排应优先考虑四大高载能行业。

2.3.2　电力行业碳排放现状

中国 2019 年全社会发电量为 73253 亿 kW・h,电力领域碳排放量占全国碳排放总量的
30% 以上。其中火电发电量为 50450 亿 kW・h,二氧化碳排放约 838 g/(kW・h),碳排放总
量约达 42 亿 t。因此,我国目前电力行业碳排放主要来源于火电机组。2019 年全国电力装机
构成如图 2 - 14 所示[26]。

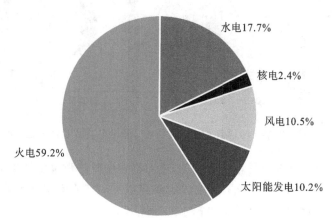

图 2 - 14　2019 年全国电力装机构成

全国发电装机容量为 20.1 亿 kW,其中火电装机容量为 11.9 亿 kW,占总装机容量的
59.2%,电煤在全部煤炭消费中的占比达到 53.9%。在节能减排要求下,低碳排放的非化石
能源发电迎来迅速发展。2019 年我国新增发电设备装机容量为 1.01 亿 kW,其中,非化石能
源发电装机容量为 6389 万 kW,占全部新增发电装机容量的 62.8%。2019 年全国水电全部
装机容量达到 3.56 亿 kW,核电总装机容量达到 4875 万 kW,风电装机容量超过 2 亿 kW,光
伏装机容量达到 2.04 亿 kW。在全部发电量中,非化石能源发电占比达到 32.6%,其中,风
电、核电和光伏发电在全部发电量中的比重分别达到 5.5%、4.8% 和 3.1%。

以 2005 年为基准年,2006—2019 年,通过发展非化石能源、降低供电煤耗和线损率等措

施,电力行业累计减排二氧化碳约 159.4 亿 t,有效减缓电力行业碳排放总量增长。其中,供电煤耗降低对电力碳减排的贡献率为 37%,非化石能源发展的贡献率为 61%。截至 2020 年底,我国可再生能源发电装机容量达 9.34 亿 kW,占总装机容量的 24.4%。清洁能源对我国减污降碳贡献不断增大。仅 2020 年,我国清洁能源开发利用规模就达到 6.8 亿 t 标准煤,相当于替代了 10 亿 t 煤炭,减少二氧化碳、二氧化硫、氮氧化物排放量分别为 17.9 亿 t、86.4 万 t 和79.8 万 t[27]。

2021 年 4 月 22 日,习近平主席在领导人气候峰会上指出:"中国将严控煤电项目,'十四五'时期严控煤炭消费增长、'十五五'时期逐步减少。"根据相关预测,到 2030 年碳达峰时火电行业二氧化碳排放量约达到 47 亿 t,到 2060 年碳中和时全国电力行业排放二氧化碳量15.21 亿 t,其中火电行业排放 13.18 亿 t,占全国可排放总量 31.45 亿 t 的 41.9%[15]。

2.3.3 电力行业碳排放特征

2006—2016 年中国电力行业整体二氧化碳排放量及其增速如图 2-15 所示,数据显示电力行业碳排放虽有所回落,但整体上呈上升趋势。碳排放总量在这期间增长了 14.82 亿 t,从2006 年的 23.03 亿 t 增长至 2016 年的 37.85 亿 t,平均增速为 6.44%。根据电力行业碳排放特征及增速可将我国碳排放进程分成两个阶段。

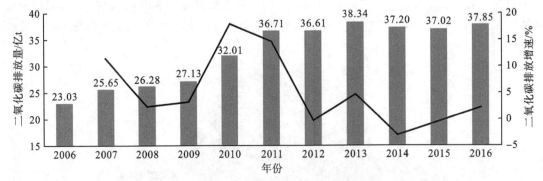

图 2-15　2006—2016 年中国电力行业二氧化碳排放量及增速情况

第一阶段是 2006—2013 年的增速急剧期,电力行业的碳排放量增加了 15.31 亿 t,年均增长率为 9.50%,远高于整体平均水平,主要原因是随着中国工业化和城市化进程在这一阶段的加快,与之有关的高耗能行业促使电力需求快速增长。

第二阶段是 2013—2016 年的回落下调期,此阶段最主要的特征是碳排放的负增长率。总碳排放量在 2013 年达到峰值后开始回落,主要是由于我国处于新常态后,经济增长转向中低速,水电和太阳能等清洁能源逐渐成熟,火电发电量下降。此外,工业具有较高的电力需求特征,而经济结构进一步调整优化后,工业用电比例较以往有所降低,因此对电力的需求下降[28]。

受资源、经济及技术差异的影响,中国各区域的电力生产与使用量、能源消耗及碳排放量都有较大区别。2006—2016 年各省(区、市)电力行业的二氧化碳排放量如图 2-16 所示,碳排放量最大的五个省(区)是内蒙古、山东、江苏、广东和河南,其中内蒙古以 3.07 亿 t 位居首位,其余四省均超过 2.0 亿 t,同时这五个省份也是火力发电量较大的区域,其火力发电量均超过 2000 亿 kW·h。碳排放量最低的五个省(市)是天津、重庆、北京、海南和青海,其中青海的年碳排放量仅为 1.1 万 t[28]。

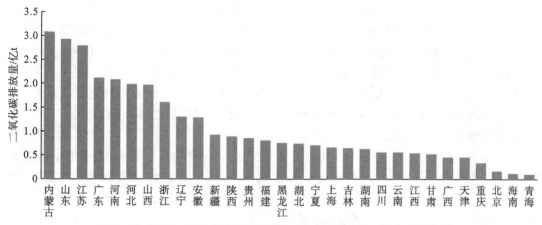

图 2-16　2006—2016 年中国各省(区、市)电力行业的二氧化碳排放量

各城市电力碳排放增长的原因主要分为两类:一类是由经济规模的扩大引起的,如山东、江苏、广东等地均为我国沿海省份,这些省份经济发展水平高,用电需求量较大;另一类是由于煤炭资源丰富,如内蒙古、山西等煤炭大省,火电占比较高,碳排放量较大。

不同省市的二氧化碳排放量参差不齐,不过关键在于,煤炭的供给与需求分布失衡,发电区域与受电区域的二氧化碳排放存在区域间转移[28]。许多省份的电力供需不匹配,中国存在大规模、长距离的北煤南运、西电东送等能源流向和运输特征。东部沿海省份的煤炭产量很少,而电力需求却占全国电力消耗的 50% 以上。长期以来,东部地区的电力需求通过区域内部和长距离的煤炭运输以发电来得到满足。北京、河北、上海、江苏、浙江、广东是主要的电力净转入区,而山西、内蒙古、安徽、湖北、贵州是主要的电力转出区域。电力转移的过程必然会伴随碳排放的逆向转移。对于电力转入区域,转入电力产生的二氧化碳是在转出区域排放,伴随电力交换规模越来越大,可能导致碳排放转移等现象越来越明显[29]。

2.3.4　电力行业碳排放影响因素

电力行业碳排放影响因素主要有以下几个方面。

1. 终端消费

终端消费是电力行业二氧化碳排放的重要驱动。工业电力消费量是终端电力消费的主体,当工业增加值占国内生产总值的比重不断增加,势必导致终端电力消费量的增加,进而增加电力行业二氧化碳排放。除工业外,建筑行业电力终端消费量占比也较大,产业结构效应对电力行业二氧化碳排放量增长起着促进作用。由此可见,进一步调整产业结构,积极发展第三产业,降低工业产值在经济中的比重等有利于电力行业二氧化碳排放量的减少。

2. 经济发展效应

经济发展对电力行业二氧化碳排放量增长的贡献为 99.1%,远大于其他因素对电力行业排放量增长的影响,是电力行业排放量增长最主要的驱动因素。这一实证结果表明,电力行业二氧化碳排放量增长与经济发展密切相关。中国减少电力行业碳排放需要综合平衡经济发展与减排之间的关系,既实现经济发展又要实现电力行业二氧化碳排放量的减少,实现中国经济和环境的协调发展。

3. 人口总量效应

人口总量对电力行业二氧化碳排放量增长一直起正向的驱动作用。一是家庭规模的变化,中国的家庭呈现小规模化趋势,而家用电器拥有量与家庭数量有关,如电冰箱、洗衣机等大型家用电器,家庭的小规模化趋势促使居民电力需求增长。二是城市化进程,中国正在经历较快的城市化进程,而城镇电力设施水平比农村更为完善,城市居民比乡村居民更具电力消费的便利性。三是人口由第一产业向第二、第三产业转移,而第二、第三产业电耗强度明显高于第一产业的电耗强度,特别是工业电耗强度较高,人口转移的结果是电力消费快速增长[30]。

4. 电力结构

电力结构指的是火力发电量与发电总量的比值,反映化石能源与清洁能源发电结构情况。我国目前发电环节碳排放主要来源于火电机组,近年来为了节能减排,我们加大了对电力结构的转换。2019 年底,全国水电、风电、太阳能发电装机快速增长,同比分别增长 2%、12.2% 和 15.7%,清洁能源发电装机占全部装机总量超过 40%。

5. 发用电比例

发用电比例指的是当地发电量与用电量的比例。鉴于我国各个省份各自的电力供给与需求匹配度较差,为缓解这种局面,经常需要在电网间和省市间进行电力调度。发用电比例的改变直接体现区域消纳情况,间接反映了碳减排的绩效情况[30]。

6. 电厂转换效率

转换效率指的是火电厂生产单位电所消耗的化石能源量,反映了在加工转换过程中能源利用的效率。转换效率一般被当作重要的影响因素,亚临界机组能源转换效率为 38%,超临界机组效率为 41%,超超临界机组效率为 44%,在考虑输电、配电等损耗的基础上,火力发电厂能源利用效率小于 40%。从亚临界到超超临界机组,62%～56% 的能源没有带来效益,其中凝汽器排放的能源占 56%～50%,且影响周边的环境,也造成火力发电厂碳排放量巨大[31]。

2.4 水泥行业碳源解析

水泥是一种与水混合形成塑性浆体后,能在空气和水中凝结硬化并保持强度和尺寸稳定性的无机水硬性凝胶材料。作为一种重要的基础性建筑材料,水泥被广泛应用于民用建筑、国防建设、道路建设等工业和工程建设领域。根据具体用途和功能,水泥一般可分为三类,即通用水泥、特性水泥和专用水泥[32]。

水泥生产中有许多工序和环节,如图 2-17 所示,大致可分为五个过程,即原料开采、生料制备(粉磨)、熟料煅烧、水泥制成(粉磨)、水泥装运,其中的关键步骤为生料制备、熟料煅烧和水泥粉磨三阶段,俗称"两磨一烧"[32]。

自 20 世纪 90 年代以来,中国水泥产量在世界总产量中占据重要地位,中国已成为水泥制造第一大国。根据国家统计局数据显示,2020 年,我国水泥产量 23.77 亿 t,约占全球的 55%,排放二氧化碳约 14.66 亿 t,约占全国碳排放总量的 14.3%。生产每吨水泥、每吨水泥熟料的二氧化碳排放量分别约为 616.6 kg、865.8 kg。

中国水泥行业的区域集中度较高,如图 2-18 所示,2020 年水泥产量前十省(区、市)分别是广东、山东、江苏、四川、安徽、浙江、云南、广西、河南、河北,占总产量的 58.3%。其中,广东水泥产量为 17075.63 万 t,占 7.2%;前三名产量占比 20.3%;前五名产量占比 32.3%。从区

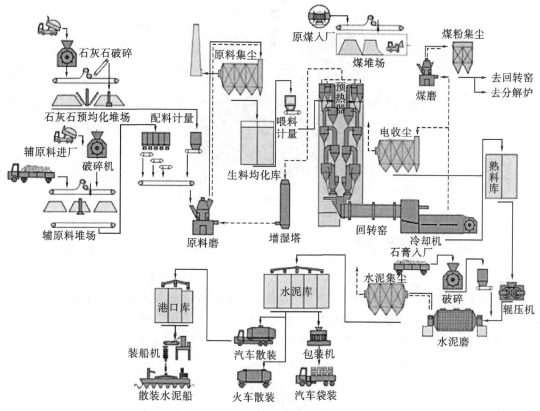

图 2-17　水泥生产流程图[32]

域占比来看,如图 2-19 所示,2020 年华东地区水泥产量最高,占比达 33.0%,其次为西南地区,水泥产量占比 19.3%。华中地区、华南地区水泥产量占比分别为 13.8%、13.1%。

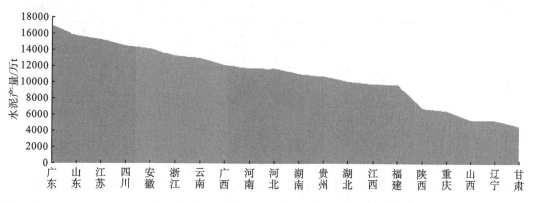

图 2-18　2020 年中国水泥产量前二十省市排名情况

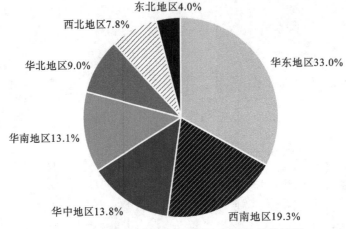

图 2-19　2020 年中国水泥产量区域占比统计情况

2.4.1　水泥行业的碳排放源

从水泥制造的整个过程来看,主要包括三个生产阶段:原料提炼和研磨、熟料生产及水泥生产。各生产阶段的碳排放如图 2-20 所示,其中主要的碳排放源于熟料生产过程。石灰石煅烧为生石灰的过程所排放的二氧化碳约占 55%~70%,化石燃料燃烧产生的二氧化碳约占 25%~40%,总的来说,整个熟料生产阶段排放的二氧化碳约占水泥生产全周期的 95%[33]。

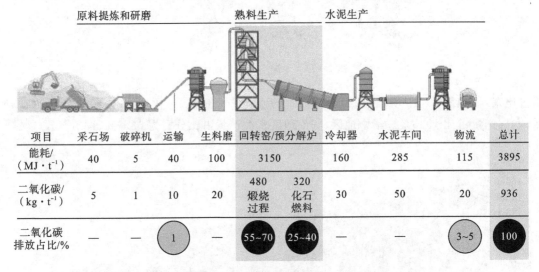

图 2-20　水泥生产过程中的碳排放[33]
（图中数值都为约数）

结合水泥生产设备、原料燃料及电力、水泥产品结构等实际情况,可将水泥生产排放的二氧化碳分为直接排放和间接排放。一般将直接排放规定为水泥厂原料锻烧及燃料燃烧造成的排放,间接排放规定为由其他工厂和实体拥有和控制的排放,如电力消耗及交通运输造成的碳排放。

1. 直接碳排放

水泥直接碳排放主要包括碳酸盐的分解、有机碳的燃烧、各类燃料燃烧排放等[34]。

1)碳酸盐分解排放

水泥生料由石灰石、黏土及少量校正原料(如矿化剂、晶种等)按比例配合粉磨制成。石灰石的主要成分为碳酸钙,还含有少量碳酸镁。原料石灰石中的碳酸钙含量可达 96%,含镁盐1%左右。总的来说,碳酸盐在原料中占有较大比重。在高温煅烧过程中,碳酸盐遇热分解出二氧化碳,由此产生的二氧化碳是水泥碳排放的主要来源,在总碳排放量中约占 50%。

2)有机碳燃烧排放

水泥生料中一般含少量有机碳,有机碳在实际燃烧中会排放二氧化碳,由于含量较低,产生的影响相对较小。值得注意的是,不同产地生产的水泥原材料中,有机碳的含量各不相同,一般情况下,在水泥原材料中所含的有机碳约为 0.1%~0.3%,二氧化碳排放量约为10~17 kg/t。

3)各类燃料燃烧排放

水泥生产需要燃料的环节相对较多,包括自发电、原料烘干、现场交通工具等。燃料燃烧作为碳排放的第二来源,占水泥生产过程中碳排放量的 30%。在水泥生产中,燃料种类相对较多,有传统烧成燃料,如天然气、焦炭、原煤等,也出现了一些替代性燃料,如废塑料、废皮革、废轮胎等。

根据中国建筑材料科学研究总院的初步研究,燃煤的二氧化碳排放因子介于每千克标准煤 2.31~2.55 kg 二氧化碳,而国家发改委能源所推荐的排放因子为每千克标准煤 2.46 kg二氧化碳。由此可以计算出生产每吨水泥熟料由燃煤燃烧产生的直接二氧化碳排放量约为295 kg。

2. 间接碳排放

水泥生产企业间接排放的二氧化碳主要是各工艺过程电力消耗造成的,包括开采矿山、制备生料、煅烧熟料、粉磨水泥及包装、发送、生产管理等过程,其中使用的多种输送、破碎、粉磨、煅烧工艺设备及电机、风机等,都需要消耗电力。

水泥生产中每生产 1 t 水泥,需要消耗电力约 110 kW·h。根据国家主管部门发布的数据,我国电力消耗二氧化碳排放因子平均约为每兆瓦时 0.86 t 二氧化碳,由此可推算出每吨水泥消耗电力产生的间接二氧化碳排放量约为 94.6 kg。

2.4.2　水泥行业碳排放影响因素

对水泥行业的碳排放起决定性作用的是生产工艺,此外还有节能粉磨和高效燃烧技术、水泥品种、替代燃料和余热利用技术水平等方面[35-40]。

1. 生产工艺

在我国水泥工业中,存在新型干法(预热器、分解炉配套回转窑)、机械化立窑、普通立窑、干法中空窑、湿法窑等多种生产工艺。熟料制备可分为干法和湿法两大类工艺,湿法生料含35%的水分,料浆均匀成分稳定,有利于生成高质量的熟料,但蒸发水分需要更多的能量消耗。干法工艺将生料粉在预热器和预分解窑中预煅烧,节省了蒸发水分的热量,通过额外增加的预处理工艺能够保证产品质量的稳定,干法工艺的碳排放量和能源消耗水平更低。

传统的立窑生产工艺由于污染严重,越来越不能满足社会生产的需要。20 世纪 70 年代出现的悬浮预热和预分解技术大大提高了水泥窑的热效率和单机生产能力,以其技术先进性、设备可靠性、生产适应性和工艺性能优良等特点,促使水泥工业向大型化发展,并逐步形成新型干法水泥生产工艺,如图 2-21 所示。

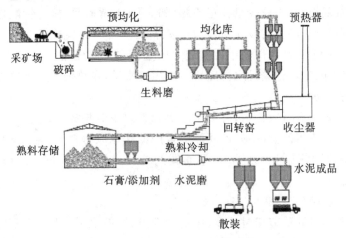

图 2-21 新型干法水泥生产工艺

新型干法水泥生产工艺是指以悬浮预热和窑外预分解技术为核心,把现代科学技术和工业生产的最新成果广泛地应用于水泥生产的全过程,形成一套具有现代高科技特征和符合优质、高产、节能、环保,以及大型化、自动化要求的现代水泥生产方法。相关技术包括新一代高能效预分解窑炉工艺技术、高固气比节能技术、高效研磨技术、多路燃烧器、变频提速技术及高效冷却装备等。新型干法水泥生产线以先进高产、节能环保等技术优点被广泛应用于我国水泥生产企业,不仅实现了自动化生产水泥,还顺应了我国可持续发展战略节能减排的要求。

2. 节能粉磨和高效燃烧技术

粉磨设备和大功率风机是水泥生产过程的主要耗电设备,与粉磨有关的电机和磨机耗电量约占水泥企业总耗电量的 60%。通过采用辊压机、立磨等粉磨设备,推广变频调速、无功补偿等节电技术,结合工艺监控实施工厂电力系统优化,可以在保证粉磨质量的前提下有效降低生产电耗。年产量 200 万 t 的水泥厂,年用电量近 2 亿 kW·h,每生产 1 t 水泥需粉磨近 3 亿 t 的物料(包括生料、燃煤、熟料和混合材等)。与传统球磨相比,立磨、辊压机等新型粉磨设备单位电耗可省 20%~40%。按 2015 年全行业水泥平均电耗降低 5 kW·h 计算,每年可节省电耗约 100 亿 kW·h,间接减排二氧化碳约 800 万 t。

由于碳减排作用明显,高能效的煤燃烧技术与装备市场需求持续,如新型大推力的煤粉燃烧器、催化燃烧技术和全氧燃烧技术。自传统的单通道燃烧器向多通道燃烧器发展以来,新一代的双通道燃烧器由于调节性能、火焰成形能力及燃烧效率等指标优良,成为新的技术发展方向。

3. 水泥品种

在通用硅酸盐水泥中加入其他掺和料、可燃物和助燃物,可以加强原料的燃烧程度,有效降低废气排放。如果采用低能耗、含碳化合物含量少的原料,如硫酸盐水泥,由于其主导矿物质碳含量低,所以在燃烧过程中,碳排放量会相应减少。不同品种的水泥由于组成原料、掺合料的比例不同,排放的二氧化碳含量有很大差别。

水泥熟料生产会产生较多的过程二氧化碳,在保证水泥性能的前提下,在水泥中增加混合物用量,包括高炉矿渣、粉煤灰、天然火山灰材料或石灰石粉等,降低水泥熟料的比例,可以降低碳排放量。水泥中熟料系数平均约为 0.75,即含有约 75% 的熟料和 25% 的石膏和混合材。通过提高水泥强度或是增加混合材活性,就可以在保证水泥性能的同时,增加水泥中混合材的掺量。通常提高水泥熟料强度 1 MPa,就可以增加混合材掺量约 2%,进而获得近 2% 的二氧化碳减排。

电石渣是用电石法生产乙炔产生的工业废渣,主要成分氢氧化钙达 70% 以上。我国电石渣的年排放量已达到 2000 万 t,历年存积的电石渣量也超过 1 亿 t。若采用电石渣完全替代石灰质原料生产 1 t 水泥熟料,即可减少约 550 kg 过程二氧化碳排放量,而全国年排放电石渣的完全利用则可减少二氧化碳排放量约 1100 万 t。

助熔剂和矿化剂可以显著改善水泥熟料的易燃性,实现水泥熟料的低温煅烧。采用适宜的助熔剂和矿化剂,可以使水泥熟料形成温度降低至 1350 ℃,每吨熟料减少热耗达 25 kg 标准煤,相应的二氧化碳减排量也达到每吨熟料约 62 kg。

4. 替代燃料

煤燃烧导致的直接碳排放在水泥生产排放的二氧化碳量中占不小份额,水泥工业目前普遍采用的传统化石燃料的热值较高,二氧化碳排放强度也很高,其中煤的排放强度最高。采用替代燃料代替燃煤是水泥生产的能耗二氧化碳减排的重要途径。

替代燃料是指可替代传统化石燃料的其他燃料,替代燃料可以减少化石燃料的用量,包括生活垃圾与工业废弃物。利用这些废弃物不仅能够降低水泥工业的二氧化碳排放量,也有助于降低废弃物处理产业的排放水平。满足水泥工业对于资源需求的废弃物利用途径有两类:一是利用焚烧炉焚烧工业固体废物和生活垃圾,再把焚烧灰用作水泥生产的原料,通过配料计算加入原料中,来烧制水泥熟料;二是在水泥窑中焚烧工业固体废物或生活垃圾,水泥生产过程既用固体废物焚烧,又进行水泥熟料烧成,同时焚烧灰又可以用作水泥原料。

替代燃料是一些具有较高热值(23000 kJ/kg)的废弃物,含有一定量的有机碳氢化合物,在相同热值条件下替代燃料的二氧化碳排放因子比燃煤约低 20%。另外,一些生物质替代燃料被公认为碳中性物质,即生物质替代燃料燃烧释放出的二氧化碳被认为对气候无影响,可不计入工业二氧化碳排放中。若全国水泥工业每年利用替代燃料 1000 万 t,生物质燃料 100 万 t,可减少二氧化碳排放约 700 万 t。

5. 余热利用技术

水泥生产过程中产生大量废热,为了不造成大量热能的浪费,目前国内大部分生产线均已加设余热利用设备,主要利用方式是余热发电,有些水泥企业还利用多余的废气取暖和烘干物料。低温余热发电是利用预分解窑预热器排出的 300～400 ℃ 低温废气与冷却机排出的 150～200 ℃ 低温废气进行发电。在预分解窑系统上加设纯低温余热发电,能将水泥生产的综合热利用率从 60% 左右提高到 90% 以上。纯中低温余热发电量现已达到每吨熟料 30～40 kW·h,使水泥生产线的自供电量达到 1/3 以上。

永州红狮水泥有限公司将窑尾排放的约 300 ℃ 的废气回收到纯低温锅炉,余热发电量每年达 1 亿 kW·h,相当于节约标准煤 1.2 万 t,减少二氧化碳排放 14 万 t。余热利用技术节省发电所需煤炭资源效果显著,减少了很大一部分由电耗和燃煤产生的碳排放量,同时减少了熟料生产对环境的热污染。毋庸置疑,纯低温余热发电及低温废气其他利用技术已成为影响水泥生产碳排放的一大因素。

2.4.3　水泥行业碳排放核算方法

水泥生产企业的二氧化碳排放总量等于企业边界内所有的燃料燃烧排放量、工业生产过程排放量及企业净购入电力和热力对应的二氧化碳排放量之和。计算水泥生产二氧化碳直接排放量的主要困难是水泥中的熟料含量和熟料中的氧化钙含量存在差异,不同的水泥按照其强度等级有必要分别核算其二氧化碳排放水平。一般确认和计算温室气体排放量的步骤为:确认排放源,选择计算方法,收集数据和选择排放系数,运用计算工具和数据汇总分析。

《2006年IPCC国家温室气体清单指南》(IPCC是联合国政府间气候变化专门委员会的英文缩写)提出了三种计算国家级水泥生产的二氧化碳排放方法。方法1基于水泥产量数据推算熟料产量;方法2基于可统计的熟料产量和缺省排放因子计算排放水平;方法3根据所有原材料和燃料来源中所有碳酸盐给料的权重和成分、碳酸盐的排放因子、实现煅烧的比例计算。方法3收集数据最多,准确性也较高,计算方法如下[40]:

$$Q = \sum E_{F_i} M_i F_i - M_d C_d (1 - F_d) E_{F_d} + \sum M_k X_k E_{F_k} \tag{2-1}$$

式中,Q为二氧化碳排放量(t);E_{F_i}为特定碳酸盐i的排放因子[t(二氧化碳)/t(碳酸盐)];M_i为炉窑中消耗的碳酸盐i总量(t);F_i为碳酸盐i中的不完全燃烧组分;M_d为未回收到炉窑中的水泥窑灰重量(t);C_d为未回收到炉窑中的水泥窑灰内原始碳酸盐重量比例;F_d为未回收到炉窑中的水泥窑灰煅烧的比例;E_{F_d}为未回收到炉窑中的水泥窑灰内未煅烧碳酸盐的排放因子[t(二氧化碳)/t(碳酸盐)];M_k为有机或其他碳类非燃料原材料k的重量(t);X_k为特定非燃料原材料k中总有机物或其他碳的比例;E_{F_k}为其他碳类废燃料原材料k的排放因子[t(二氧化碳)/t(碳酸盐)]。

据2015年《巴黎协定》,全球水泥业必须在2050年达到碳中和的目标,也就是2030年必须要减碳40%。目前,我国水泥熟料碳排放系数约为0.86,即生产1 t水泥熟料将产生约860 kg二氧化碳,折算后我国水泥碳排放量约为597 kg,与《巴黎协定》要求相比仍然偏高。《巴黎协定》要求每生产1 t水泥,二氧化碳排放量必须降到520～524 kg。因此,要完成《巴黎协定》2050年的终极目标,我国水泥行业需要抓紧时间,并为此付出巨大努力。

2.5　化工行业碳源解析

化工行业包含化工、炼油、轻工、石化、环境、医药、环保和军工等部门从事的工程设计、精细与日用化工、能源及动力、技术开发、生产技术管理和科学研究等方面的行业,是国民经济不可或缺的重要组成部分,其发展走可持续发展道路,对人类经济、社会发展具有重要的现实意义。

化工行业是高碳排放行业之一,碳排放总量仅次于黑色金属冶炼加工业,中国化工行业位居全国碳排放行业总量排名的第二位。2019年,化工生产部门产生碳排放量约5.88亿t,约占工业领域总排放量的16.7%,占全国能源碳排放量的6%。碳的全生命周期分为"生产排碳"和"使用排碳",其中生产排碳分为"工艺排碳"和"工程排碳",使用排碳分为"能源排碳"和"产品排碳"。所以,化工行业也将是未来实现碳中和所必须要整合的行业。

2.5.1　化工行业的碳排放源

1. 核算方法

由于化工行业产品种类繁多,厘清产生碳排放的核心工艺对识别未来的风险和机遇非常重要。我国碳排放清单的建立是基于排放因子算法而非在线监测,与联合国政府间气候变化专门委员会的国际标准一致。根据我国官方的碳排放核算指南,化工生产中的碳排放来源主要可以细分为五个方面,分别是燃料燃烧排放、废气的火炬燃烧排放、工业生产过程排放、二氧化碳回收利用量、净购入电力和热力隐含的二氧化碳排放:

$$石油化工企业温室气体排放量 = 燃料燃烧排放量 + 火炬燃烧排放量 + 过程排放量 -$$
$$回收利用量 + 净购入电力 / 热力排放量 \qquad (2-2)$$

$$燃料燃烧排放量 = 燃料消耗量 \times 含碳量 \times 碳氧化率 \times \frac{44(二氧化碳的分子质量)}{12(碳的分子质量)}$$
$$(2-3)$$

$$火炬燃烧排放量 = 燃气流量 \times \left(非二氧化碳物质含碳量 \times 碳氧化率 \times\right.$$
$$(2-4)$$
$$\left.\frac{44}{12} + 二氧化碳质量浓度\right)$$

$$过程排放量 = 各装置的生产过程排放二氧化碳之和(也可利用进出料碳质量守恒估算)$$
$$(2-5)$$

$$回收利用量 = 回收体积 \times 纯度 \qquad (2-6)$$
$$净购入电力 / 热力排放量 = 消费量 \times 排放因子 \qquad (2-7)$$

2. 碳排放系数

将燃料燃烧排放、净购入电力和热力隐含排放归为公用工程排放,工业生产过程排放单列,废气的火炬燃烧排放和二氧化碳回收利用量(除合成尿素消耗外)不作讨论。

1)公用工程排放

一般将燃料燃烧排放、电力和热力隐含排放、火炬燃烧排放统称为公用工程排放,通常重点关注燃料燃烧、电力和热力隐含排放。化工企业的公用工程排放主要就是能源相关排放。生产过程中能源消耗可以是一次能源和二次能源。不同的燃料在燃烧过程中的碳排放量不尽相同,常见能源的折标准煤系数以及二氧化碳排放系数如表 2-7 所示。特别的,电力属于二次能源,但因为产生电力的过程仍然需要发电厂的燃料燃烧,因此电力也拥有碳排放系数,如北京 2020 年新标准为每兆瓦时 0.604 t 二氧化碳。

表 2-7　常见能源的折标准煤系数以及二氧化碳排放系数

能源名称	折标准煤系数	二氧化碳排放系数
原煤	0.7143	1.9003
焦炭	0.9714	2.8604
原油	1.4286	3.0202
燃料油	1.4286	3.1705
汽油	1.4714	2.9251

能源名称	折标煤系数	二氧化碳排放系数
煤油	1.4714	3.0179
柴油	1.4571	3.0959
液化石油气	1.7143	3.1013
炼厂干气	1.5714	3.0119
油田天然气	1.33	2.1622

2)工业生产过程排放

过程碳排放测算是利用物质质量守恒原则,联合国政府间气候变化专门委员会发布的《2006 年 IPCC 国家温室气体清单指南》就假设了过程排放中所有损失的碳元素都转换为二氧化碳排出,原料与产物(包括次级产物)的碳含量差值就是该产品生产过程中的二氧化碳过程排放。过程排放和公用工程排放共同组成了化工制备中的所有碳排放。联合国政府间气候变化专门委员会碳排放计算方式分为排放因子法、原料碳平衡法、直接估算法。当工厂数据及化学反应过程未知,适用排放因子法计算碳排放量:

$$碳排放量 = 产品产量 \times 排放因子 \qquad (2-8)$$

当已知化学反应过程,适用原料碳平衡法计算碳排放量:

$$碳排放量 = (原料碳含量 - 产品碳含量) \times \frac{44}{12} \qquad (2-9)$$

已知特定工厂数据及化学反应过程,适用直接估算法计算碳排放量:

$$碳排放量 = 燃料燃烧排放量 + 火炬燃烧排放量 + 过程排放量$$
$$= 消耗量 \times 排放因子 + 过程排放量(直接测量或估算) \qquad (2-10)$$

以煤化工过程中二氧化碳排放为例,对工业生产过程排放源进行解析。

(1)煤制甲醇工艺流程中二氧化碳的排放。煤制甲醇要经过煤气化、合成气的净化与合成甲醇等环节,在煤气化的过程中会不可避免地产生一定量的二氧化碳气体,进而给环境造成比较大的危害。煤在氧气和水同时燃烧的情况下会发生如下两个反应:

$$CO + O_2 \longrightarrow CO_2 \qquad (2-11)$$
$$CO + H_2O \longrightarrow CO_2 + H_2 \qquad (2-12)$$

而甲醇合成必须要使用氢气,如此一来,一氧化碳与水反应又会产生比较多的氢气和二氧化碳,进而形成更大量的二氧化碳。上述两个反应中,仅有非常少量的部分会形成甲醇,其他绝大部分都会直接排放到自然界中。根据相应数据统计分析,生产 1 t 的甲醇,需要排放 2 t 的二氧化碳。

(2)直接液化工艺过程中二氧化碳的排放。煤制油时二氧化碳主要有如下的形成路径,即通过使用液化工艺将所形成的二氧化碳直接排放到自然界中,该环节就是煤与氢气在高温条件下直接形成液体油。从这一化学反应出发,煤炭会提供氧气,然后与氢化剂发生一系列的反应,氧气会随着水分直接排出去,此时二氧化碳的产出会相对较低。根据有关数据分析可以确定,每生产 1 t 液化油需要排放 2.1 t 左右的二氧化碳。

(3)间接液化法过程中二氧化碳的排放。该工艺环节包含煤气化、合成、精炼等几个过程,气化与合成环节所产生的二氧化碳比较多,也是主要的形成环节。从直接液化的角度出发,氧气与水蒸气在液化的环节中作为气化剂使用,所以间接液化所形成的二氧化碳可以发生以下几个反应。

水煤气变换反应:
$$CO + H_2O \longrightarrow CO_2 + H_2 \qquad (2-13)$$

铁基催化剂参与的 F-T 反应:
$$2CO + H_2 \longrightarrow CO_2 + CH_2 \qquad (2-14)$$

甲烷化反应:
$$CO + 2H_2 \longrightarrow CH_4 + CO_2 \qquad (2-15)$$

歧化反应:
$$2CO \longrightarrow C + CO_2 \qquad (2-16)$$

从相应的统计数据分析可以发现,相同液化产品环节中间接液化要比直接液化多产出 1 t 左右的二氧化碳气体。

(4)煤制烯烃工艺流程中二氧化碳的排放。煤制烯烃工艺流程的煤制甲醇环节还包含多个环节,整个过程中的气化剂反应相对比较复杂,反应的难度也比较高。根据相应的专业数据统计分析,反应阶段生成 1 t 甲醇,排放 2 t 的二氧化碳。

(5)煤制天然气工艺流程中二氧化碳的排放。煤制天然气工艺在开展的过程中,包含了煤制合成天然气及煤制二甲醚与煤间接液化等工艺的应用。在各种工艺运用上会排出很多二氧化碳,按照相关分析可知,排放的二氧化碳浓度较高。

此外,海外多以油气路线为主,工艺成熟且拥有完备的过程排放数据。欧盟公布的油气路线排放因子如表 2-8 所示。

表 2-8　欧盟公布的部分化工产品(每吨)含碳量及碳排放系数

产品	含碳量/t	二氧化碳排放系数/t
乙腈	0.5852	2.144
丙烯腈	0.6664	2.442
丁二烯	0.888	3.254
炭黑	0.97	3.554
乙烯	0.856	3.136
二氯乙烯	0.245	0.898
乙二醇	0.387	1.418
环氧乙烷	0.545	1.997
氰化氢	0.4444	1.628
甲醇	0.375	1.374
甲烷	0.749	2.744
丙烷	0.817	2.993
丙二醇	0.8563	3.137
氯乙烯	0.384	1.407

2.5.2 化工行业碳排放现状及特征

1. 化工行业碳排放特点

据英国石油公司 2020 版《bp 世界能源统计年鉴》数据,目前我国二氧化碳年排放量达到 100 亿 t。在工业部门内部,化工业(石油加工及炼焦业、化学原料和化学制品制造业)的碳排放量约为 4 亿 t,仅占工业总排放量的 10%,如图 2-22 所示,占国内总排放量的 4%,远小于电力、钢铁、水泥等排放大头,也就是说从总量上看,化工业并非首当其冲的行业。同时,煤炭消费作为碳排放的主力,其能源消费的 73% 用于电力和钢铁用途,化工消费仅占 8%。而化工在原油和天然气下游消费结构中的占比分别是 49% 和 10%,如图 2-23 所示。因此,从全国的排放总量及占比看,化工行业的排放贡献非常有限。

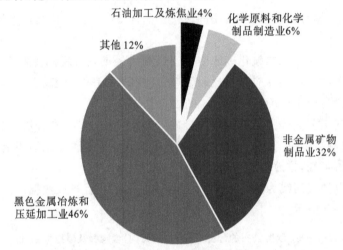

图 2-22 我国工业制造业碳排放的细分行业结构

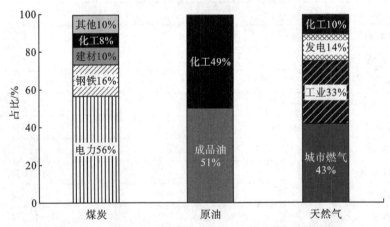

图 2-23 我国 2019 年煤炭、原油、天然气消费下游结构

但从强度看,根据部分省市统计年鉴中工业及其细分化工行业的规模以上收入与能源消耗,化工的单位收入碳排放量高于工业行业平均水平。并且不同区域由于经济结构、能源结构及发展水平的不同,面临差异化的压力,使得化工行业在部分地区可能会面临来自碳排放的发展桎梏。尤其是作为煤炭大省的内蒙古,2021 年 2 月受到了国家发改委对未能完成能耗总量

和强度"双控"考核的通报批评。根据部分省市统计年鉴中工业及其细分化工行业的规模以上收入与能源消耗,可以简单测算得到每万元收入对应的能源消耗及碳排放量。选取其中表现最差的三个省市(内蒙古、宁夏、辽宁)和表现最好的三个省市(北京、河北、甘肃),并与全国测算数据进行比较。首先从行业的单位排放量来看,化工的单位收入碳排放量高于工业行业的平均水平,如图 2-24 所示。其次在地区差异上,对于每万元收入能源消耗指标表现较差的省市,单位收入的碳排放代价也明显较高,如图 2-25 所示。所以从排放强度看,化工行业减排还是面临一定的挑战,并且在地区上的差异化非常明显。

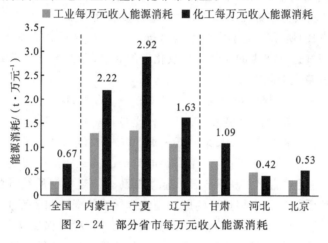

图 2-24　部分省市每万元收入能源消耗

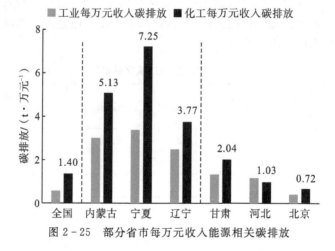

图 2-25　部分省市每万元收入能源相关碳排放

综上,化工行业碳排放的特点可以总结为:①排放总量有限但强度突出;②煤化工过程排放的压力较大,但提前布局提效和减排的龙头企业具有充足的生存空间及发展主动权。

2. 典型化工产品的碳排放量测算

对于碳排放的两个核心来源,能源相关的排放未来能通过动力替代大幅缩减甚至归零,但过程排放因为反应机理和转化效率的因素则各有不同。碳氢转化带来的碳排放是能化产品生产流程中最重要的过程排放。例如,煤炭主要由碳元素组成,氢碳摩尔比仅约为 $0.2\sim1$,需要牺牲一部分碳从其他原料中置换出氢,碳转换率比不上油气。从具体反应过程来看,煤炭是通过煤气化过程转换为煤气再进行后续的制备任务,如式(2-17)、式(2-19)所示。在理想的水煤气制备反应中,一份碳和水生成了一份一氧化碳和氢气。然而这个反应过程是强吸热反应,在实际煤气化过程中并不会单独存在,而是必须配合另外的碳氧化放热反应来给这一过程供热。这些放热反应消耗了碳,却并没有从水中置换出等比例的氢气,从而导致了最终产物的碳氢比例大于1,甚至还生成了一些二氧化碳。此外,以重要的化工中间产品甲醇为例,其原料的碳氢比例低至0.5,对氢气的消耗明显大于一氧化碳。因此,煤气化过程后往往会加一步变换反应来调节一氧化碳和氢气的比例。在这个过程中,消耗了一份一氧化碳和水,生成了一份氢气和二氧化碳。这是煤化工路线中主要的二氧化碳过程排放来源。另一方面,油的氢碳比为1.6~2,天然气的氢碳比则都在2以上,含氢量皆显著高于煤炭。以天然气化工C1为例,如式(2-18)、式(2-19)所示。由于甲烷本身氢碳比达到4,从最核心的反应方程式看,其第一步蒸汽重整制合成气过程产生的氢气是一氧化碳的3倍,远大于煤化工路线中的1倍,因此下游产品的过程排放量也会相对较低。

$$煤气化反应:C + H_2O \longrightarrow CO + H_2 \tag{2-17}$$

$$甲烷蒸汽重整反应:CH_4 + H_2O \longrightarrow CO + 3H_2 \tag{2-18}$$

$$水煤气变换反应:CO + H_2O \longrightarrow CO_2 + H_2 \tag{2-19}$$

虽然化工行业排放总量占比不高,但是中游能化产品的碳排放强度还是较为突出的。以单位收入排放来看,主要的能化产品排放强度基本都高于宏观数据所统计的化工行业平均排放水平,如表2-9所示。这其中很重要的原因是传统排放的统计和测算工作多集中在能源消费相关领域,而过程排放并不是关注的重点,尤其是对化工这种流程长且产品门类极为复杂的行业更加难以做到完全覆盖。然而从能化产品全流程的排放看,过程排放往往能达到50%以上。而且随着未来可再生能源替代的逐步推进,能源相关排放还会大大缩减,那么过程排放将是决定产品碳排放压力的核心因素。

表2-9　能化产品(每吨)的二氧化碳排放强度汇总

产品	路线	工业过程/t	公用工程/t	总排放/t	过程排放占比/%	万元排放/(t·万元⁻¹)
合成氨	煤头	4.22	1.83	6.056	70	20.62
	气头	2.10	1.00	3.10	68	10.56
甲醇	煤头	2.13	1.78	3.91	55	15.88
	气头	0.67	0.92	1.59	42	6.46
尿素	煤头	1.47	1.54	3.00	49	17.41
	气头	0.46	1.06	1.52	30	8.82
醋酸	煤头	1.14	1.31	2.45	46	8.44
	气头	0.36	0.86	1.21	29	4.18
DMF	煤头	2.85	4.84	7.69	37	14.77
	气头	1.08	4.48	5.56	19	10.59
烯烃	煤头	5.97	4.06	10.03	60	9.86
	油头	1.73	0.94	2.67	65	2.62
	气头	0.95	0.94	1.89	50	1.86

续表

产品	路线	工业过程/t	公用工程/t	总排放/t	过程排放占比/%	万元排放/(t·万元⁻¹)
乙二醇	煤头	2.84	1.86	4.70	60	7.28
	油头	0.97	1.31	2.28	43	3.53
	气头	0.53	1.31	1.84	29	2.85
PVC	电石	2.23	5.14	7.37	30	11.58
	乙烯（煤基）	3.70	4.76	8.46	44	12.26
	乙烯（裂解）	0.43	1.83	2.25	19	3.26

首先，从产业结构看，C1 产品主要是国内自给自足，其中合成氨、尿素与农业生产、粮食安全息息相关，煤头产能的经济性难以被取代，其供需结构经环保主导供给侧改革已经修复至平衡甚至趋紧的状态；C2 产品核心的烯烃进口依赖度则处于较高的水平，考虑到原料的供应安全，煤头流程具有重要的战略意义。其次，煤头工艺上天生的"缺陷"无法改变，但龙头企业有着充足的应对措施。即使过去没有碳中和的框架，龙头企业实际上也在不断地建立自己降耗减排的能力基础和产业布局。即使随着碳达峰和碳中和的政策下压，它们也能有充足的生存空间并且掌握住发展的主动权。从技术上看，能化产品过程排放的问题实际上就是碳原子利用率，即原料利用和转化率的问题；虽然从反应机理上难以短期逆转，但通过提升包括合成气等物料的利用效率，就能够降低无谓的碳原子损失，而这些则来自于企业长期在工程、技术上的积累，以及对化学合成的深入理解。

2.6　采矿行业碳源解析

采矿行业是古老的行业，在人类发展过程中，矿业推动着人类文明和科技的发展[41]。矿产资源是经济可持续发展的能源支撑，加快矿资源的开发和利用，推动我国工业经济的发展是当前面临的重要任务。随着我国经济的发展，采矿行业发展加快，采矿过程中存在的碳排放问题也随之显现出来[42]。

2.6.1　采矿行业分类及采矿方法

采矿业是从地球中采掘出矿石，即对固体（如煤和矿物）、液体（如原油）或气体（如天然气）等自然产生的矿物进行采掘的行业[43]。采矿是一个过程，包括勘探和发现矿石，地下或地上采掘，矿井的运行，以及一般在矿址或矿址附近从事的旨在加工原材料的所有辅助性工作，例如破磨、选矿和处理，再到对采完矿点的封闭和补救。此外，其还包括使原料得以销售所需的准备工作，但不包括水的蓄集、净化和分配，以及建筑工程活动[44]。

采矿是一项复杂、系统的工作，包括地上开采和地下开采。除了直接的采掘性工作外，采矿还包括与此相关的一系列辅助性工作，如洗矿、选矿和尾矿处理等。采矿的前期工作是对矿产的勘探、调查等，对矿产种类、矿产的储藏量、开采难度及开采成本进行一个综合性的分析与评估，对有开采价值并经过相关能源部门批准后的矿产进行开采和一系列辅助工程的建设等[45]。从矿床的发现到封闭和修复的采矿流程如图2-26所示。特别的,矿床开采包括基建开拓工程和生产采矿工程两大项。矿山地下开拓要掘进一系列巷道或沟道以通达矿体,建成完整的采矿生产系统,交付生产使用。

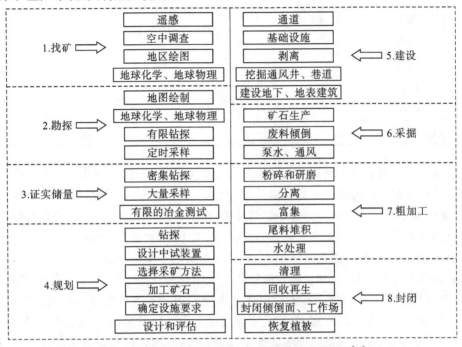

图2-26 从矿床的发现到封闭和修复的采矿流程[44]

1. 采矿行业分类

总体来说,矿石一般分为四个主要类别:金属、工业矿石(因某些特定性能而有价值)、建筑材料和能源矿石(煤、石油和天然气)。而国民经济行业中,又把采矿业细分出七大类,包括煤炭开采和洗选业、石油和天然气开采业、黑色金属矿采选业、有色金属矿采选业、非金属矿采选业、开采专业及辅助性活动和其他采矿业[46]。

煤矿开采和洗选业又包括烟煤和无烟煤开采洗选、褐煤开采洗选,以及其他石煤、泥炭等煤炭采选。石油和天然气开采业指在陆地或海洋,对天然原油、液态或气态天然气的开采,对煤矿瓦斯气(煤层气)的开采;为运输目的所进行的天然气液化和从天然气田气体中生产液化烃的活动,还包括对含沥青的页岩或油母页岩矿的开采,以及对焦油沙矿进行的同类作业。黑色金属矿采选业包括铁矿、锰矿、铬矿及其他黑色金属矿采选。有色金属矿采选业指对常用的有色金属矿、贵金属矿,以及稀有稀土金属矿的开采、选矿活动,包括深海有色金属矿开采。而非金属矿采选业包括土砂石开采、化学矿开采、石棉及其他非金属矿采选等,其中,土砂石开采又包括石灰石、石膏开采,建筑装饰用石开采,耐火土石开采,黏土及其他土砂石开采。而开采专业及辅助性活动是为煤炭、石油和天然气等矿物开采提供辅助的活动。其他采矿业指对地热资源、矿泉水资源及其他未列明的自然资源的开采,但不包括利用这些资源建立热电厂和矿泉水厂的活动。

2. 采矿方法

目前,我国常用的地下矿山(煤炭、金属及非金属矿山)采矿方法以空场采矿法、崩落采矿法、充填采矿法为主,而石油开采方法有自喷采油、气举采油、有杆泵采油、无游梁式抽油等。天然气的开采方法有降压法和注热法等。其相应的优缺点和适用范围等如表 2-10 至表 2-12 所示。

表 2-10　地下矿山(煤炭、金属及非金属矿山)采矿方法[47]

采矿方法		优缺点	适用范围
崩落采矿法	无底柱分段崩落采矿法	工艺简单、作业安全,低成本、高效率,解决了一些破碎松软矿体的采矿问题	在冶金、有色、化工领域及非金属矿山中得到全面推广应用
	有底柱崩落采矿法		金属矿山
	自然崩落采矿法		
空场采矿法	房柱采矿法	成本低、生产能力大、劳动生产率高、采准时间短和较容易达产等	矿岩较稳固的矿山
	全面采矿法		
	分段空场法		
	阶段空场法	高效率、高强度,改善了劳动条件和降低了采矿成本	采用了大直径深孔采矿技术
充填采矿法	上向进路充填采矿法	由最初的用废石充填采空区的干式充填法,发展成为高效的采矿方法之一	在黄金矿山、有色矿山中应用较为普遍,部分黑色矿山和稀有金属矿山中也得到应用
	上向水平分层充填采矿法		
	下向进路充填采矿法		

表 2-11　石油开采方法[48-49]

采油方法	原理	优缺点	适用范围
自喷采油	原油从井底举升到井口,从井口流到集油站,全部都是依靠油层自身的能量来完成的	井口设备简单,操作方便,油井产量高、采油速度高、生产成本低	
气举采油	当油井停喷以后,为了使油井能够继续出油,利用高压压缩机,从地面向井筒注入高压气体,将原油举升至地面的一种人工举升	可进行小直径工具和仪器的油层补孔、生产测井和封堵底水,并减少井下作业次数,降低生产成本;需压缩机和高压管线,地面系统设备复杂,投资大,气利用率低	适用于海上采油,斜井、高产量的深井,气油(液)比高的油井,定向井和水平井等
有杆泵采油	通过抽油杆柱把抽油机驴头悬点产生的上下往复直线运动传递给抽油泵向上抽油	设备简单,投资少,管理方便,适应性强	
无游梁式抽油		减轻抽油机重量,扩大设备的使用范围,改善其技术经济指标	适合于深井和稠油井采油

续表

采油方法		原理	优缺点	适用范围
无杆泵采油	潜油电动离心泵采油	使潜油电机带动多级离心泵旋转,把原油举升到地面上来		
	水力活塞泵采油	利用地面高压泵,将动力液(水或油)泵入井内,井下泵是由一组成对的往复式柱塞组成,其中一个柱塞被动力液驱动,从而带动另一个柱塞将井内液体举升到地面	扬程范围较大,起下泵操作简单;地面泵站设备多、规模大,动力液计量误差未能完全解决	可用于斜井、定向井和稠油井采油

表 2-12　地下天然气水合物开采方法[50-52]

采气法	原理	优缺点	适用范围
固体开采法	在海底利用采矿机将天然气水合物以固体的形式采出,然后应用海底集矿总系统对浅层水合物进行初步分离,再利用水力提升系统将水合物提升到海平面	动力耗费过大,开采效益不高,在井口易于再次形成天然气水合物;分解的气体中若含有 C_3^+ 组分时,其平衡压力会显著降低,不利于开采	
降压法	不断降低水合物层中压力,直到低于水合物相平衡压力。由于水合物本身有自己的蒸汽压,当水合物层力降低时,水合物分压会降低,此时为了保持其蒸汽压,水合物必须分解,这样便可以开采		适用于高渗透层,深度超过 700 m 的大型水合物的开采
注热法	向水合物层注入温度高的流体,通常注入的是热的水蒸气或者高温液态水,当高温流体遇到低温水合物,会提供大量的热量供水合物分解	开采热损耗大,设备复杂,特别是在永久冻土区,即使利用绝热管穿过厚厚的永冻层也会大大降低传递给水合物储层的有效热量,因此在开采上需要耗费很大的能量	
注化学试剂法		随着水合物分解,内部形成的"腔体"不断增大,其效率将明显降低,并且注入化学试剂必定会对地下淡水以及深层地质造成破坏和威胁,费用最高	
二氧化碳置换法	在一定温度下天然气水合物形成需要的压力要比二氧化碳水合物高,因此在一定的温度下,在某一压力区间内,天然气水合物会分解,而二氧化碳水合物却可以形成	开采天然气水合物可以避免污染海底环境,但开采时的反应速率较低,且保证二氧化碳安全封存也是技术上很大的难题	对于大规模开采不适用

2.6.2　采矿行业的碳排放源

由于非金属矿的开采和金属矿类似,因此本部分选取几类典型矿,重点将碳排放源分为三个类别进行分析,分别为煤炭采矿行业、石油和天然气开采业及金属矿采选业。

1. 煤炭采矿行业

煤炭采矿行业的矿山活动主要包括准备过程中的勘探、钻孔和爆破,开采过程的铲车挖掘、运输,选煤加工环节的破碎、跳汰、脱水和干燥,以及运输过程等[53]。煤炭行业的碳排放主要来源于煤炭生产过程中的甲烷和煤炭消费过程中的二氧化碳。甲烷的温室效应是等体积二氧化碳的 21 倍,这种煤矿瓦斯气体不仅在煤炭开采过程中会风排到大气中,在废弃矿井关闭后,也仍会从地裂缝里不断向大气逸散排放。二氧化碳主要产生于煤炭消费过程,高碳问题集中体现在电力行业煤燃烧发电阶段。污染物超低排放技术解决了燃煤电厂颗粒物等排放造成的环境污染问题,但二氧化碳高排放的难题还未得到有效解决,燃煤火力电厂也成为我国最大的二氧化碳工业集中排放源。图 2-27 为煤炭生产企业碳排放边界和排放源示意图,接下来详细说明每个环节中碳排放源的情况[54-55]。

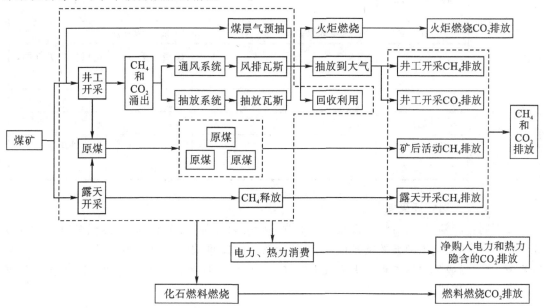

图 2-27　煤炭生产企业碳排放边界和排放源示意图

煤炭开采环节的碳排放源主要分为三类:一是在煤炭开采过程中产生的气体逸散;二是由于能源的消耗产生的碳排放;三是非受控自燃导致的碳排放。其中,伴随煤炭开采产生的气体逸散主要是原来吸附在煤中的二氧化碳、甲烷等气体随着开采过程而释放产生的碳排放;能源的消耗指的是对原煤、柴油、汽油,以及电和水的使用,对原煤、柴油、汽油的消耗为直接碳排放源,对电能和水资源的使用是间接碳排放源;非受控自燃主要指的是原煤、煤矸石在堆放储存期间发生自燃带来的碳排放,但这部分的排放因反应慢、数量少且难以计算一般省略。

在煤炭洗选加工环节,洗选的主要机械设备有破碎、跳汰、脱水和干燥设备等,所使用的动力为电能提供,主要的碳排放来自于机械设备的电能消耗排放、煤炭运输过程的排放及用水生产带来的碳排放,即排放源为原煤、电能、柴油、汽油和水。

在煤炭运输环节,由于运输工具在进行煤炭运输过程中需要消耗大量的燃料,因此该环节的碳排放主要来自于燃料的燃烧,并且是该环节碳排放的直接来源。煤炭运输的方式主要有铁路、公路和水路,直接的碳排放源是柴油和电力。

煤电供应链的消费环节指的是煤炭运至电厂进行燃烧发电的过程,该环节在整个供应链中碳排放量最大。火力发电的系统主要有锅炉、汽轮机和发电机等,其中在煤炭转化为电能过程中,锅炉系统和炉渣的处理过程是直接影响碳排放的主要环节,即煤炭、煤泥和煤矸石等产品的输入及燃烧后期的尾气脱硫处理。

表 2-13 按照碳排放方式对各环节的碳排放进行了分类,形成了煤炭采矿行业温室气体排放源识别表。

表 2-13　煤炭采矿行业温室气体排放源识别表

范围	排放源类别	设施	排放源
直接排放源	固定燃烧源	煤矿发电机	消费过程中的二氧化碳排放
	移动燃烧源	凿岩台车、锚杆台车、铲运机、矿用卡车	柴油、汽油
	工艺排放源	钻孔、爆破设备	甲烷、二氧化碳
	逸散性排放源	灭火器	煤炭开采过程中会风排到大气中,废气矿井
间接排放源	外购电力	—	—
	外购热	—	—
其他间接排放源	移动燃烧源	—	柴油、汽油(产品运输外包)
	逸散性排放源	—	废弃物

2. 石油和天然气开采业

按不同生产领域分,石油和天然气开采业的碳排放分为三类:石油、天然气勘探开发领域的碳排放,炼油与化工领域的碳排放,油气储运领域的碳排放。需要指出的是,天然气属于清洁能源,气代油或气代煤工程会大量减少用气企业温室气体的排放[56]。表 2-14 列出了不同生产领域的碳排放源情况。

表 2-14　不同生产领域的碳排放源

不同生产领域	碳排放源
石油、天然气勘探开发	火炬放空与燃烧、伴生气排放、储罐挥发与闪蒸、设备泄漏、天然气净化脱硫和脱水过程中释放的甲烷、燃料燃烧排放、无组织逸散、勘探开发中消耗电能导致的间接排放等
炼油与化工领域	加热炉、锅炉、热加工装置的燃烧排放,焦炭催化裂化燃烧排放,火炬燃烧排放,制氢过程排放,以及催化裂化、化肥、乙二醇、聚乙烯醇、制氢、焦化、合成氨等工艺废气的排放
油气储运领域	主要碳排放源包括管道输送耗能、天然气管道维修和抢险过程中的排放、压缩机放空、管道泄漏、原油加热、液化天然气和压缩天然气压力调整等

按碳排放方式分,石油和天然气开采业的碳排放分为直接排放源和间接排放源。

表 2 - 15 列出了不同碳排放方式的碳排放源。

表 2 - 15　不同碳排放方式的碳排放源

碳排放方式		碳排放源	主要温室气体
直接排放源	燃料燃烧排放源	加热和制冷过程燃料燃烧排放源、电力生产过程燃料燃烧排放源和交通运输过程燃料燃烧排放源	CO_2
	生产工艺过程排放源	石油企业：火炬的放空，包括热放空（放空焚烧）和冷放空（直接排放）	CH_4
		石化企业：火炬的放空焚烧、催化剂的烧焦、制氢工艺排放、合成氨及化肥的生产过程排放	CO_2
	废弃物处理/处置排放源	废气处理排放源：以石灰石、大理石和电石渣等固硫剂为主的脱硫设施运行过程排放源和废气焚烧排放源；固体废物焚烧过程排放源和固体废物填埋排放源	CO_2
		废水处理排放源：废水的无/厌氧降解过程排放源	CH_4
		固体废物处置排放源：废液焚烧和固体废物焚烧过程排放源	CO_2
		固体废物处置排放源：固体废物填埋排放源	CH_4
	逸散排放源	石油和天然气开采过程（包括井下作业）逸散排放源、加工处理过程逸散排放源、集输过程逸散排放源、储运过程逸散排放源	CH_4
间接排放源	输入/输出电力间接排放源	通过设备、电力的运行而产生的二氧化碳	CO_2
	输入/输出蒸汽间接排放源	一些仪表、设备的输入/输出蒸汽产生的碳排放	CO_2

3. 金属矿采选业

对金属矿采选业的碳足迹研究较少，李安平等人[57]以金徽矿业股份有限公司徽县郭家沟铅锌矿采选生产为例，分析了碳排放源，按照 PAS 2050 标准要求的"从摇篮到坟墓"的全生命周期过程，计算出该矿生产 1 t 精矿的碳足迹是 483.51 kg 二氧化碳当量，其中电能消耗产生的碳足迹是 45.935 kg 二氧化碳当量。该研究的矿石全生命周期范围是从井下凿岩到选矿生产最终的产品铅锌精矿为终点，该生命周期内的温室气体排放主要有直接温室气体排放和间接温室气体排放，直接温室气体排放是指柴油燃烧、2 号岩石乳化炸药所含成分（液体石蜡油）产生的温室气体，间接温室气体排放是指外购电能产生的排放。

生产过程中耗能设备有凿岩台车、锚杆台车、铲运机、矿用卡车、有轨电机车、矿井提升机、通风设备、充填系统、照明设备、应急发电机、颚式破碎机、球磨机、半自磨机、浮选机、压滤机等。矿井爆破使用 2 号岩石乳化炸药，该炸药的配比是硝酸铵含量为 82%，含水量为 12%，液体石蜡油含量为 6%，爆炸后石蜡油会产生温室气体。郭家沟铅锌矿生产供水取自永宁河，取水方式是电力提水，退水方式是循环利用，因此以取水耗电量为依据计算碳足迹。机械设备润滑油使用量少，废弃的润滑油由第三方进行回收，计算碳足迹时采用郭家沟铅锌矿润滑油出库数据。

2.6.3 采矿行业碳排放现状

1. 碳排放测算方法

实测法是利用环保部门认可的有关排放温室气体浓度、流速、流量等指标的测度数据估算温室气体排放总量的方法。其中计算温室气体排放量的指标数据主要是通过计量设施监测得到的。用于测算碳排放的基础数据主要来源于环境监测站,要求选取代表性较强的样本,以保证测算的准确性和有效性。该方法测算数据来源于实际,较为真实可靠,测算结果准确度较高;但是由于检测数据需要耗费大量资金、物质、人力资源,经济性较差,目前运用实测法测算碳排放的案例较少。

模型法包括能源排放模型、能源系统模型、Logistic 模型等。能源系统模型首先需要建立关于"总供能成本最低"的目标函数,然后根据目标函数的相关约束方程计算碳排放量。Logistic模型能够较好地拟合数据之间的相关关系,可以在已有的碳排放数据基础上动态估算碳排放值;Logistic 模型估算的结果比较准确,但对数据组要求较高,操作较难,难以普遍运用。

物料衡算法以质量守恒定律为基础,是对生产过程中的物质投入和物质产出进行定量分析的碳排放估算方法,在当前应用较为普遍。根据质量守恒这个基本定律,物料衡算法以生产过程中物料投入和物质产出相等为前提,适用于生产活动全过程或局部过程,可以用来计算能源消费和工业生产活动的碳排放。具体估算方法分自上而下的估算和自下而上的估算,两种估算方式各有优缺点,自上而下的估算虽简便但精度不高,自下而上的估算虽精度较高但是较复杂。

碳排放系数法是通过各类能源的消费量与对应的碳排放系数直接相乘估算碳排放量。

2. 碳排放分析方法

碳排放评价的对象是组织、项目、生产过程或者是产品,评价指在一定的时间和空间范围内对碳排放量实施的分析活动。

生命周期评价是一种用于进行环境管理的辅助工具,一般用 LCA(life cycle assessment)来表示。生命周期评价的实质是对处在整个生命周期中的产品、工艺和活动进行环境方面的评价。用 LCA 来进行分析首先要识别各个阶段中能够产生环境负荷的活动,然后对这些活动进行量化处理,通过核算出来的碳排放量来分析这种环境负荷的大小,通过对各个环节进行比较发现可减轻负荷的节点,进而提出改进建议。煤炭行业的生命周期包括原煤的开采、洗选和煤炭的运输,最后到达燃煤发电。

投入产出评价是研究部门之间存在的一种数量关系的方法,它可以用来研究生产过程中各部门之间的相互关系,发现经济发展中的关键部门,从而确定整个生产过程的发展方向。投入产出分析中的投入指的是经济活动中的各类耗费,不仅包括燃料的消耗、机器磨损产生的消耗、动力和原材料使用带来的消耗等,还包括一些以非物质形式存在的消耗。产出指的是在整个活动中产生的成果。利用投入产出分析可以帮助企业在环境方面进行数学模拟和定量分析。如果将投入产出分析运用在企业碳排放评价上,那么通过评价和分析可以直观反映出某一特定时期内该企业的生产情况和碳排放情况。

3. 碳排放现状

采矿、制造、交通运输等行业碳排放量领先,第三产业的碳排放量占比逐步上升。据估算,从 2000 年到 2018 年,农林牧渔碳排放量占比从 2.7% 下降至 1.9%。在第二产业中,制造业碳排放量占比呈现"先增再降"的趋势,从 55.1% 上涨至 59.1%,再逐步下降至 54.8%;采矿业从 15.7% 下降至 11.1%;建筑业从 1.5% 上涨至 1.8%。

2018 年煤炭开采和洗选业、石油和天然气开采业、黑色金属矿采选业、有色金属矿采选业、非金属矿采选业、其他采矿业和开采专业及辅助性活动的碳排放量分别为 18967.7 万、7254.2 万、2975.4 万、2380.7 万、2492.8 万、1109.6 万、881.6 万 t。煤炭开采和洗选业的碳排放量属于采矿行业最高的。

数据显示,2014 年采矿业碳排放增速下降 3.8%,2015 年下降 16.4%,如图 2 - 28 所示。在细分行业中,煤炭开采和洗选业、黑色金属矿采选业、有色金属矿采选业、非金属矿采选业碳排放增速于 2015 年和 2016 年均出现较大降幅。煤炭开采和洗选业、黑色金属矿采选业、有色金属矿采选业、非金属矿采选业在 2013 年前后达到碳排放的拐点,下行是未来趋势[58]。其原因有以下几点:

(1)国内经济增速从 2013 年的两位数增长开始"下台阶",经济目标转向高质量发展;

(2)气候议题已进入顶层设计,2013 年国务院出台《大气污染防治行动计划》,2014 年全国人大常委会修订《中华人民共和国环境保护法》;

(3)在"碳中和"目标下,能源结构转化是重要的一环,传统燃煤发电、化石燃料行业的发展将受到较大限制,一次能源消费或已失去掉头向上的推动力。

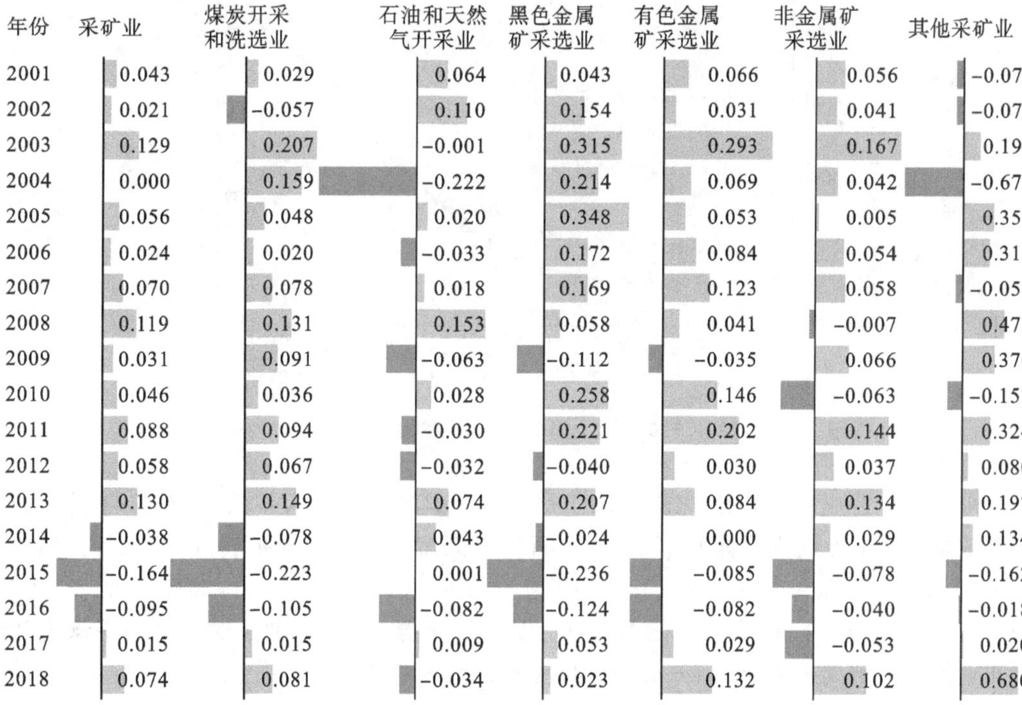

年份	采矿业	煤炭开采和洗选业	石油和天然气开采业	黑色金属矿采选业	有色金属矿采选业	非金属矿采选业	其他采矿业
2001	0.043	0.029	0.064	0.043	0.066	0.056	-0.073
2002	0.021	-0.057	0.110	0.154	0.031	0.041	-0.079
2003	0.129	0.207	-0.001	0.315	0.293	0.167	0.194
2004	0.000	0.159	-0.222	0.214	0.069	0.042	-0.676
2005	0.056	0.048	0.020	0.348	0.053	0.005	0.350
2006	0.024	0.020	-0.033	0.172	0.084	0.054	0.310
2007	0.070	0.078	0.018	0.169	0.123	0.058	-0.059
2008	0.119	0.131	0.153	0.058	0.041	-0.007	0.475
2009	0.031	0.091	-0.063	-0.112	-0.035	0.066	0.370
2010	0.046	0.036	0.028	0.258	0.146	-0.063	-0.157
2011	0.088	0.094	-0.030	0.221	0.202	0.144	0.324
2012	0.058	0.067	-0.032	-0.040	0.030	0.037	0.080
2013	0.130	0.149	0.074	0.207	0.084	0.134	0.197
2014	-0.038	-0.078	0.043	-0.024	0.000	0.029	0.134
2015	-0.164	-0.223	0.001	-0.236	-0.085	-0.078	-0.162
2016	-0.095	-0.105	-0.082	-0.124	-0.082	-0.040	-0.018
2017	0.015	0.015	0.009	0.053	0.029	-0.053	0.020
2018	0.074	0.081	-0.034	0.023	0.132	0.102	0.680

图 2 - 28　采矿行业碳排放趋势

2.6.4 采矿行业碳排放特征

1. 全国碳排放特征

路正南等人[59]基于投入导向的超效率 DEA 模型,测算 2000—2011 年我国 36 个工业行业包括采矿业的碳排放效率,通过绝对收敛和核密度分析其动态演进特征,结果表明采矿业各行业碳排放效率在不断提高的同时,行业间碳排放效率差异经历了先缩小后增大的过程。

王辉[60]以中国煤炭行业为研究对象,使用 2000—2014 年间煤炭开采及洗选业能源消耗量及 GDP 等面板数据研究表明,我国总体煤炭开采及洗选业能源消耗量碳排放与 GDP 之间的弹性在 2000—2014 年间整体处于弱脱钩状态,说明我国煤炭采选业碳排放量很大,并非处于最佳可持续发展状态。

罗世兴等人[61]计算了 1994—2015 年中国采矿业能源消费的碳排放量及排放强度,运用 Tapic 脱钩弹性模型分析中国采矿业能源消费碳排放与产值的脱钩状况,并采用 IMDI 方法对碳排放驱动因素进行分解,发现中国采矿业能源消费碳排放总量和排放强度先上升、后下降,年均增速分别为 2.92% 和 5.77%,如图 2-29 所示。采矿业能源消费碳排放与产值之间的脱钩状态以弱脱钩为主,煤炭开采和洗选业、煤焦类能源和电力是碳排放的主要来源,拉动碳排放量增长的决定性因素是经济产出规模的扩大,而促使碳排放减少的主要因素是能源强度的降低。

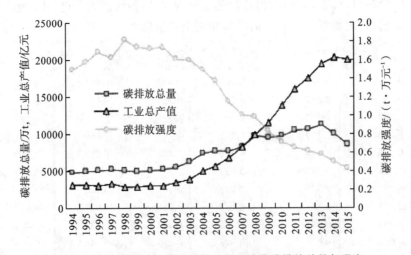

图 2-29　1994—2015 年中国采矿业能源消费碳排放总量与强度

从采矿业的行业结构上看,煤炭采选业是采矿业碳排放的最大贡献者,2015 年其能源消费碳排放量占采矿业碳排放量的 45.51%。石油和天然气开采业碳排放量居第二位,但比重下降最大,2015 年所占比重为 24.63%。黑色金属矿采选业排第三位,2015 年所占比重为 12.36%。从能源结构上看,煤焦类能源和电力是主要来源,2015 年两大类能源消费碳排放量占采矿业能源消费碳排放量的 79.45%。煤焦类碳排放量先下降、后上升、再下降,电力碳排放量则先上升、后下降,天然气碳排放量稳步增长。

2. 各地区碳排放特征

由于采矿行业多集中在北方,本部分选取两个典型省份山西省和黑龙江省,对其采矿行业碳排放特征进行具体分析。

1）山西省碳排放特征

范文虎等人[62]针对山西煤炭碳排放省情,运用对数平均迪氏分解（LMDI）方法构建了以煤炭开采洗选业为首的重点行业碳排放的分解等式,研究山西省重点行业的结构效应、强度效应、产出效应、碳排放效应对山西省碳排放量的影响,如表 2-16 所示。

表 2-16　2011—2015 年山西省以煤炭开采洗选业为首的重点行业碳排放量趋势变化

影响因素	增加或减少碳排放量	行业
结构效应	＋	煤炭开采和洗选业、有色金属冶炼和压延加工业
	－	炼焦、石油加工和核燃料加工业,化学制品和化学原料制造业,黑色金属冶炼和压延加工业
强度效应	＋	煤炭开采和洗选业,炼焦、石油加工和核燃料加工业,黑色金属冶炼和压延加工业
	－	有色金属冶炼和压延加工业
产出效应	＋	有色金属冶炼和压延加工业、黑色金属冶炼和压延加工业
	－	煤炭开采和洗选业,黑色金属冶炼和压延加工业,炼焦、石油加工和核燃料加工业,化学制品和化学原料制造
碳排放效应	＋	炼焦、石油加工和核燃料加工业,化学制品和化学原料制造业
	－	煤炭开采和洗选业、有色金属冶炼和压延加工业、黑色金属冶炼和压延加工业

2011—2015 年间,山西省煤炭开采和洗选业与有色金属冶炼和压延加工业的结构效应皆增加,碳排放量,尤其是煤炭开采和洗选业结构效应增加的碳排放量约 0.265458676 万 t。造成结构效应变化的原因主要是成本和利润的变化,以 1990 年为基期换算后,虽然 2011 年后煤炭开采和洗选业的出厂价格降低,但 2015 年的出厂价格仍比 2011 年提高了约 1.45 倍,2011年其利润为 1021412 万元,而 2015 年的利润为 1349884 万元,增长了 32.16%,这些提高的利润增加了购进原料的能力。煤炭开采和洗选业的强度效应皆增加了碳排放量,尤其是煤炭开采和洗选业强度效应增加的碳排放量约 1.05228516 万 t。2011 年煤炭开采和洗选业每万元产值耗煤量为 0.0000752 万 t,而 2015 年每万元产值耗煤量为 0.00013 万 t,其节能水平降低了,造成强度效应变化的原因是节能技术和工艺水平的变化。煤炭开采和洗选业等行业的产出效应皆减少了碳排放量,尤其是煤炭开采和洗选业的产出效应增加的碳排放量约 0.269678511 万 t。造成产出效应变化的原因是生产规模的变化,2015 年煤炭开采和洗选业的增加值占工业增加总值的比重约 52.45%,2012 年为 60.33%,降低了 7.88%。煤炭开采和洗选业碳排放效应皆降低了碳排放量,降低了约 4.771987633 万 t。由此可见,煤炭开采和洗选业等行业的碳排放效应可以大幅减少碳排放量。造成碳排放效应变化的原因是环保水平的变化。

2）黑龙江省碳排放特征

在黑龙江省采矿业 6 个分行业中最主要的排放部门为煤炭开采和洗选业及石油和天然气

开采业[63]。纵观近几年黑龙江省采矿业碳排放的概况可知,采矿业的碳排放特征有以下三方面。

首先,碳排放量持续增长。由于开采速度过快,2009 年以后出现供大于求的现象。为了摆脱采矿业发展瓶颈,加快采矿业的健康发展,近些年黑龙江省政府大力扶持"龙煤"等矿产资源开发企业,对企业进行政策与经济的扶持。对于大庆石油,国家给予政策与经济上的支持,在政策允许的情况下逐步减少煤炭产量和石油产量。2014 年大庆石油产量从 4000 万 t 降到 3000 万 t 左右,但是总量依旧很大。矿产资源丰富地区包括煤炭城市鸡西、鹤岗、双鸭山,石油城市大庆,有色金属城市大兴安岭、漠河等地开采的范围及开采区不断扩张,开采地区的碳排放量随着产量的增加也在不停地增长,与此同时,周边地区的整体碳排放量也在不断增加,使得黑龙江省的碳排放量日益增长,造成该地区以及周边地区的环境问题日益严重。

其次,煤炭为主要碳排放能源。黑龙江省采矿业的能源消费结构是以煤炭与石油为主的,现阶段黑龙江省采矿业的能源消费中煤炭和石油占了绝大部分,分行业中包括煤炭开采和洗选业及石油和天然气开采业都是以煤炭、石油等传统能源作为主要消费能源。纵观黑龙江省采矿业的能源消费结构,再生能源的利用率几乎为零,可见黑龙江省采矿业能源消费结构依旧对碳排放量有着非常大的影响。所以,当能源消费结构中煤炭、石油等化石能源的比重减少时,相应的采矿业的碳排放量也会减少。

再次,煤炭采选业为高排放部门。根据黑龙江省 2006—2014 年统计年鉴中采矿业分类情况可知,煤炭开采和石油与天然气开采业为主要产出部门,其年产出占整个采矿业的 70% 以上,占据了采矿业产值的一半以上。而研究结果表明,采矿业中碳排放量最高的部门同样是煤炭开采和洗选业及石油和天然气开采业,二者的能源消费量和碳排放量都占到总量的 80% 以上。开采的生产技术水平在近些年中并没有很大的进步,依旧以粗放的开采方式进行生产。大型开采企业的环境保护有政府的监管,但是在矿产资源开采地区仍然有很多小型开采企业,他们的生产设备老旧,技术人员和设备都达不到国家水平,监管部门检测不力更使得黑龙江省采矿业碳排放量不断增加。

2.7　交通领域碳源解析

交通指从事旅客和货物运输及语言和图文传递的行业,包括运输和邮电两个方面,在国民经济中属于第三产业。运输指公路、铁路、水路、航空、管道运输,邮电指邮政和电信。本书考虑碳中和背景下的交通领域,只涉及运输中的公路、铁路、水路、航空四种。

交通运输是社会经济发展的重要组成部分,同时交通部门在我国能源消耗和温室气体排放中都占有较大比重。2018 年,我国交通部门能耗占全国终端能源消耗量的 10.7%,未来交通部门能耗和碳排放量仍将随着我国经济高速发展而快速增加。因此,为实现碳中和目标,交通部门必须尽快实现低碳发展转型。与此同时,交通部门低碳转型存在较大阻力,公路运输、航空运输、水路运输的终端能源消耗以油类制品为主,铁路运输以电能和柴油为主,未来随着交通部门活动水平的进一步增长,减排压力将进一步增加。

交通行业在能源燃烧阶段主要产生二氧化碳、甲烷、一氧化二氮这三类温室气体,而甲烷和一氧化二氮排放占比非常小。例如,在中国 2012 年温室气体清单中,交通领域甲烷和一氧化二氮的排放占比不足 1%。因此,交通行业温室气体排放以二氧化碳为主。

2.7.1　交通领域碳源分布

交通运输的分类标准并不统一。有学者参考国外做法将中国交通运输系统分为城市客运、城间客运、货运和港口生产四大部分,即所谓"大交通",如图 2-30 所示。也有学者建立起

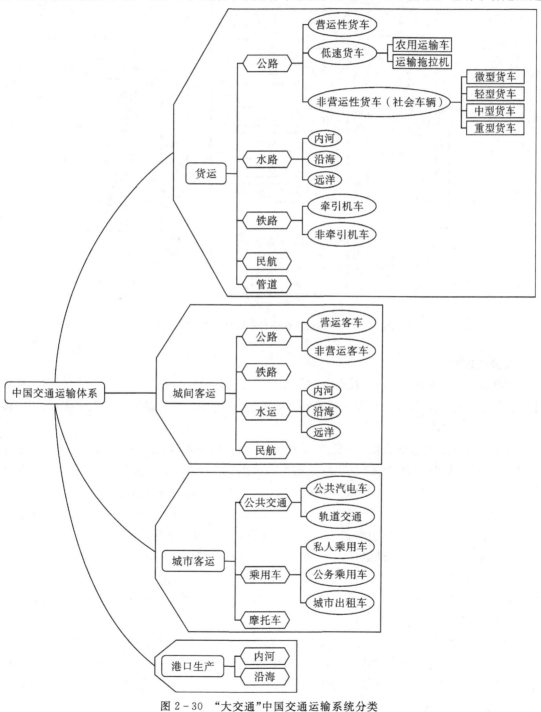

图 2-30　"大交通"中国交通运输系统分类

LEAP 模型将其分为三部分,如图 2-31 所示。无论是哪一种分类,最终都需要落实到公路、水路、铁路和航空四种基本运输方式上。因此,本书的交通领域碳源分布和现状分析将直接按照这四种方式进行分类。

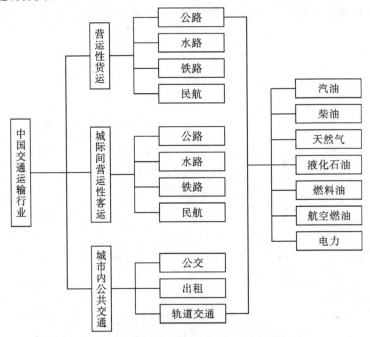

图 2-31 中国交通运输行业碳排放 LEAP 模型

1. 公路运输

基于国家标准《机动车辆及挂车分类》(GB/T 15089—2001)和《城市温室气体核算工具指南》的分类,公路交通涉及的车型主要是移动的两轮、三轮和四轮机动车。考虑碳排放,主要涉及四轮机动车,即汽车。

根据国家统计局最新数据,截至 2020 年底,中国机动车保有量为 3.46 亿辆,其中汽车保有量超过 2.73 亿辆(包括 2.43 亿辆私人汽车),占比 79%。2.73 亿辆汽车中,具体包括 2.42 亿辆载客汽车(占比 89%)和 3042 万辆载货汽车。其中,2.42 亿辆载客汽车包括 157 万辆大型客车、68 万辆中型客车、2.38 亿辆小型客车和 158 万辆微型客车;3042 万辆载货汽车包括 841 万辆重型货车、106 万辆中型货车、2092 万辆轻型货车和 3 万辆微型货车。

随着新能源汽车(包括纯电动汽车、插电式混合动力汽车、氢燃料电池汽车)技术更新迭代及可替代燃料(包括天然气、乙醇)汽车的推广,未来中国传统内燃机车规模将不断缩小。未来的车辆技术与燃料结构将更加多元化。尽管如此,不同的新能源与可替代燃料所适用的车辆类型及用途有着较大差异。

从目前车用燃料类型来看,虽然可以结合先进的节能与排放技术,但是乙醇汽油、柴油、液化石油气、汽油等燃料在使用阶段仍有较高的二氧化碳排放,而电能、氢能在汽车使用过程中是零碳排放,具有绝对的减排优势,如图 2-32 所示。在严格的碳减排背景下,推广低排放、零排放车辆成为唯一选择。

中国目前是全球最大的新能源汽车市场。2021 年,全国新能源汽车产销量分别为 354.5

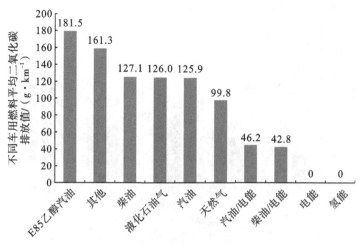

图 2-32　不同车用燃料平均二氧化碳排放值

万辆和 352.1 万辆,分别占全国汽车产销量的 13.6% 和 13.4%。其中纯电动汽车产销量分别为 294.2 万辆和 291.6 万辆;插电式混合动力汽车产销量分别为 60.1 万辆和 60.3 万辆。近年来,新能源汽车产销量和保有量增长迅速,如图 2-33 和图 2-34 所示。2021 年,全国新能源汽车保有量达 784 万辆,占汽车总量的 2.6%,比 2020 年增加 292 万辆,增长 59.2%。其中,纯电动汽车保有量 640 万辆,占新能源汽车总量的 81.6%。新能源汽车销量首次超过 300 万辆,呈持续高速增长趋势。

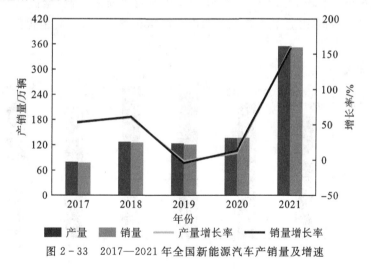

图 2-33　2017—2021 年全国新能源汽车产销量及增速

中国新能源汽车发展势头方兴未艾。2021 年 12 月,国务院印发《"十四五"节能减排综合工作方案》,提出要提高城市公交、出租、物流、环卫清扫等车辆使用新能源汽车的比例。计划到 2025 年,新能源汽车新车销售量达到汽车新车销售总量的 20% 左右。同月,国务院还发布了《"十四五"现代综合交通运输体系发展规划》,要求将城市新能源公交车辆占比提升至 72%,交通运输二氧化碳排放强度五年累计下降 5%。

2. 铁路运输

截至 2021 年底,全国铁路营业里程达到 15 万 km,其中,高速铁路营业里程达到 4 万 km,

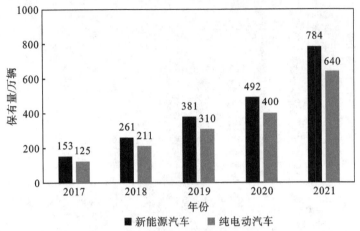

图 2-34　2017—2021 年新能源汽车及纯电动汽车保有量

电化率 73.3%；全国铁路路网密度为 156.7 km/万 km²。

　　截至 2021 年底，全国铁路机车拥有量为 2.17 万台，其中，内燃机车 0.78 万台，较 2020 年减少 200 台；电力机车 1.38 万台，较 2020 年增加 100 台。铁路电气化还在进行中。全国铁路客车拥有量为 7.8 万辆，其中，动车组 4153 标准组、32097 辆。全国铁路货车拥有量为 96.6 万辆。

　　2020 年全国铁路总换算周转量完成 38780.65 亿 t·km，由于新冠疫情的原因比上年减少 6143.35 亿 t·km，下降 13.7%。2021 年由于疫情得到有效控制，全国铁路总换算周转量完成 42805.81 亿 t·km，比上年增加 4025.16 亿 t·km，增长 10.4%，但仍低于疫情前最高水平，如图 2-35 所示。

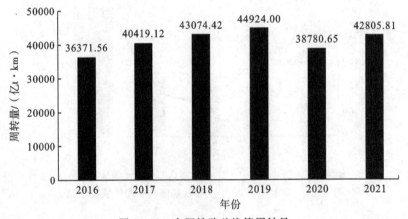

图 2-35　全国铁路总换算周转量

3. 水路运输

　　水运在中国货运周转量中占据重要地位，历史上水运占货物周转量的比例曾高达 60% 以上，近年来虽有所下降，但目前在货运周转量中的占比依然在 50% 左右。中国水运大体分为内河运输、沿海运输和远洋运输三类，其中内河运输约占全国水运周转量的 16%，沿海运输约占 32%，远洋运输约占 52%。考虑到水运是最高效的运输方式，随着"公转水""铁水联运"的推广,水路运输依然会在中国货物运输中占据重要地位。

2021 年末全国拥有水上运输船舶 12.59 万艘,比上年末下降 0.7%。从不同水运方式的特点看,内河运输是船舶在陆地内的江、河、湖、川等水道运输的一种方式。随着内河运输千吨级航道里程数持续增长,中国内河运输船舶平均吨位逐渐增大,内河运输船舶数量呈下降趋势,2021 年中国内河运输船舶数量为 11.36 万艘。沿海运输是船舶通过大陆附近沿海航道运送客货,2021 年中国近海运输船舶数量为 10891 艘。远洋运输是船舶跨大洋的长途运输形式,主要依靠运量大的大型船舶。2015 年以来,中国远洋运输船舶数量不断下降,截至 2021 年中国远洋运输船舶数量为 1402 艘。内河、沿海及远洋航行船舶在船舶尺度、服务航线、营运工况等方面具有不同特点,同时在能源产业基础、排放要求、技术发展水平等方面也不尽相同,因此实现能源低碳发展的路径也存在差异。水路运输目前的动力燃料几乎全部来自燃料油与重柴油,其低碳燃料替代还处在研究之中。

4. 航空运输

截至 2021 年底,我国共有运输航空公司 65 家,民航全行业运输飞机期末在册架数 4054 架,如表 2-17 所示。2017—2021 年民航总运输周转量变化如图 2-36 所示。

表 2-17　2021 年运输飞机数量

飞机分类	飞机数量/架	比上年增加/架	占比/%
客运飞机	3856	139	95.1
其中:宽体飞机	465	7	11.5
窄体飞机	3178	120	78.4
支线飞机	213	12	5.3
货运飞机	198	12	4.9
合计	4054	151	100.0

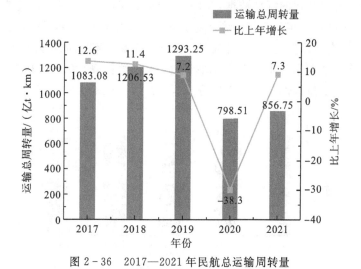

图 2-36　2017—2021 年民航总运输周转量

航空运输的能源消费结构相对单一,基本只以航空煤油为燃料。2021 年,中国民航吨公里油耗为 0.309 kg,较 2005 年(行业节能减排目标基年)下降 9.2%。机场每客能耗较"十二五"末(2013—2015 年)均值上升约 2.3%。

2.7.2 交通领域碳排放现状

交通领域是碳排放的重要来源。2020 年,中国交通部门的能源消耗量为 4.13 亿 t 标准煤,占全国总能源消耗量的 8.3%。根据 IEA(International Energy Agency,国际能源署)公布数据,2020 年我国交通领域碳排放量 9.3 亿 t,占全国终端碳排放的 15%。2015—2019 年,交通部门碳排放量年均增速保持在 5%以上,已成为温室气体排放增长最快的领域,变化情况如图 2-37 所示。民航运输碳排放量的增长最快,2010 年以来年均增长率接近 10%,远高于其他运输方式。

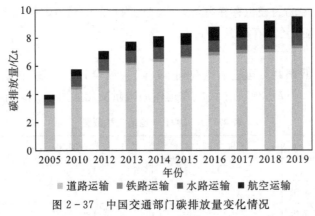

图 2-37 中国交通部门碳排放量变化情况

1. 公路运输

道路交通是交通部门碳排放中最主要的排放来源,占比长期保持在 80%左右。道路交通碳排放中超过 90%来自于汽车行驶过程中柴油、汽油等液态燃料燃烧后产生的尾气。据中国汽车技术研究中心有限公司的统计数据,2016—2019 年,随着汽车保有量的增多,碳排放量呈现逐年递增趋势,一度从每年 7.5 亿 t 增长到了每年 7.8 亿 t;2020 年,受疫情及行业经济形势的影响,汽车使用度有所降低,使得碳排放量下滑至每年 7.2 亿 t,同比降低约 7.7%。汽车保有量的增长主要受到乘用车和重型商用车驱动,从来源结构看,2019 年私人乘用车和重型卡车的排放量在道路运输排放总量中的占比分别为 50.1%和 24.6%,如图 2-38 所示。

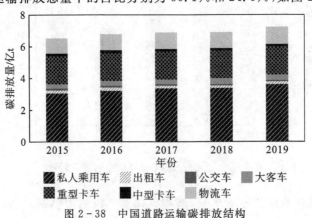

图 2-38 中国道路运输碳排放结构

随着新能源汽车的推广,交通领域碳排放从单一尾气排放向上游电力排放转移。如纯电动车,从碳源分布的角度可以归属于电力部门碳排放。因此,未来能源结构的清洁程度与道路交通行业的排放紧密相关。

天然气作为相对清洁的化石能源,对传统交通工具的排放效果改善很显著。深圳市大力推动液化天然气在中重型货运车辆中的应用,从 2013 年开始陆续投入使用液化天然气混凝土搅拌车。在使用液化天然气车替代柴油车后,不仅经济效益明显,平均单车每年节约燃料成本9.07 万元,且可以大幅降低车辆的尾气排放,减少环境污染。其中,一氧化碳减排 90％以上,碳氢化合物减排 70％以上,氮氧化物减排 40％左右,二氧化碳减排 60％以上,二氧化硫减排90％,细颗粒物排放几乎为零,社会效益明显。

2. 铁路运输

首先对铁路碳排放的研究范围进行界定,即只考虑铁路在客货运输过程中产生的二氧化碳排放量,而非全生命周期的碳排放量。

我国铁路 2006—2017 年运营二氧化碳排放量变化情况如图 2 - 39 所示,在此期间呈现波动式下降的趋势,按照下降斜率可以分为 2006—2012 年平稳下降期,2012—2015 年急剧下降期和 2015—2017 年平稳下降期三阶段。2006 年,我国铁路运营二氧化碳排放量达 55.06×10^6 t,到 2017 年,这一数值仅有 29.54×10^6 t,下降了 46.35％。铁路运输碳排放量随着电气化率提高和高速铁路的发展进入平台期:2018 年以来,铁路运输年碳排放量基本稳定在2500 万 t 左右。图 2 - 39 反映出我国铁路运营逐步向低碳运输发展,这主要得益于铁路技术进步带来的能源消耗的减少。

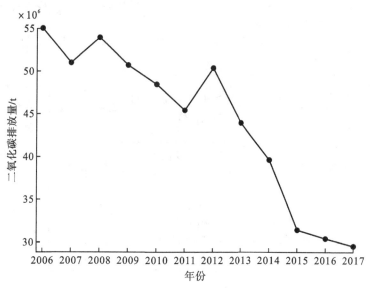

图 2 - 39　中国铁路运营阶段二氧化碳排放量变化趋势

在技术进步的环境下,我国铁路牵引技术不断进行升级优化。1985—2013 年,我国铁路蒸汽机车从 7674 台降为 0 台,内燃机车、电力机车分别增加到 13130 台、10703 台,增长率分别为 274％、1723％。在 2000 年之后,我国铁路仍大力发展电气化线路,电力机车的比重增长很快。此外,在 2008 年之后,我国开始大规模建设高速铁路,高速铁路较普速铁路有大运量、低能耗的特征,进一步改善了铁路运输企业的能源消耗结构,对铁路的碳减排起到了重要的作用。铁路运输电力消费从 2010 年的 307 亿 kW·h 增长至 2020 年的 691 亿 kW·h。

3. 水路运输

在水路运输领域,2019 年消耗 2870 万 t 燃料油和柴油,2020 年消耗 3130 万 t 燃料油和柴油,能耗年增速为 9.1%。粗略估算,2019 年和 2020 年两年的二氧化碳排放量分别为 9261 万 t 和 1.01 亿 t,约占交通部门能源消费与碳排放的 10%,二氧化碳排放总量可观。

在水路运输的替代动力方面,从技术成熟度及经济成本看,主要分为三大类:技术成熟,成本有竞争潜力的液化天然气和甲醇;技术成熟,成本较高的生物燃料和动力电池;处于技术探索阶段且暂时不具有经济性的氨、氢动力。各种船用低碳动力比较如表 2-18 所示。

表 2-18 船用低碳动力比较

动力燃料类型	能量密度	减排效果	环境风险	改造成本	燃料成本	技术成熟度	适用场景	适用阶段
液化天然气	高	10%~30%	甲烷泄漏	改造技术成熟,配套设施建设成本高	低	高	各类船型,各类航行条件	过渡阶段
甲醇	高于液氨	10%~90%	仍会产生二氧化碳排放	可用已有基础设施和现有船舶	低	较高	高至 5 万 t 级货船,各类航行条件	近中期阶段
生物燃料	高	70%~90%	原料限制导致价格高涨、供应不足	改造投资较低	高	较高	各类船型,各类航行条件	过渡阶段
电	—	因电力结构而异	无	改进冷却系统和防火措施	较高	较高	中短距离航行,不超过 18 h 渡轮	中远期阶段
液氢	低	100%	无	改造难度极大,适用于更换新船	低	低	客轮,中短途航行	中远期阶段
氨	比液氢高 50%	50%~80%	氨有毒性,有氮氧化物排放	可利用现有氨供应链和基础设施;增加燃料重整器和蒸发器	低	较低	远途航行,集装箱船等大型船舶	远期阶段

4. 航空运输

中国航空运输业 2004—2019 年碳排放总量及增长量数据如图 2-40 所示。2004—2019 年,中国航空业碳排放总量持续增长,由 2.48×10^7 t 增至 11.60 $\times 10^7$ t,年均排放量为 6.09 $\times 10^7$ t。中国航空业碳排放增长率波动下降,由 30.4% 降至 6.38%,年均增长率为 12.10%。增长率较低的年份分别受到不同国际事件的影响,如 2008 年的全球金融危机等。

近年来,中国国内航空市场发展强劲,2019 年民航机队规模增至 2010 年的 3 倍,带动航

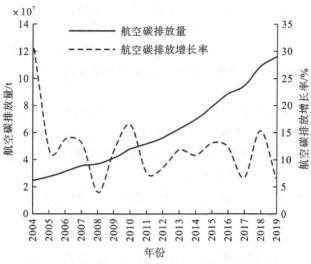

图 2-40　中国航空运输业碳排放总量及增长率变化图

空煤油消费从 2010 年的 1600 万 t 增至 2019 年的 3680 万 t,碳排放量从 4960 万 t 增长至 1.16 亿 t。2020 年受疫情影响,航空运输周转量下降,碳排放量也降低至 1.02 亿 t。

截至 2020 年,民航打赢蓝天保卫战项目累计 103 个,总投资约 29 亿元,累计节省航油 40 余万 t,相当于减少二氧化碳排放约 130 万 t,减少各种空气污染物约 4800 t。机场能源清洁化水平稳步提升,电力、天然气、外购热力占比达到 86.8%,太阳能、地热能等清洁能源占比约 1.0%。

未来远距离的航空运输要想实现净零排放,必将需要生物质燃料。根据国际民航组织(ICAO)的测算,航空生物燃料相比传统航空燃料,从全生命周期的角度可以减少 80% 甚至 100% 的二氧化碳排放量,具有较好的替代性。然而目前对生物航油的生产和应用还存在较大的争议,如原料供应不稳定,影响粮食供应,打破土地利用平衡,生产成本高于传统航油 2~3 倍等,较难形成大规模的应用。

2.7.3　交通领域碳源影响因素

交通领域碳排放影响因素的研究是国内外学者针对交通领域碳减排所集中研究的方向之一。目前,较为公认的交通碳排放的因素主要有经济发展水平、交通运输强度与结构、能源消费结构与单耗水平等。

1. 人均国内生产总值和人口

人均国内生产总值一直对交通运输行业二氧化碳排放起促进作用,而且作用十分显著,相比之下,人口的促进作用较弱。

2005—2020 年,中国经济增长迅速,一定程度上代表国家发达水平和居民富裕程度的人均国内生产总值由 2005 年的 1703 美元增至 2020 年的 10276 美元。收入水平和生活质量的提高,促使人们的出行需求不断增加,对交通运输硬件设施、出行舒适度等交通运输服务水平也提出了更高的要求。这些都对交通运输能源消耗和二氧化碳排放起到了较大的促进作用。

目前中国正处于城镇化、现代化建设的关键时期,随着经济、社会的不断发展,人们对交通运输的需求会越来越大,对交通运输服务水平的要求也会越来越高。除此之外,代表未来发展重点的"一带一路""京津冀协同发展""长江经济带"等一系列国家倡议和战略都会对交通运输行业的发展起到很大的推动作用。再加上庞大的人口基数,中国的交通运输行业还有很大发展空间,这意味着其能源消耗和二氧化碳排放水平也会持续上升。交通运输行业将会在国家实现节能减排目标和应对气候变化的进程中扮演越来越重要的角色。

2. 交通运输强度

交通运输强度对行业碳排放表现为抑制作用。例如,2005—2011年,由于交通运输强度下降,累计减少二氧化碳排放量2961万t,占交通运输行业碳排放变化绝对值的10.8%。从理论上讲,经济发展对交通运输的依赖性越大,交通运输强度的值就会越大,经济发展所带动的行业能源消耗和二氧化碳排放量也就越多。

从另一个角度考虑,交通运输强度的下降一定程度上意味着交通运输效率的提高,从而减缓了行业二氧化碳排放量的增加。目前国际上一般将物流成本占国内生产总值的比重作为判断物流效率的重要指标,而交通运输强度可以作为反映交通运输效率的指标。未来,随着交通运输结构的不断优化,不同交通运输方式间不断紧密衔接,单位交通运输活动所带动的经济增长会不断增加,交通运输的效率也会不断提高。

3. 单耗水平

单耗水平表示单位运输周转量的能源消耗,在一定程度上表示交通运输行业的能源消费效率。在国家层面出台的行业节能减排政策中,也常常将交通运输单耗水平作为行业节能减排的约束性指标。

单耗水平与运输技术、配套设施完善程度等密切相关,如在铁路运输方面,高铁建设高速发展,铁路复线率和电气化率的提高客观上优化了铁路运输的能源消费结构,使铁路运输二氧化碳排放量进一步下降;在内河航运方面,河道基础设施的建设和通行条件的改善也将降低航运的单耗水平。

未来随着运输技术的革命、基础设施的完善,以及大数据和人工智能带来的调度能力的提高,交通运输单耗水平必将继续降低,对交通领域碳排放带来关键影响。

4. 交通运输结构

交通运输结构对行业碳排放变化的影响由不同运输方式占比及其能源消耗特点所决定。在四种运输方式中,公路运输和航空运输是高耗能、高排放的两种交通运输方式,其在交通运输中占比的上升,会导致二氧化碳排放量增加;相对的,铁路运输和水路运输的能源消耗特点是低能耗、低排放,对碳减排更加有益。

交通运输结构的变化趋势,基本表现为客运运输将从公路和航空向铁路转移,货运将从公路向水路和铁路转移,以及推广多式联运。这些改变在数据上已经有所体现。2020年我国铁路旅客发送量22.03亿人,占全社会营业性客运量的22.8%,比2019年提高2.0%。"公转铁""公转水"深入推进,2020年铁路货物总发送量45.52亿t,占全社会货运量的9.8%,比2019年提高0.3%;水路货运量为76.16亿t,占全社会货运量的16.4%,提高0.2%;公路货运量为342.64亿t,占全社会货运量的73.8%,下降0.5%。在多式联运方面,2020年全国港口完成集装箱铁水联运量687万标箱,比2019年增长29.6%,占港口集装箱吞吐量的2.6%,提高0.6%。

5. 能源消费结构

在行业能源消费中,汽油、柴油、煤油、燃料油等化石能源仍然占据了较大比重。公路运输能源消费一直以柴油和汽油等化石能源为主;在水路运输方面,目前中国水路运输能源消费主要为柴油和燃料油;在铁路方面,随着铁路电气化的推进,铁路运输中的柴油、煤炭等化石能源消费下降明显;对航空运输,航空煤油几乎是唯一的选择。交通部门中使用化石燃料驱动的交通运输工具仍会在未来较长一段时期内存在,导致由汽油和柴油产生的二氧化碳排放在相当一段时间内仍占主体,这将是未来交通部门深度脱碳面临的主要挑战。2020 年,汽油、柴油、电力和航空煤油在交通部门终端能源消耗中的占比分别为 38.5%、48.8%、1.9% 和 10.8%。同年,在基于能源类型的交通运输二氧化碳排放中,汽油、柴油和煤油的二氧化碳排放占比分别为 39.6%、48.7% 和 11.1%,由汽油和柴油产生的二氧化碳排放高达 88.3%。随着未来高铁的普及和新能源汽车保有量的快速增加,交通部门电力消耗量也将快速增长,因此由电力消耗带来的间接二氧化碳排放增长不容忽视。2021 年,火力发电量为 57702.7 亿 kW·h,占全国发电量比重超过 71%。火力发电依然是我国供电主要来源。考虑发电过程二氧化碳排放情况,未来交通部门电力消耗量的大幅度增长将使得电力间接二氧化碳排放大幅度增加。

2019 年中共中央、国务院印发《交通强国建设纲要》,提出强化节能减排和污染防治。具体而言,要优化交通能源结构,推进新能源、清洁能源应用,促进公路货运节能减排,推动城市公共交通工具和城市物流配送车辆全部实现电动化、新能源化和清洁化。此外,对柴油货车、船舶和航空运输也提出了相应要求。可见,优化能源消费结构,对交通碳减排也是关键一步。

2.8 建筑行业碳源解析

全球建筑行业及相关领域造成了 70% 的温室效应,从建材生产到建筑施工,再到建筑的使用,整个过程都是温室气体的主要排放源,建筑行业碳排放给全球带来了压力。目前我国建筑能耗占国家总能耗的 47%,建筑垃圾占社会垃圾的 45%。建筑工业化程度低造成了我国建筑施工质量低下,建筑垃圾、建筑能耗增加等不可持续发展问题。

2.8.1 建筑行业的碳排放源

1. 场地碳排放

当代低碳建筑设计中较多关注建造技术和建筑美学的问题,而较少探讨低碳场地、建筑环境与人的活动如何交互影响。场地设计是联系城市设计与建筑设计的重要节点,是建筑设计的重要起点。场地设计里的选址、总平面布局、交通组织、景观设计、环境工程等因素都会直接或间接影响建筑在建造、使用和维护中的碳排放。场地设计在建筑节能减排中所起的作用具体表现在:围合或者半围合会在很大程度上影响办公建筑通风采光及取暖;场地设计的空间形态会影响人们在场地内的活动,场地设计外部空间界面的形态对人的活动也有一定的导向性;场地设计与外部空间的结合方式往往会影响人们对场地的使用。

场地低碳设计应从以下几个方面进行考虑:

(1)选址与配套基础设施,包括建筑是否位于已开发区域,出入口的交通可达性,总平面布置情况等;

(2)土地节约、集约,包括容积率和人均面积的考虑,停车位的设计和地下空间的开发利用等;

(3)室外硬质场地,包括室外地面太阳辐射反射率,透水铺底面积比率及有效遮阳面积比率等；

（4）室外水体绿化，评价绿化率、水景及景观，考虑人均绿地面积、乔木密度及植物碳汇作用是否满足指标；

（5）室外风环境，包括夏季、过渡季通风及冬季防风等；

（6）室外热岛强度应处于一定范围内等[64]。

2. 建筑碳排放

与能量相关的设计决策发生在设计早期阶段，如果在这时没有能量顾问的介入，对碳排放量的评估就无从谈起。当一栋建筑进行到施工阶段之后，对建筑节能减排的意义只是在于能否完美体现设计师的诉求，进一步的节能减排效果已难以实现。所以设计初期的建筑碳排放量控制对建筑真正实现节能减排，成为"低碳建筑"意义重大。

进入"低碳时代"，建筑的碳足迹直观地反映了建筑对环境的影响。与建筑节能不同的是，节能除了以"被动式设计"为代表的建筑自身的积极作用外，还可以通过性能更好的材料和设备来实现。而低碳建筑对于建筑自身在能量方面的表现依赖更大，从设计初期就要为建筑的"低碳"做好充分的准备。

建筑设计阶段低碳建筑应从以下几个方面进行考虑。

（1）建筑本体结构设计应考虑建筑形态设计，包括体形、形体系数及朝向要求；用材考虑钢构造和木构造减量化设计，构造系数满足要求，高炉混凝土构造设计符合要求等；建筑耐久性设计考虑生命周期减碳系数满足要求；围护结构热工性能满足现行建筑节能相关标准。

（2）建筑内外装工程设计考虑外墙外装构造设计（表皮设计）、外门窗与幕墙设计、内阁间构造设计、楼面构造设计，以及外遮阳设计用材和性能满足相关要求。

（3）建筑热环境设计应考虑建筑自然通风设计中自然通风空调能耗折减率符合要求，围护结构节能设计中围护结构节能效率符合要求等。

3. 设备碳排放

通常意义上的建筑能耗包括用于采暖、通风、空调、照明、热水、炊事等所消耗的能量，其中暖通空调和照明能耗占相当大的比例，如对于大型公共建筑，暖通空调能耗约占建筑能耗的40%～60%，照明能耗占20%～40%。大型公共建筑的主要用能设备包括空调系统、采暖系统、电器设备等多个系统。目前大型公共建筑大多使用中央空调，中央空调系统由空调主机、泵阀件、风柜、风机盘管等末端设备组成。电器系统则是由照明、办公设备、电梯等系统组成。不同类型的建筑会采用不同的设备配比方案，各系统的耗电量指标及在总设备能耗中所占比例有所不同。

建筑设备的运行具有巨大的节能潜力，建筑能耗与排碳量息息相关。建筑设备节能和低碳设计应从下面几个方面进行考虑：

（1）暖通空调系统节能包括空调与供暖系统节能设计，其空调采暖冷热源机组能效比和锅炉热效率符合现行建筑节能标准的要求、新风系统节能设计等；

（2）建筑电器节能包括供配电系统节能设计、电器设备节能设计、照明节能设计，其照明功率密度不应高于现行国家标准的规定值及计量与智能化设计；

（3）给排水工程节能设计包括生活热水节能设计、节水器具的使用，以及雨水收集中水回用的节水设计等[65]。

2.8.2 建筑行业碳排放现状

1. 国外碳排放现状

澳大利亚、巴西、加拿大、法国、德国、印度、荷兰、南非、瑞典和美国等 10 个国家绿色建筑委员会在《巴黎协定》缔约国大会(COP22)期间提出净零排放认证和推进计划,为实现 2050 年达到建筑零碳排放的目标又向前迈出了坚实的一步。其中,澳大利亚绿色建筑委员会、加拿大绿色建筑委员会、德国可持续建筑委员会、印度绿色建筑委员会和美国绿色建筑委员会均宣布他们计划推出认可和奖励净零碳排放建筑的计划。这些计划有些是独立的净零碳认证,有些则融入现有认证计划中。这些计划极大地推动了世界绿色建筑委员会提出的"推进净零碳"项目,该项目提出,到 2050 年,包括新建筑和既有建筑在内的所有建筑达到净零碳排放。也就是说,到 21 世纪中叶,建筑将没有碳排放。随着《巴黎协定》的正式生效,到 2050 年确保全球建筑领域零碳排放是与全球温升 2 ℃以内的要求一致的。在全球温室气体排放总量中,建筑排放占比超过 30%,但目前最有效的减排方式是提高能效和可再生能源的使用。

在英国,为了鼓励节能和二氧化碳减排技术的发展和应用,同时改变人们在能源生产和使用,以及二氧化碳减排方面的相关意识和行为,大量的制度和策略应运而生。"气候变化计划书"(Climate Change Programme)中强调了英国政府为实现二氧化碳减排所制定的长期性目标:至 2020 年实现减排 26%~32%,并争取在 2050 年实现二氧化碳减排 60%。大量以低碳建筑为主题的示范项目被建立,用以探索从社会和技术的双重层面来诠释"完整的可持续建筑观"的可行性。2003 年贝丁顿零耗能、零碳排放住宅(图 2-41)获斯特林奖(Stirling Prize)提名,贝丁顿住宅的建筑师特别强调了一个设计理念,即为了实现在住宅使用过程中的节能和二氧化碳减排目标,建筑师必须通过设计倡导一种低资源消耗的生活模式。贝丁顿社区建筑成本比伦敦普通住宅的建筑成本要高 50%。但从长远来看,投入多、耗费少,既减少整个社会的成本,又减少了住宅的长期能耗。与同类居住区相比,在保证生活质量的前提下,贝丁顿住户的采暖能耗降低了 88%,用电量减少 25%,用水量只相当于英国平均用水量的 50%。

图 2-41 英国贝丁顿零碳社区

除英国的贝丁顿社区,英国可再生能源中心、德国巴斯夫"三升房"(3 - Liter House)、德国的沃邦(Vauban)、澳大利亚哈利法克斯(Halifax)、美国南公园合作居住社区(Southside Park Cohousing)和丹麦小城贝泽的"太阳风"社区(Sun & Wind Community)等,对本国乃至全球低碳建筑和低碳城市建设具有积极的引导作用和广泛的借鉴意义[66]。

2. 国内碳排放现状

我国每建成 1 m² 的房屋,约释放 0.8 t 碳。建筑寿命短不仅造成了浪费,而且直接加大了建筑业的碳排放量。2001—2020 年,住宅房屋竣工面积从 24625.40 万 m² 增至 65910.03 万 m²,2022 年二季度我国房屋建筑竣工面积累计 147181.81 万 m²。根据每平方米的建筑碳排放估计,2022 年建筑施工的碳排放量将达到 117745 万 t,相当于燃烧 24900 万 t 煤产生的二氧化碳量[67]。

为此我国政府积极开展建筑领域的节能减排工作,在低碳目标的制定上进行合理规划。在欧美等发达国家低碳建筑快速发展的背景下,我国也积极开展建筑低碳化研究,个别城市建造了低碳建筑的示范项目。但由于受成本、技术及观念的限制,未能快速普及。我国城市化速度快、人口增长迅速,对住宅的需求较高,所以在我国发展低碳建筑的潜力巨大,市场需求增量大。另外,建筑业在我国属于支柱产业,其高耗能、高污染、高排放的发展方式已不能适用当代建筑业的发展要求,所以必须探索一条适合中国国情的建筑发展之路,低碳建筑在我国的发展空间及发展规模将有待扩大,目前我国低碳建筑发展尚属探索起步阶段。

为控制温室气体的排放,国家出台了《"十四五"控制温室气体排放工作方案》,该方案中提出到 2025 年,单位地区生产总值二氧化碳排放比 2020 年下降 21%,碳排放总量得到有效控制。推进既有建筑节能改造,强化新建建筑节能,推广绿色建筑,到 2020 年城镇绿色建筑占新建建筑比重达到 70%。作为建筑全生命周期中的重要阶段,低碳施工将推动行业发展[68]。

2.8.3 影响建筑行业碳排放因素分析

1. 全生命周期概念

面向建筑的全生命周期(又称全寿命周期)碳排放计算,应按照《环境管理 生命周期评价原则与框架》(GB/T 24040—2008)定义的四个步骤进行,即确定建筑全生命周期的研究目的和范围、分析建筑全生命周期清单、评价建筑全生命周期影响、分析解释建筑全生命周期。面向规划设计阶段的全生命周期建筑碳排放计算步骤如图 2 - 42 所示。本节将对这五个步骤的计算方法和数据选取规则进行解释。

2. 面向规划设计阶段的建筑全生命周期碳排放计算目的

面向规划设计阶段的建筑全生命周期碳排放计算目的,是在建筑规划设计阶段,用建筑设计模型信息定量计算建筑全生命周期内的碳排放量。计算的碳排放数据可以为设计人员和建筑方案的决策者提供低碳建筑的决策依据。同时,用该方法计算的结果也可用于低碳建筑设计时多个方案的比选优化。

3. 全生命周期考察范围

建筑全生命周期碳排放的考察范围包含以下四个部分:建筑材料生产阶段蕴含的碳排放(建筑材料从摇篮到大门的碳排放,含原材料采集、运输到厂、生产)、建筑建造阶段(含建筑材料运输到施工场地、建筑建造、建筑用地性质变化)的碳排放、建筑使用阶段的碳排放(含建筑使用阶段运行能耗引起的碳排放、制冷剂泄漏的等效碳排放)、建筑拆除阶段(含拆除施工、垃

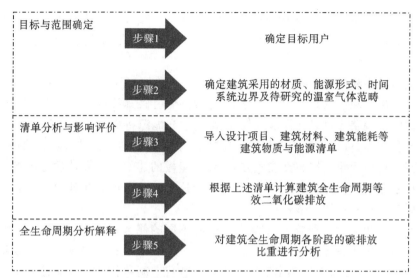

图 2-42　建筑规划设计阶段全生命周期碳排放计算步骤

圾运输、垃圾处理、材料回收)的碳排放。

根据联合国政府间气候变化专门委员会的界定,影响地球气候的人造温室气体有二氧化碳、氧化亚氮、甲烷及氟氯碳化物等四种气体,其中,氟氯碳化物已在蒙特利尔议定书中严格列管禁用。由于大气中二氧化碳所占比例最大,且残留寿命最长,因此一般地球气候高温化影响评估均以最大影响力的二氧化碳为指标。

4. 建筑全生命周期内的碳排放来源

建筑全生命周期内,碳排放主要有以下五种来源:工业生产的化学反应;生命周期过程的能源使用;使用阶段的制冷剂等具有温室效应气体的泄漏;建设用地土地性质改变;垃圾的生物降解。其中,建筑材料生产阶段考察的碳排放源包含工业生产和能源消耗;建筑建造阶段的碳排放源考察施工阶段及运输能源消耗、土地性质改变;建筑使用阶段的碳排放源考察建筑使用能耗和制冷剂泄漏;建筑拆除阶段考察的碳排放源含建筑拆除施工与运输能耗、建筑垃圾处理的生物降解。

5. 建筑全生命周期的物质和能源系统边界

1)物质系统边界

在本研究中考察的建筑全生命周期物质系统边界,包含建筑建造所需的建筑材料、建筑部品部件,如水泥、混凝土、木材等建筑材料,门、窗、预制梁、柱等由建筑材料生产的建筑部品部件。建材生产设备、水暖管道、空调设备等非建筑材料的生产阶段不包含在本研究的物质系统边界内。

2)能源系统边界

本研究考查的建筑全生命周期能源系统边界,包含煤气、天然气、燃油等一次能源燃烧产生的碳排放,以及电力、热能等二次能源上游产生的碳排放。

3)时间边界

本研究考查的时间边界是建筑物从建造开始计算 100 年。根据国家《建筑结构可靠度设计统一标准》(GB 50068—2001)规定,纪念性古建筑和特别重要的建筑结构设计使用年限为

100 年,普通房屋和构筑物设计使用年限为 50 年。根据标准,我国建筑的设计使用年限都在 100 年以内。设定 100 年为建筑全生命周期评价的时间边界,能够涵盖建筑全生命周期的所有阶段[69-70]。

6. 建筑领域碳中和的技术路径

建筑领域的碳中和场景是实现零碳建筑,也就是使占碳排放总量 21% 的运行阶段实现零碳排放。具体的实现路径可以从需求减量、超高能效和能源替代三方面实现。

在需求减量方面,可以借助超低能耗房屋减少能源需求,通过低碳、轻质、循环建材和工业化建造体系减少建材用量。在超高能效方面,超低能耗的建筑设备和能源智能控制系统大幅提升能源利用效率。而能源替代,主要是用与储能技术相结合的光伏建筑一体化和各种热泵技术使建筑脱离对化石能源的依赖。

具体到与建筑相关的三种排放,零碳路径也有不同的侧重。6 亿 t 的建筑领域直接排放,零碳路径是在建筑中减少煤、油、气等化石能源的使用,将直接排放减为零。实现途径为炊事电气化、生活热水电气化及燃气热水锅炉等用热泵替代。间接排放主要是建筑运行中使用的电力和热力,减少间接排放一方面取决于建筑自身需求,另一方面取决于供给侧低碳化程度。

零碳路径是以近零能耗建筑为核心的建筑节能、配合零碳电力的建筑电气化及零碳热源。2019 年,我国间接碳排放为 16 亿 t,包括 1.9 万亿 kW·h 运行用电的 11 亿 t 碳排放和集中供热、燃煤燃气锅炉和热电联产的 5 亿 t 碳排放。因此,提升节能减排标准是降低用能需求、减少间接排放的关键。

零碳电力要求建筑用电全部为风电、光电,一方面需要大力发展建筑表面光伏发电,另一方面用建筑消纳周边地区集中风电、光电的零碳电力。此时的难点就变成了柔性用电,即如何让建筑弹性地消纳风电、光电的波动性。依靠"光储直柔"建筑配电可以支持零碳建筑能源的实现。"光"是指光伏建筑一体化;"储"是储能,将建筑蓄电池连接充电桩,实现建筑与汽车的储放结合;"直"是指建筑直流配电;"柔"是指弹性负载,柔性用电,调节风电、光电的波动性。"光储直柔"建筑可仅仅依靠零碳电力运行。

隐含碳排放的主要来源是建材生产,我国建筑碳排放占比为 38%,其中建材相关占比为 17%。从全寿命期看,运行用能占比最高,建材占比第二,考虑建材生产建造周期短,其优化对建筑领域低碳化贡献更大。隐含碳的零碳路径包括:避免过量建设和大拆大建,从总量上减碳;推动建筑工业化,从源头上减碳;推广新型低碳结构体系和高性能材料,从建材上减碳[66]。

2.9 信息技术领域碳源解析

信息技术存在广义和狭义两种定义,广义的信息技术指能充分利用与扩展人类信息器官功能的各种方法、工具与技能的总和;狭义上指利用计算机、网络、广播电视等各种硬件设备、软件工具和科学方法,对文、图、声、像各种信息进行获取、加工、存储、传输与使用的技术之和。日常生活中,人们所说的信息技术多为后者。自 1946 年世界上第一台通用计算机诞生后,信息技术开始飞速发展,网络的广泛应用使近代信息技术水平实现飞跃式发展。至今,信息技术已成为一个庞大的领域,包括计算机仿真、多媒体、虚拟现实、大数据、云计算等技术,涉及社会、医疗、教育、交通、能源、农业等方面,形成了信息处理和服务产业、信息处理设备产业、信息传递中介产业。

在信息技术行业蓬勃发展的同时,其产生的碳排放问题也随之而来。据全球电子可持续发展倡议组织分析,信息技术行业的碳排放占全球碳排放量的 2%,其中相当一部分碳排放由数据中心消耗电能所致,数据中心消耗电能占全球电能消耗量的 8%。此外,信息技术还可以影响其他行业 98% 的碳排放[71]。具体体现为信息化与工业化的深度融合,采用信息化手段实现对工业生产的管理和控制,在各行业实现信息化建设、智能电网、电子政务、电子商务和绿色建筑等。总之,在"双碳"目标的背景下,对中国信息技术领域的碳排放问题进行研究,对促进社会节能减排、实现碳中和具有重要意义。

2.9.1 信息技术领域碳源种类

依据《电子信息产品碳足迹核算指南》[72],电子信息产品碳足迹的核算应包括制造阶段和使用阶段,其计算方法为

$$C = (E_{制造} + E_{使用}) \times 1000 = \sum (E_{燃烧,i} + E_{外购电,i} + E_{外购热,i} + E_{过程,i}) \times 1000$$

$$(2-20)$$

式中,C 为产品碳足迹(kg 二氧化碳当量);$E_{制造}$ 为产品制造阶段温室气体排放量(t 二氧化碳当量);$E_{使用}$ 为产品使用阶段温室气体排放量(t 二氧化碳当量);$E_{燃烧,i}$ 为单元过程化石燃料燃烧温室气体排放量(t 二氧化碳当量);$E_{外购电,i}$ 为单元过程电力消耗温室气体排放量(t 二氧化碳当量);$E_{外购热,i}$ 为单元过程热力消耗温室气体排放量(t 二氧化碳当量);$E_{过程,i}$ 为刻蚀工序与化学气相沉积腔室清洗工序的生产过程温室气体排放量(t 二氧化碳当量);i 为单元过程,包括制造和使用。

典型电子设备制造工艺流程如图 2-43 所示,该过程中碳排放源包括化石燃料燃烧、净购入电力消费、工业生产过程,以及净购入热力消费。工业生产过程中主要碳排放源为半导体生产中刻蚀与化学气相沉积腔室清洗工艺,产生的温室气体排放由原料气的泄漏与生产过程中生成副产品(温室气体)的排放构成。原料气包括但不限于 NF_3、SF_6、CF_4、C_2F_6、C_3F_8、

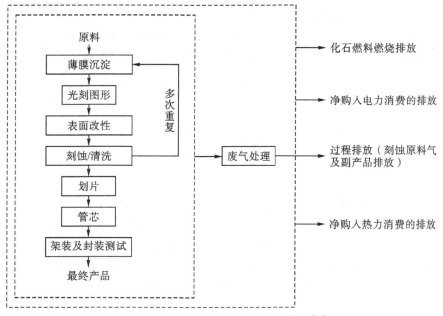

图 2-43 典型电子设备制造工艺流程[73]

C_4F_6、c-C_4F_8、c-C_4F_8O、C_5F_8、CHF_3、CH_2F_2、CH_3F，副产品包括但不限于 CF_4、C_2F_6、C_3F_8。

计算由化石燃料燃烧和电力、热力消费产生的温室气体时，使用的折标准煤系数、二氧化碳排放系数及排放因子如表2-7、表2-19所示。

表 2-19   各种能源排放因子推荐值[74-75]

能源	排放因子推荐值
电网供电	每兆瓦时 0.604 t 二氧化碳
热力供应	每吉焦 0.11 t 二氧化碳

电子信息产品制造阶段的碳排放主体为电子元器件制造行业中的各电子设备制造企业，其产品包括电阻、电容、电感等电子元件和线路板、半导体、光电组件等电子器件。各电子元器件制造行业单位增加值能耗和二氧化碳排放情况如表2-20所示。

表 2-20   各电子元器件制造行业二氧化碳排放情况[74]

电子元器件制造行业	单位增加值能耗 /(t 标准煤/万元)	单位增加值二氧化碳排放量 /(kg/万元)
电子真空件	0.81	542.70
半导体分立器件	0.19	127.30
集成电路	0.11	73.70
光电子器件及其他电子器件	0.077	51.59
电子元件及组件	0.19	127.30
印刷电路板	0.096	64.32

生产太阳能电池流程如图2-44所示，生产每公斤工业硅需要耗电3 kW·h，生产每公斤多晶硅耗电150～250 kW·h，拉伸工艺每公斤耗电60 kW·h，切割工艺每公斤耗电6～8 kW·h，制成电池再耗电100 kW·h，最终每公斤硅变成电池耗电350～450 kW·h。使用1 kW的太阳能电池需要10 kg的多晶硅，消耗电能5800～6000 kW·h。

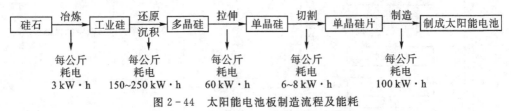

图 2-44   太阳能电池板制造流程及能耗

电子信息产品使用阶段的碳排放主体是各信息技术企业，如谷歌、苹果、百度等互联网企业，主要碳排放源为数据中心消耗电力。电源使用效率值是评价数据中心能源效率的指标，其计算方法为电源使用效率＝数据中心总能耗/非信息技术设备能耗，其中数据中心总能耗包括信息技术设备能耗和制冷、配电等系统非信息技术设备能耗，详细构成如表2-21所示。电源使用效率值越接近1，代表非信息技术设备耗能越少，即能效水平越高。据工信部统计，我国数据中心电源使用效率普遍超过2.0，有的甚至超过3.0。

表 2-21　数据中心能耗构成

数据中心能耗	详细构成
信息技术设备能耗	数据服务器耗电
	工作站耗电
	工作台耗电
	网络交换机耗电
	光纤设备耗电
	传输设备耗电
	路由设备耗电
非信息技术设备能耗	空调制冷设备耗电
	电源系统损耗电能
	办公场所耗电
	照明耗电

从电子信息产品的全生命周期对信息技术领域碳排放源进行总结,原材料获取、产品制造、产品运输和产品使用四个阶段的主要碳排放源如表 2-22 所示。有学者以 100 台电脑为功能单位,从全生命周期进行了分析,得出在原材料阶段,消耗原油 0.775 t,标准煤 5.3273 t,产生二氧化碳约 16.797 t,还会产生一氧化碳 0.354 t,氮氧化物 0.0309 t;在生产阶段,消耗标准煤 1.791 t,产生二氧化碳 3.426 t;在使用阶段,产生二氧化碳 315.85 t[75]。假设运输路程为 100 km,则运输阶段产生二氧化碳 34.45 kg。100 台电脑的全生命周期总计产生二氧化碳 370.523 t。

表 2-22　电子信息产品生命周期各阶段主要碳排放源

电子信息产品生命周期阶段	主要碳排放源
原材料获取阶段	石油消耗、煤炭消耗、工业电炉耗能、硅石开采耗能等
生产阶段	燃烧化石燃料、消耗电力、消耗热能、刻蚀与化学气相沉积腔室清洗工艺等
销售运输阶段	公路运输、铁路运输、海上运输、航空运输等运输方式消耗原油
使用阶段	设备消耗电能

2.9.2　信息技术领域碳排放现状

根据温室气体核算体系规定,对企业或行业所排放温室气体有三种计算方法[76]:范围 1 通过控制的排放源计算直接排放的温室气体;范围 2 通过所购买的能源计算间接排放的温室气体;范围 3 计算上下游价值链中所有间接排放的温室气体。信息技术行业的直接排放量较少,而通过所购买的能源间接排放的温室气体和上下游价值链所有间接排放的温室气体较多。

据谷歌公司 2020 年《环境报告》显示,其 2019 年间接排放约 512 万 t 二氧化碳当量,上下游价值链所有间接排放约 1290 万 t 二氧化碳当量。苹果公司 2020 年全年碳足迹为 2260 万 t 二氧化碳当量,各阶段占比如图 2-45 所示,其中产品制造占全年碳足迹的 71%,产品使用占

19%,产品运输占 8%,材料回收占 1%,直接排放共占 1%[77]。

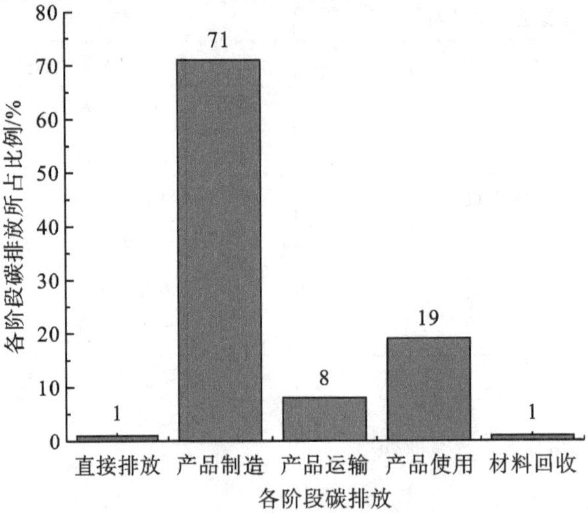

图 2-45 苹果公司 2020 财年碳足迹[77]

由前面的分析可知,在信息技术领域全生命周期中,产品制造与产品使用是碳排放源的重要组成部分,其碳排放量占总体碳排放量的 70%左右。

信息技术的实现依托于计算机、网络等硬件设备。随着社会经济的发展,电子元器件产品的比重、使用率在不断攀升,整个行业的能耗也将不断提高。此外,发达国家将电子元器件制造行业逐步向我国转移,使我国电子元器件制造行业能耗进一步上升。1995—2010 年,我国计算机电子硬件制造业能耗由 950.6 万 t 标准煤上升至 4155 万 t 标准煤。然而,发达国家则出现下降的情况,美国 2002—2009 年,电子元器件制造业能耗量由 1343 万 t 标准煤下降至823 万 t 标准煤,工业能耗占比从 1.65%下降至 1.15%,能耗比重显著下降[78]。

依据中国 2012 年发布的《电子工程节能设计规范》,电子产品生产的综合能耗应按下式计算:

$$E_c = \sum (G_i C_i) - \sum (G_r C_r) \tag{2-21}$$

式中,E_c 为工厂正常生产工况综合能耗(kg/h);G_i 为各种能源及耗能工质 i 的消耗量(kg/h);C_i 为各种能源耗能工质 i 的折算标准煤参考系数[kg/kg、kg/(kW·h)或 kg/m³];G_r 为各种能量回收数量(kg/h、t/h、kW 或 m³/h);C_r 为各种能量回收工质的折算标准煤参考系数,一般同一工质的 $C_i = C_r$。

各种能源的消耗总量如表 2-23 所示。2016—2018 年,中国计算机、通信和其他电子设备制造业能源消耗总量由 3376.46 万 t 标准煤上升到 4628.00 万 t 标准煤,碳排放总量由2262.23 万 t 二氧化碳当量上升至 3100.76 万 t 二氧化碳当量。

表 2-23 计算机、通信和其他电子设备制造业能源消耗总量

年份	能源消耗总量/万 t 标准煤	碳排放总量/万 t 二氧化碳当量
2016	3376.46	2262.23
2017	3661.79	2453.40
2018	4628.00	3100.76

电子信息产品的应用导致的电力消耗是信息技术领域的另一大碳排放源。在当今的大数据时代,人类社会的方方面面都离不开电子信息产品的支持,如电子计算机、计算机网络设备、移动通信设备、广播电视设备等产品在经济、医疗、教育、交通、农业等领域发挥着重要的作用。电子信息产品在便利人们生活、促进经济发展的同时,也带来了极大的电能消耗,导致了严重的碳排放问题。2009 年,谷歌公司宣称每使用一次谷歌搜索引擎,就会产生 0.2 g 二氧化碳,而谷歌搜索引擎每天处理搜索请求超过 35 亿次,月访问量达到 880 亿次。而据腾讯公司 2019 年年报显示,其产品维护使用环节中的数据中心排放温室气体量占其温室气体排放总量的 86.75%。

区块链技术本质上是一个共享数据库,存储于其中的数据或信息具有不可伪造、全程留痕、可以追溯、公开透明、集体维护等特征。基于这些特征,区块链技术奠定了坚实的"信任"基础,创造了可靠的"合作"机制,具有广阔的运用前景。比特币是一种以区块链技术为底层技术的数字货币,由于其完全去中心化、匿名、免税、免监管等特点而受到人们追捧。

比特币通过计算机求解特殊方程组的特解来获得,用来求解计算的计算机被称为"挖矿机"。为了提高"挖矿"效率,人们开发了专门用于"挖矿"的"挖矿机",并将几十、几百甚至上千的"挖矿机"集中整合到一个物理空间内,形成"矿场"。由于"挖矿机"数量庞大且 24 h 不停地工作,其消耗的电能及二氧化碳的排放量异常巨大。据报道[79],2018 年 2 月 10 日,该时点全球比特币"挖矿"年耗电量高达 485 亿 kW·h,约为全球耗电总量的 0.2%;2018 年 5 月 25 日为 688.1 亿 kW·h,约占全球电力消耗总量的 0.27%;2018 年底,全球比特币"挖矿"年耗电量达到 1250 亿 kW·h,约占全球电力消耗总量的 0.55%。截至 2021 年 6 月 29 日,加密货币消息机构 DIGICONOMIST 发布的数据显示,全球比特币"挖矿"年耗电量为 1336.9 亿 kW·h,与阿根廷的电力消耗量相当。高额的电力消耗意味着大量的碳排放。截至 2021 年 6 月,单个比特币交易可产生二氧化碳 827.35 kg,相当于 183 万笔 VISA 交易,而年碳足迹可达二氧化碳 63.50 Mt,相当于塞尔维亚一年产生的二氧化碳。

在大数据时代,庞大的数据计算与处理需要不断扩大数据中心的基础建设规模,由此也带来了能耗激增的问题。有文献表明[80],2018 年中国数据中心总用电量约为 1608.89 亿 kW·h,占中国全社会用电量的 2.35%,共使用火电约 1171.81 亿 kW·h,二氧化碳排放量达 9855 万 t。2020 年中国数据中心整体耗电量已突破 2000 亿 kW·h,约占全社会用电量的 2.71%。据《中国"新基建"发展研究报告》,全球数据中心将于 2025 年占全球能耗的最大份额,高达 33%。而在国内,全国数据中心的耗电量已连续八年以超过 12% 的速度增长,未来占社会总用电量的比例将持续增长。根据腾讯 2019 年年报,数据中心的温室气体排放量(74.3 万 t)占其温室气体排放总量的 86.75%[76]。随着数据中心机房服务器设备的集成度越来越高,体型也越来越小,运行速度更快,必然导致电力消耗越来越大。

2.9.3　信息技术领域碳排放特征

总结前面的内容可知,信息技术领域直接碳排放量较少,而通过所购买的能源间接排放的温室气体和上下游价值链所有间接排放的温室气体较多。电子信息产品制造和产品应用耗能是信息技术领域的主要碳排放源。通过整理分析信息技术领域碳排放信息,可知信息技术领域碳排放具有如下特征。

1. 碳排放源分布广泛,排放量降低难度较大

信息技术领域的碳排放源分布于上下游产业链和全生命周期过程中。上游产业的半导体器件、通信器件等电子元器件制造业,中游产业的通信网络、网络规划和网络优化及解决方案开发等产业,下游产业的 5G 通信、卫星通信、云计算、大数据、物联网、工业互联网等产品应用产业,在原材料开采、产品制造、销售运输、产品使用维护的生命周期中均会排放二氧化碳,且碳源种类多样,排放强度不一,为统计碳排放量增加了难度。中国电子元器件制造业起步较晚,现有的电子元器件制造企业多是劳动密集型,自主创新能力不足,从根源上降低碳排放量的难度较大。数据中心是消耗电能最多的设备网络之一,但由于数据中心机房主设备用电、电源系统用电和环境系统用电在机房管理上是相互独立的,由不同的部门进行管理,相互之间互不干涉,各子系统间的用电能耗结构复杂多变,难以统一协调[81]。故如何减少数据中心的碳排放仍是需要深入研究的问题。此外,可再生能源与火电相比,其价格与质量不占优势,难以完全替代火电,从而很难降低碳排放量。

2. 碳排放量持续上升

信息技术在世界上广泛应用,促进了各国的经济发展,提高了人类的生活质量,而人们对电子元器件的需求量和数据中心的规模要求也与日俱增。国际可持续发展权威刊物的一篇报告指出,碳排放量如果不加以控制,到 2040 年,全球信息与通信技术产业的温室气体排放量可能会从 2007 年的 1%~1.6% 增长到 14% 以上。当前全世界的信息技术企业纷纷开展碳中和行动,如苹果公司采用可再生能源,产品使用可再生稀土元素制造;谷歌提出了"循环经济"的三大原则——通过设计减少浪费,产品与材料重复使用及完成可再生能源转型;华为深度参与光伏产业链建设,使用可再生材料;百度加大可再生能源使用,提高数据中心年均能源使用效率等。尽管如此,所有信息技术企业距离实现碳达峰或碳中和仍有一段距离。在经济发展的目标下,先进的信息技术仍是重要的发展工具,信息技术领域的需求量仍将持续增加,其碳排放总量也将持续增加。

3. 火电占消耗能源的绝大部分

无论是电子元器件制造耗能还是产品应用耗能,其消耗的能源中绝大部分来自火电。尽管多数行业或企业都将可再生能源纳入能源使用的范围,但与火电相比,其价格或质量仍不占优势,从而导致消耗的能源仍以火电为主。电力支出是比特币"矿场"的主要支出,这导致比特币"矿场"更倾向于设置在光电、风电、水电等可再生能源丰富、电价低廉的地区,各国可再生能源占比特币消耗能源比例如表 2-24 所示。由表可知,大部分国家可再生能源在比特币消耗

表 2-24　各国可再生能源占比特币消耗能源比例[79]

国家	可再生能源占比/%
澳大利亚	29
中国	34
日本	27
俄罗斯	18
韩国	6
美国	20
英国	36

的能源中占比为 1/3 左右。剑桥大学 2020 年对"矿工"进行调查,受访者表示,实际能源消耗总量仅 30% 来自可再生能源[82]。大于 70% 的比特币"矿藏"在中国或被中国公司拥有,可再生能源无法支持众多服务器集群消耗,需依赖燃煤电厂廉价的电力,这造成了严重的二氧化碳排放问题。

2.9.4　信息技术领域碳排放影响因素

通过本章的分析可知,信息技术领域碳源主要是电子信息产品制造和电子信息产品使用能耗,分析二者的影响因素对实现信息技术领域碳中和有重要意义。

中国电子元器件制造业的能耗在逐年上升,其工业生产过程中使用的工业炉窑对能耗的影响极大。目前中国信息技术领域工业炉窑数量巨大,各种工业炉窑有 3 万台左右,其耗能量占电子信息产业制造业总能耗的 30%,但热效率极低,一般在 30% 左右,有些甚至仅为 10%。工业电炉的热效率主要受燃烧装置形式、烟气预热回收利用方法、炉体密封保温等因素影响。采用新型节能氮气气氛保护推板窑降低能耗 40%,使用宽体窑可提高产量 50%,降低能耗 30% 以上。

针对半导体产业的高能耗,采用化学气相沉积、物理化学相沉积等技术,制造薄膜式太阳能电池,大大降低拉伸、切割过程耗能,大约降低能耗 100 kW·h;在各类表面元器件的焊接过程中采用氮气保护再流焊、无铅焊、红外热风再流焊工艺可大幅减少能耗;在电子元器件电镀过程中,可采用高速连续电镀自动生产线及先进的多排冲压、电镀及全封闭式的新型高速电镀线,以减少能耗。

在数据中心中,除信息技术设备消耗电能外,办公照明、电源设备、空调等非信息技术设备也消耗了大量电能。应当对数据中心各部分用电进行协调管理,采用空调自适应节能技术、室外机雾化喷淋及室外自然冷源等技术减少空调能耗,推进电源使用效率值逼近 1.0。使用清洁能源供电也是降低数据中心碳排放的重要措施。此外,还应当对比特币行业进行监督管理,限制其对资源的浪费。

本章参考文献

[1] 网易研究局. 网易碳中和报告:颠覆认知! 燃油车只贡献 9% 的碳排放[EB/OL]. (2021 - 08 - 16)[2022 - 06 - 29]. https://www.163.com/money/article/GHGVI3FG00259I2U. html.

[2] 王筱留. 钢铁冶金学:炼铁部分[M]. 2 版. 北京:冶金工业出版社,2000.

[3] 张文凤,郗凤明,王娇月,等. 辽宁省重点钢铁企业碳排放与配额分配分析[J]. 科技导报, 2020,38(11):98 - 106.

[4] 马秀琴,董慧芹,郭鸿湧,等. 我国钢铁与水泥行业碳排放核查技术与低碳技术[M]. 北京: 中国环境出版社,2015.

[5] 姚聪林,朱红春,姜周华,等. 全废钢连续加料电弧炉短流程碳排放计算及分析[J]. 材料与冶金学报,2020,19(4):259 - 264.

[6] 张伟伟. 有色金属工业碳排放现状与实现碳中和的途径[J]. 有色冶金节能,2021,37(2):3.

[7] 陈晓红,赵贺春,高诚. 工业生产碳排放计量模型的构建研究:基于电解铝生产的碳排放数

据[J].中国人口·资源与环境,2013(S2):5.

[8]罗丽芬,黄海波,吴许建.碳交易及电解铝生产企业碳排放核算方法[J].铝镁通讯,2017(2):4.

[9]罗丽芬,周云峰,李昌林,等.某电解铝企业的碳排放核算方案[J].有色冶金节能,2019,35(4):4.

[10]佟庆,周胜,魏欣旸.纳入全国碳市场的铜冶炼企业碳排放核算方法解析[J].中国经贸导刊,2018(35):24-25.

[11]张宏,郭国标.铜冶炼企业降低碳排放强度的措施[J].有色冶金节能,2018,34(1):34-36.

[12]新浪证券.有色行业中碳排放最高品种,高利润或成常态,4大龙头亟待估值重估[EB/OL].(2021-03-19)[2022-06-29].https://weibo.com/ttarticle/p/show? id=2309404616483828531231.

[13]邵朱强,杨云博.有色金属行业技术进步对碳排放的影响分析[C]//中国科协.实现"2020年单位GDP二氧化碳排放强度下降40%～45%"的途径研讨会论文集.[S.l.:s.n.],2011.

[14]陈厚合,茅文玲,张儒峰,等.基于碳排放流理论的电力系统源-荷协调低碳优化调度[J].电力系统保护与控制,2021,49(10):1-11.

[15]朱法华,王玉山,徐振,等.中国电力行业碳达峰、碳中和的发展路径研究[J].电力科技与环保,2021,37(3):9-16.

[16]夏德建,任玉珑,史乐峰.中国煤电能源链的生命周期碳排放系数计量[J].统计研究,2010,27(8):82-89.

[17]郭敏晓.风力、光伏及生物质发电的生命周期CO_2排放核算[D].北京:清华大学,2012.

[18]全国能源信息平台.风电向全生命周期"零碳排放"转型[EB/OL].(2021-08-04)[2022-06-09].https://baijiahao.baidu.com/s? id=1707143872759604270&wfr=spider&for=pc.

[19]Deep Tech深科技.水力发电没有碳排放? 不仅有,而且很大! [EB/OL].(2016-10-12)[2022-06-29].https://www.sohu.com/a/115901860_354973.

[20]宋海涛,瞿慧红,张泽民,等.从生命周期角度分析核电产生的碳排放[C]//中国核学会.中国核学会2011年年会论文集.[S.l.:s.n],2011:66-72.

[21]龚道仁,陈迪,袁志钟.光伏发电系统碳排放计算模型及应用[J].可再生能源,2013,31(9):1-4.

[22]国家发改委.中国电网企业温室气体排放核算方法与报告指南(试行)[EB/OL].(2013-10-15)[2022-06-29].https://www.ndrc.gov.cn/xxgk/zcfb/tz/201311/W020190905508184105377.pdf.

[23]段力勇,李方勇,王庆红,等.电网企业碳排放核算与配额分配方法研究[J].能源与环保,2018,40(12):127-131.

[24]佚名.电网线损分析及降损措施[EB/OL].(2012-01-24)[2022-06-29].https://wenku.baidu.com/view/842291c3350cba1aa8114431b90d6c85ec3a883b.html.

[25]享能汇工作室.电力消费数据你读懂了吗? [EB/OL].(2020-11-05)[2022-06-29].

https://news.bjx.com.cn/html/20201105/1113982.shtml.

[26]中国电力知库.2019 年全国电力装机量、发电量、用电量数据盘点[EB/OL].(2020 - 02 - 10)[2022 - 06 - 29].https://news.bjx.com.cn/html/20200210/1041096.shtml.

[27]封面新闻.国家能源局:2020 年我国减少二氧化碳排放量约 17.9 亿吨[EB/OL].(2021 - 03 - 30)[2022 - 06 - 29].https://baijiahao.baidu.com/s? id＝1695627948878495730&wfr＝spider&for＝pc.

[28]白雅雯.中国电力行业碳排放影响因素研究[D].哈尔滨:哈尔滨工业大学,2019.

[29]罗思敏.中国区域间电力行业碳排放的关键路径分析[D].长沙:湖南大学,2019.

[30]侯建朝,史丹.中国电力行业碳排放变化的驱动因素研究[J].中国工业经济,2014(6): 44 - 56.

[31]电力圈.节能|火力发电厂低温能源应用技术的探讨[EB/OL].(2017 - 04 - 24) [2022 - 06 - 29].https://www.sohu.com/a/136005596_651733.

[32]张子涵.中国水泥行业节能减排问题研究[D].厦门:厦门大学,2018.

[33]麦肯锡.中国加速迈向碳中和:一文读懂水泥行业碳减排路径[EB/OL].(2021 - 04 - 02) [2022 - 06 - 29].https://www.ccement.com/news/content/17356534116555001.html.

[34]覃金芳.关于我国水泥生产与碳排放现状研究[J].大科技,2017(11):212 - 213.

[35]庞翠娟.水泥工业碳排放影响因素分析及数学建模[D].广州:华南理工大学,2012.

[36]付聪.水泥行业碳减排的思考探讨[J].大科技,2021(19):317 - 318.

[37]孙雍春.水泥分解炉内替代燃料燃烧特性的数值模拟[D].合肥:安徽工业大学,2019.

[38]肖九梅.低碳经济加速水泥混凝土行业拓展新天地[J].中国水泥杂志,2019(3):70 - 76.

[39]巩政.浅析水泥生产工艺的节能技术[J].四川水泥,2019(5):1.

[40]王思博.水泥行业温室气体排放核算方法研究[D].北京:中国社会科学院,2012.

[41]胡建军,刘恩伟.建设绿色矿山促进采矿业可持续发展[J].中国矿业,2012(S1):60 - 61.

[42]郭鸿儒.浅谈采矿工程面临的机遇和挑战[J].城市建设理论研究(电子版),2016(13): 583.

[43]邓代兴,蒲勇.采矿工程中绿色开采技术的应用研究[J].内蒙古煤炭经济,2019(15):53 - 54.

[44]刘云清.采矿业:事实、数据和环境[J].产业与环境(中文版),2001(S1):4 - 8.

[45]李慧波.浅谈矿产行业的现状与发展[J].河北企业,2015(6):69.

[46]中国标准化研究院.国民经济行业分类:GB/T 4754—2017[S/OL].(2017 - 06 - 30) [2022 - 06 - 29].https://www.doc88.com/p-3252522158999.html.

[47]郭金峰.我国地下矿山采矿方法的进展及发展趋势[J].金属矿山,2000(2):4 - 7.

[48]连经社,张武威,高国强.胜坨油田采油工艺技术[M].北京:中国石化出版社,2004.

[49]孙艾茵.石油工程概论[M].北京:石油工业出版社,2008.

[50]刘俊杰,马贵阳,潘振,等.天然气水合物开采理论及开采方法分析[J].当代化工,2014 (11):2293 - 2296.

[51]杜冰鑫,陈冀嵋,钱文博,等.天然气水合物勘探与开采进展[J].天然气勘探与开发,2010 (3):26 - 29.

[52]李淑霞,陈月明,杜庆军.天然气水合物开采方法及数值模拟研究评述[J].中国石油大学

学报(自然科学版),2006,30(3):146-150.

[53]PRAKASH V,SINHA S K,DAS N C,et al. Sustainable mining metrics en route a coal mine case study[J]. Journal of Cleaner Production,2020,268:122.

[54]王莉莉.永煤集团煤炭矿区碳排放核算及减排对策研究[D].北京:中国矿业大学,2015.

[55]朱川,姜英,张国光.煤炭生产企业碳排放状况分析研究[J].能源环境保护,2012,26(2):9-12.

[56]宋铁君.中国石油石化行业碳排放波动与低碳策略研究[D].大庆,黑龙江:东北石油大学,2012.

[57]李安平,周致远,刘勇,等.基于全生命周期理论的金属矿采选业产品碳足迹研究[J].采矿技术,2021,21(3):3.

[58]谢亚轩."碳中和"目标下的减排路线与行业机会[EB/OL].(2021-03-09)[2022-06-30].https://www.chinaleather.org/front/article/115216/45.

[59]路正南,王志诚.我国工业碳排放效率的行业差异及动态演进研究[J].科技管理研究,35(6):6.

[60]王辉.煤炭行业碳排放与经济增长的关系研究[J].价值工程,2017,36(2):185-186.

[61]罗世兴,吴青.中国采矿业能源消费碳排放脱钩及因素分解分析[J].资源与产业,2018,20(1):7.

[62]范文虎,杨昆,原毅玲,等.以煤炭开采洗选业为首的重点行业碳排放情况 LMDI 分析:以山西省为例[J].中国经贸导刊,2018,891(8):28-30.

[63]芦宗秀.黑龙江省采矿业碳排放影响因素及减排对策研究[D].哈尔滨:哈尔滨理工大学,2015.

[64]张顺尧.低碳场地设计影响因素分析[C]//中国城市规划学会.2013 中国城市规划年会.青岛:[s.n.],2013.

[65]陈伟志.谈低碳概念下的建筑设计应对策略[J].建材与装饰,2019(33):94-95.

[66]陈晓科,周天睿,李欣,等.电力系统的碳排放结构分解与低碳目标贡献分析[J].电力系统自动化,2012,36(2):18-25.

[67]相文强,薛翔鸿,袁玲,等.建筑施工碳排放量估算方法研究[J].四川水泥,2016(5):326.

[68]沈永平,王国亚.IPCC 第一工作组第五次评估报告对全球气候变化认知的最新科学要点[J].冰川冻土,2013,35(5):1068-1076.

[69]于萍,陈效逑,马禄义.住宅建筑生命周期碳排放研究综述[J].建筑科学,2011,27(4):9-12.

[70]张智慧,尚春静,钱坤.建筑生命周期碳排放评价[J].建筑经济,2010(2):44-46.

[71]徐红.信息技术领域节能减排任重道远[J].中国科技投资,2013(27):58-60.

[72]北京市市场监督管理局.电子信息产品碳足迹核算指南[EB/OL].(2021-07-07)[2022-06-30].https://www.hbzhan.com/news/detail/142322.html.

[73]国家发改委.电子设备制造企业温室气体排放核算方法与报告指南(试行)[EB/OL].(2015-07-06)[2022-06-30].https://www.ndrc.gov.cn/xxgk/zcfb/tz/201511/W020190905506436019810.pdf.

[74]工业和信息化部节能司.电子信息行业节能减排技术指南:电子材料行业篇[EB/OL].

（2012 - 09 - 01）［2022 - 06 - 30］. https://max. book118. com/html/2017/0812/127469373. shtm.

［75］高丽霞. 电子信息产品的生命周期评价［J］. 环境科学与管理,2009,34(10):179 - 183.

［76］东风证券,孔蓉,李泽宇. 碳中和行业专题研究:全球科技巨头在行动［EB/OL］.（2021 - 03 - 05）［2022 - 06 - 30］. http://acet-ceca. com/desc/9695. html.

［77］APPLE. 环境进展报告［EB/OL］.（2020 - 04 - 30）［2023 - 02 - 27］. https://www. apple. com. cn/environment/pdf/Apple_Environmental_Progress_Report_2020. pdf.

［78］王春芳. 计算机电子行业节能减排的研究［D］. 苏州:苏州科技大学,2019.

［79］陈欣欣,郭洪涛. 近期比特币经济运行报告［J］. 北方经济,2020(1):75 - 80.

［80］徐贤贤. 互联网行业碳排放［J］. 财讯,2021(5):181 - 182.

［81］吴健. 通信网络能耗分析与节能技术应用［J］. 信息与电脑(理论版),2014(22):97.

［82］DIGICONOMIST. Bitcoin energy consumption index［EB/OL］.（2020 - 12 - 30）［2023 - 02 - 27］. https://digiconomist. net/bitcoin-energy-consumption/.

第 3 章

碳汇分析

碳汇是指从大气中吸收、累积二氧化碳并蓄存为一定年限的天然或人工储库的过程,可分为天然碳汇和人工碳汇。天然碳汇包括海洋碳汇(通过多种物化及生物过程吸收二氧化碳)和陆生植物碳汇(通过光合作用吸收二氧化碳)两大类,具体包括森林碳汇、草地碳汇、耕地碳汇、土壤碳汇、海洋碳汇及湖泊碳汇,其中以森林、草原为主。人工碳汇包括通过技术手段实现二氧化碳固定封存的技术,主要指碳捕集与封存项目等。

3.1 天然碳汇

自然生态系统是指在一定时间和空间范围内,依靠自然调节能力而维持相对稳定的生态系统,如森林、草原、湖泊湿地、耕地、海洋等。自然生态系统是地球表层生态系统的重要组成部分,深度参与着全球碳循环过程。大气中的二氧化碳被陆地和海洋植物光合作用吸收后进入生物圈、岩石圈、土壤圈和水圈,部分被吸收的碳在生物地球化学作用下最终成为碳汇,另一部分通过土壤呼吸和微生物分解重新返回大气。自然生态系统的稳定与否直接决定了大气二氧化碳的浓度高低,对全球碳循环有着重大影响。

研究显示,人为排放的碳大约有 55% 被自然所消除,其中海洋占 24%,陆地生态系统占 30%。2008 年世界银行发布报告,首次提出了全球气候变化"基于自然的解决方案",指出自然界的生物多样性增加能够减少碳排放和增加碳汇,可以对减缓全球气候变化做出贡献。在 2019 年联合国气候行动峰会上,该方案被列入加快全球气候行动的九大领域。

联合国环境署在一份报告中指出,控制碳排放的最佳方法是"自然碳汇"。据统计,全球大洋每年从大气吸收二氧化碳约 20 亿 t;滨海湿地作为重要的海岸带蓝碳生态系统,每平方公里的年碳埋藏量预计可达 2.2 亿 t;林木每生长 1 m³,平均吸收 1.83 t 二氧化碳,但其成本仅是技术减排的 20%;草地是全球陆地生态系统分布面积最广的类型之一,按照天然草地每公顷可固碳 1.5 t/a 计算,我国的草地资源每年总固碳量约为 6 亿 t;长江、珠江、黄河三大河流每年固定的二氧化碳也有 0.57 亿 t 左右;我国岩溶作用每年可回收大气二氧化碳量 0.51 亿 t;依托土地综合整治等手段可实现农田减排增汇,促进农业空间降低净碳排放。据统计,到 2030 年,我国陆地森林、草原、湿地等生态系统的最大技术减排潜力约为每年 36 亿 t 二氧化碳(不包含海洋碳汇),我国农业空间最大技术减排潜力约为每年 6.67 亿 t 二氧化碳。

地球有四个大碳库:大气碳库,其中的碳多以二氧化碳、甲烷及其他含碳气体分子的形式存在;海洋碳库,包括海洋中的溶解碳、颗粒碳,海洋生物体中含有的有机碳,以及赋存于海洋碳酸盐岩等沉积物中的碳;岩石圈碳库,主要存在于碳酸岩和黑色岩系,如煤、油页岩等沉积物中的碳;陆地生态系统碳库,包含了植被碳库和土壤碳库,也可按生态类型分成农田、森林、草地、湿地等生态系统碳库。必须明确的是,几大碳库之间的碳是相互交换的,这种交换作用过程就构成了地球表层系统碳循环。

3.1.1 森林碳汇

1. 基本概念

从生物物理属性看,森林生态系统是累积或者释放碳的系统,其中累积碳的过程即为森林碳汇,或称森林固碳,也可将其理解为森林生态系统通过光合作用从大气中吸收二氧化碳,并储存在森林植被中,形成森林碳库的过程、活动或者机制。

森林碳库即森林碳储量,是存量的概念,指森林生态系统的碳含量。从森林碳库的变化来看,当损失大于增加时,碳库减少,森林生态系统在碳循环过程中表现为碳源;当增加大于损失时,森林生态系统累积碳,在碳循环过程中表现为碳汇。森林是陆地生态系统中最大的碳库,在降低大气中温室气体浓度、减缓全球气候变暖中具有十分重要的作用。尽管森林面积只占陆地总面积约 30%,但森林植被区的碳储量几乎占到了陆地碳库总量的一半。通过造林、再造林、减少毁林、恢复被毁生态系统、建立农林复合系统、加强森林可持续管理等措施,可以增强陆地碳吸收量,形成森林碳汇。

2. 森林碳汇现状

1)世界森林面积现状

按照联合国粮食及农业组织发布的《2020 年全球森林资源评估报告》数据,全球森林总面积为 40.6 亿公顷,占土地总面积的 31%,人均森林面积约为 0.52 公顷,森林立木蓄积总量为 5270 亿 m^3;森林碳储量为 6500 亿 t,其中有 44% 在生物量中,11% 在枯死木和枯枝落叶中,45% 在土壤层。

森林资源分布严重不均,热带区域拥有世界上最高比例的森林(45%),其次是寒带、温带和亚热带区域。俄罗斯、巴西、加拿大、美国和中国这五个森林资源最丰富的国家,拥有世界一半以上的森林,森林面积最大的 10 个国家约占世界森林总面积的 2/3(66%),如表 3-1 所示。与此同时,全球有 10 个国家或地区根本没有森林,另外的 54 个国家森林资源十分匮乏。

表 3-1 2020 年森林面积前十名的国家

排名	国家	森林面积/亿公顷	占世界森林的比例/%
1	俄罗斯	8.15	20
2	巴西	4.97	12
3	加拿大	3.47	9
4	美国	3.10	8
5	中国	2.20	5
6	澳大利亚	1.34	3
7	刚果民主共和国	1.26	3
8	印度尼西亚	0.92	2

排名	国家	森林面积/亿公顷	占世界森林的比例/%
9	秘鲁	0.72	2
10	印度	0.72	2

前文已介绍过,从森林碳库的变化来看,当损失大于增加时,碳库减少,森林生态系统在碳循环过程中表现为碳源;当增加大于损失时,森林生态系统累积碳,在碳循环过程中表现为碳汇。由于世界某些地方的森林被大规模破坏(砍伐或焚烧),就全球范围而言,森林目前是碳排放源。主要的碳源来自南美洲、非洲和大洋洲:

(1)热带地区的南美洲和非洲是森林净损失最大的地区,其中最为严重的是南美洲,2000—2010 年每年损失森林约 400 万公顷。

(2)其次是非洲,每年损失 340 万公顷森林。森林减少的主要原因来自林业与农业之间的竞争,在经济发展水平较低的阶段,如果农业经营相对于林业经营能够对农户产生更高的经济激励,林地往往会转化为农用地。

(3)森林还会受到自然扰动和不可控因素的影响,由于严重干旱和森林火灾,大洋洲在2000—2010 年每年损失 70 万公顷森林。

(4)北美洲和中美洲森林相对稳定。

(5)世界森林的增加主要来自于欧洲和亚洲的贡献,这其中既有造林、再造林和森林经营改善的影响,也包括森林的自然恢复和扩张。但欧洲森林面积增长率比 20 世纪 90 年代已经有一定程度的放缓,而亚洲在这一时期森林面积净增长超过每年 220 万公顷,主要的原因是中国大规模的植树造林活动使亚洲森林面积扭亏为盈。

具体森林数量变化数据如表 3-2 和表 3-3 所示,可以看出中国所在的东亚地区是全球范围内森林面积正增长最突出的区域,这与中国这些年退耕还林所付出的努力直接相关。

表 3-2 1990—2020 年按区域和次区域分列的森林面积年均净变化

区域/次区域	1990—2000 年		2000—2010 年		2010—2020 年	
	森林面积年变化/(万公顷/年)	年变化率/%	森林面积年变化/(万公顷/年)	年变化率/%	森林面积年变化/(万公顷/年)	年变化率/%
东非、南非	−134.5	−0.40	−177.3	−0.55	−190.7	−0.62
北非	−18.2	−0.47	−12.7	−0.35	−16.8	−0.47
西非、中非	−174.8	−0.50	−150.3	−0.45	−186.2	−0.59
非洲合计	−327.5	−0.45	−340.3	−0.49	−393.8	−0.60
东亚	191.7	0.88	233.2	0.97	190.1	0.73
南亚、东南亚	−184.3	−0.58	−26.2	−0.09	−94.1	−0.31
西亚、中亚	12.9	0.26	28.5	0.55	21.3	0.39
亚洲合计	20.2	0.03	235.5	0.39	117.3	0.19
欧洲	79.5	0.08	117.1	0.12	34.8	0.03
加勒比地区	8.5	1.34	6.9	0.97	3.9	0.51

续表

区域/次区域	1990—2000 年		2000—2010 年		2010—2020 年	
	森林面积年变化/(万公顷/年)	年变化率/%	森林面积年变化/(万公顷/年)	年变化率/%	森林面积年变化/(万公顷/年)	年变化率/%
南美洲	−510.2	0.54	−524.9	−0.58	−259.7	−0.30
中美洲	−21.8	−0.81	−21.1	−0.85	−13.0	−0.56
北美洲	−16.0	−0.02	32.7	0.05	−5.7	−0.01
大洋洲	−16.5	−0.09	−23.1	−0.13	42.3	0.23
世界	−783.8	−0.19	−517.3	−0.13	−473.9	−0.12

表 3-3 2010—2020 年森林面积年均净增加前十名的国家

排名	国家	年净变化/(万公顷/年)	年变化率/%
1	中国	193.7	0.93
2	澳大利亚	44.6	0.34
3	印度	26.6	0.38
4	智利	14.9	0.85
5	越南	12.6	0.90
6	土耳其	11.4	0.53
7	美国	10.8	0.03
8	法国	8.3	0.50
9	意大利	5.4	0.58
10	罗马尼亚	4.1	0.62

注:变化率(%)计算为复合年变化率。

2)中国森林面积及森林碳汇现状

2020 年,我国共完成人工造林和森林修复 677 万公顷;截至 2020 年,全国森林面积达 2.2 亿公顷,森林覆盖率达 23.04%,森林蓄积量 175.6 亿 m^3。《2020 年全球森林资源评估报告》显示 2010—2020 年中国的森林年均净增长量达到 190 万公顷,森林面积年均净增长为全球第一。中国实现了连续 30 年森林面积和森林蓄积量的"双增长"。

森林在管理状况良好的状态下能够吸收并固定空气中的二氧化碳,每一单位森林在特定时间内固定的二氧化碳量即为森林碳汇。但若对森林管理不善,森林也有可能会成为一项碳排放源。森林作为陆地上最大的生态系统,其对气候变化具有重要的作用,是成为碳源还是成为碳汇取决于管理者是否用心经营管理。对于森林资源丰富的西部地区,发展林业碳汇除了栽种树木的成本之外,几乎不需要额外的成本支出,还会有林业产品产出的收益,该举措也有利于经济落后地区的发展。因此在环境与经济发展之间的矛盾日益突出的情况下,为了更好地平衡两者之间的关系,开发生物自身的固碳作用具有重要的现实意义,应当重视森林碳汇的发展和管理。

我国于 2004 年开始森林碳汇试点项目,并在 2007 年发布的《应对气候变化国家方案》中明确了森林碳汇在应对气候变化中的地位,之后在 2009 年联合国气候变化峰会上提出要大力发展森林碳汇。在国际会议的承诺和目标激励下,中国各项碳汇林项目开始深入推进。2010年 8 月,中国绿色碳汇基金会成立,旨在应对气候变化和增加森林碳汇,标志着中国发展林业碳汇迈出了关键的一步。中国绿色碳汇基金会自成立以来组织实施了多个碳汇林项目,并在全国二十多个省市完成碳汇林面积达 120 多万亩。

除此之外,中国一些私营企业和外资企业也积极参与森林碳汇项目,促进生态系统恢复。如中国绿色基金会和蚂蚁金服的"蚂蚁森林"项目、诺华制药的"川西南林业碳汇"项目等。"十三五"期间,中国开展和推进各项造林、绿化等项目,并将其与扶贫相结合,成立生态扶贫专业合作社,同时推进扶贫和国土绿化行动。

3. 林业碳汇

1997 年,《京都议定书》将造林、再造林项目纳入"清洁发展机制",鼓励发达经济体向发展中经济体提供资金和技术,开发林业碳汇,使林业碳汇登上了历史舞台。

林业碳汇与碳市场的运行是密切相关的。我国碳市场自设计之初,便将林业碳汇列为重要的自愿减排项目来源。在碳市场机制下,造林和林业经营活动不仅能够提高森林生态功能,还可以通过出售碳汇获利。前文已介绍过,森林碳汇是指森林植物通过光合作用将大气中的二氧化碳吸收并固定在植被与土壤当中,从而减少大气中二氧化碳浓度的过程。但并非所有森林吸收的二氧化碳都可以作为林业碳汇在碳市场进行交易。只有通过造林、再造林,或者优化经营和管理等林业活动,额外增加的碳汇经规定程序认证后获得"核证减排量",才可用于交易。简单来说,森林碳汇是森林植物吸收二氧化碳的自然过程,林业碳汇则是人类活动在原有基础上所增加的森林碳汇,而只有按照规定流程经过认证的林业碳汇,才可获得核证并用于碳市场交易。自愿减排项目减排量认定的依据,是经国家发改委审定并在"中国自愿减排交易信息平台"公示的温室气体自愿减排方法学文件《森林经营碳汇项目方法学》。

根据《森林经营碳汇项目方法学》的规定,可以在我国碳市场交易的林业碳汇项目包括四类:碳汇造林项目、森林经营碳汇项目、竹子造林碳汇项目和竹林经营碳汇项目。其中,森林经营指通过调整和控制森林的组成和结构、促进森林生长,以维持和提高森林生长量、碳储量及其他生态服务功能,从而增加森林碳汇。

4. 森林碳汇的计量方法

森林通过光合作用吸收的二氧化碳量要大于呼吸作用而释放的二氧化碳量。经过时间的积累,包括森林植被和林地土壤在内的整个森林生态系统中,以生物量的形式储存着大量的二氧化碳。因此,森林碳储量是反映森林生态环境的重要指标。估计测算森林生态系统的碳储量,对评价森林碳汇功能、有效减缓温室效应具有重要意义。近年来,学者、我国政府以及相关国际组织对碳储量的测定、估算方法进行了标准化设计。

森林生物量包括林木的生物量(树干、树枝、根系、叶、花果、种子和凋落物等)和林下植被层的生物量(灌木、草本、土壤等)。树木是由树干、树皮、树枝、根系等维量组成的有机体,它们之间相互制约、相互联系,存在协调生长的关系。树干生物量与其他各维量的生物量存在显著的相关性,因此,利用树干与其他维量之间的相对生长关系来推算乔木生物量是可行的。基于林木各维量之间存在相对生长关系,一些学者提出生物量扩展因子(biomass expansion factor,BEF)这一参数作为估算森林生物量及碳储量的工具,然而在实际研究中不同学者所遵循的定义并不相同。部分学者将林木各维量生物量与树干材积的比值也称为生物量扩展因子,而政府间气候变化专门委员会将林木各维量的生物量与树干材积的比值定义为生物量转换与扩展因子(biomass conversion and expansion factor,BCEF),生物量转换与扩展因子在理论上等于生物量扩展因子与材积密度的乘积。此外,在生物量扩展因子的求算过程中,树干生物量的计算原则也不尽相同,一些研究者是利用整个树干部分的生物量来计算生物量扩展因子,而另一些学者是求算树干商用材部分的生物量,在遵循不同定义的情况下必然导致求算结果的差异。目前,政府间气候变化专门委员会对生物量扩展因子的定义为更多学者所采纳,其认为生物量扩展因子是指地上生物量与树干商用材部分生物量的比值。《中国初始国家信息通报》中土地利用变化与林业温室气体清单中给出的常见树木的木材密度与生物量扩展因子如表3-4所示,政府间气候变化专门委员会评估的生物量扩展因子参考值如表3-5所示。

表 3 - 4　木材密度与生物量扩展因子国家参考值

森林类型	木材密度/$(t \cdot m^{-3})$	BEF
红松	0.396	1.45
冷杉	0.366	1.72
云杉	0.342	
柏木	0.478	1.8
落叶松	0.49	1.4
樟子松	0.375	1.88
油松	0.36	1.59
华山松	0.396	1.96
马尾松	0.38	1.46
云南松	0.483	1.74
铁杉	0.442	1.84
赤松	0.414	1.68
黑松	0.493	
油杉	0.448	
思茅松	0.454	1.58
高山松	0.413	
杉木	0.307	1.53
柳杉	0.294	1.55
水杉	0.278	1.49
水胡黄	0.464	1.29
樟树	0.46	1.42
楠木	0.477	
栎类	0.676	1.56
桦木	0.541	1.37

续表

森林类型	木材密度/(t·m⁻³)	BEF
椴树类	0.42	1.41
檫树	0.477	1.70
硬阔类	0.598	1.79
桉树	0.578	1.48
杨树	0.378	1.59
桐树	0.239	3.27
杂木	0.515	1.30
软阔类	0.443	1.54

表 3-5 生物量扩展因子参考值

气候带	森林类型	生物量扩展因子	
		平均值	范围
热带	松树林	1.3	1.2~4.0
	阔叶林	3.4	2.0~9.0
温带	云杉林	1.3	1.15~4.2
	松树林	1.3	1.15~3.4
	阔叶林	1.4	1.15~3.2
寒温带	针叶林	1.35	1.15~3.8
	阔叶林	1.3	1.15~4.2

5. 森林碳汇的局限性

据统计,中国森林碳汇一年约 4.34 亿 t,对于中国每年高达 100 亿 t 的碳排放总量来讲是较少的,而且森林碳汇的增长潜力有限,主要原因在于:

第一,所有碳汇的碳都来源于大气,从大气进入生命体,生命体消亡后碳又回到大气,所以碳是气候中性的。

第二,历史上人类一直在破坏森林,而这些年来,由于工业化、城市化进程,农业生产力大幅提升,大量的土地资源得以释放,于是又有大量的资金可以用于植树造林,因此碳汇增长的速度和幅度远超碳的释放量。但从长远看,也必然形成森林吸收二氧化碳与释放的大致平衡,不可能无限增长。

第三,形成碳汇必须要有水。中国以 400 mm/a 等降水量线为界,西北一侧干旱少雨,黄土高坡、戈壁荒漠上树木难以生长,我们不可能无限栽树。

第四,森林碳汇和农作物存在竞争关系,如果在本来种植农作物的地方栽树,那么种植农作物的面积必然减小。

3.1.2 草地碳汇

在全球尺度上,碳源主要来自于化石燃料的燃烧及土地利用的变化,而碳汇主要是陆地生态系统和海洋生态系统的吸收。草地作为世界最广布的植被类型之一,对全球气候变化具有重大影响。根据中国草地分类系统,我国森林、灌丛、草地和农田的碳储量分别占我国陆地生态系统总碳储量的 38.9%、8.4%、32.1% 和 20.6%。其中,我国天然草地可划分为 18 个大类,总面积约 3.928 亿公顷,主要位于西部、西北部和北部地区,其植被碳储量为中国陆地生态系统植被层碳储量的 2.65%~13.58%,土壤层碳储量高达 12.62%~64.59%。如果按照每公顷草地每年可固碳 1.5 t 计算,我国草地资源每年总固碳量约为 6 亿 t。因此,草地在缓解气候变暖、助力碳达峰和碳中和方面具有重要作用。

相关研究成果表明,全世界陆地生态系统有机碳储量分布中,草地占 33%~34%,仅次于森林碳储藏能力。因此,在发展绿色经济、循环经济、低碳经济的背景下,利用草地对碳存储积累的优势来降低大气二氧化碳浓度,已成为一种公认的低成本固碳减排有效措施。

1. 草地碳汇的形成机制

草地总碳库包括植物碳库和土壤碳库。植物碳库又分为地上碳库和根系碳库,土壤碳库则包括土壤有机碳库和土壤无机碳库。相对于高大的森林树木来说,草地丰富的植被类型和庞大复杂的地下根系都是实现碳汇的重要组成部分。草地植物一般离地面较近,植株间的遮挡较小,植物得到的光照面积较大,且植物体中绿色部分比重较高,这使得草地植物进行光合作用的效率和生长速度都高于森林树木。此外,庞大复杂的地下根系是草地植物的重要组成部分,其生物量往往大于地上生物量。它们主要由光合作用所形成的有机物构成,是植物体中最为稳定的碳库。草地植物吸收空气中的二氧化碳,将其固定在土壤和植被中,制造并积累生长所需的有机物质。草地植物枯死后,一部分凋落物经腐殖化作用,形成土壤有机碳固定在土壤中。部分有机碳经过土壤动物和土壤微生物的矿化作用,被植物再次利用,从而构成了生态系统内部碳的生物循环。

2. 草地碳汇的特点

草地不仅是吸收二氧化碳的生态型碳库,也是经济型碳库。我国草地分布十分广阔。年降雨量低于 400 mm 的北方广大地区,以及南方土壤瘠薄地区(如石漠化地区),均不适宜森林生长,但却是我国主要的草原分布区和人工草地适宜发展区。我国草地 85% 以上的有机碳分布于高寒和温带地区,这些地区具有低温低蒸发的气候特征,土壤中储藏的大量有机质很难分解,可长时间驻留在土壤中,形成稳定的生态型碳库。

此外,草地固碳成本相对低廉。据测算,以围栏、补播、改良等措施保护建设 1 公顷天然草原,投入资金约 1000 元,能固碳 5 t,平均每吨碳的成本约为 200 元;而人工造林每固定 1 t 碳的成本约为 450 元,是前者的 2.25 倍;如果采用工业减排措施,每吨碳的成本更高。实际上,草原在发挥固碳生态功能的同时,也是畜牧业发展的重要生产资料,每年可创造数千亿元的经济价值,并解决大量农牧民的就业问题。这种经济型生态循环无形中也降低了草地的固碳成本。

3.1.3　土壤碳汇

土壤是联结地球表层和底层环境的结合体,被大众称为地球临界区。因此,土壤是人们有组织干预加强土壤碳汇并提供多重广泛效益的关键控制点,这些效益包括粮食和水安全、生物质生产和减少温室气体等。土壤碳库是陆地生态系统中最大的碳库。全球土壤有机碳库为 1.5 万亿 t,大约是陆地生物碳库的 3 倍、大气碳库的 2~3 倍[1-2]。

在生物地球化学和地球化学作用过程中，地表土壤通过呼吸、河流侵蚀搬运、植物光合作用与动植物残体凋落等各种途径，使有机碳在土壤—大气、土壤—生物和土壤—河流（海洋）等之间进行着频繁的交换，其出和入的数量是受各种因素干扰制约的。而且土壤的碳汇是有极限的，这个极限容量决定了该地区土壤的固碳潜力。

资料表明，土壤与大气间碳的年交换量高达 600 亿～800 亿 t，是每年石油和煤等化石燃料燃烧释放碳量的 12～16 倍。由于土壤碳库是大气碳库的几倍，因而在陆地生态系统碳循环中，土壤碳的微小变化可能引起大气二氧化碳浓度的较大变异。有计算表明，如果全球土壤有机碳在目前的水平上增加 1%，土壤固定的有机碳将增加 150 亿 t 左右。

1. 土壤碳汇的内涵

关于土壤碳汇的内涵，科学界相关组织与专业人士纷纷给出不同定义。

（1）根据《2006 年 IPCC 国家温室气体清单指南》，土壤碳汇包含有机碳汇和无机碳汇，前者表现为植物有机物质被破碎、分解、转化为矿质土中的有机碳，后者表现为大气二氧化碳转化形成土壤中的原生矿物或次生矿物。

（2）美国土壤学会将土壤固碳定义为大气二氧化碳以稳定固体的形式被直接或间接储存到土壤中，包括直接将二氧化碳转化为钙或碳酸镁之类的土壤无机物，或间接通过植物光合作用将大气二氧化碳转化为植物能量，并在分解过程中被固定为土壤有机碳。

（3）南京农业大学潘根兴教授认为土壤碳汇是土壤截获大气二氧化碳成为土壤固相碳组分的过程，以土壤有机碳或土壤无机碳的形式实现，是土壤对大气碳汇效应的总体表现[3]。

综合政府间机构、学术组织和学者等视角，土壤碳汇内涵可理解为两个层次：一是土壤碳汇包括土壤有机碳汇、土壤无机碳汇两种形式；二是当前土壤碳汇研究和管理实践的重点是土壤有机碳汇，原因是无机碳库更新时间更长，与大气成分进行活性交换的主要是土壤有机碳。

2. 土壤碳库的组成

土壤中的碳包括有机碳和无机碳，其中以有机碳为主。土壤无机碳主要以碳酸盐的形式存在。土壤有机碳主要包括动植物残体及微生物的排泄物、分泌物等，是土壤有机质的重要组成部分。土壤无机碳库包括土壤溶液中的碳酸氢根、土壤空气中的二氧化碳及土壤中淀积的碳酸钙。

土壤有机碳库组分较为复杂，根据其稳定性可将其分为不稳定有机碳库和稳定性有机碳库，不稳定有机碳是一种有效碳，在调节土壤养分流向方面有重要作用。土壤不稳定有机碳是土壤中可在一定时间内发生周转或转化，可为植物和微生物利用，且对碳平衡有重要影响的有机碳，也称为活性有机碳或有效碳。学术界把在一定的时空条件下，受植物、微生物影响强烈，具有一定溶解性，在土壤中移动快、不稳定、易氧化和分解、易矿化的碳称为土壤活性有机碳，主要包括土壤微生物量碳、土壤易氧化碳、溶解性有机碳、生物可降解碳、轻组有机碳、颗粒有机碳（周转期 5～20 年，是与砂粒结合的有机碳部分，属于有机碳库中的慢碳库）。土壤稳定性有机碳库，是与土壤活性有机碳库相对的一种碳库，它的稳定性更强。

3. 土壤碳循环及其影响因素

土壤有机碳循环包含植被固定大气中二氧化碳的"碳输入"和微生物分解土壤中有机碳的"碳输出"两大环节。土壤无机碳多为干旱、半干旱区土壤碳库的主要形式，土壤吸收二氧化碳的机制包括大气输送、碳酸盐溶解和包气带土壤水渗滤作用，其逆过程则释放二氧化碳，形成无机碳循环。

1)土壤碳的输入

土壤中碳的储存路径主要有：

(1)植物及其根系的凋落,通过同化作用使碳储存在土壤有机碳中。

(2)土壤直接吸收大气中的二氧化碳,主要通过以下两个方式进行。

①土壤地球化学系统对二氧化碳的吸收。

在高 pH 值、富钙化地球化学环境下:$SOC—CO_2—HCO_3$

在干旱、半干旱地区的碱性、富钙化地球化学环境下:$SOC—CO_2—HCO_3—CaCO_3$

②通过土壤碳饱和容量实现土壤有机碳的积累。

2)土壤碳的输出

土壤中的碳有多个输出途径,主要包括以下几个过程,其中前三个过程通过土壤的呼吸作用将二氧化碳释放到大气中,而后三个过程则为化学转化过程。

(1)土壤有机碳中的部分有机物和土壤微生物在短时间内通过分解作用释放出二氧化碳。

(2)土壤中的腐殖质经过 10～100 年的时间分解,在此期间一直释放二氧化碳。

(3)土壤中的木炭经过上千年的时间被侵蚀溶解,释放出二氧化碳。

(4)在湿润的气候条件下,通过土壤-水系统的移动以碳酸氢根的形式向海洋沉积系统迁移,通过这一过程,土壤碳库中的碳转移到了海洋碳库。

(5)在干旱、半干旱条件下土壤沉积成为无机碳酸盐。

(6)植物根系生长过程中,土壤中的碳可以直接被吸收,形成生物质。

图 3-1 介绍了土壤碳循环的各个途径。在干、湿环境下沉积的各种地上及地下凋落物可以通过三种方式参与土壤碳循环,分别是:

(1)直接成矿。

(2)植物根系的腐殖质通过腐殖化作用成矿,这个过程比直接成矿的过程缓慢得多。上述两个过程形成的矿物释放出的二氧化碳通过土壤的呼吸作用释放到大气中。

(3)在厌氧环境中通过分解作用释放出甲烷,排放到大气中。在旱田里,有机物会被分解为二氧化碳。但是在水田这种水分含量高,容易呈现厌氧状态的土壤里,在分解有机物的过程中所产生的有机酸可能不会变成二氧化碳,而成为甲烷。

除了上述三个典型过程,植物根系的呼吸作用以及森林火灾也能将土壤中的碳释放到大气中。

4. 土壤碳汇的特征

土壤中的碳汇在调节全球气候、水源供应及生物多样性中起着重要的作用,因而土壤也发挥着多项生态服务功能。但是,土壤碳汇非常容易受到人类活动的影响。自 19 世纪以来,全球土壤及植被中约有 60％的土壤碳汇已经流失掉。目前土壤中有机碳的变化率主要归因于全球土地利用强度和未耕种土地转型为粮食、饲料、纤维和燃料生产用地。由于过去 20 余年间土壤碳汇的流失,全球 1/4 的陆地区域出现农业生产力下降及生态系统服务功能降低的情况。

外界因素有可能使土壤从碳汇变成碳源。例如,有研究团队表示,水坝兴建后会导致水位上升,淹没周围的旱地,而原本的植被就会在水下腐烂,土壤中的有机物也会分解。世界大坝委员会的一项发现表明,从上游冲刷到水库里的有机物在水库中腐烂,产生大量的温室气体,这意味着冲刷时被连根拔起的树林不会消失,而是可能永远留在水库里,使得静止的水坝比流

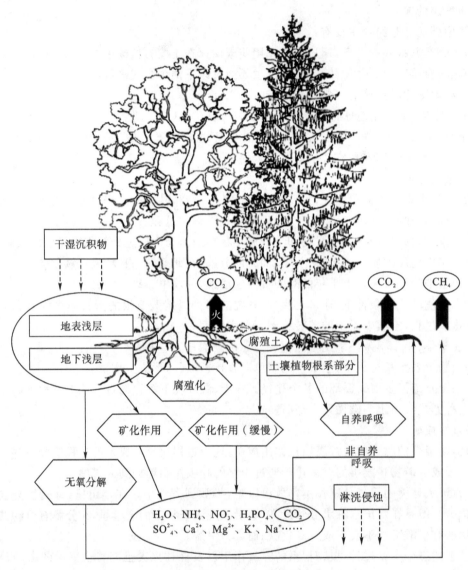

图 3-1 土壤碳循环示意图

动的河流产生更多的甲烷。世界大坝委员会的报告将两座建立在热带雨林中的大坝称为"地球暖化器",一座是巴西的巴尔比那水坝,在它运行的第一个 20 年时间里,据估计每年会产生 300 万 t 二氧化碳,而一个相同规模的燃煤电厂每年只产生 50 万 t 二氧化碳;另一个是法属圭亚那的小梭大坝,在运行的第一个 20 年中,它每年产生 10 万 t 二氧化碳。

3.1.4 海洋碳汇

1.基本概念

海洋碳汇是指一定时间周期内海洋储碳的能力或容量,即海洋作为一个特定载体吸收大气中的二氧化碳,并将其固化的过程和机制。其中,海草床、红树林和盐沼等海岸带生态系统能够捕获和储存大量的碳,并将其永久埋藏在海洋沉积物里。

　　海洋在全球碳循环中扮演重要角色,约 93% 的二氧化碳的循环和固定通过海洋完成。海洋不仅能长期储存碳,而且能重新分配二氧化碳,是最高效的碳汇。海洋碳汇不仅可以减缓气候变化造成的影响,而且在保护海岸带免受侵蚀和减轻水体污染等方面发挥至关重要的作用。

2. 海洋固碳生态系统

　　海草床、红树林和滨海盐沼等海岸生态系统能够捕获和储存大量碳并将其永久埋藏在海洋沉积物里,因而成为地球上最密集的碳汇之一。图 3-2 给出了麦克劳德(Mcleod)等人[4]研究给出的森林与海洋植物的储碳速率对比。一般将森林碳汇称为"绿碳",海洋碳汇称为"蓝碳",由图可知海洋生态系统的固碳能力显著强于森林生态系统。

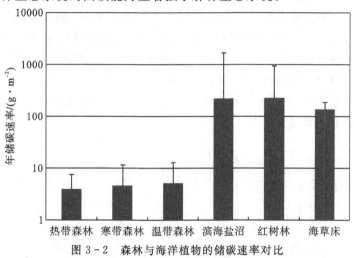

图 3-2　森林与海洋植物的储碳速率对比

　　在适宜的环境中,海草大面积连片生长,形成海草床。海草床在全球分布面积不大,仅占海洋面积的 0.1%,却在保护生物多样性、净化水质等方面发挥着重要作用。据估算,全球海草床年固碳量约占海洋总固碳量的 18%。海草床通过光合作用固定二氧化碳,通过减缓水流促进颗粒碳沉降,固碳量巨大、固碳效率高、碳存储周期长。但同时,海草床也是一种比较脆弱的生态系统,对生长条件要求高,容易受外界环境的影响。为了更好地维护海草床的固碳效益和生态功能,我国正在抓紧推进针对海草床的保护修复工程。据不完全统计,我国有海草床面积 9000 多公顷,分布范围较广泛且海草类型多样。

　　红树林生态系统的碳密度显著高于同纬度其他生态系统。在我国浙江、福建、广西等省份的沿海地区,生长着大片红树林。红树林大多分布在沉积型的海岸河口。上游河流和海洋潮汐共同作用,给这些地方带来了大量外源性碳。这些外源性碳被红树林捕获而积累在红树林沉积物中。因周期性淹水,红树林沉积物长期处于厌氧状态,根系和凋落物因缺氧而分解速度慢,给碳埋藏创造了理想条件。曾有研究发现,有些地区的红树林泥炭甚至可达十几米之深。海水养殖污染、病虫害、围填海等会造成红树林生态系统的退化。只有加强红树林保护和修复,才能提升红树林的碳固持能力。近年来,我国红树林的保护力度日益加强,目前全国已成立了超过 50 个以红树林为保护对象的保护地。2000 年以来,我国成功遏制了红树林面积急剧下降的势头,通过严格的保护和大规模的人工造林,我国成为世界上少数红树林面积净增加的国家之一。

　　盐沼湿地也叫潮汐沼泽,是位于陆地和开放海水或半咸水之间,伴随周期性潮汐淹没的潮间带上部生态系统。这里的地表水呈碱性,土壤中盐分含量较高,分布着芦苇、碱蓬、柽柳等植物。盐沼是我国滨海湿地中典型的海洋碳汇生态系统,具有巨大的碳捕集与封存潜力。由于滩涂围垦活动,以及全球气候变化引起的海平面上升、海岸侵蚀等,盐沼湿地的分布面临陆海两个方向的挤压,造成较大面积的盐沼受损、退化。同时,外来入侵物种互花米草会挤占原有盐沼植被的生存空间,造成本地植被退化严重,改变了盐沼生态系统原有的结构和功能。

我国是世界上少数同时拥有海草床、红树林和盐沼三大海洋碳汇生态系统的国家之一,广阔的滨海湿地也为发展海洋碳汇提供了空间。2015 年《中共中央　国务院关于加快推进生态文明建设的意见》提出"增加森林、草原、湿地、海洋碳汇等手段,有效控制二氧化碳、甲烷、氢氟碳化物、全氟化碳、六氟化硫等温室气体排放";2015 年中共中央、国务院印发的《生态文明体制改革总体方案》提出"逐步建立全国碳排放总量控制制度和分解落实机制,建立增加森林、草原、湿地、海洋碳汇的有效机制";2017 年中共中央、国务院印发的《关于完善主体功能区战略和制度的若干意见》提出"探索建立蓝碳标准体系及交易机制"。可见,发展海洋碳汇顺应国家的政策导向和现实需求,对我国实施减排增汇战略和建设海洋生态文明具有重要意义。

海洋固碳与储碳主要过程如图 3-3 所示。

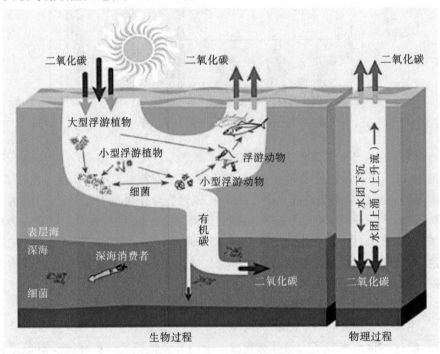

图 3-3　海洋固碳与储碳主要过程

3. 海洋碳汇形成机制

目前,我们已知的主要海洋碳汇机制包括溶解度泵、碳酸盐泵和生物泵。

溶解度泵利用大气中二氧化碳分压高于海洋,使得二氧化碳溶于海水中,在高密度海水的重力作用下,将二氧化碳"拖拽"到深海中。其看似完美,但是二氧化碳溶于海水的过程容易造成海洋酸化,破坏海洋环境和海洋生物多样性,属于"杀敌一千自损八百"型。另外,该过程难以调控,因而不是科学界研发的对象。

碳酸盐泵是通过碳酸盐沉积将二氧化碳储存于海底,因其化学过程释放出等量二氧化碳,所以也称为反泵,控制不好的话可能造成二氧化碳的溢出。但是,科学家有可能采取措施调控边界条件,使这个"反泵"变为"正泵"。

　　生物泵是通过有机物生产、消费、传递等生物学过程,形成颗粒有机碳,在重力作用下由海洋表层向深海乃至海底迁移和埋藏的过程。过程中,从浮游植物光合作用开始,沿食物链从初级生产者逐级向高营养级传递有机碳,并产生颗粒有机碳沉降,将一部分碳长期封存到海洋中。科学界对生物泵固碳与储碳评价极高,认为若无生物泵,大气中二氧化碳含量将比现在高出 0.02%。生物泵虽好,但是埋藏碳效率太低。据估算,通过生物泵迁移和埋藏至海底的二氧化碳量接近海洋初级生产力的 1%,绝大多数颗粒有机碳在沉降中被干扰。如何高效利用生物泵已成为当前科学界努力的目标。图 3-4 为海洋碳循环的主要生物学机制。

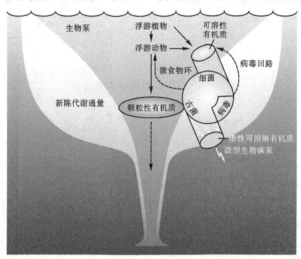

图 3-4　海洋碳循环的主要生物学机制

3.2　人工碳汇

　　为了实现碳中和,只靠碳减排是无法实现的。我国实现碳中和的可能路径是从降低排放到负排放(图 3-5)。碳达峰是指二氧化碳的排放量在某个时刻达到最大值,然后逐渐回落,达到零排放之后便是碳中和。其中,零排放有两种情形:第一种是指完全零排放,即不依赖于负排放技术,全社会的碳排放总量达到 0;第二种是净零排放,即要依靠负排放技术,允许全社会的碳排放量维持在一个能够被完全吸纳的水平。相比于第一种,第二种是目前更为广泛被接受的碳中和概念,其对于全社会的碳排放容忍度更高,而且更符合"经济环保"的政策理念,因为负排放技术本身也可以形成对二氧化碳的再利用。

　　除了上文介绍的自然碳汇,实现负排放的另一个途径是二氧化碳捕集与封存技术。该项技术能够通过二氧化碳移除技术,从源头上大规模地避免二氧化碳的排放或直接减少空气中已有的二氧化碳。本小节简单介绍二氧化碳的捕集与封存技术的发展现状和分类,在第 4 章中还会有更详细的介绍。

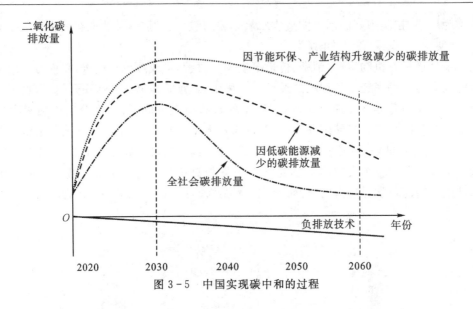

图 3-5 中国实现碳中和的过程

3.2.1 碳捕集技术

碳捕集是指收集从点源污染(如火力发电厂)产生的二氧化碳,将它们运输至储存地点并长期与空气隔离的技术过程。常见的碳捕集方法分为燃烧前捕获、富氧燃烧和燃烧后捕获三种[5]。燃烧前捕获是通过对燃料的前处理来实现脱碳,例如将煤炭气化转化为一氧化碳和氢气,然后将一氧化碳燃烧生成的二氧化碳直接进行封存,而氢气则作为另一种能源进行利用;富氧燃烧是指通过提纯氧气,提高化石燃料燃烧后产生的气体中二氧化碳浓度,避免尾气处理过程中出现不可压缩的氮气,这样则能够将燃烧生成的二氧化碳直接压缩、封存;燃烧后捕获是一种二氧化碳分离方式,将化石燃料燃烧后的气体进行化学吸附处理,如利用高级胺或者冷却氨溶液吸附二氧化碳,再经过加热的方式将二氧化碳释放出来,从而实现多元气体中的二氧化碳分离。

图 3-6 给出主要的捕集流程和系统的示意图。所有流程都需要从大量气流(如烟道气体、合成气体、空气或未加工的天然气)中分离出二氧化碳、氢气或氧气。这些分离步骤可以通过物理或化学溶剂、过滤膜、固体吸附剂来完成,或者通过低温分离。具体捕集技术的选择在很大程度上取决于其投产所需的加工条件。目前电厂中使用的燃烧后和燃烧前系统可以捕获电厂产生的二氧化碳的 85%～95%。达到更高的捕获效率是可能的,但分离装置会变得相当大,需要的能量更强,成本也更高。与同等的未采用捕集技术的电厂相比,捕获和压缩需要的能源大体上要高出 10%～40%,这将取决于系统的类型。由于相关的二氧化碳排放,二氧化碳的净捕获量大约为 80%～90%。从原理上看,氧燃料系统几乎可以捕获所产生的全部二氧化碳。但由于需要增设气体处理系统以清除污染物,如硫和氮氧化物,因而降低了二氧化碳的捕获水平,实际稍高于 90%。二氧化碳捕集已经在一些工业应用中采用。

3.2.2 碳封存技术

对于应用不掉的二氧化碳,需要采用一些手段将其稳定保存,即二氧化碳封存技术。目前可采用的碳封存技术分为地质封存(图 3-7)、海洋封存(图 3-8)和化学封存(图 3-9)。地质

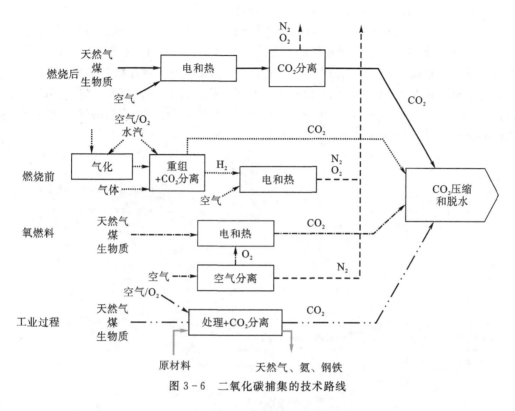

图 3 - 6　二氧化碳捕集的技术路线

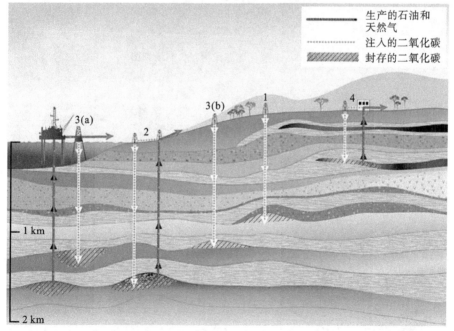

1—废弃的油田和气田；　2—在改进的石油气体回收系统中使用二氧化碳；
3—深层盐沼池构造，(a)为近海，(b)为在岸；4—在提高煤层气采收率中利用二氧化碳。

图 3 - 7　二氧化碳地质封存示意图

封存是指将二氧化碳注入不同的地质体内,包括石油和天然气储层、深盐沼池构造和不可开采的煤层,储存深度一般在 800 m 以下,在此深度下的二氧化碳已经呈液态存在,可以稳定保存,渗漏风险小。海洋封存是指通过轮船或管道运输将二氧化碳封存在深海海底,有溶解型和湖泊型两种封存方式。3.1.4 节介绍的海洋碳汇与二氧化碳海洋封存机制是类似的。化学封存是通过化学反应将二氧化碳转化为无机矿物性碳酸盐的技术,可以实现二氧化碳的永久、稳定封存,但是由于对应的无机盐、氧化物开采也需要耗费大量能量,稳定后的运输、储存也存在可观的耗能过程,目前该技术尚处于研发阶段。

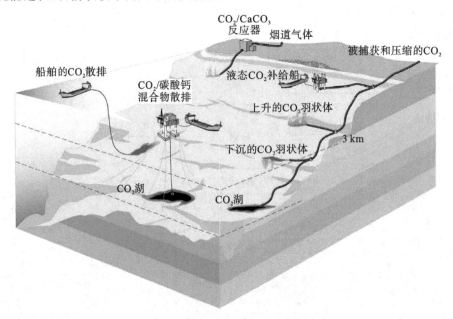

图 3-8 二氧化碳海洋封存机制示意图

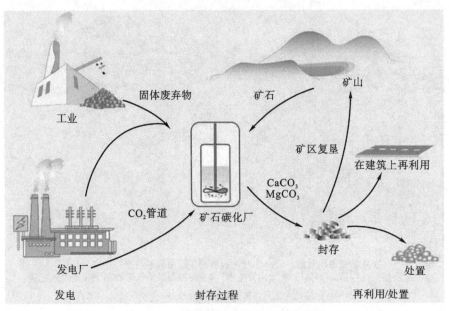

图 3-9 二氧化碳化学矿化机制示意图

本章参考文献

[1]POST W M,EMANUEL W R,ZINKE P J,et al. Soil carbon pools and world life zones [J]. Nature,1982(298):156 - 159.

[2]SCHIMEL D S. Terrestrial ecosystems and the carbon cycle[J]. Global Change Biology, 2006,1(1):77 - 91.

[3]潘根兴,陆海飞,李恋卿,等. 土壤碳固定与生物活性:面向可持续土壤管理的新前沿[J]. 地球科学进展,2015(8):940 - 951.

[4]Mcleod E,Chmura G L,Bouillon S,et al. A blueprint for blue carbon:toward an improved understanding of the role of vegetated coastal habitats in sequestering CO_2 [J]. Frontiers in Ecology and the Environment,2011,7:362 - 370.

[5]陈锋,姚荣. 二氧化碳捕获与封存技术[J]. 能源研究与信息,2011,27(4):193 - 194.

第4章

低碳、脱碳、固碳、零碳新技术

　　低碳、脱碳、固碳、零碳新技术均是为了适应低碳经济发展需要,减少温室气体排放,防止气候变暖而采取的技术手段。目前,国内外发展低碳经济、减少碳排放的重点之一是开发低碳、脱碳、固碳、零碳新技术。在这些技术中,低碳技术的重点是将高碳能源低碳化,脱碳技术的重点是将原料中的碳脱除,固碳技术的重点是将二氧化碳气体以有机或无机化合物的形式储存起来,零碳技术的重点是实现零碳排放的清洁可再生能源技术。

4.1　低碳技术

　　低碳技术[1]也称高碳原料"低碳化"技术,是指利用节能减排技术实现生产、消费、使用过程的低碳,达到高效能、低排放、低能耗、低污染。重点领域主要涵盖电力、热力生产和供应业,石油加工、化学原料及化学制品制造业,炼焦及核燃料加工业,黑色金属冶炼及压延加工业,非金属矿物制品业等二氧化碳高排放的行业。此外,在国土利用领域,倡导资源节约,环境友好,生态整治,节能省地,实现国土空间优化、高效利用与低碳发展。在建筑行业,倡导构建绿色建筑技术体系、发展低碳建筑、推进可再生能源与资源建筑应用、集成创新建筑节能技术、减少电能和燃料的使用,充分考虑建筑规划设计、建造、使用、运行、维护、拆除和重新利用全过程的低碳控制优化。在低碳城市、低碳流通、低碳旅游、低碳农业发展等领域,倡导循环经济、绿色经济、生态经济与低碳经济的科学技术整合发展,并大力鼓励与低碳消费、低碳生活、低碳数字化空间有关的技术研发与应用。在低碳交通方面,当前还需要特别重视大幅度降低汽车尾气排放,抗御城市灰霾,防治 PM(颗粒物)污染的技术发展。

　　狭义上的低碳技术[1]是指涉及电力、交通、建筑、冶金、化工、石化等部门,以及在煤的清洁高效利用、油气资源和煤层气的勘探开发、可再生能源及新能源等领域有效控制温室气体排放的新技术。

4.1.1　煤炭低碳化转化技术

　　化石燃料,即煤炭、石油和天然气,已经构成了世界经济和社会发展的关键物质基础,也是引起全球大气中二氧化碳浓度增高和气候变暖的根源。煤炭作为最主要的一次能源,其清洁、高效利用受到世界各国的普遍重视。煤炭的氢碳原子比一般小于 $1:1$,石油氢碳原子比约为 $2:1$,天然气的氢碳原子比为 $4:1$,氢能无碳。在碳排放系数中,煤炭约为 2.66,石油为 2.02,天然气为 1.47。这三个数据说明,煤炭是化石能源中碳排放系数最高的。煤炭低碳化转化实际上是指以煤气化为基础，以实现二氧化碳零排放为目标，将高碳能源转化为低碳能源的技术。

1. 煤气化技术

煤气化技术[2]是指把经过适当处理的煤送入反应器，如气化炉内，在一定的温度和压力下，通过氧化剂（空气和蒸汽，或氧气和蒸汽）以一定的流动方式（移动床、流化床或携带床）转化成气体，得到粗制水煤气，通过后续脱硫、脱碳等工艺可以得到精制一氧化碳气体。煤炭气化时，必须具备三个条件，即气化炉、气化剂、供给热量，三者缺一不可。气化过程发生的反应包括煤的热解、气化和燃烧反应。煤的热解是指煤从固相变为气、固、液三相产物的过程；煤的气化和燃烧反应则包括两种反应类型，即非均相气-固反应和均相的气相反应。煤炭气化工艺可按压力、气化剂、气化过程的供热方式等分类，常用的是按气化炉内煤料与气化剂的接触方式区分，主要有固定床气化、流化床气化、气流床气化、熔浴床气化。

不同的气化工艺对原料的性质要求有所不同，因此在选择煤气化工艺时，考虑气化用煤的特性及其影响极为重要。气化用煤的性质主要包括煤的反应性、黏结性、结渣性、热稳定性、机械强度、粒度组成，以及水分、灰分和硫分含量等。

1857 年，德国的西门子（Siemens）兄弟最早开发出用块煤生产煤气的炉子，称为德士古气化炉。这项工艺引进中国后，在 20 世纪 90 年代，经过山东省鲁南化肥厂广大工程技术人员的努力，发明了具有自主知识产权的对置式四喷嘴气化炉。如今，德士古气化炉技术已经在国内得到广泛推广应用，特别是兖矿集团煤化工项目在多处使用此技术，取得了显著的经济效益。另外，经过其他开发商的开发，到 1883 年德士古气化炉还被应用于生产氨气。煤气化技术是清洁利用煤炭资源的重要途径和手段，其发展已有 150 多年的历史。目前，在我国市场上工业化比较成熟的煤气化技术主要有干煤粉加压气化（如壳牌、西门子，两段式）和水煤浆气化（如美国通用电气公司，多喷嘴式）。这几种气化技术在我国都有工业化气化炉正在运行或建设，其中壳牌、通用电气和多喷嘴气化炉在国内运行和在建的台数都超过 20 台，在我国已有良好的产业基础。煤气化技术如图 4-1 所示。

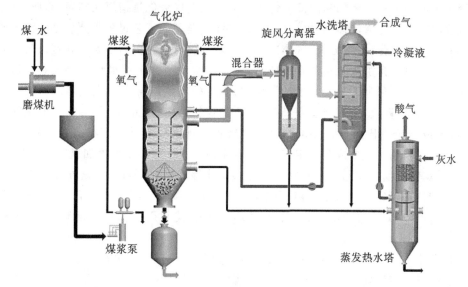

图 4-1　煤气化技术

煤炭气化工艺最常用的分类方法是按气化炉内煤料与气化剂的接触方式来分类,根据这种分类方法,煤炭气化工艺主要有以下几种。

1)固定床气化

在气化过程中,煤由气化炉顶部加入,气化剂由气化炉底部加入,煤料与气化剂逆流接触,相对于气体的上升速度而言,煤料下降速度很慢,甚至可视为固定不动,因此称为固定床气化;而实际上,煤料在气化过程中是以很慢的速度向下移动的,比较准确的名称为移动床气化。

2)流化床气化

流化床技术以恩德炉、灰熔聚为代表。它是以粒度为 0～10 mm 的小颗粒煤为气化原料,在气化炉内使其悬浮分散在垂直上升的气流中,煤粒在沸腾状态进行气化反应,从而使得煤料层内温度均一,易于控制,提高气化效率。流化床气化技术是朝鲜恩德"七七"联合企业在温克勒粉煤流化床气化炉的基础上,经长期的生产实践,逐步改进和完善的一种煤气化工艺。灰熔聚流化床粉煤气化技术根据射流原理,在流化床底部设计了灰团聚分离装置,形成床内局部高温区,使灰渣团聚成球,借助重量的差异达到灰团与半焦的分离,在非结渣情况下,连续有选择地排出低碳量的灰渣。

3)气流床气化

气流床气化是一种并流气化,用气化剂将粒度为 100 μm 以下的煤粉带入气化炉内,也可将煤粉先制成水煤浆,然后用泵打入气化炉内。煤料在高于其灰熔点的温度下与气化剂发生燃烧反应和气化反应,灰渣以液态形式排出气化炉。其代表工艺壳牌干煤粉气化工艺于 1972 年开始进行基础研究,1978 年投煤量 150 t/d 的中试装置在德国汉堡建成并投入运行,1987 年投煤量 250～400 t/d 的工业示范装置在美国休斯敦投产。在取得大量实验数据的基础上,日处理煤量为 2000 t 的单系列大型煤气化装置于 1993 年在荷兰 Demkolec 电厂建成,煤气化装置所产煤气用于联合循环发电,经过 3 年多示范,于 1998 年正式交付用户使用。我国已经引进 23 套壳牌气化炉装置。

2. 煤液化技术

煤液化[2]可分为直接液化和间接液化两大类。煤直接液化是指煤在高温、高压、催化条件下与氢气反应直接转化成液体油品的技术。直接液化典型的工艺过程主要包括煤的破碎与干燥、煤浆制备、加氢液化、固液分离、气体净化、液体产品分馏和精制,以及液化残渣气化制取氢气等部分。氢气制备是加氢液化的重要环节,大规模制氢通常采用煤气化及天然气转化。液化过程中,将煤、催化剂和循环油制成的煤浆,与制得的氢气混合送入反应器。在液化反应器内,煤首先发生热解反应,生成自由基"碎片",不稳定的自由基"碎片"再与氢在催化剂存在条件下结合,形成分子量比煤低得多的初级加氢产物。排出反应器的产物构成十分复杂,包括气、液、固三相。气相的主要成分是氢气,分离后循环返回反应器重新参加反应;固相为未反应的煤、矿物质及催化剂;液相则为轻油(粗汽油)、中油等馏份油及重油。液相馏份油经提质加工(如加氢精制、加氢裂化和重整)得到合格的汽油、柴油和航空煤油等产品。重质的液固淤浆经进一步分离得到重油和残渣,重油作为循环溶剂配煤浆用。煤直接液化技术如图 4－2 所示。

煤直接液化曾在"二战"时期的德国实现过工业化生产。第一次石油危机后,西方国家先后开发了多种煤直接液化工艺,最大工业试验规模可处理煤量 600 t/d。神华集团结合自身产业发展的需要,在吸收国内外先进经验的基础上,开发了神华煤直接液化工艺,并取得了发明

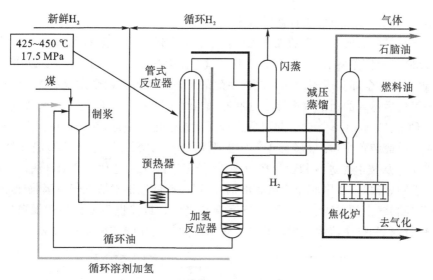

图 4-2　煤直接液化技术

专利。"十五"期间,在国家高技术研究发展计划的支持下,完成了 6 t/d 的神华煤直接液化工艺中间试验。目前,神华集团采用自主创新技术已经建成世界上首套 100 万 t/a 大型煤直接液化工业化装置。

　　煤的间接液化技术是先将煤全部气化成合成气,然后以煤基合成气(一氧化碳和氢气)为原料,在一定温度和压力下,将其催化合成为烃类燃料油及化工原料和产品的工艺,包括煤炭气化制取合成气、气体净化与交换、催化合成烃类产品,以及产品分离和改质加工等过程(图 4-3)。

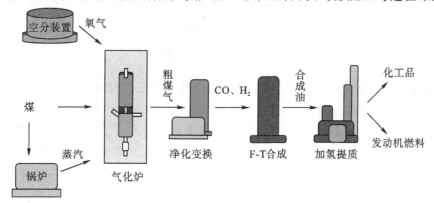

图 4-3　煤间接液化技术

　　煤炭直接液化是把煤直接转化成液体燃料,煤直接液化的操作条件苛刻,对煤种的依赖性强。典型的煤直接液化技术是在 400 ℃、150 个标准大气压左右将合适的煤催化加氢液化,产出的油品芳烃含量高,硫氮等杂质需要经过后续深度加氢精制才能达到石油产品的等级。一般情况下,一吨无水无灰煤能转化成半吨以上的液化油。煤直接液化油可生产洁净优质汽油、柴油和航空燃料。但是适合于大吨位生产的直接液化工艺尚没有商业化,主要是由于煤种要求特殊,反应条件较苛刻,大型化设备生产难度较大,使产品成本偏高。

3. 煤制甲醇、二甲醚、甲醇制烯烃等技术

煤制甲醇在我国已成为重要的煤化工产业。目前我国已经备案的煤制甲醇总产能已超过 5000 万 t，2020 年我国甲醇总产量约 6357 万 t，其中煤制甲醇约占 50％以上。大规模（百万吨级）甲醇装置基本可全部实现国产化。煤制甲醇的工艺生产包括四个主要流程：造气、净化、合成和精制。气化后得到的粗煤气中除了含有有效气体 CO 和 H_2 外，还含有杂质气体，其中的酸性气体如 CO_2、H_2S、COS 等会引起甲醇合成反应的催化剂中毒，因此需对粗煤气进行净化。目前国内煤制甲醇装置中，煤气净化工艺主要采用聚乙二醇二甲醚（NHD）法和低温甲醇洗（rectisol）技术。从技术先进性和运行费用来说，低温甲醇洗工艺优于 NHD 法。低温甲醇洗工艺采用物理吸收法，以冷甲醇作为吸收溶剂，利用其在低温下对酸性气体吸收能力极大的物理特性，脱除原料气中的 CO_2、H_2S 和 COS 等杂质气体。目前世界上使用的低温甲醇洗流程基本上都是从林德和鲁奇流程发展而来的。煤制甲醇工艺路线如图 4-4 所示。

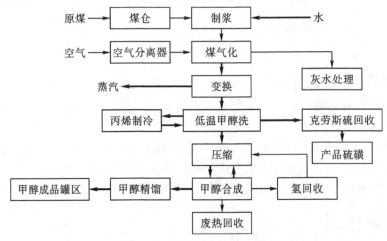

图 4-4 煤制甲醇工艺路线

二甲醚（DME）通过合成气合成（一步法）或通过甲醇脱水（二步法）获得，可完全采用自主技术装备。一步合成二甲醚能耗低，是二甲醚生产的主要方向，但相对技术难度较大，国内已经完成 3000 t/a 的中试。目前，国内新建的二甲醚项目大多采用二步法，由甲醇脱水而得，已建装置最大规模为 30 万 t/a，已投入运行。甲醇制丙烯（MTP）和甲醇制烯烃（MTO）是通过煤制甲醇，再经过甲醇脱水获得。目前，此项技术国内外进展水平基本相当，已经完成万吨级中试。我国在内蒙古和宁夏分别建成 MTO 60 万 t/a 和 MTP 50 万 t/a 的工业示范厂。

此外，通过煤制甲醇还可走以甲醇为中间体的煤基化学品深加工路线，如生产甲醛、醋酸等，国内外生产技术也比较成熟。

4. 煤制合成天然气技术

煤制合成天然气实际上是 CO、CO_2 脱氧加氢生成 CH_4 的过程。煤制天然气的工艺可分为煤气化转化技术和直接合成天然气技术。两者的区别主要在于煤气化转化技术先将原料煤加压气化，由于气化得到的合成气达不到甲烷化的要求，因此需要经过气体转换单元提高 H_2 与 CO 的比值再进行甲烷化（有些工艺将气体转换单元和甲烷化单元合并为一个部分同时进行）。直接合成天然气技术则可以直接制得可用的天然气。

煤制天然气整个生产工艺流程可简述为：原料煤在煤气化装置中与从空分装置来的高纯

氧气和中压蒸汽进行反应制得粗煤气;粗煤气经耐硫耐油变换冷却和低温甲醇洗脱装置脱硫脱碳后,制成所需的净煤气;从净化装置产生富含硫化氢的酸性气体送至克劳斯硫回收和氨法脱硫装置进行处理,生产出硫磺;净化气进入甲烷化装置合成甲烷,生产出优质的天然气;煤气水中有害杂质通过酚氨回收装置处理,废水经物化处理、生化处理、深度处理及部分膜处理后得以回收利用;除主产品天然气外,在工艺装置中同时副产石脑油、焦油、粗酚、硫磺等副产品。主工艺生产装置包括空分、碎煤加压气化炉及耐硫耐油变换、气体净化装置,甲烷化合成装置及废水处理装置。辅助生产装置由硫回收、动力、公用工程系统等装置组成。煤制天然气技术如图 4-5 所示。

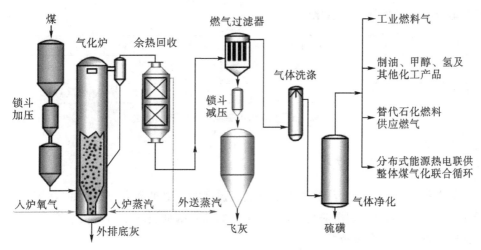

图 4-5　煤制天然气技术

在 20 世纪七八十年代德国、南非、美国、丹麦曾建立过试验工厂,同期我国在低热值煤气甲烷化制取城市煤气方面也建立了几套小规模生产厂。目前,世界上唯一运行的大规模煤制合成天然气商业化装置 1984 年在美国大平原合成燃料厂建成,已成功运转 30 多年,产量约 500 万 m^3/a(标准条件)。我国计划在内蒙古建设一套 40 亿 m^3/a 和一套 16 亿 m^3/a(标准条件)的煤制合成天然气生产装置,已在开展前期工作。

5. 煤制氢技术

煤制氢技术已经发展了 200 年,在多种洁净煤技术中煤制氢可以简称为 CTG(coal to gas),将是我国最重要的洁净煤技术,是清洁使用煤炭的重要途径。煤制氢技术国内外都比较成熟,它是目前获得廉价氢源的重要途径。随着氢燃料电池、氢燃机及氢动力汽车的开发和大规模应用,氢能将会成为一种重要的清洁能源。煤制氢过程经历的反应或中间反应:

$$C(s)+H_2O+热 \longrightarrow CO+H_2$$
$$CO+H_2O \longrightarrow CO_2+H_2+热$$

传统上,以煤为原料制取氢气的方法主要有两种:一是煤的焦化(或称高温干馏);二是煤的气化。焦化是指煤在隔绝空气条件下,在 900～1000 ℃制取焦炭,副产品为焦炉煤气。焦炉煤气组成中含氢气 55%～60%(体积分数)、甲烷 23%～27%、一氧化碳 6%～8%等。每吨煤可得煤气 300～350 m^3,可作为城市煤气,亦是制取氢气的原料。

煤气化制氢是先将煤炭在高温常压或加压下,与气化剂反应转化得到以 H_2 和 CO 为主要成分的气态产品,然后经过净化、CO 变换和分离、提纯等处理而获得一定纯度的产品氢。

如图4-6所示,煤气化制氢技术的工艺过程一般包括煤的气化、煤气净化、CO变换以及H₂提纯等主要生产环节。气化剂为水蒸气或氧气(空气),气体产物中含有氢气等组分,其含量随不同气化方法而异。气化的目的是制取化工原料或城市煤气。大型工业煤气化炉如鲁奇炉是一种固定床式气化炉,所制得煤气组成为氢气37%～39%(体积分数)、一氧化碳17%～18%、二氧化碳32%、甲烷8%～10%。我国拥有大型鲁奇炉,每台炉产气量可达10000 m³/h。气流床煤气化炉,如德士古气化炉,采用水煤浆为原料。我国现有大批中小型合成氨厂,均以煤为原料,采用固定床式气化炉,可间歇操作生产制得丰水煤气或水煤气,气化后制得含氢煤气作为合成氨的原料,这是一种具有我国特点的取得氢源的方法。该装置投资小,操作容易,其气体产物组成主要是氢气及一氧化碳。

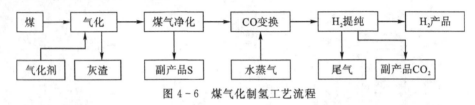

图4-6 煤气化制氢工艺流程

4.1.2 石油低碳化转化技术

发展低碳技术是石油行业降低碳排放总量和强度的重要推动力[3]。比如,在炼化方面,开发分子炼油技术、原油直接裂解制化学品技术、电加热石脑油裂解制乙烯技术等。

1. 分子炼油与精细分离技术

与传统炼厂分阶段进行原油和重油转化,然后分别处理中间馏分的流程不同,分子炼油对原料和加工工艺进行分子水平的认识,并将分子模型纳入整个炼厂优化模型,从而在操作运行中具有更强的敏捷性。通过分子表征和流程建模,将每一个分子都视为原料,通过精准分离,优化各个装置的进料组成,根据原料性质精细调整工艺装置操作。石油中富含不少天然的,甚至无法合成的化学原料,通过精细分离技术可以丰富以化工原料为主体的产品线,发挥原油的最大价值生产目标产品,实现资源的最优化利用。

原油是一种成分复杂的混合物,多年以来,炼油工业对原油的评价通常是采用馏程、PONA分析等方式进行简单分析。而在炼油工业逐步发展的当下,炼油的利润空间被压缩,环保法规和成品油标准对油品质量提出更高要求,用通俗的话讲就是不那么赚钱了,需要从传统的粗放式提炼进一步精细化。因此,人们提出了在精细分析出石油组成的基础上,研究石油的化学组成与其物理、化学性质及加工性能的关系。石油组学就是从分子层次研究石油的化学组成,进而分析组成与油品性质和转化性能之间的关系,试图通过详细的分子组成数据来预测(或至少关联到)石油的性质和反应性能。落实到当前的炼油工业应用上就是"分子炼油"这个概念,最早应该是何鸣元在2006年接受《科技日报》记者采访时提出的,如果要简单一点说,就是从分子水平来认识石油加工过程,准确预测产品性质,优化工艺和加工流程,提升每个分子的价值,实现"宜烯则烯,宜芳则芳,宜油则油"的生产理念。

2. 原油直接裂解制化学品技术

在成品油生产收益递减的困境下,原油制化学品(crude oil to chemicals,COTC)技术可能成为炼油商下一个发展方向。近年来,一些公司开始通过对传统炼化工艺集成创新或直接颠覆传统炼油工艺流程,将炼化一体化提升到原油制化学品的新水平。基于目前技术现状及未来技术发展趋势,原油制化学品技术可分为原油最大化制化学品和原油直接制化学品两类。从原油转化为基本石化原料的收率看,各工艺路线大致为:传统燃料型炼油厂为 5%~10%,常规炼化一体化工厂为 10%~20%,原油制化学品工厂超过 40%甚至可能达到 80%。

　　埃克森美孚开创了原油制化学品项目的先河,该公司位于新加坡裕廊岛的 100 万 t/a 乙烯装置是全球首个原油制化学品项目。2014 年 1 月,埃克森美孚在新加坡化工厂投产了原油直接蒸汽裂解制烯烃装置,可以从原油直接生产 100 万 t/a 的乙烯。该项目与其炼油厂整合在一起,不仅共享公用工程,而且可从炼油厂获得重质燃料原料用于烯烃的生产。埃克森美孚原油直接蒸汽裂解制烯烃技术(流程示意图见图 4-7)的最大特点就是省略了常减压蒸馏等炼油装置,使得工艺流程大为简化。主要工艺过程为:原油在对流段预热后进入闪蒸罐,气液组分分离,气态组分进入辐射段进行裂解,液态组分则作为炼厂原料或者直接卖出。与传统的石脑油裂解工艺相比,每生产 1 t 乙烯可净赚 100~200 美元,特别是在东南亚等石脑油价格较高的地区更具有溢价优势。缺点是只能加工轻质原油(塔皮斯轻质),重组分仍需处理。

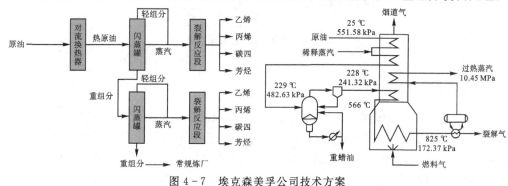

图 4-7　埃克森美孚公司技术方案

4.2　脱碳技术

　　物质中的含碳量减少的现象称为脱碳。根据脱碳吸收剂的状态,脱碳方法可分为湿法脱碳和干法脱碳,其中,湿法脱碳包括物理吸收法、化学吸收法和物理化学吸收法,干法脱碳主要有变压吸附法等。下面着重介绍几种脱碳技术。

4.2.1　煤矸石脱碳技术

　　国内外进行煤矸石脱碳,一般是采用破碎、粉磨再锻烧的程序,这样生产成本高、投资大,优劣品相互混杂,不能区分,故应用的规模受到了极大限制。我国探索出了煤矸石脱碳的新方法,即煤矸石粒状脱碳法,这种脱碳方法较其他方法有较大的先进性。

　　粒状脱碳方法与以往方法的根本不同在于脱碳前不需要进行破碎、粉磨等工序,而是先在适当的窑炉中进行初步脱碳(以下简称"初脱"),然后根据不同质量进行分选,分选后再进行最终脱碳(以下简称"终脱"),实现优质优用、劣质劣用的目的。进行初脱的目的,主要是对煤矸石的质量进行分选。制造不同的产品,需要不同质量的煤矸石,优质的可作高级填充料,形成高技术产品及附加产品,一般这样的产品均大于 2000 元/t,经济效益可提高 8~10 倍;劣质的可作为陶瓷原料、建筑材料等。对煤矸石进行初脱,就可分选出优劣品。其他方法虽然可一次实现终脱,但优劣品不能分选,故无法提高经济效益。

从上面介绍可知,粒状脱碳是首先对煤矸石进行初脱,确定其品质,然后通过人工分选,再进行终脱。其工艺流程如图 4-8 所示。

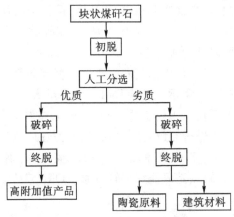

图 4-8 煤矸石粒状脱碳方法

4.2.2 富氧燃烧技术

富氧燃烧技术是一种燃烧中的二氧化碳脱碳,富氧燃烧技术采用纯氧或富氧气体混合物替代助燃空气,实现化石燃料燃烧利用,燃料燃烧后将形成高二氧化碳浓度的烟气,易于二氧化碳捕集和处理(图 4-9)。该技术最早是由亚伯拉罕(Abraham)于 1982 年提出,目的是为了产生二氧化碳用来提高石油采收率(enhanced oil recovery,EOR)。随着全球变暖的加剧以及气候的变化,作为主要的温室气体,二氧化碳排放问题逐渐引起了人们的关注。富氧燃烧技术作为最具潜力的二氧化碳减排的新型燃烧技术之一,成为全球研究者关注的热点。

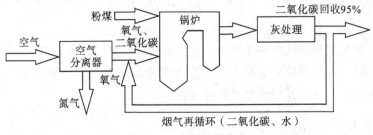

图 4-9 富氧燃烧技术

在现有的传统空气气氛电站锅炉系统上,利用氧气和部分再循环烟气混合取代空气作为氧化剂,提高尾部烟气中二氧化碳浓度,以实现二氧化碳捕集的目的。利用空气分离装置制取高纯度的氧气(一般达到 95% 以上),同时利用再循环风机从尾部烟道引回一部分烟气(称为再循环烟气),将氧气和再循环烟气以一定的比例混合后通入炉膛,锅炉可以是煤粉炉或者循环流化床锅炉。锅炉燃烧后尾部排出的烟气中含有高浓度的二氧化碳和水,以及少量的氧气和二氧化硫、氮氧化物等污染物,除了返回炉膛的部分烟气,其余部分烟气通过干燥和纯化处理,便能得到高浓度的二氧化碳,再经过压缩后就可以进行运输、利用或填埋,最终达到二氧化碳捕集和封存的目的。富氧燃烧技术具有成本低、易规模化、可改造存量锅炉机组等诸多优势，被认为是最有可能大规模推广和商业化的碳捕集、利用与封存技术之一。

中国企业也在积极开展与富氧燃烧技术相关的大型示范项目。神华集团于 2012 年 3 月启动了"百万等级富氧燃烧碳捕集燃煤电厂系统集成及设计技术研究"项目（投入资金 7000 余万元），旨在开展百万等级富氧燃烧碳捕集燃煤电厂系统集成及设计技术研究，为自主设计、建造和运营百万等级富氧燃烧示范项目提供相应的设计技术保障。华中科技大学、东方锅炉集团有限公司、西南电力设计院等单位联合参与了该项目的研究。该项目于 2012 年 11 月正式启动，内容包括对新建、改造多种方案进行比较和技术经济性评价，对锅炉、燃烧器、烟冷器等关键设备进行预研等。

山西国际能源集团有限公司宣布已与美国空气产品公司（Air Products）签署合作协议，对电功率为 350 MW 的富氧燃烧发电示范项目应用空气产品公司专有的富氧燃烧二氧化碳纯化技术，进行可行性研究和示范装置概念设计。该示范项目位于山西国际能源集团有限公司在山西太原的发电厂内，用于对二氧化碳进行纯化，以供利用和封存。

2021 年 1 月 18 日，由江苏省钢铁行业协会先进钢铁技术研究院完成的"中新钢铁集团有限公司烧结机点火炉富氧燃烧"项目通过工业化验收。该项目采用先进钢铁技术研究院自主研发的富氧燃烧技术，于 2021 年 1 月 1 日在中新钢铁 1 号 180 m² 烧结机上正式投入运行，取得了重要成果，在富氧 4% 条件下，节约能耗 8.3%，产量提升 5%，机头一氧化碳减排 15%，氮氧化物减排 18%，经济效益、社会效益十分显著。

4.2.3　二氧化碳捕集技术

我国二氧化碳的排放量仅次于美国，居世界第二位，减排二氧化碳的压力越来越大，并将成为制约我国燃煤发电可持续发展的瓶颈之一。目前，国际上二氧化碳捕集和处理技术尚处于研究开发和示范阶段。中国华能集团公司在二氧化碳捕集领域不断探索、研究，先后建成投产华能北京热电厂二氧化碳捕集示范项目及国内最大的二氧化碳捕集项目——华能上海石洞口二厂二氧化碳捕集项目[2]，为推动我国在节能减排领域的科技创新做出了不懈努力。

1. 二氧化碳捕集技术诞生背景

二氧化碳是导致全球气候变暖的温室气体的主要成分之一，对温室效应的贡献达到 55%。据 2020 年数据显示，全世界每年向大气中排放的二氧化碳总量达到近 370 亿 t，二氧化碳利用量则仅为 1 亿 t 左右，远不到排放总量的 1%。

火力发电厂是排放二氧化碳的最大行业。火力发电厂燃烧化石燃料后排放的二氧化碳占全球燃烧同种燃料排放量的 30%，大约占全球人类活动排放二氧化碳的 24%。因此，排放二氧化碳最多的燃煤电厂成为最具潜力实施二氧化碳捕集的行业。目前适用于燃煤电站的成熟的二氧化碳捕集技术多为化学吸收法脱碳技术，采用该技术的电站有美国 Warrior Run 电站，装机容量 18 万 kW，每天可生产 150 t 食品级二氧化碳；美国俄克拉荷马州 Shady Point 电站，装机容量 4×8 万 kW，每天可生产 99% 的二氧化碳 200 t；日本西南部长崎松岛的 J-Power 100 万 kW 燃煤电厂的二氧化碳捕集试验示范工程，捕集量为 10 t/d。

2008 年 7 月，中国华能集团在华能北京热电厂成功建成 3000 t/a 级烟气脱碳试验示范装置，各项技术指标达到或超过国际先进水平，捕集二氧化碳纯度可达到 99.5%，经过精处理后，可达到 99.997% 的食品级要求。这一成果得到了中央领导和国内外同行的充分肯定，为进一步实现工业化生产奠定了基础。2022 年 11 月 4 日,我国首个开放式千万吨级二氧化碳捕集、利用与封存项目在上海签约启动。由中国石化、中国宝武、壳牌、巴斯夫四家行业头部企业共同打造。项目将长江沿线等工业企业,比如钢材厂、化工厂、电厂、水泥厂等的碳源通过槽船集中运输至二氧化碳接收站,再通过距离较短的管线把接收站的二氧化碳输送至陆上或海上的封存点封存。

2. 二氧化碳捕集技术原理

烟气中的二氧化碳在吸收塔中与复合胺反应生成氨基甲酸盐,并被输送至再生塔加热分解还原为复合胺和二氧化碳,复合胺溶液返回吸收塔进行再次吸附,而二氧化碳气体则经加压、除杂、提纯、液化等工序,提纯为纯度为 99.99% 的二氧化碳。脱碳工艺流程主要由烟气预处理系统、填料吸收塔、填料再生塔、排气洗涤系统、溶液系统、产品气处理系统(包括冷凝、气液分离、压缩)、循环水冷却系统、辅助蒸汽系统及水平衡维持系统等组成。精处理工艺流程主要由二氧化碳气体储存系统、二氧化碳气体压缩系统、二氧化碳提纯系统、制冷系统及储存装车系统等组成。

3. 全球最大二氧化碳捕集项目

上海作为国际化大都市,正向实现"四个中心"迈进,温室气体减排已经作为一项重要工作在深入推进。目前我国人均每年二氧化碳排放量为 2.7 t,而上海人均排放量居全国前列,凸显绿色压力。

2015 年,加拿大 Quest 项目将合成原油制氢过程中产生的二氧化碳成功注入咸水层封存,每年二氧化碳捕集能力达 100 万 t。该项目是油砂行业第一个二氧化碳补集与封存项目,每年减少碳排放可达 100 万 t。截止到 2019 年,Quest 项目已经累计捕集二氧化碳达 400 万 t,以更低的成本提前完成预定目标。目前,Quest 项目是全球最大捕集二氧化碳并成功注入地下的项目。

在我国,2008 年 12 月 2 日,中国华能集团与上海电气集团在上海签订了"华能上海电气温室气体减排研究中心合作协议",此协议将依托华能上海石洞口第二电厂二期扩建工程,同步建设世界火电行业最大的 10 万 t/a 二氧化碳捕集装置,石洞口第二电厂二期脱碳项目初步设计由西安热工研究院和华东电力设计院联合完成。全球环境保护组织世界自然基金会(WWF)已正式启动中国低碳城市发展项目,上海成为首批试点城市之一。华能上海石洞口第二电厂二期工程脱碳项目的建设是发展"低碳经济"城市做出的最为积极的响应,具有深远的社会意义。2022 年 8 月 29 日,中国石化宣布,我国最大的碳捕集利用与封存全产业链示范基地、国内首个百万吨级碳捕集、利用与封存项目——齐鲁石化-胜利油田百万吨级碳捕集、利用与封存项目正式注气运行,标志着我国碳捕集、利用与封存产业开始进入技术示范中后段——成熟的商业化运营。该项目每年可减排二氧化碳 100 万 t,相当于植树近 900 万棵,对搭建"人工碳循环"模式具有重要意义,将为我国大规模开展碳捕集、利用与封存项目建设提供更丰富的工程实践经验和技术数据,有效助力我国实现"双碳"目标。

4. 碳捕集产品的价值

燃煤电站二氧化碳捕集产品的处理方式基本有两种:一是二氧化碳的捕集与封存,属于直接减排方式,受到成本和技术的限制,目前尚未得到实际应用;二是对二氧化碳捕集产品进行循环利用,通过排放总量的控制,达到间接减排的目的。目前,国际上已经开展二氧化碳捕集的燃煤电站,基本以二氧化碳的循环利用作为主要的处理方式。

二氧化碳在常温常压下是无色、无臭、无味的气体,相对分子质量为 44.01,比重 1.53,密度 1.977 g/L,在大气中的含量为 0.03%。二氧化碳是一种宝贵的碳、氧资源,它在地球的储量比天然气、石油和煤的总和还多数倍。目前,二氧化碳广泛应用于冶金、钢铁、石油、化工、电子、食品、医疗等领域。

火电企业开展二氧化碳捕集具有一定的市场前景,上海地区二氧化碳市场年需求量在 15 万～18 万 t,用户主要集中在焊接和干冰两方面,其中,用于焊接的二氧化碳年消耗量约为 8 万 t,占 45%,用于制造干冰的二氧化碳年消耗量约为 6 万 t,占 35%,其余用于碳酸饮料、啤酒、冷冻、卷烟及粮食包装储运的二氧化碳年消耗量共约 4 万 t,占 20%,预计上海地区二氧化碳市场年增量为 15%。根据初步设计估算,本项目的运行成本约在 450 元/t,食品级二氧化碳的市场批发价格约在 600～800 元/t,按照每吨平均盈利 200 元计算,年产生利润约 2000 万元。

4.3　固碳技术

固碳是指增加除大气之外的碳库碳含量的措施,包括物理固碳、生物固碳和化学固碳。物理固碳是将二氧化碳长期储存在开采过的油气井、煤层和深海里。生物固碳是将无机碳即大气中的二氧化碳转化为有机碳即碳水化合物,固定在植物体内或土壤中。化学固碳是指以二氧化碳为原料合成新产品,有碳酸盐矿石固存等。固碳技术按照固碳的处理方式,也可分为天然固碳技术和人工固碳技术。

4.3.1　天然固碳技术

天然固碳技术主要为生物固碳。生物固碳就是利用植物或微生物(如蓝藻等)的光合作用,提高生态系统的碳吸收和储存能力,从而减少二氧化碳在大气中的浓度,减缓全球变暖趋势。生物固碳包括通过土地利用变化、造林、再造林,以及加强农业土壤吸收等措施,增加植物和土壤的固碳能力。森林是地球上最大的吸收太阳能的载体,树木通过光合作用吸收二氧化碳并转化为氧气与有机物,从而起到固定碳的作用,如图 4-10 所示。

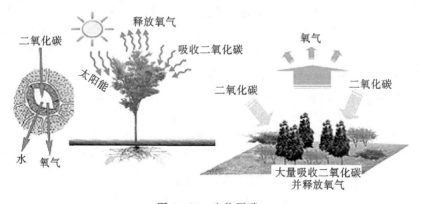

图 4-10　生物固碳

自然界主要存在以下生物固碳途径:卡尔文循环、还原性三羧酸(rTCA)循环、还原性乙酰辅酶 A 途径(W-L 循环)、3-羟基丙酸/4-羟基丁酸(3HP/4HB)循环、3-羟基丙酸(3HP)

循环、二羧酸/4-羟基丁酸(DC/4HB)循环。最普遍的二氧化碳固定途径是卡尔文循环,它广泛存在于绿色植物体、蓝细菌、藻类、紫色细菌和一些变形菌门中,此种固碳途径也是能量利用效率最低的。3HP/4HB循环、3HP循环、DC/4HB循环多见于一些极端嗜热嗜酸菌,其中有部分极端细菌在3HP/4HB循环中产生的酶可以耐受较高的温度,具有一定的开发前景。rTCA循环、DC/4HB循环和W-L循环仅存在于厌氧生物中。

卡尔文循环又称还原戊糖磷酸循环或光合碳还原循环,是20世纪50年代由梅尔文·卡尔文(Melvin Calvin)、安德鲁·本森(Andrew Benson)及詹姆士·巴沙姆(James Bassham)等提出的。它是地球上包括蓝细菌、陆地植物和藻类等所有光合生物所采用的主要固碳途径,也是不产氧紫色光合生物,细菌域中包括硫氧化菌、硝化菌及各种铁氧化菌在内的大量化能无机自养生物与混养生物的固碳途径。同时发现,绿屈挠菌门绿颤蓝细菌属中多数不产氧光合细菌也通过该途径进行固碳。Rubisco(核酮糖-1,5-双磷酸羧化酶/加氧酶)是该循环中的关键酶。尽管Rubisco在一些需氧嗜盐古细菌中的作用及与主动固定二氧化碳是否相关联鲜为人知,但研究发现Rubisco在这些细菌中保持较高活性。尽管在一些严格厌氧古生菌及绿硫光合生物的基因组中发现Rubisco基因编码初始形态,但显然这些Rubisco类蛋白与二氧化碳固定不相关。因此,尽管Rubisco广泛存在于需氧及厌氧微生物中,但卡尔文循环只限于利用氧或硝酸盐作为电子受体的化能无机自养生物,以及产氧和非产氧的光合生物。许多不产氧的紫色光合生物利用卡尔文循环可由微需氧成长为需氧的化能有机异氧生物。由此可见,氧(或硝酸盐)代谢与有机物利用卡尔文循环固定二氧化碳之间存在着密切的关系。

卡尔文循环包括三个阶段,即羧化期、还原期和再生期。固碳关键步骤是由Rubisco酶催化促进的核酮糖-1,5-双磷酸羧化反应,从而形成3-磷酸甘油酸(3-phosphoglycerate,3-PGA),循环的还原部分开始,形成3-磷酸甘油醛(glyceraldehyde 3-phosphate,GAP),其中1/6的3-磷酸甘油醛用于细胞生物合成,其余5/6再生成1,5-二磷酸核糖,完成循环。

4.3.2 人工固碳技术

1. 碳封存技术

碳封存技术是以捕获碳并安全存储的方式来取代直接向大气中排放二氧化碳的技术。碳封存研究开始于1977年,但只是到了最近才有迅速的发展。

针对定点源的人类排放,如油井、化学工厂、火力发电厂等,碳封存技术的开发着重点是捕获和分离二氧化碳,然后将其注入海洋或是深地质结构层中。由于某种需要,工业生产中也伴随有一些碳封存过程。例如在石油开采时,二氧化碳常会跟天然气一起由地底下喷射出来,通常二氧化碳从油井冲出后便释放到空气中。但是,在同时开采石油及天然气的过程中,二氧化碳常会被重新注入油井内,以便能保持所需压力而抽取更多的石油,所用的花费可以由增加的石油产量来补偿。在美国,每年能因此封存3200万t二氧化碳。而位于距挪威海岸240 km的北海中部的斯莱普内尔(Sleipner)海上钻井平台从1996年起就将油井生产中的二氧化碳收集并注入1000 m以下富含盐水的砂岩层。这个海上钻井平台之所以这样做,是因为从1996年以来挪威对工业排放二氧化碳征收50美元/t的排放税,而将二氧化碳注回到岩石层中与之相比则要便宜得多。在存储方面,则采用了以下一些方法:向尚未开采的煤层中注入二氧化碳,从而回收甲烷;将二氧化碳制成干冰,投掷到海洋中;利用固定的管道或是轮船拖曳管道将二氧化碳泵入深海等。

1)二氧化碳地质封存技术

二氧化碳的地质封存技术[4]实际上就是把二氧化碳存放在一种特定的自然或人工"容器"中,利用物理、化学、生化等方法,将二氧化碳封存百年甚至更长的时间。地质封存的基本原理就是模仿自然界储存化石燃料的机制,把二氧化碳封存在地层中,可经由输送管线或车船运输至适当地点后,注入特定地质条件及特定深度的地层中。适合地质封存的地质条件包含旧油气田、难开采煤层、深层地下水层等地质环境(图 4 - 11)。

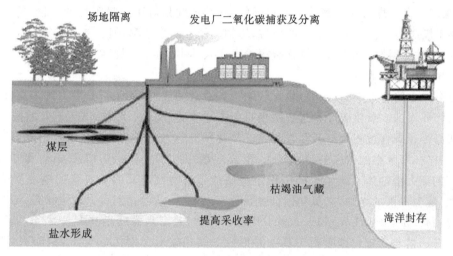

图 4 - 11 二氧化碳地质和海洋封存

比较理想的地质封存环境是无商业开采价值的深部煤层(同时促进煤层天然气回收)与油田(同时促进石油回收)、枯竭天然气田、深部咸水含水地层。在每种类型中,二氧化碳的地质封存都是将二氧化碳压缩液注入地下岩石构造中。封存深度一般要在 800 m 以下,该深度的温压条件可使二氧化碳处于高密度的液态或超临界状态。二氧化碳埋藏其间的时间跨度为数千年甚至上万年,为防止二氧化碳在压力作用下返回地表或向其他地方迁移,地质构造必须满足盖层、储集层和圈闭构造等特性,方可实现安全有效埋藏。二氧化碳地质封存是控制大气中二氧化碳浓度最科学有效的手段之一。

常规地质圈闭构造包括油田、气田和不含烃的储气层(主要是深部含盐水层)三种。对于前两种,由于熟悉已开采油气田的构造和地质条件,利用它们来储存二氧化碳相对容易。利用含盐水层储存有两个优点:一是含盐水层的圈闭构造比油田和气田更普遍;二是在含盐水层中可能有一些适于储存二氧化碳的巨大储气构造。此外,还有一点不同的是,二氧化碳注入含盐水层后,经过流体力学的反应,可在含水地层中稳定上万年,矿物地层和富含二氧化碳的含水层之间发生化学反应,使二氧化碳转化为无害的碳酸盐沉淀下来,可以保存上百万年。

非常规地质圈闭构造的处理包括海上与陆地两部分,利用非常规地质圈闭构造来储存二氧化碳也是有效的方法。可能的地质构造或结构包括玄武岩、盐穴、废弃矿井及深海海底,这些都是潜在的封存二氧化碳地点的选择对象,在沿岸和沿海的沉积盆地中也可能存在合适的封存构造,有充分渗透性且以后不可能开采的煤炭也可能用于封存二氧化碳,此外,把二氧化碳埋存在地下深部的不可采深煤层还能增加煤层气的产量。

主要封存方式:

（1）枯竭油气藏封存。目前，油气藏的研究较为彻底，其数据资料丰富，地质状态如温度、压力、多孔层等，适宜于封存，并可以通过地层监测数据和钻井评估来研究二氧化碳地质封存。随着近年二氧化碳封存技术的研究，该方式是唯一成熟的封存技术。

（2）深部咸水层封存。该地质处的水不能作为饮用水，且不具有开采价值。咸水层具有巨大的封存潜力。二氧化碳溶解于其中与矿物质缓慢发生反应，形成碳酸盐，可实现二氧化碳的永久封存。

（3）煤层封存。煤层对二氧化碳有较强的吸附力，约是对甲烷吸附性的 2 倍，所以将二氧化碳封存于煤层中可置换出煤层中的甲烷，增加煤层气的采收率，但二氧化碳在煤层中会发生溶胀反应，导致煤层空隙变小，二氧化碳很难再注入其中，因此其封存前景有限。

2）海洋碳封存技术

目前海洋中约有 40000 Gt 碳，是大气圈中碳总量的 5 倍，其碳封存潜力约为大气圈的 40 倍。因海气界面的二氧化碳交换过程缓慢且仅限于表层/次表层海水，故人们开始探寻用人工方法加快海洋碳封存过程及提升海洋吸收二氧化碳的能力。海洋水柱能封存碳得益于以下三种机制。首先，海水中的碳主要以 HCO_3^- 形式存在，并与 H_2CO_3、溶解态 CO_2 和 CO_3^{2-} 构成相对稳定的庞大缓冲体系。如长期沉积于海底的碳酸盐可与其四周酸化的海水发生中和反应。其次，随着深度的增加，二氧化碳会变得比海水致密，从而达到重力稳定状态，即在海洋中存在负浮力带（negative buoyancy zone，NBZ）。再次，若海水深度足够大且富含二氧化碳，则笼形的水分子能将二氧化碳吸附于其中并形成二氧化碳水合物（$CO_2 \cdot 5.75H_2O$），即存在水合物形成带（hydrate formation zone，HFZ），从而有利于海洋碳封存。因水合物的生成过程为放热反应，故从热力学角度分析，该反应可自发进行。

二氧化碳注入方式：二氧化碳可以气态、液态、固态，甚至水合物与海水的混合物形式施放。因不同状态的二氧化碳在海洋中的行为不同，故需针对其不同形态选择合适的注入方式，方可获得最优的封存效果。

在浅层（通常小于 500 m）或中层注入时，二氧化碳以气态或液态形式存在，其密度小于海水，施放后会自动上浮并逐渐溶于海水，这是最简易的二氧化碳注入方式。因液态二氧化碳比海水更易压缩，当注入水深大于 3000 m 时，其密度大于海水，故为了达到重力稳定状态，其将下沉至海底，在海底低洼处形成二氧化碳湖（简称碳湖），并在碳湖表层形成二氧化碳水合物薄层。虽然二氧化碳水合物与海水处于分解形成的动态平衡状态，但因二氧化碳水合物比二氧化碳在海水中的溶解速率小，故有利于封存二氧化碳。虽然很多学者在探索建立稳定的深海碳湖的可能性，但目前该技术尚不成熟且成本高昂。

固态二氧化碳相对稳定且不易分解逸出，加之其密度比海水大，故将其施放于海水后会自动向海底沉降，从而实现海洋碳封存。当然，也可将其以块状水合物的形式施放于海水中。前人研究业已表明，流线形二氧化碳固体或水合物的沉降速率比等轴形快。虽然现有技术可将重达 1000 t 的弹状二氧化碳固体或水合物块送抵海洋深处，但因目前还不能高效、经济地生成二氧化碳水合物并将其送抵适宜的海洋深处封存，故该技术尚待进一步研究。

颗粒灰岩可使液态二氧化碳与海水形成偏碱性的稳定乳状体。它不但可缓解海洋酸化，且因碳酸钙是海洋钙质生物的重要营养成分，故无需担心其对海水造成污染。此外，乳状体的密度比海水大，无需将其运送至海洋深处，故运送成本低。然而，其施放深度不能小于 500 m，否则乳状体会发生分解形成气态二氧化碳和碳酸钙泥浆。此方法的缺陷在于制备灰岩粉末乳状体的成本很高。

2. 碳酸盐矿石固存

利用二氧化碳来生产碳酸镁或是二氧化碳包合物(clathrate)很有发展前景。美国和欧盟的一些机构从 2012 年开始在冰岛实施名为"碳固定"的试点项目。冰岛有多座活火山,火山喷发形成的玄武岩广泛存在于地下,这种岩石的钙、镁、铁含量高,可与二氧化碳发生化学反应,生成固态的碳酸盐矿物质。这个项目由美国哥伦比亚大学、冰岛大学、冰岛雷克雅未克能源公司、英国南安普敦大学等机构联合实施,研究人员先把此前收取的二氧化碳与水混合,然后注入地下 400~800 m 深处的玄武岩层中。一些专家原以为相关化学反应需经过数百年乃至数万年才能完成,但最新研究显示,这一化学反应的速度比此前预测要快得多。固态碳酸盐矿物质没有泄漏风险,因而这种方式可以永久且对环境无害地封存二氧化碳。玄武岩是地球上最常见的岩石类型之一,在世界许多地方的大陆边缘地带广泛存在,因此有潜力用于大量封存二氧化碳。

但专家也表示,用上述方法将二氧化碳注入玄武岩层之前,需先把二氧化碳与水混合,因而所需用水量非常大,封存 1 t 二氧化碳需要大约 25 t 水。未来可以探索使用海水来解决这个问题。

4.4   零碳技术

零碳技术不是没有二氧化碳排放,而是使用植树等自然方式补充等量的氧气与排放的二氧化碳相抵达到平衡[5]。零碳排放是指无限地减少污染物排放直至零的活动。就其内容而言,一是要控制生产过程中不得已产生的废弃物排放,将其减少到零;二是将不得已排放的废弃物充分利用,最终消灭不可再生资源和能源的存在。就其过程来讲,是将一种产业生产过程中排放的废弃物变为另一种产业的原料或燃料,从而通过循环利用使相关产业形成产业生态系统。

在产业生产过程中,能量、能源、资源的转化都遵循一定的自然规律,资源转化为各种能量、各种能量相互转化、原材料转化为产品都不可能实现 100% 的转化[6]。根据能量守恒定律和物质不灭定律,其损失的部分最终以水、气、声、渣、热等形式排入环境。中国环保工作起步较晚,以现有的技术、经济条件,真正做到将不得已排放的废弃物减少到零,可谓是难上加难。有些企业通过对不得已排放废弃物的充分利用,实现了所谓的"零碳排放",也只是改变了污染物排放的方式、渠道和节点,一些污染物最终要进入环境。

4.4.1   水能利用技术

水能是一种可再生能源,水能主要用于水力发电。水力发电将水的势能和动能转换成电能。以水力发电的工厂称为水力发电厂,简称水电厂,又称水电站(图 4 - 12)。水的落差在重力作用下形成动能,从河流或水库等高位水源处向低位处引水,利用水的压力或者流速冲击水轮机,使之旋转,从而将水能转化为机械能,然后再由水轮机带动发电机旋转,切割磁力线产生交流电(图 4 - 13)。水力发电的优点是成本低、可连续再生、无污染;缺点是分布受水文、气候、地貌等自然条件的限制大。水能利用的另一种方式是通过水轮泵或水锤泵扬水,其原理是将较大流量和较低水头形成的能量直接转换成与之相当的较小流量和较高水头的能量。虽然在转换过程中会损失一部分能量,但在交通不便和缺少电力的偏远山区进行农田灌溉、村镇给水等,仍不失其应用价值。20 世纪 60 年代起水轮泵在中国得到发展,也被一些发展中国家所采用。

图 4-12 葛洲坝水电站

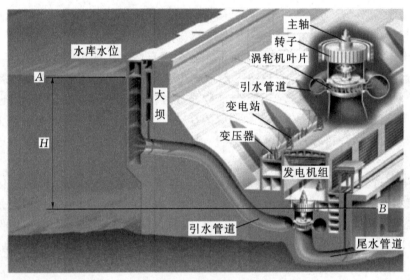

图 4-13 水力发电

很久以前,人类就开始利用水的下落所产生的能量。在 19 世纪末期,人们学会将水能转换为电能。早期的水电站规模非常小,只为电站附近的居民服务。随着输电网的发展及输电能力的不断提高,水力发电逐渐向大型化方向发展,并从这种大规模的发展中获得了益处。

水能资源最显著的特点是可再生、无污染。开发水能对江河的综合治理和综合利用具有积极作用,对促进国民经济发展,改善能源消费结构,缓解由于消耗煤炭、石油资源所带来的环境污染有重要意义,因此世界各国都把开发水能放在能源发展战略的优先地位。

世界上水能比较丰富,而煤、石油资源少的国家,如瑞士、瑞典,水电占全国电力工业的60%以上。水、煤、石油资源都比较丰富的国家,如美国、俄罗斯、加拿大等国,一般也大力开发水电。美国、加拿大开发的水电已占可开发水能的 40％以上。水能少而煤炭资源丰富的国家,如德国、英国,对仅有的水能资源也尽量加以利用,开发程度很高,已开发的约占可开发的80％。世界河流水能资源理论蕴藏量为 $4.03×10^{13}$ kW·h,技术可开发量为 $1.43×10^{13}$ kW·h,约为理论蕴藏量的 35.6％;经济可开发量为 $8.08×10^{12}$ kW·h,约为技术可开发量的56.22％,理论蕴藏量的 20％。世界水能资源主要蕴藏在发展中国家,发达国家拥有技术可开发水能资源 $4.82×10^{12}$ kW·h,经济可开发量为 $2.51×10^{12}$ kW·h,分别占世界总量的33.5％和 31.1％。发展中国家拥有技术可开发水能资源 $9.56×10^{12}$ kW·h,经济可开发量为$5.57×10^{12}$ kW·h,分别占世界总量的 66.5％和 68.9％。中国水能资源理论蕴藏量、技术可开发量和经济可开发量均居世界第一位,其次是俄罗斯、巴西和加拿大[7-8]。

　　我国水力资源地域分布极其不均,较集中地分布在大江、大河干流,便于建立水电基地实行战略性集中开发。我国水力资源富集于金沙江、雅砻江、大渡河、澜沧江、乌江、长江上游、南盘江红水河、黄河上游、湘西、闽浙赣、东北、黄河北干流及怒江等水电基地。

4.4.2　风能利用技术

　　风能是因空气流做功而提供给人类的一种可利用的能量,属于可再生能源,也是太阳能的一种转化形式[8]。空气流具有的动能称风能。空气流速越高,动能越大。人们可以用风车把风的动能转化为旋转的运动去推动发电机,以产生电力(图 4-14),方法是通过传动轴,将转子(由以空气动力推动的扇叶组成)的旋转动力传送至发电机。从全球范围的发展趋势来看,2020 年全球风力发电量达 1591.2 TW·h,同比增长 12.20％。中国风力发电量为 466.5 TW·h,全球排名第一。

图 4-14　风能发电风车

　　人类利用风能的历史可以追溯到公元前。古埃及、中国、古巴比伦是世界上最早利用风能的国家之一。公元前人类利用风力提水、灌溉、磨面、舂米,用风帆推动船舶前进。由于石油短缺,现代化帆船在近代得到了极大的重视。宋代是中国应用风车的全盛时代,当时流行的垂直轴风车一直沿用至今。在国外,公元前 2 世纪,古波斯人就利用垂直轴风车碾米。10 世纪伊斯兰人用风车提水,11 世纪风车在中东已获得广泛的应用。13 世纪风车传至欧洲,14 世纪已成为欧洲不可缺少的原动机。在荷兰,风车先用于莱茵河三角洲湖地和低湿地的汲水,以后又用于榨油和锯木。只是由于蒸汽机的出现,才使欧洲风车数目急剧下降。

数千年来,风能技术发展缓慢,也没有引起人们足够的重视。但自1973年爆发世界石油危机以来,在常规能源告急和全球生态环境恶化的双重压力下,风能作为新能源的一部分才重新有了长足的发展。风能作为一种无污染和可再生的新能源有着巨大的发展潜力,特别对沿海岛屿、交通不便的边远山区、地广人稀的草原牧场,以及远离电网和近期内电网还难以达到的农村、边疆而言,是生产和生活能源的一种可靠途径,有着十分重要的意义。即使在发达国家,风能作为一种高效清洁的新能源也日益受到重视。

美国早在1976年就开始实行联邦风能计划,其内容主要是:评估国家的风能资源;研究风能开发中的社会和环境问题;改进风力机的性能,降低造价;研究农业和其他用户使用的小于100 kW的风力机,以及为电力公司及工业用户设计的兆瓦级的风力发电机组。美国于20世纪80年代成功地开发了100、200、2000、2500、6200、7200 kW六种风力机组。

中国风力机的发展,在20世纪50年代末是各种木结构的布篷式风车,1959年仅江苏省就有木风车20多万台。到60年代中期主要是发展风力提水机。70年代中期以后风能开发利用被列入“六五”国家重点项目,得到迅速发展。进入80年代中期以后,中国先后从丹麦、比利时、瑞典、美国、德国引进一批中大型风力发电机组,在新疆、内蒙古的风口及山东、浙江、福建、广东的岛屿建立了8座示范性风力发电场。1992年装机容量已达8 MW。至1990年底全国风力提水的灌溉面积已达258万 m^2。1997年新增风力发电10万 kW。“十四五”期间,中国风电飞速发展,无论是累计装机容量还是新增装机容量,都已成为世界规模最大的风电市场,累计装机容量在全球所占比例整体呈现上升趋势,并处于全球前列。

风能利用形式主要是将大气运动时所具有的动能转化为其他形式的能量。风就是水平运动的空气,空气产生运动,主要是由于地球上各纬度所接收的太阳辐射强度不同而形成的。在赤道和低纬度地区,太阳高度角大,日照时间长,太阳辐射强度强,地面和大气接收的热量多,温度较高;在高纬度地区太阳高度角小,日照时间短,地面和大气接收的热量小,温度低。这种高纬度与低纬度之间的温度差异,形成了中国南北之间的气压梯度,使空气做水平运动。

地球吸收的太阳能有1‰～3‰转化为风能,总量相当于地球上所有植物通过光合作用吸收太阳能转化为化学能的50～100倍。在高空就会发现风的能量,那里有时速超过160 km的强风。这些风的能量最后因和地表及大气间的摩擦力而以各种热能方式释放。

风能可以通过风车来提取。当风吹动风轮时,风力带动风轮绕轴旋转,使得风能转化为机械能。而风能转化量直接与空气密度、风轮扫过的面积和风速的平方成正比。风能利用的主要技术有以下几种[8]。

(1)水平轴风电机组技术。因为水平轴风电机组具有风能转换效率高、转轴较短,在大型风电机组上更突显经济性等优点,从而成为世界风电发展的主流机型,并占有95%以上的市场份额。同期发展的垂直轴风电机组,因为转轴过长,风能转换效率不高,启动、停机和变桨困难等问题,目前市场份额很小,应用数量有限。但由于它的全风向对风和变速装置及发电机可以置于风轮下方(或地面)等优点,近年来,国际上的相关研究和开发也在不断进行并取得一定进展。

(2)风电机组单机容量持续增大,利用效率不断提高。近年来,世界风电市场上风电机组的单机容量持续增大,世界主流机型已经从2000年的500～1000 kW增加到2004年的2～

3 MW。2021 年,世界上运行的最大单机容量风电机组为通用公司的 Halida-X-12 MW 机组,功率达 12 MW,每天最高可发电 28.8 万 kW·h,可供 2000 户家庭用电一个月。

(3)海上风电技术成为发展方向。目前建设海上风电场的造价是陆地风电场的 1.7~2 倍,而发电量则是陆上风电场的 1.4 倍,所以其经济性仍不如陆地风电场。随着技术的不断发展,海上风电的成本会不断降低,其经济性也会逐渐凸显。

(4)变桨变速、功率调节技术得到广泛采用。由于变桨距功率调节方式具有载荷控制平稳、安全和高效等优点,近年来在大型风电机组上得到了广泛采用。

(5)直驱式、全功率变流技术得到迅速发展。无齿轮箱的直驱方式能有效地减少由于齿轮箱问题而造成的机组故障,可有效提高系统的运行可靠性和寿命,减少维护成本,因而得到了市场的青睐,市场份额不断扩大。

(6)新型垂直轴风力发电机。它采取了完全不同的设计理念,并采用了新型结构和材料,达到微风启动、无噪声、抗 12 级以上台风、不受风向影响等优良性能,可以大量用于别墅、多层及高层建筑、路灯等中小型应用场合。以它为主建立的风光互补发电系统,具有电力输出稳定、经济性高、对环境影响小等优点,也解决了太阳能发展中对电网的冲击等影响。

4.4.3 太阳能发电技术

太阳能一般指太阳光的辐射能量。在太阳内部进行的由"氢"聚变成"氦"的原子核反应,不停地释放出巨大的能量,并不断向宇宙空间辐射能量。太阳能的主要利用形式有太阳能的光热转换、光电转换及光化学转换三种方式。太阳能发电分为光热发电和光伏发电。

1. 太阳能光伏发电

通常说的太阳能发电指的是太阳能光伏发电,简称"光电"。光伏发电是利用半导体界面的光生伏特效应而将光能直接转变为电能的一种技术[8-9]。这种技术的关键元件是太阳能电池。太阳能电池经过串联后进行封装保护可形成大面积的太阳电池组件,再配合功率控制器等部件就形成了光伏发电装置。

从理论上讲,光伏发电技术可以用于任何需要电源的场合,上至航天器,下至家用电源,大到兆瓦级电站,小到玩具,光伏电源无处不在。太阳能光伏发电的最基本元件是太阳能电池(片),有单晶硅、多晶硅、非晶硅和薄膜电池等。其中,单晶和多晶电池用量最大,非晶电池用于一些小系统和计算器辅助电源等。由一个或多个太阳能电池片组成的太阳能电池板称为光伏组件。光伏发电产品主要用于三大方面:一是为无电场合提供电源;二是太阳能日用电子产品,如各类太阳能充电器、太阳能路灯和太阳能草地灯具等;三是并网发电,这在发达国家已经大面积推广实施。2008 年北京奥运会部分用电是由太阳能发电和风力发电提供的。

据预测,太阳能光伏发电在 21 世纪会占据世界能源消费的重要席位,不但将替代部分常规能源,而且将成为世界能源供应的主体。预计到 2030 年,可再生能源在总能源结构中将占到 30% 以上,而太阳能光伏发电在世界总电力供应中的占比也将达到 10% 以上;到 2040 年,可再生能源将占总能耗的 50% 以上,太阳能光伏发电将占总电力的 20% 以上;到 21 世纪末,可再生能源在能源结构中将占到 80% 以上,太阳能发电将占到 60% 以上。这些数字足以显示出太阳能光伏产业的发展前景及其在能源领域重要的战略地位。

太阳能光伏发电系统分为独立光伏系统和并网光伏系统。独立光伏电站包括边远地区的村庄供电系统,太阳能户用电源系统,通信信号电源、阴极保护、太阳能路灯等各种带有蓄电池的可以独立运行的光伏发电系统。并网光伏发电系统是与电网相联并向电网输送电力的光伏发电系统，可以分为带蓄电池和不带蓄电池的并网发电系统。带有蓄电池的并网发电系统具有可调度性，可以根据需要并入或退出电网，还具有备用电源的功能，当电网因故停电时可紧急供电。带有蓄电池的光伏并网发电系统常常安装在居民建筑中；不带蓄电池的并网发电系统不具备可调度性和备用电源的功能，一般安装在较大型的系统上。

如图 4-15 所示，太阳能光伏板组件是一种暴露在阳光下便会产生直流电的发电装置，由几乎全部以半导体物料（如硅）制成的薄身固体光伏电池组成。由于没有活动的部分，故可以长时间操作而不会导致任何损耗。简单的光伏电池可为手表及计算机提供能源，较复杂的光伏系统可为房屋照明，并为电网供电。光伏板组件可以制成不同形状，而组件又可联结，以产生更多电力。天台及建筑物表面均会使用光伏板组件，它甚至被用作窗户、天窗或遮蔽装置的一部分，这些光伏设施通常被称为附设于建筑物的光伏系统。

图 4-15　光伏发电系统——太阳能光伏板

2. 太阳能光热发电

太阳能光热是指太阳辐射的热能。光热利用，除太阳能热水器外，还有太阳房、太阳灶、太阳能温室、太阳能干燥系统、太阳能土壤消毒杀菌技术等。

太阳能光热发电是太阳能热利用的一个重要方面[10]。太阳能光热发电是指利用大规模阵列抛物或碟形镜面收集太阳热能，通过换热装置提供蒸汽，结合传统汽轮发电机的工艺，从而达到发电的目的。采用太阳能光热发电技术，避免了昂贵的硅晶光电转换工艺，可以大大降低太阳能发电的成本。而且这种形式的太阳能利用还有一个其他形式的太阳能转换所无法比拟的优势，即太阳能所烧热的水可以储存在巨大的容器中，在太阳落山后几个小时内仍然能够带动汽轮机发电。

太阳能光热发电的原理是，通过反射镜将太阳光汇聚到太阳能收集装置，利用太阳能加热收集装置内的传热介质（液体或气体），再加热水形成蒸汽带动或者直接带动发电机发电。一般来说，太阳能光热发电形式有槽式、塔式、碟式（盘式）、菲涅尔式四种系统（图 4-16）。槽式太阳能光热发电系统全称为槽式抛物面反射镜太阳能光热发电系统，是将多个槽型抛物面聚光集热器经过串并联的排列，加热工质，产生过热蒸汽，驱动汽轮发电机组发电。塔式太阳能光热发电系统是在空旷的地面上建立一座高大的中央吸收塔，塔顶上安装一个吸收器，塔的周围安装一定数量的定日镜,通过定日镜将太阳光聚集到塔顶接收器的腔体内产生高温,再将通过吸收器的工质加热并产生高温蒸汽,推动汽轮机进行发电。碟式太阳能光热发电系统是世界上最早出现的太阳能动力系统,由许多镜子构成的抛物面反射镜组成,接收器在抛物面的焦点上,接收器内的传热工质被加热到750℃左右,驱动发动机进行发电。菲涅尔式太阳能光热发电系统工作原理类似槽式光热发电,只是采用菲涅尔结构的聚光镜来替代抛面镜。这使得它的成本相对来说低廉,但效率也相应降低。

槽式　　　　　　　　　　　　　塔式

碟式　　　　　　　　　　　　　菲涅尔式

图 4-16　几种太阳能光热发电形式

4.4.4　生物质能利用技术

利用大气、水、土地等通过光合作用而产生的各种有机体,即一切有生命的可以生长的有机物质通称为生物质(图 4-17)[8,11-12]。它包括植物、动物和微生物。生物质能虽然在利用过程中有二氧化碳产生,但在其整个生命周期是零碳的。

1. 生物质能源的特点

(1)可再生性。生物质能源是从太阳能转化而来,通过植物的光合作用将太阳能转化为化学能,储存在生物质内部的能量。它与风能、太阳能等同属可再生能源,可实现能源的永续利用。

木材

小麦秸秆

图 4-17 生物质

(2)清洁、低碳。生物质能源中的有害物质含量很低,属于清洁能源。同时,生物质能源的转化过程是通过绿色植物的光合作用将二氧化碳和水合成生物质,其使用过程又生成二氧化碳和水,形成二氧化碳的循环排放过程,能够有效减少人类二氧化碳的净排放量,降低温室效应。

(3)可替代部分化石能源。利用现代技术可以将生物质能源转化成可替代化石燃料的生物质成型燃料、生物质可燃气、生物质液体燃料等。在热转化方面,生物质能源可以直接燃烧或经过转换,形成便于储存和运输的固体、气体和液体燃料,可运用于大部分使用石油、煤炭及天然气的工业锅炉和窑炉中。中国产业发展促进会生物质能产业分会 2021 年 9 月指出,中国生物质资源作为能源利用的开发潜力约为 4.6 亿 t 标准煤。若结合生物能源与碳捕集和储存技术,到 2060 年各类生物质能利用将为全社会减碳超过 20 亿 t。

(4)原料丰富。生物质能源资源丰富,分布广泛。根据世界自然基金会的预计,全球生物质能源潜在可利用量达 350 EJ/a。2021 年 9 月中国产业发展促进会生物质能产业分会发布《3060 零碳生物质能发展潜力蓝皮书》,指出目前我国生物质资源年产生量约为 34.94 亿 t,且随着经济发展和消费水平不断提高,生物质资源产生量年增长率将维持在 1.1% 以上。在传统能源日渐枯竭的背景下,生物质能源是理想的替代能源,被誉为继煤炭、石油、天然气之外的"第四大能源"。

(5)广泛应用性。生物质能源可以以沼气、压缩成型固体燃料、气化生产燃气、气化发电、生产燃料酒精、热裂解生产生物柴油等形式存在,应用在国民经济的各个领域。

依据来源的不同,可以将适合于能源利用的生物质分为林业资源、农业资源、生活污水和工业有机废水、城市固体废物和畜禽粪便等五大类。

2. 生物质能利用技术[8]

(1)直接燃烧。生物质的直接燃烧和固化成型技术的研究开发主要着重于专用燃烧设备的设计和生物质成型物的应用。现已成功开发的成型技术按成型物形状主要分为三大类:以日本为代表开发的螺旋挤压生产棒状成型技术;欧洲各国开发的活塞式挤压生产圆柱块状成型技术;美国开发研究的内压滚筒颗粒状成型技术和设备。

(2)生物质气化。生物质气化技术是将固体生物质置于气化炉内加热,同时通入空气、氧气或水蒸气,来产生品位较高的可燃气体。它的特点是气化率可达 70% 以上,热效率也可达

85％。生物质气化生成的可燃气经过处理可用于合成、取暖、发电等不同用途,这对于生物质原料丰富的偏远山区意义十分重大,不仅能改变他们的生活质量,而且能够提高用能效率,节约能源。

（3）液体生物燃料。由生物质制成的液体燃料叫生物燃料。生物燃料主要包括生物乙醇、生物丁醇、生物柴油、生物甲醇等。虽然利用生物质制成液体燃料起步较早,但发展比较缓慢。由于受世界石油资源、价格、环保和全球气候变化的影响,20 世纪 70 年代以来,许多国家日益重视生物燃料的发展,并取得了显著的成效。

（4）制沼气。沼气是各种有机物质在隔绝空气（还原）及适宜的温度、湿度条件下,经过微生物的发酵作用产生的一种可燃烧气体。沼气的主要成分甲烷类似于天然气,是一种理想的气体燃料,它无色无味,与适量空气混合后即可燃烧。

①沼气的传统利用和综合利用技术。我国是世界上开发沼气较多的国家,最初主要是农村的户用沼气池,以解决秸秆焚烧和燃料供应不足的问题,后来的大中型沼气工程始于 1936 年。此后,大中型废水、养殖业污水、村镇生物质废弃物、城市垃圾处理厂的建立拓宽了沼气的生产和使用范围。

自 20 世纪 80 年代以来,我国建立起的沼气发酵综合利用技术,以沼气为纽带,物质多层次利用、能量合理流动的高效农业模式已逐渐成为我国农村地区利用沼气技术促进可持续发展的有效方法。通过沼气发酵综合利用技术,沼气用于农户生活用能和农副产品生产加工,沼液用于饲料、生物农药、培养料液的生产,沼渣用于肥料的生产。我国北方推广的塑料大棚、沼气池、禽畜舍和厕所相结合的"四位一体"沼气生态农业模式,中部地区以沼气为纽带的生态果园模式,南方建立的"猪—果"模式,以及其他地区因地制宜建立的"养殖—沼气""猪—沼—鱼"和"草—牛—沼"等模式,都是以农业为龙头,以沼气为纽带,对沼气、沼液、沼渣多层次利用的生态农业模式。沼气发酵综合利用生态农业模式的建立使农村沼气和农业生态紧密结合,是改善农村环境卫生的有效措施,也是发展绿色种植业、养殖业的有效途径,已成为农村经济新的增长点。

②沼气发电技术。沼气燃烧发电是随着大型沼气池建设和沼气综合利用的不断发展而出现的一项沼气利用技术,它将厌氧发酵处理产生的沼气用于发动机上,并装有综合发电装置,以产生电能和热能。沼气发电具有高效、节能、安全和环保等特点,是一种分布广泛且价廉的分布式能源。沼气发电在发达国家已受到广泛重视和积极推广。生物质能发电并网电量在西欧一些国家占能源总量的 10％左右。

③沼气燃料电池技术。燃料电池是一种将储存在燃料和氧化剂中的化学能直接转化为电能的装置。当源源不断地从外部向燃料电池供给燃料和氧化剂时,它可以连续发电。依据电解质的不同,燃料电池分为碱性燃料电池（AFC）、质子交换膜电池（PEMFC）、磷酸型燃料电池（PAFC）、熔融碳酸盐燃料电池（MCFC）及固态氧化物燃料电池（SOFC）等。燃料电池能量转换效率高、洁净、无污染、噪声低,既可以集中供电,也适合分散供电,是 21 世纪最有竞争力的高效、清洁的发电方式之一。它在洁净煤炭燃料电站、电动汽车、移动电源、不间断电源、潜艇及空间电源等方面有着广泛的应用前景和巨大的潜在市场。

（5）生物制氢。氢气是一种清洁、高效的能源,有着广泛的工业用途,潜力巨大。目前生物制氢研究逐渐成为人们关注的热点,但将其他物质转化为氢并不容易。生物制氢过程可分为厌氧光合制氢和厌氧发酵制氢两大类。

(6)生物质发电技术。生物质发电技术是将生物质能源转化为电能的一种技术,主要包括农林废物发电、垃圾发电和沼气发电等。作为一种可再生能源,生物质发电在国际上越来越受到重视,在我国也越来越受到政府的关注和民间的拥护。

生物质发电将废弃的农林剩余物收集、加工、整理,形成商品,既防止秸秆在田间焚烧造成的环境污染,又改变了农村的村容村貌,是我国建设生态文明、实现可持续发展的能源战略选择之一。如果我国生物质能利用量达到 5 亿 t 标准煤,就可解决目前我国能源消费量的 20% 以上,每年可减少排放二氧化碳中的碳量近 3.5 亿 t,二氧化硫、氮氧化物、烟尘减排量近 2500 万 t,将产生巨大的环境效益。尤为重要的是,我国的生物质能资源主要集中在农村,大力开发并利用农村丰富的生物质能资源,可促进农村生产发展,显著改善农村的村貌和居民生活条件,将对建设社会主义新农村产生积极而深远的影响。

4.4.5 地热能开发技术

地热能是从地壳中抽取的天然热能[8],这种能量来自地球内部的熔岩,并以热力形式存在,是引致火山爆发及地震的能量[13]。地球内部的温度高达 6000 ℃,而在 80~100 km 的深度处,温度会降至 650~1200 ℃。通过流动的地下水和涌至离地面 1~5 km 的熔岩,热力被转送至较接近地面的地方。高温的熔岩将附近的地下水加热,这些加热了的水最终会渗出地面。在各种可再生能源的应用中,地热能显得较为低调,人们更多地关注来自太空的太阳能,却忽略了地球本身赋予人类的丰富资源,地热能将有可能成为未来能源的重要组成部分。运用地热能最简单和最合乎成本效益的方法,就是直接取用这些热源,并抽取其能量。相对于太阳能和风能的不稳定性,地热能是较为可靠的可再生能源。

地热能的利用可分为地热发电、供暖等,而对于不同温度的地热流体可利用的范围如下:

(1)200~400 ℃的地热流体可直接发电及综合利用;

(2)150~200 ℃的地热流体可用于双循环发电、制冷、工业干燥、工业热加工等;

(3)100~150 ℃的地热流体可用于双循环发电、供暖、制冷、工业干燥、脱水加工、回收盐类、制作罐头食品等;

(4)50~100 ℃的地热流体可用于供暖、建造温室、提供家用热水、工业干燥等;

(5)20~50 ℃的地热流体可用于沐浴、水产养殖、牲畜饲养、土壤加温、脱水加工等。

许多国家为了提高地热利用率,采用梯级开发和综合利用的办法,如热电联产联供、冷热电三联供、先供暖后养殖等。下面具体介绍地热的几种重要利用形式[14]。

1. 地热发电技术

地热发电是地热利用的最重要方式。高温地热流体应首先应用于发电。地热发电和火力发电的原理是一样的,都是使蒸汽的热能在汽轮机中转变为机械能,然后带动发电机发电。所不同的是,地热发电不像火力发电那样要装备庞大的锅炉,也不需要消耗燃料,它所用的能源就是地热能。地热发电的过程,就是把地下热能首先转变为机械能,然后再把机械能转变为电能的过程。要利用地下热能,首先需要有"载热体"把地下的热能带到地面上来。能够被地热电站利用的载热体,主要是地下的天然蒸汽和热水。按照载热体类型、温度、压力和其他特性的不同,可把地热发电的方式划分为蒸汽型地热发电和热水型地热发电两大类。

(1)蒸汽型地热发电。蒸汽型地热发电是把蒸汽田中的干蒸汽直接引入汽轮发电机组发电,但在引入发电机组前应把蒸汽中所含的岩屑和水滴分离出去。如图 4-18 所示,西藏羊八井地热电站采用的便是这种形式。这种发电方式最为简单,但干蒸汽地热资源十分有限,且多存于较深的地层,开采技术难度大,主要有背压式和凝汽式两种发电系统。

图 4-18　西藏羊八井地热电站

　　(2)热水型地热发电。热水型地热发电是地热发电的主要方式。热水型地热电站有闪蒸系统和双循环系统两种循环系统。闪蒸系统如图 4-19 所示。当高压热水从热水井中被抽至地面,压力降低,部分热水会沸腾并"闪蒸"成蒸汽,蒸汽被送至汽轮机做功;而分离后的热水可继续利用后排出,当然最好是再回注地层。双循环系统的流程如图 4-20 所示。地热水首先流经热交换器,将地热能传给另一种低沸点的工作流体,使之沸腾而产生蒸汽;蒸汽进入汽轮机做功后进入凝汽器,再通过热交换器完成发电循环。地热水则从热交换器回注地层。

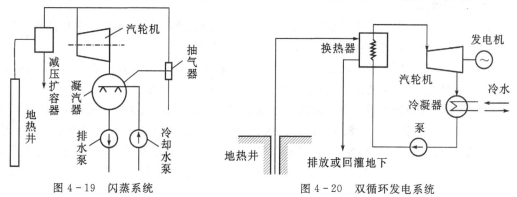

图 4-19　闪蒸系统　　　　　　　　　图 4-20　双循环发电系统

2. 地热供暖

　　将地热能直接用于采暖、供热和供热水是仅次于地热发电的地热利用方式。因为这种利用方式简单、经济性好,备受各国重视,特别是位于高寒地区的西方国家,其中冰岛开发利用得最好。该国早在 1928 年就在首都雷克雅未克建成了世界上第一个地热供热系统,现今这一供热系统已发展得非常完善,每小时可从地下抽取 7740 t、80 ℃的热水,供全市 11 万居民使用。由于没有高耸的烟囱,冰岛首都已被誉为"世界上最清洁无烟的城市"。此外利用地热给工厂供热,如用作干燥谷物和食品的热源,用作硅藻土、木材、纸张、皮革、纺织物、酒、糖等生产过程的热源也是大有前途的。目前世界上最大的两家地热应用工厂就是冰岛的硅藻土厂和新西兰的纸浆加工厂。我国利用地热供暖和供热水的发展也非常迅速,在京津地区这已成为地热利用最普遍的方式。

4.4.6　海洋能

海洋能是一种蕴藏在海洋中的可再生能源[8,15]，包括潮汐能、波浪引起的机械能和热能[16]（图 4-21）。海洋能同时涉及一个更广的范畴，包括海面上空的风能、海水表面的太阳能和海里的生物质能。我国海洋能资源丰富，岛屿众多，具备规模化开发利用海洋能的条件。

图 4-21　海洋能

1. 海洋能的特点[8]

（1）海洋能在海洋总水体中的蕴藏量巨大，而单位体积、单位面积、单位长度所拥有的能量较小。这就是说，要想得到大能量，就得从大量的海水中获得。

（2）海洋能具有可再生性。海洋能来源于太阳辐射能与天体间的万有引力，只要太阳、月球等天体与地球共存，这种能源就会再生，就会取之不尽、用之不竭。

（3）海洋能有较稳定与不稳定能源之分。较稳定的为温度差能、盐度差能和海流能。不稳定能源分为变化有规律与变化无规律两种。属于不稳定但变化有规律的有潮汐能与潮流能。人们根据潮汐、潮流变化规律，编制出各地逐日逐时的潮汐与潮流预报，预测未来各个时间的潮汐大小与潮流强弱。潮汐电站与潮流电站可根据预报表安排发电。既不稳定又无规律的是波浪能。

（4）海洋能属于清洁能源，一旦开发后，其本身对环境污染影响很小。

海洋能的缺点是获取能量的最佳手段尚无共识，大型项目可能会破坏自然水流、潮汐和生态系统。

2. 海洋能的形式[8]

（1）潮汐能。潮汐能指在涨潮和落潮过程中产生的势能。潮汐能的强度与潮头数量和落差有关。通常潮头落差大于 3 m 的潮汐就具有产能利用价值。潮汐能主要用于发电。

汹涌澎湃的大海，在太阳和月亮的引潮力作用下，时而潮高百丈，时而悄然退去，留下一片沙滩。海洋这样起伏运动，日以继夜，年复一年，是那样有规律，那样有节奏，好像人在呼吸。海水的这种有规律的涨落现象就是潮汐。

潮汐发电就是利用潮汐能的一种重要方式（图 4-22）。据初步估计，全世界潮汐能约有

10 亿 kW,每年可发电 2 万亿～3 万亿 kW·h。法国在布列塔尼省建成了世界上第一座大型潮汐发电站,电站规模宏大,大坝全长 750 m,坝顶是公路。平均潮差为 8.5 m,最大潮差为 13.5 m,每年发电量为 5.44 亿 kW·h。

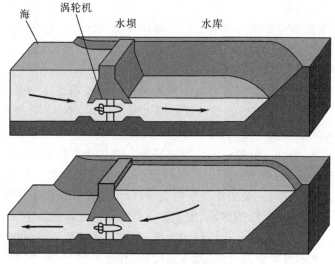

图 4-22　潮汐发电

新中国成立后在沿海建过一些小型潮汐电站。例如,广东省顺德县的大良潮汐电站 (144 kW)、福建厦门的华美太古潮汐电站(220 kW)、浙江温岭的沙山潮汐电站(40 kW)及象山高塘潮汐电站(450 kW)。据估计,我国仅长江口北支就能建 80 万 kW 潮汐电站,年发电量为 23 亿 kW·h,接近新安江和富春江水电站的发电总量;钱塘江口可建 500 万 kW 潮汐电站,年发电量约 180 亿 kW·h,约相当于 10 个新安江水电站的发电能力。

(2)浪能。浪能指蕴藏在海面波浪中的动能和势能(图 4-23)。浪能主要用于发电,也可用于输送和抽运水、供暖、海水脱盐和制造氢气。“无风三尺浪”是奔腾不息的大海的真实写照。海浪有惊人的力量,5 m 高的海浪,每平方米压力就有 10 t。大浪能把 13 t 重的岩石抛至

图 4-23　海洋浪能

20 m 高处,能翻转 1700 t 重的岩石,甚至能把上万吨的巨轮推上岸去。海浪蕴藏的总能量大得惊人。据估计地球上海浪中蕴藏着的能量相当于 90 万亿 kW·h 的电能。我国也在对波浪发电进行研究和试验,并制成了供航标灯使用的发电装置。未来浪能将会为我国的电业做出很大贡献。

(3)温差能。海水温差能是指海洋表层海水和深层海水之间水温差的热能,是海洋能的一种重要形式。低纬度的海面水温较高,与深层冷水存在温度差,因而储存着温差热能,其能量与温差的大小和水量成正比。

温差能的主要利用方式为发电,首次提出利用海水温差发电设想的是法国物理学家阿松瓦尔,1926 年,阿松瓦尔的学生克劳德成功试验海水温差发电。1930 年,克劳德在古巴海滨建造了世界上第一座海水温差发电站,获得了 10 kW 的功率。

温差发电是以非共沸介质(氟里昂-22 与氟里昂-12 的混合体)为媒质,输出功率是以前的 1.1~1.2 倍。一座 75 kW 试验工厂的试运行证明,由于热交换器采用平板装置,所需抽水量很小,传动功率的消耗很少,其他配件费用也低,再加上用计算机控制,净电输出功率可达额定功率的 70%。一座 3000 kW 级的电站,每千瓦小时的发电成本比柴油发电价格还低。人们预计,利用海洋温差发电如果能在一个世纪内实现,可成为新能源开发的新的出发点。

温差能利用的最大困难是温差太小,能量密度低,其效率仅有 3% 左右,而且换热面积大,建设费用高,各国仍在积极探索中。

(4)盐差能。盐差能是指海水和淡水之间或两种含盐浓度不同的海水之间的化学电位差能,是以化学能形态出现的海洋能,主要存在于河海交汇处。同时,淡水丰富地区的盐湖和地下盐矿也可以利用盐差能。盐差能是海洋能中能量密度最大的一种可再生能源。

据估计,世界各河口区的盐差能达 30 TW,可能利用的有 2.6 TW。我国的盐差能估计为 1.1×10^8 kW,主要集中在各大江河的出海处,同时,我国青海省等地还有不少内陆盐湖可以利用。盐差能的研究以美国、以色列为先,中国、瑞典和日本等也开展了一些研究。但总体上对盐差能这种新能源的研究还处于实验水平,离示范应用还有较长的距离。

(5)海流能。海流能是指海水流动的动能,主要是指海底水道和海峡中较为稳定的流动,以及由于潮汐导致的有规律的海水流动所产生的能量,是另一种以动能形态出现的海洋能。

海流能的利用方式主要是发电,其原理和风力发电相似。全世界海流能的理论估算值约为 10^8 kW 量级。利用中国沿海 130 个水道、航门的各种观测及分析资料,计算统计获得中国沿海海流能的年平均功率理论值约为 1.4×10^7 kW,属于世界上功率密度最大的地区之一,其中辽宁、山东、浙江、福建和台湾沿海的海流能较为丰富,不少水道的能量密度为 15~30 kW/m²,具有良好的开发价值。特别是浙江舟山群岛的金塘、龟山和西堠门水道,平均功率密度在 20 kW/m² 以上,开发环境和条件很好。

(6)海风能。近海风能是地球表面大量空气流动所产生的动能。海洋上的风力比陆地上更加强劲,方向也更加单一。据专家估测,一台同样功率的海洋风电机在一年内的产电量,比陆地风电机高 70%。风能发电的原理是,风力作用在叶轮上,将动能转换成机械能,从而推动叶轮旋转,再通过增速机将旋转的速度提升,促使发电机发电。我国近海风能资源是陆上风能资源的 3 倍,可开发和利用的风能储量有 7.5 亿 kW。长江到南澳岛之间的东南沿海及其岛屿是我国最大风能资源区。资源丰富区有山东、辽东半岛、黄海之滨,以及南澳岛以西的南海沿海、海南岛和南海诸岛。

4.4.7 核能发电技术

核能发电是利用核反应堆中核裂变所释放出的热能进行发电的方式[17-18]。它与火力发电极其相似,只是以核反应堆及蒸汽发生器来代替火力发电的锅炉,以核裂变能代替矿物燃料的化学能(图 4-24)。除沸水堆外,其他类型的动力堆都是一回路的冷却剂通过堆心加热,在蒸汽发生器中将热量传给二回路或三回路的水,然后形成蒸汽推动汽轮发电机。沸水堆则是一回路的冷却剂通过堆心加热变成 70 个标准大气压左右的饱和蒸汽,经汽水分离并干燥后直接推动汽轮发电机。其过程是:核能→水和水蒸气的内能→发电机转子的机械能→电能。

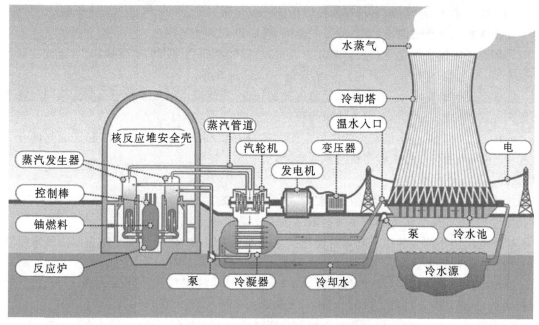

图 4-24 核能发电原理图

1.核电站的发展

(1)第一代核电站。核电站的开发与建设开始于 20 世纪 50 年代。1954 年苏联建成发电功率为 5 MW 的实验性核电站;1957 年,美国建成发电功率为 9 万 kW 的希平港原型核电站。这些成就证明了利用核能发电的技术可行性。国际上把上述实验性的原型核电机组称为第一代核电机组。

(2)第二代核电站。20 世纪 60 年代后期,在实验性和原型核电机组基础上,陆续建成发电功率为 30 万 kW 的压水堆、沸水堆、重水堆、石墨水冷堆等核电机组,它们在进一步证明核能发电技术可行性的同时,使核电的经济性也得以证明。世界上商业运行的 400 多座核电机组绝大部分是在这一时期建成的,习惯上称为第二代核电机组。

(3)第三代核电站。20 世纪 90 年代,为了消除三里岛和切尔诺贝利核电站事故的负面影响,核电业界集中力量对严重事故的预防和缓解进行了研究和攻关,美国和欧洲先后出台了《先进轻水堆用户要求文件》即 URD 文件,和《欧洲用户对轻水堆核电站的要求》即 EUR 文件,进一步明确了预防与缓解严重事故、提高安全可靠性等方面的要求。国际上通常把满足 URD 文件或 EUR 文件的核电机组称为第三代核电机组。对第三代核电机组的要求是能在

2010 年前进行商用建造。

(4)第四代核电站。2000 年 1 月,在美国能源部的倡议下,美国、英国、瑞士、南非、日本、法国、加拿大、巴西、韩国和阿根廷共 10 个有意发展核能的国家,联合组成了"第四代国际核能论坛",于 2001 年 7 月签署了合约,约定共同合作研究开发第四代核能技术。

2. 核能发电的优缺点

(1)核能发电的优点:

①核能发电不像化石燃料发电那样排放巨量的污染物质到大气中,因此核能发电不会造成空气污染。

②核能发电不会产生加重地球温室效应的二氧化碳。

③核能发电所使用的铀燃料,除了发电外,暂时没有其他的用途。

④核燃料能量密度比化石燃料高几百万倍,故核能电厂所使用的燃料体积小,运输与储存都很方便,一座 1000 MW 的核电厂一年只需 30 t 的铀燃料。

⑤核能发电的成本中,燃料费用所占的比例较低,核能发电的成本较不易受到国际经济形势影响,故发电成本较其他发电方法更为稳定。

⑥核能发电实际上是最安全的电力生产方式,相比较而言,在煤炭、石油和天然气的开采过程中,爆炸和坍塌事故更容易造成从业者死亡。

(2)核能发电的缺点:

①链式反应必须能由人通过一定装置进行控制。失去控制的裂变能不仅不能用于发电,还会酿成灾害(如切尔诺贝利核事故和福岛核事故等)。

②裂变反应中产生的中子和放射性物质对人体危害很大,必须设法避免它们对核电站工作人员和附近居民的伤害。

③核电厂会产生高低阶放射性废料,或者是使用过的核燃料,虽然所占体积不大,但因具有放射性,故必须慎重处理,且需面对相当大的政治困扰。

④核电厂热效率较低,比一般化石燃料电厂排放更多废热到环境中,故核电厂的热污染较严重。

⑤核电厂投资成本大,电力公司的财务风险较高。

⑥核电厂不适宜做尖峰、离峰的随载运转。

⑦兴建核电厂较易引发政治歧见纷争,核能也易被用于战争。

⑧核电厂的反应器内有大量的放射性物质,如果在事故中释放到外界环境,会对生态及民众造成伤害。

4.4.8 氢能利用技术

1. 氢能的特性

氢是一种洁净能源载体,氢燃烧或催化氧化后的产物为液态水或水蒸气。氢作为能源载体,相对于其他载体如汽油、乙烷和甲醇来讲,具有来源丰富、质量轻、能量密度高、绿色环保、储存方式与利用形式多样等特点。因此氢作为电能这一洁净能源载体最有效的补充,可以满足几乎所有能源的需要,从而形成一个解决能源问题的永久性系统[19]。

2. 氢能的制备和储存

1) 氢能的制备技术

根据氢气制备的原料来源可将制氢技术分为四大类[20]，即用水制氢、用化石能源制氢、用生物质制氢和用太阳能制氢，其中前两类是现在国内外使用的主要制氢技术，后两类是现在各国制氢技术研究的热点和未来技术的发展方向。

(1)水分解制氢主要是电解水制氢，其制氢过程是氢与氧燃烧生成水的逆过程，因此只要提供一定形式的能量，即可使水分解。电解水制氢是已经成熟的一种传统制氢方法，其生产成本较高，所以目前利用电解水制氢的产量仅占总产量的 1％～4％。电解水制氢只有在利用风电或太阳能发电等从可再生能源获得的电力时，在经济和环境上才可以说是合理的。电解水制氢具有产品纯度高和操作简便的特点，由此而获得的氢一般是在特殊的生产目的下的副产品(如氯碱工业)，或是为了满足特殊需要(如火箭燃料)而生产的。

(2)从其他一次能源转换制氢，主要是以化石能源(煤、天然气、石油)为原料与水蒸气在高温下发生转化反应。化石能源中的碳先变为一氧化碳，再通过一氧化碳变换(即水煤气变换)反应，在一氧化碳转化为二氧化碳的同时，水转变成了氢气。所以，由化石能源转换制氢既伴随有很大的能量损失，又要排放大量二氧化碳。

①煤气化制氢技术。煤气化是指煤与气化剂(水蒸气或氧气)在一定的温度、压力等条件下发生化学反应而转化为煤气的工艺过程，且一般是指煤的完全气化，即将煤中的有机质最大限度地转变为有用的气态产品，而气化后的残留物只是灰渣。煤气化制氢是先将煤炭气化得到以氢气和一氧化碳为主要成分的气态产品，然后经过一氧化碳变换和分离、提纯等处理获得一定纯度的产品氢。煤气化技术按气化前煤炭是否经过开采而分为地面气化技术(即将煤放在气化炉内气化)和地下气化技术(即让煤直接在地下煤层中气化)。煤气化制氢技术的工艺过程一般包括煤气化、煤气净化、一氧化碳变换及氢气提纯等主要生产环节。

②天然气水蒸气重整制氢。其主要的工艺路线为：天然气经过压缩，送至转化炉的对流段预热，经脱硫处理后与水蒸气混合；再进入转化炉对流段，被烟气间接加热至 400 ℃以上后进入反应炉炉管；在催化剂作用下，同时发生蒸汽转化反应及部分一氧化碳变换反应，生成氢气、二氧化碳、一氧化碳和未转化的残余甲烷，出口温度一般维持在约 780 ℃，氢含量约 70％。经废热锅炉回收热量冷却后，转化气被送入变压吸附提氢装置，可得到不同纯度的氢气产品。

③甲醇裂解制氢。其主要的工艺路线为：甲醇和水的混合液经过预热、气化、过热后，进入转化反应器，在催化剂作用下，同时发生甲醇的催化裂解反应和一氧化碳变换反应，生成约 75％的氢气和约 25％的二氧化碳及少量的杂质。裂解混合气再经过变压吸附提纯净化，可以得到纯度为 98.5％～99.999％的氢气，同时，解吸气经过进一步的净化处理还可以得到高纯度的二氧化碳。

(3)太阳能制氢技术[21]。利用太阳能这样的可再生能源制氢是未来能源的发展趋势和主要途径之一。目前，利用太阳能制氢的主要工艺方法有以下几种。

①利用光伏系统转化成的电能进行电解水制氢。利用光伏系统(太阳能光伏电池)将太阳能转化成电能，再通过电解槽电解水制氢。电—氢的转化效率为 75％。

②利用太阳能转换的热能进行热化学反应循环制氢。利用太阳能的热化学反应循环制氢就是利用聚焦型太阳能集热器将太阳能聚集起来产生高温，推动以水为原料的热化学反应来制取氢气的过程。

③太阳能直接光催化制氢。由于地球水资源和太阳能的丰富性,该方法是最具吸引力的制氢途径。它通过在由二氧化钛半导体电极所组成的电化学电解槽中光解水的方法把光能转化成氢气和氧气。

太阳能制氢系统如图4-25所示。

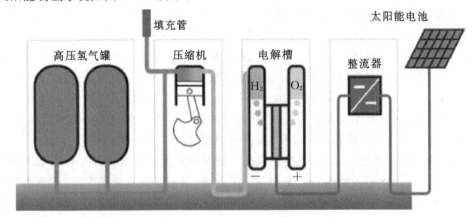

图4-25 太阳能制氢系统示意图

(4)生物质制氢技术[8]。生物质制氢技术主要分为两类,即微生物转化制氢技术和生物质热化学转化制氢技术。

①微生物转化制氢是利用微生物自身的生理作用,在一定的环境条件下,通过新陈代谢获得氢气。根据生物制氢技术所使用产氢微生物的不同,可分为光合细菌制氢、藻类制氢和发酵细菌制氢。

②生物质热化学转化制氢是指通过热化学方式将生物质转化为富含氢气的可燃气,然后通过气体分离得到纯氢。其工艺过程包括生物质的热转换和燃气重整两个过程,某些技术路线与煤气化制氢相似。

2)氢能的储存技术

(1)加压压缩储氢是最常见的一种储氢技术[8],通常采用笨重的钢瓶作为容器。由于氢密度小,其储氢效率很低,加压到15 MPa时,质量储氢密度小于3%。对于移动用途而言,加大氢压来提高携氢量将有可能导致氢分子从容器壁逸出或产生氢脆现象。对于上述问题,加压压缩储氢技术近年来的研究进展主要体现在以下两个方面。第一个方面是对容器材料的改进,目标是使容器耐压性更高,自身质量更轻,以及减少氢分子透过容器壁,避免产生氢脆现象等。第二方面则是在容器中加入某些吸氢物质,大幅度地提高压缩储氢的储氢密度,甚至使其达到"准液化"的程度。当压力降低时,氢可以自动地释放出来。这项技术对于实现大规模、低成本的安全储氢无疑具有重要的意义。目前研究过的吸氢物质主要是具有纳米孔结构或大比表面积的物质,如纳米碳材料和过渡金属改性材料等。

(2)液化储氢技术是将纯氢冷却到−253 ℃使之液化,然后装到低温储罐储存。为了避免或减少蒸发损失,储罐必须是真空绝热的双层壁不锈钢容器,两层壁之间除保持真空外还要放置薄铝箔来防止辐射。该技术具有储氢密度高的优点,对于移动用途的燃料电池而言,具有十分诱人的应用前景。然而,由于氢的液化十分困难,导致液化成本较高;其次是对容器绝热要求高,使得液氢低温储罐体积约为液氢的2倍,因此目前只有少数汽车公司推出的燃料电池汽车样车上采用该储氢技术。

（3）可逆金属氢化物储氢的最大优势在于高体积储氢密度和高安全性，这是由于氢在金属氢化物中以原子态方式储存的缘故。但金属氢化物储氢目前还存在两大严重问题：一是由于金属氢化物自身质量大而导致其储氢密度偏低；二是金属氢化物储氢成本偏高。目前金属氢化物储氢主要用于小型储氢场合，如二次电池、小型燃料电池等。图 4 - 26 为金属氢化物储氢原理图。

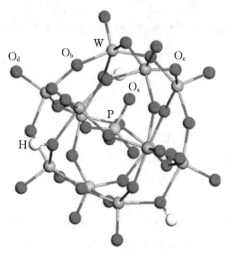

图 4 - 26　金属氢化物储氢原理图

目前报道的储氢合金大致分为四类：稀土镧镍，储氢密度大；钛铁合金，储氢量大，价格低，可在常温、常压下释放氢；镁系合金，是吸氢量最大的储氢合金，但吸氢速率慢，放氢温度高；钒、铌、锆等多元素系合金，由稀有金属构成，只适用于某些特殊场合。由于储氢合金质量及价格的原因，目前还难以将此技术用于大规模商业化储氢。

（4）新型储氢技术。自从 20 世纪 70 年代利用可循环液体化学氢载体储氢的构想被提出以来，研究人员开辟了这种新型储氢技术，其优点是储氢密度高、安全和储运方便；缺点是储氢及释氢均涉及化学反应，需要具备一定条件并消耗一定能量，因此不像压缩储氢技术那样简便易行。

3. 氢能源汽车[8]

氢作为汽车的燃料，不仅是汽油的替代燃料，而且是一种新型的汽车燃料。它将使维持了一个多世纪的汽车技术发生一次大革命。氢是太空时代最重要的燃料，已经成功应用多年，而汽车迈进氢燃料时代所需的科学技术也逐渐具备了。氢作为汽车燃料可以直接为汽车内燃机使用，更多的是以氢燃料电池方式产生电能去驱动汽车。图 4 - 27 为氢能源汽车。

氢可以液化装在车载的高压气瓶内，直接作为燃料供给内燃机。只需在现有汽车发动机上安装一个电喷及点火装置，不需要对现有发动机的生产技术动"大手术"，类似天然气汽车。比较困难的是液态氢的储存与携带。氢气经冷冻（－253 ℃）液化之后储存于气瓶中，而在常温携带中要保持氢的液体状态则压力巨大，需要有安全的耐高压气瓶。另一种储存和携带方式是将氢气吸附于合金块中，即用管道嵌入粉末状合金块，吸附氢气。无论采取哪种方式储存和携带氢燃料，造价都不菲，这是有待解决的问题。

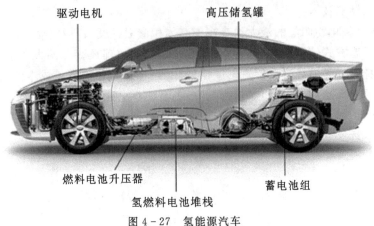

图 4-27　氢能源汽车

所谓氢燃料电池,指的是一种电化学能量转化装置,电池两极置于电解质中,以半透膜隔开。在阳极处通入氢气,在阴极处通入氧化剂(空气)。它的原理是通过氢气和氧气的受控反应,产生电能和热,同时生成水。在这种反应过程中没有火陷,因而被称为"冷燃烧"。这是电解水过程的逆反应,早在 1839 年为英国物理学家威廉·罗伯特·格鲁夫爵士所发现。到了20 世纪 60 年代,这个反应除了太空旅行的应用——提供电能和生活用水之外,很少引起人们的关注。到了 80 年代,由于这种动力来源可以在不产生任何噪声和污染的情况下产生电力,而且能量效率很高,因而重新成为人们关注的焦点,特别是用来开发燃料电池汽车。真正有意义的应用开发工作还是 90 年代才开始的。

与一般电池的概念不同,燃料电池不是储能设备,而是发电设备。燃料电池发出的直流电转换为交流电带动电动机。整个动力系统除了电动机外没有转动部件,其效率比内燃机高2~3 倍,具有无噪声、长寿命、高可靠性、少维护、零排放的优点。燃料电池所需要的氢燃料一般是采用直接储备液态氢的办法,也有采取携带甲醇等液体燃料,通过特殊反应器转化产生氢气、再送入燃料电池的。

衡量氢燃料电池性能高低的重要指标之一是功率与重量比,即单位重量的电池产生的功率大小。起初由于这个比值太小,体积和重量符合要求的氢燃料电池尚达不到普通汽车的动力要求,是技术上存在的最大障碍。但这个问题在加拿大首先取得了突破,1995 年加拿大宣布已成功制成了每千克产生 700 W 功率的电池,达到了普通汽车的动力要求。到 1998 年,美国通用汽车公司研制了"氢动一号"氢燃料电池汽车,标志着氢燃料电池技术已进入实用时代。

氢能源汽车开发涉及许多技术领域,如能源、材料、物理、化学、机械、电气、自动控制、环保等,也涉及相关企业、研究机关、大专院校,只有进行协作,风险共担、成果共享,中国的氢能源汽车产业才可能获得实质性的发展。发展氢经济对确保中国能源安全、实现真正可持续发展的交通体系也有着至关重要的作用。

4. 氢在航天中的应用

氢氧火箭发动机与普通火箭发动机一样,由涡轮将推进剂增压到预定压力以后送入燃烧室燃烧,产生高温高压的燃气,通过喷管转换为推力,推进火箭加速飞行。它最突出的优点是采用了高能的液氧-液氢作为推进剂。在化学推进剂中氢氧火箭发动机的比冲是最高的。所谓比冲是指从喷管中每秒排出 1 kg 质量燃气可以产生多少推力。它不仅是火箭发动机先进性的标志,还决定着火箭的起飞重量。

要以液氧-液氢作为推进剂就必须发展一系列的超低温技术,如高速液氢涡轮泵的设计,液氧-液氢高效燃烧技术及其再生冷却技术。所谓超低温技术就是液氢的低温材料密封技术,液氢工业生产、储存、运输技术,低温火箭燃料储存箱绝热技术,液氢的加注、增压、排放及安全操作技术。

推进剂供应系统是试验中为发动机提供推进剂的全部设备的总称,包括液氢供应系统和液氧供应系统。随着发动机推力及推进剂流量的大幅度提高,大推力氢氧发动机试验推进剂供应系统发生了阶跃性变化,系统设计及建设过程中突破了如大口径低温绝热真空管道、长距离液氢加注管道及低温储箱自动增压稳压技术等诸多关键技术。

液氢供应系统主要由液氢储箱、主管道、阀门、流量计、过滤器、补偿器、抽空系统、排液/排气管道及相应的控制设备(继电器、压力变送器、增压调节装置等)组成。指挥系统把以上设备按照试验流程通过相应的控制程序,组成可以进行远程控制的有机整体。图 4-28 为液氧-液氢火箭发射图。

图 4-28　液氧-液氢火箭发射图

航天飞机是一种有人驾驶、可重复使用、往返于太空和地面之间的航天器。它既能像运载火箭那样把人造卫星等航天器送入太空,也能像载人飞船那样在轨道上运行,还能像滑翔机那样在大气层中滑翔着陆。航天飞机为人类自由进出太空提供了很好的工具,最早由美国研发,它的成功研制是航天史上的一个重要里程碑。

航天飞机的主发动机是液体火箭发动机,推进剂是液体燃料液态氧和液态氢。液体推进剂并没有装在航天飞机上,而是装在一个独立的可以抛弃的外储箱里面。采用这种结构形式,可以减少航天飞机轨道器的尺寸和重量,否则航天飞机的轨道器将非常庞大。

本章参考文献

[1]何建坤,中国气候变化专家委员会.绿色发展与低碳技术创新[J].2010 中国绿色工业论坛,2010:185-189.

[2]高建业.煤气化与煤液化洁净低碳技术应用进展[J].煤气与热力,2011,31(7):64-69.

[3]吕清刚,柴祯."双碳"目标下的化石能源高效清洁利用[J].中国科学院院刊,2022,37(4):541-548.

[4]臧雅琼,高振记,钟伟.CO_2地质封存国内外研究概况与应用[J].环境工程技术学报,2012,2(6):503-507.

[5]刘洋.工业企业创建"零碳"工厂路径研究[J].上海节能,2023(1):30-34.

[6]王革华.能源与可持续发展[M].北京:化学工业出版社,2014.

[7]曹丽军.水能资源理论蕴藏量[J].中国水能及电气化,2016(10):14-17.

[8]王树众.能源与人类文明发展[M].西安:西安交通大学出版社,2018.

[9]赵争鸣.太阳能光伏发电及其应用[M].北京:科学出版社,2005.

[10]杨敏林,杨晓西,林汝谋,等.太阳能热发电技术与系统[J].热能动力工程,2008,23(3):221-228.

[11]袁振宏,吴创之,马隆龙.生物质能利用原理与技术[M].北京:化学工业出版社,2005.

[12]周广森,原玉丰.21世纪绿色能源——生物质能[J].农业工程技术·新能源产业,2009(2):18-20.

[13]阿姆斯特德.地热能[M].北京:科学出版社,1978.

[14]朱家玲.地热能开发与应用技术[M].北京:化学工业出版社,2006.

[15]肖钢.海洋能[M].武汉:武汉大学出版社,2013.

[16]宋增扬.海洋能源的种类[J].中学地理教学参考,2002(Z1):47.

[17]张金带,李友良,简晓飞.我国铀资源勘查状况及发展前景[J].中国工程科学,2008,10(1):54-60.

[18]关根志,左小琼,贾建平.核能发电技术[J].水电与新能源,2012(1):7-9.

[19]温廷琏.氢能[J].能源技术,2001,22(3):96-98.

[20]朱俏俏,程纪华.氢能制备技术研究进展[J].石油石化节能,2015(12):51-54.

[21]乔松涛,易国有.太阳能制氢技术[J].中国化工贸易,2013(5):296-296.

第5章
能源开发领域碳中和技术路线

温室效应导致全球变暖,二氧化碳是罪魁祸首。工业革命以来,人类生产和生活排放的各类温室气体,特别是二氧化碳,使得大气层中的温室气体浓度发生了变化。2020年底大气中二氧化碳浓度超过 0.0415%。美国国家海洋和大气管理局指出,二氧化碳浓度持续增加,20世纪60年代平均增长率约为 0.00008%,80年代达到 0.00016%,进入21世纪升至 0.0002%,而在近10年进一步飙升至 0.00024%,这导致了地球温度升高及一系列的气候灾难。

联合国环境规划署《2020排放差距报告》指出,2010年至2019年全球温室气体排放量年平均增长 1.4%,2019年全球温室气体排放量达到了史无前例的 591亿 t,增速高达 2.6%。其中,化石燃料导致的二氧化碳年排放量高达 380亿 t,是全球温室气体排放量增长的主因(贡献 64.29%);甲烷、氧化亚氮则分别达到 98亿 t(贡献 16.58%)、28亿 t(贡献 4.74%)。

在"双碳"目标下,现阶段我国能源开发领域的可持续发展,面临着以下两个关键点。

第一,我国当前低碳转型的现实与全球生态文明建设参与者、贡献者、引领者的政治定位不匹配。尽管中国已经明确建设生态文明,坚定走绿色低碳发展的道路,但中国当前每年温室气体排放量超过 100亿 t,并且还在持续增长。中国要在全球气候治理中担当引领者,必须做到"示范引领、效果激励",必须尽早实现碳排放达峰并显著下降,顺应净零排放要求,提出明确的减排方向。我国当前每年碳汇吸收的二氧化碳大约 10亿 t,不可能通过天然碳汇来抵消全部排放量。而人工碳捕集与封存技术在短期内商业化应用的前景尚不明朗,因此实现 90% 规模的减排只能依托降低能源和资源消费、零碳能源技术和工业制造过程的免温室气体排放工艺革新。能源和工业低碳及零碳技术虽然已经得到长足发展,但在中国大规模应用以实现能源和工业部门零碳发展的时间尚难以预期。与此同时,主要发达国家已经实现温室气体排放下降。到2050年,欧盟、英国、美国等发达国家如果通过产业转移、能源革命、工业技术革新等措施持续大幅降低温室气体排放量,并以碳汇和国际减排指标抵消排放量,从而实现净零排放,发达国家在百年内累积的温室气体排放总量也有可能低于中国。如果中国不能实现显著减排,跟上全球净零排放步伐,届时中国在全球气候治理中将毫无疑问地承担最大责任。

第二,低碳技术创新和新冠肺炎疫后复苏,为中国自身绿色发展提供了机遇。低碳发展不是不允许消耗能源和资源,回到原始社会,而是要提高资源利用效率、制止浪费,利用最大程度减少和避免温室气体排放的技术进行社会生产,满足人类合理的消费需求。近年来,以风电、光伏发电、页岩气等为代表的低碳能源技术,以电动汽车、高速铁路等为代表的高效低碳交通技术,以信息技术为支撑的互联共享、定制服务等新业态,以及研发中的氢气能源和工业利用等技术,为中国加快绿色低碳发展提供了技术动力。新冠肺炎疫情虽然导致社会经济发展暂停,对许多企业发展造成冲击,然而疫后复苏也为淘汰落后产能、提升生产技术与服务理念提供了顺势借力的机遇。

节能是我国实现碳排放达峰目标的重要途径。只有尽量压低一次能源消费量,二氧化碳排放达峰和碳中和目标才能更容易实现。多方测算表明,节能和提高能效对我国实现 2030 年前碳排放达峰目标的贡献将在 70% 以上,发展可再生能源和核电贡献接近 30%。二氧化碳捕集和封存对我国 2030 年前实现碳达峰很难做出实质性贡献。因此,"十四五"和"十五五"规划中,我国要始终坚持设定较为积极的节能目标。

从实现 2060 年前碳中和目标看,更要把节能和提高能效放在突出位置。一方面,经济社会发展和生活水平提高会推动能源消费增长;另一方面,科技进步和能效提高会导致能源消费下降。展望 21 世纪中叶,我国作为社会主义现代化强国和人口大国,只有将能效水平提高到世界一流乃至全球领先水平,才能与现代化强国的状态相匹配,更顺利地实现 2060 年前碳中和目标。

节能和提高能效也是 2050 年前全球能源系统实现二氧化碳大规模减排的主要途径。国际能源署分析指出,如果要把全球温升控制在 2 ℃ 以内,2050 年前全球能源相关二氧化碳排放量需要减少 40%~70%。如果全球温室气体排放从目前的约 330 亿 t 下降到 2050 年的 100 亿 t 左右,则 2050 年前节能和提高能效对全球二氧化碳减排的贡献约为 37%,发展可再生能源贡献为 32%,燃料替代贡献为 8%,发展核电贡献为 3%,二氧化碳捕集利用与封存贡献为 9%,还有 11% 的贡献由其他技术满足,如图 5-1 所示。

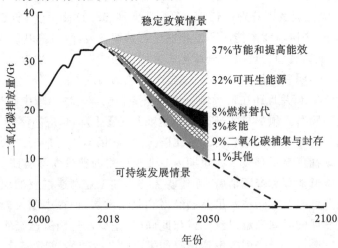

图 5-1　面向 2 ℃ 目标的能源系统减排二氧化碳主要途径分析

总的来说,实现能源系统二氧化碳排放量大幅度下降,主要有四个途径:一是通过节能和提高能效,降低能源消费总量(特别是降低传统化石能源消费);二是开发清洁可再生能源,逐步替代化石能源;三是利用新技术将二氧化碳捕集、利用或封存到地下;四是通过植树造林增加碳汇。其中前三项皆与能源系统有关。

5.1　传统化石能源行业的碳中和技术路线

煤炭、石油等化石能源碳排放强度高,持续上百年的开发利用已经排放了大量二氧化碳,造成了全球气温升高、冰川融化、海平面上升等诸多环境问题,生态环境面临前所未有的威胁与挑战。2018 年 10 月,政府间气候变化专门委员会发布了《全球升温 1.5 ℃特别报告》,发现将全球变暖限制在 1.5 ℃将需要在土地、能源、工业、建筑、交通、城市方面进行"快速而深远的"转型。在此情景下,2030 年全球二氧化碳排放量需要比 2010 年的水平下降大约 45%,到 2050 年左右达到"净零"排放,也就是"碳中和"[1]。

自从瓦特发明蒸汽机以来,人类历时近两个半世纪,构建了以化石能源为基础的现代社会经济体系。要减缓气候变化、实现人类可持续发展,必须降低化石能源比重、提高清洁能源比重。在当前能源环境政策变化和新技术发展的影响下,世界正在进入第四次能源转型阶段——逐渐替代以煤炭、石油为主的化石能源,转而广泛利用天然气和可再生能源,探索利用氢能和新式核能。

从勾勒世界能源未来图景的关键指标来看,各主要能源展望报告的预测数据皆表明,未来世界能源需求量将继续增加,清洁能源将成为满足世界能源需求增长的主体,除煤炭外其他燃料消费量均呈增加态势。传统化石能源将逐步丧失能源主体地位,未来煤电将更多地担当兜底保障作用;油气消费量将继续增加,油气行业将从常规油气向非常规油气、从传统油气向新能源跨越发展。

5.1.1　煤炭行业的碳中和技术路线

煤炭是 18 世纪以来人类世界使用的主要能源之一,尽管煤炭因其使用所引发的环境污染、二氧化碳排放等问题被诟病,但毕竟目前和未来很长的一段时间之内,其仍将是人类生产生活必不可缺的能量来源之一,煤炭的供应也关系到我国的工业乃至整个社会方方面面发展的稳定,煤炭的供应安全问题是我国能源安全中最重要的一环。

煤炭是我国资源储量最丰富的化石能源。截至 2019 年年底,我国煤炭资源储量约 1.75 万亿 t,约占我国化石能源资源储量的 94%。长期以来,煤炭一直是我国的主体能源,2020 年,全国煤炭在一次能源消费中仍占 56.8%,其发电量占全国发电量 65%,煤炭是我国能源安全的压舱石和电力系统安全运行的稳定器。我国碳达峰、碳中和的实现将从根本上改变煤炭地位,煤炭在能源系统中的作用将从主体能源逐步向兜底能源转变。我国提出到 2025 年能源生产总量达到 46 亿 t,比 2020 年增长 5.2 亿 t,初步测算到 2025 年原煤产量需要比 2020 年增加 0.84 亿 t 才能达到能源生产总量目标。

"十四五"及未来较长时期内,煤炭将继续发挥兜底作用,保障我国能源供应安全,但煤炭在一次能源中的消费比重将持续降低,预计到 2040 年煤炭占我国一次能源消费的比重降到 40% 以下[2]。我国正在深化电力体制改革,构建以新能源为主体的新型电力系统,煤电将由电力系统的主体能源向支撑能源转变,随着非化石能源消费比重逐渐提高,煤电将以灵活性电源的新角色保障可再生能源消纳和支撑电力系统安全运行。

1. 碳中和对我国煤炭行业的影响

改革开放以来,中国能源行业发生巨变,取得了举世瞩目的成就,能源生产和消费总量跃升世界首位。随着国家和民众对大气污染防治、应对气候变化的关注度迅速提升,作为传统大气污染物和温室气体主要排放来源的煤炭燃烧近年来受到严格控制。煤炭在全国能源消费中的占比已经由2007年的72.5%,下降到2020年的56.8%,如图5-2所示。煤炭目前仍是我国能源供应的基础性能源,应坚持清洁、高效利用,以发电为主,通过技术进步减少非发电用煤;发展清洁供暖,更大力度替代散烧煤,煤炭消耗总量在"十四五"尽早达峰;同时,与非化石能源协调互补,支持能源结构优化。

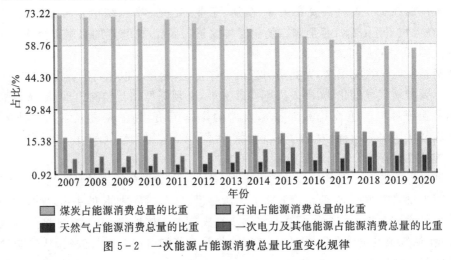

图5-2　一次能源占能源消费总量比重变化规律

　　碳达峰、碳中和目标对我国煤炭行业的影响是全方位和根本性的,其主要影响将体现在改变煤炭在能源系统中的地位、提高煤炭生产集中度、转变煤炭生产方式、遏制煤炭消费需求和煤炭原料转化利用等方面。

　　1)加快煤炭生产集中度提高步伐

　　碳达峰、碳中和目标的实施将加速煤炭供给侧结构性改革步伐,大幅提升产业集中度。在碳达峰、碳中和目标约束下,金融机构对煤炭开发项目的投资兴趣减弱,煤炭开发成本逐步加大,经营业绩较差的煤炭企业无力实施煤炭板块的扩张,新增和存量煤矿产能将更多地向优质煤炭企业集中。供给侧结构性改革、煤矿环保和安全生产压力加大将加快淘汰落后产能步伐,拥有优质资源的大型煤炭企业将释放出更多的优质产能,提高煤炭市场占有率。

　　我国煤炭企业资产重组正在加快进行,在国家层面,神华集团和国电集团重组,煤炭生产能力达到6.85亿t/a;中煤能源集团全面接管主要中央企业退出的煤炭资产,煤矿产能预计达到5.8亿t/a。在省级层面,山东和山西分别成立山东能源集团和晋能控股集团,煤炭生产能力分别达到3亿t/a和4亿t/a。2020年,我国前8家大型企业原煤产量为18.55亿t,占全国的47.6%,比2015年提高11.6个百分点[3]。碳达峰、碳中和政策的推进将进一步促进煤炭生产集中度的提高,预计到2025年和2035年,前8家煤炭企业生产集中度分别达到60%和80%。

　　2)促进煤炭生产方式转变

　　碳达峰、碳中和目标的实施将加快煤炭行业低碳化发展,促进煤炭生产方式的根本性改变。煤炭生产结构将持续优化,煤炭生产能耗较大、地质灾害较多的矿井、小型煤矿和资源枯竭矿井等落后产能加快退出,而先进产能在煤炭生产中的占比不断提高,全国煤矿数量将进一步减少,预计到 2025 年减少到 4000 处以下。

互联网、大数据、人工智能与煤炭产业加速深度融合,煤矿智能化发展步伐加快,预计到 2025 年,全国智能矿山数量将超过 1000 处[4]。绿色矿山建设将全面展开,其将以绿色开采、资源综合利用和生态修复为重点,因地制宜推广充填开采、保水开采、煤与瓦斯共采等绿色开采技术,鼓励原煤全部入选(洗),推广使用节能装备与技术,突出煤矸石和矿井水综合利用。

碳达峰、碳中和目标的实施将进一步促进煤矿瓦斯和矿井乏风综合利用,煤矿瓦斯温室效应是二氧化碳的 21 倍,每排放 1 亿 m^3 甲烷相当于排放 140.7 万 t 二氧化碳。2017 年我国煤矿瓦斯涌出量高达 300 亿 m^3,而煤矿瓦斯利用量仅为 49 亿 m^3,全国煤矿瓦斯外排相当于排放二氧化碳当量 3.53 亿 t。煤矿生产将利用更多的低碳能源,地源热泵、光伏和风电将在煤矿中得到推广应用。采煤沉陷区和露天矿排土场生态修复力度加大,通过种草种树和建设矿区湿地公园等提高矿区林草碳汇能力。

3)遏制煤炭消费增长

近 10 年来,我国煤炭消费总量已处于峰值平台期,煤炭在一次能源消费中占比持续下降,从 2010 年的 69.2%下降到 2020 年 56.8%,预计到 2025 年和 2035 年煤炭在一次能源中消费占比下降到 52%和 45%。碳达峰、碳中和将从三个方面影响煤炭消费。一是散煤的清洁替代,2020 年,全国散煤消费约 4 亿 t,散煤的低效率高污染利用是造成环境污染的主要原因,用电和天然气替代民用和工业散煤,减少煤炭消费总量。二是煤炭的集约使用,依托工业园区、能源负荷中心,建设煤基多联产项目,灵活供应电、热、蒸气等能源产品,实现煤炭能源的梯级和高效利用。三是可再生能源对煤电的替代,欧美一些国家已提出全面退出煤电的路线图,例如,澳大利亚和德国分别提出到 2030 年和 2038 年关闭所有煤电。我国煤炭大部分用于发电,2020 年电煤消费量为 21.9 亿 t,占煤炭消费比重的 54%[5]。

“十四五”期间我国煤炭消费预计小幅增长,受碳达峰约束目标的影响,我国“十五五”期间煤炭消费总量必将下降,到 2025 年和 2030 年,全国煤炭消费总量预计分别控制在 43 亿 t 和 41 亿 t 以下。2030 年碳达峰实现后,我国煤炭消费总量下降速度将加快,预计到 2035 年和 2050 年,我国煤炭消费总量分别下降到 36 亿 t 和 20 亿 t。

4)推进煤炭原料转化利用

煤炭不仅是燃料,也是重要的化工原料。作为燃料,煤炭被发电厂、工业企业和家庭广泛应用,煤炭燃烧直接排放二氧化碳,尽管碳捕集和封存可以实现煤炭利用的低碳排放,但由于二氧化碳捕集成本高和封存地质条件限制,大规模二氧化碳捕集和封存将面临巨大挑战。

作为原料,煤炭主要用于生产化肥、甲醇和烯烃等,煤炭中 30%~40%的碳被固定在产品中,如煤制烯烃和煤制化肥等,其余碳依然以二氧化碳的形式排放。但排放浓度较高,捕集成本相对较低,约 100 元/t,为燃煤电厂和燃气电厂二氧化碳捕集成本的 1/3 和 1/6 左右。

煤炭原料化利用不仅能减少碳排放,还能降低碳捕集成本,碳达峰、碳中和目标的实施将促进煤炭从燃料向原料转变。煤炭绿色制氢技术对氢能产业的规模化发展、“双碳”目标的实现具有重大意义。2020 年,我国化工用煤为 2.8 亿 t,预计到 2035 年和 2050 年,化工用煤预计分别增长到 4.5 亿 t 和 5.0 亿 t,现代煤化工产业的发展将成为煤炭原料转化利用的主要驱动力。

2. 煤炭行业低碳化发展对策措施

碳排放贯穿煤炭开发利用全过程,如图 5-3 所示。煤炭生产过程中直接的碳排放包括煤矿瓦斯排放、煤炭自燃、化石能源消费和煤矿用电。煤炭运输过程中汽柴油和电力消耗均会导致碳排放。煤炭利用是碳排放最主要的领域,而燃煤发电在煤炭利用过程中碳排放占比最大。煤炭行业低碳化发展,要结合煤炭开发利用的全生命周期,提升地面及井下综合物探技术,强化源头治理,提高煤矿节能水平,优化煤矿用能方式,强化矿区生态修复和绿化,提高煤炭转化效率,推进煤炭原料化利用。

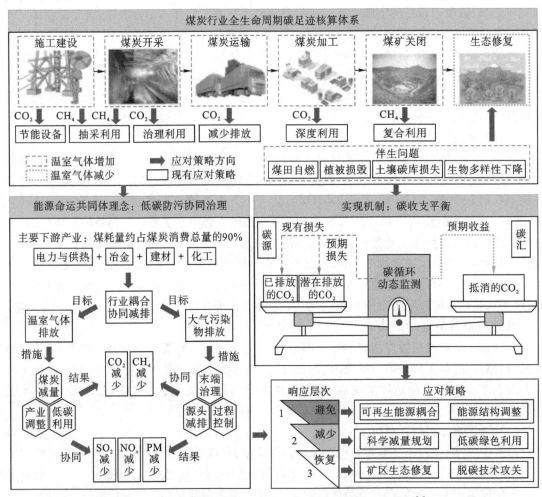

图5-3 煤炭行业实现碳达峰目标与碳中和愿景的路线图[6]

1)提升地面及井下综合物探技术

高分辨率三维地震勘探技术是矿井地面地质保障中最主要的方法,多年来,该方法的研究和应用取得了突破性的进展,为采区精细勘探开辟了新途径。1991年原国家能源投资公司主管煤矿部门提出在大型煤矿矿井设计前补做地震勘探的决定,真正把煤田地震勘探由资源勘探扩展到煤矿矿井的补充勘探和采区的采前探测上,1994年三维高分辨地质勘探技术在煤矿采区构造探测中取得突破。近年来,三维地震勘探技术应用越来越广泛,从东部平原到中西部山区、黄土高原区、沙漠戈壁区,从国有大型煤矿到地方中小型煤矿,从矿井建设初期的资源勘探到煤矿生产勘探都有应用,取得了显著的勘探效果,是目前矿井地质保障技术体系中的核心技术。

以高分辨率三维地震勘探技术、地面直流电法及瞬变电磁法为代表的地面物探技术取得了较大发展,已经能够较好地为煤矿开采超前提供构造条件和水文地质条件,但却仍然无法满足煤矿安全高效开采对地质条件查明程度的客观要求,这给煤矿井下物探技术与装备的超常规发展提供了契机,煤矿井下物探技术进入了蓬勃发展的新阶段。

井下物探技术手段的进步直接影响到矿井安全生产,从李志聘、刘天放等矿井物探前辈,到 20 世纪 90 年代王鹤龄发明煤厚探测仪、矿井地震仪开始,地球物理测试技术及仪器设备一直在不断发展。从利用直流电法、瞬变电磁技术进行井下探水,到第一台矿用瞬变电磁仪井下测试,矿井物探方法呈现出多样化发展趋势,利用地面及井下复合空间条件进行多场多参数数据采集也得到发展。电磁场类、地震波场类等测试技术,接触与非接触式、主动源与被动源、反射、透射、散射等处理技术,在井下地质条件探查、评价与监测中发挥着重要作用,为矿井地质工作提供重要的技术手段。

除了上述地面及井下物探技术方法外,近年来尚有一些令人瞩目的新方法、新技术处于试验或推广阶段,如地面高密度全数字三维三分量地震勘探技术、基于被动地震震源的微震探测技术、煤矿井下立体网络并行电法顶底板动态监测技术、高精度地震散射波成像、煤矿突水灾害治理效果的监测技术、矿井多波多分量地震勘探超前探测技术,以及煤层气富集区的地球物理综合探测技术等。新方法、新技术与新设备的研发或试验成功,将给煤炭精准智能开采新模式的推广提供强有力保障。

2)强化碳排放源头治理

坚持走生态优先、绿色发展的高质量发展道路,坚持绿色发展理念,科学制定煤炭开发利用规划,将资源节约和低碳发展的要求落实到煤炭生产、运输和利用各个环节。制定和实施能源法,完善煤炭法,突出煤炭开发利用的低碳发展要求,完善绿色矿山建设标准,将吨煤生产碳排放作为绿色矿山建设的一项要求。

加快修订《资源综合利用企业所得税优惠目录》和《资源综合利用产品和劳务增值税优惠目录》,推动资源综合利用相关产品标准制修订,加大科技支持资金对矿区生态环境保护和资源综合利用技术的支持力度[7]。建立绿色煤炭资源标准体系,从煤炭资源禀赋条件、环境制约、安全生产和煤炭利用等方面制定绿色煤炭资源标准,引导煤炭开发向绿色煤炭资源区域集中,从源头减缓煤炭开发利用对生态环境的影响。

制定和完善煤炭开发利用的环保、能源节约技术标准,加快淘汰落后产品和技术,降低煤炭生产吨煤电耗和综合能耗,力争将原煤生产电耗降到每吨 15 kW·h,露天矿油耗降到每吨 0.5 kg 以下。优化煤炭生产结构,促进煤炭生产向开采条件好的优质煤矿集中,到 2025 年煤矿数量减少到 4000 处以内。推进煤炭产业高效发展,积极引导煤矿优化井下布局、简化生产系统,推广"一矿(井)一面""一矿(井)两面"生产模式,降低煤炭生产能耗。优化采煤工艺,鼓励推广 N00 等先进采煤工艺,减少煤矿巷道掘进工程量,提高煤炭和煤层气回采率。

加快煤炭机械化、自动化、信息化和智能化开采,提高全员煤炭生产效率。加强煤田火灾治理,减少煤炭自燃导致的二氧化碳排放。实施采煤、采气一体化发展,降低煤层气瓦斯含量,减少煤炭生产过程中的甲烷排放。

3)推进煤矿能源节约及智能开采

优化煤矿主要生产系统,实施信息化、智能化改造(图 5-4),提高生产效率。鼓励企业加大节能技术改造和技术创新投入,开发、推广先进节能技术和设备,选用节能推广目录中的低碳节能环保设备,淘汰落后产能及高耗能工艺、装备,加强节能管理,推进千万吨级先进洗选技术装备研发应用,降低洗选过程中的能耗、介耗和污染物排放,进一步降低煤炭生产能耗水平。大力发展煤矸石发电、瓦斯发电等项目,提高资源综合利用率。

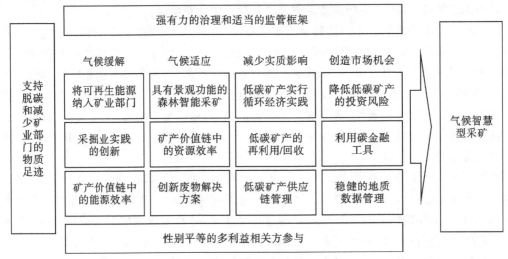

图5-4 智慧矿井构建技术路线图

到2025年原煤入洗率达到90%,洗煤废水闭路循环率达到100%,煤矿瓦斯利用率达到60%,矿井水综合利用率达到95%,煤矸石无害化处置率达到100%。实施煤矸石和矿井水井下就地利用,减少煤矸石和矿井水处理能耗。推进煤矸石和粉煤灰生产建筑材料,降低单位建筑产品的能耗。

积极推广煤矿节能先进技术,重点在智能照明、变频技术改造、余热利用等方面进行节能技术改造,降低煤矿能源消费。引入合同能源管理服务,依托能源专业化管理公司的技术和经验,降低企业能源消耗。加快淘汰落后用能设备,使用国家重点推广的高效节能设备。鼓励热电联供和清洁能源供热,通过煤炭集约和梯级利用降低煤炭消费量。推进煤炭上下游一体化发展,鼓励实施煤电联营、煤化联营,依托循环经济产业体系,实现上下游产业能源、水、基础设施和土地等集约使用,提高资源综合利用效率。

随着以工业物联网、数字孪生、人工智能、大数据、云计算等为代表的新一代信息通信技术在煤矿智能化建设中落地应用,煤炭智能开采对地质保障技术提出了更高的要求。针对地质信息的有限性、隐蔽性、灰色性和多解性,以及多源海量信息间非线性的特点,煤炭地质保障技术不仅需要采用人工智能等辅助决策技术来确定隐蔽致灾地质因素,实现智能预警,还需将各种形式的数据按照统一标准集成到统一平台上,采用多源信息的聚合、整合、融合处理技术和数据挖掘技术进行处理且通过统一网络集成,实现信息共享和功能共享。因此,煤炭智能开采地质保障技术平台化、标准化发展,将为安全、高效、智能、绿色的煤炭开采提供可靠准确的地质保障。

(1)智能开采地质保障云平台。煤炭智能开采是一个多专业、多领域融合的巨系统,地质保障是其重要基础,须将各项地质工作充分融入煤炭智能开采各个系统中,在横向上整合多专业系统,纵向上集成多业务层级,使得煤炭智能开采地质保障体系流程更加完善。

煤炭智能开采涉及地质、掘进、开采、通风、机电、运输、排水、安全等多个专业与部门,利用大数据、云计算等技术,采用数据协同及多专业协作机制,建设地质保障云平台,通过建设时空一体化数据库,统一数据标准与口径,利用应力、温度、湿度、浓度等多参数传感器监测技术装备,从而动态修正煤矿地质空间信息,实现了煤矿生产各部门的信息集成与共享,加大统一管控的能力;通过大数据及人工智能进行分析和预测,提升决策支持水平,拓展业务集成融合的广度和宽度,信息全面集成,数据标准准确统一。

地质保障云平台实现了地质探测数据的数字化分类存储,增强了数据信息的实时性、共享性、标准性及可靠性,为煤矿水害监测预警、瓦斯抽采监测决策、冲击地压监测分析、智能通风监测管控等地质保障工作提供统一平台;提供了地质信息、工程信息共享和协同处理机制,以及三维交互可视化展示,为智能开采提供高精度电子地图导航,为数据采集、整合及分析应用提供支撑、优化,重构地质保障工作流程,为智能开采数字化管控提供了地质基础;通过基础设施、数据传输、数据中台、服务平台、服务应用、应用前台和用户入口实现数据、信息、知识的全息透明,在此基础上构建智能地质保障系统,为煤矿生产与决策提供智能地质综合保障,进而实现煤矿的绿色智能开采。

(2)智能开采地质保障技术标准体系构建。煤矿智能化给地质保障技术的发展带来了前所未有的挑战和机遇,目前我国仍处于煤矿智能化的探索阶段,相应的煤炭智能开采地质保障技术也处于初级发展阶段,需要不断完善改进。但由于我国煤层赋存条件复杂多样,不同煤炭企业对煤矿智能化的开采要求、技术路径和发展目标等存在较大差异,相应的地质保障技术需求也不尽相同。此外,如何对煤炭智能开采地质保障技术进行评价也是行业内面临的一个难题,例如,如何定义量化指标和评价工作面透明度等。因此,需要全面分析煤炭智能开采对地质保障技术的要求,深入研究地质保障技术的评价方法,编制相应技术标准,这不仅可以规范地质保障技术和装备的应用,还能通过量化指标对地质保障系统进行准确可靠的评价。

煤炭地质保障技术标准体系的构建具有可操作性和高可靠性,有利于提高煤炭地质保障工作的科学性、全面性、系统性和预见性,为煤炭智能开采提供准确可靠的地质基础,从而加速煤矿智能化建设,促进我国煤炭工业的转型升级。

4)优化煤矿用能方式

煤炭生产过程消耗的能源品种主要包括煤炭、油品、天然气和电力等,其中,化石能源消费直接排放二氧化碳,而消耗的煤电也间接排放二氧化碳,需要采用多种措施减少煤矿化石能源消费。

一是优化能源消费结构,尽可能采用煤矿瓦斯、可再生能源和新能源替代煤炭,减少煤炭消费量。利用采煤沉陷区、露天矿排土场和煤矿工业广场发展光伏发电和风电,推进煤矿电力供应低碳化;因地制宜利用余热、地热、余压和矿井水热能,增加低碳能源多元化供给;积极推广氢能重卡和电动汽车在矿区煤炭运输方面的应用,减少矿区运输车辆的柴油消耗。

二是提升能源利用效率,依托现有煤矸石电厂和瓦斯电厂实施热电冷联产,满足煤矿不同的能源品种需求,提高能源的利用效率。加大矿井乏风利用力度,依托甲烷氧化和蒸汽发电装置,生产电力和蒸汽供应煤矿,减少温室气体煤矿甲烷的排放。

三是构建新型电力系统,按照源网荷储一体化发展模式,配套建设储能设施,最大限度地消纳可再生能源。加强矿区智能电网建设,推进煤矿用电需求侧管理,采取合理的调控措施,通过精确计量、避峰填谷、分时用电,提高电力系统运行效率。

5)强化矿区生态修复和绿化

结合区域自然生态地理环境特征,大力开展采煤沉陷区治理和土地复垦,鼓励利用矸石、灰渣等对沉陷区进行立体生态整治。建立矿产资源开发利用的土地复垦准入标准,落实土地复垦方案审查制度,加强土地复垦方案执行情况监督检查力度,最大限度减少煤炭开采对土地、生态环境的破坏。实施生态融合示范工程,在采煤沉陷区、露天矿坑和排土场建设光伏电站,促进矿区能源转型和生态修复。充分利用矿区废弃和复垦土地,结合本地气候条件和生物资源,积极开展植树造林,增加森林碳汇规模。围绕排土场复垦和陷地、地表裂缝治理,种植树木、草、作物等增加碳汇,利用有机肥施用和秸秆还田等措施提高土壤有机碳,对露天采坑和高潜水位采煤沉陷区进行湿地改造固碳[8]。

6)提升煤炭转化效率

提升煤炭清洁高效利用水平,控制煤炭消费总量,减少碳排放。加大煤炭洗选比例,限制高灰高硫煤开采,提高用煤质量和煤炭利用效率。研究数据表明,入炉灰分增加10%,供电标准煤耗增加 $2\sim5$ g/(kW·h);电煤硫分从1%增加到2%,每度电增加 6.6 g 二氧化碳排放[9]。推进工业用散煤集中利用,依托工业园区和热电联产项目,推进热、电、蒸气等集中生产和燃煤污染的集中治理,提高煤炭利用效率和减轻燃煤污染。有序推进大容量、高参数、低能耗的清洁高效煤电项目建设,推广应用煤炭超临界水气化制氢-微生物固碳一体化技术、二次再热先进高效超超临界煤电技术、清洁高效热电联产技术,提高电煤在煤炭消费中的比重,降低供电标准煤耗。严格冶金、建材和化工等主要用煤行业的能耗和环保标准,强化污染物排放控制。推动低阶煤分级分质利用,通过煤的低温热解,将低阶煤炭分解成油、气和半焦,实现煤基多联产,提高煤炭综合利用效率。

7)拓展煤炭原料化利用领域

立足传统化工,有序发展现代煤化工,示范发展煤制新能源、新材料,拓展煤炭原料化利用领域。

一是推进传统煤化工转型升级。改造提升煤制甲醇、焦炭、合成氨、电石等产业,推动传统煤化工向产业链、价值链高端延伸。围绕传统煤化工领域,加快淘汰落后产能,推进焦炉煤气、煤焦油、电石尾气等副产品的综合利用,延长焦化副产品产业链条。

二是有序发展现代煤化工。根据经济性、技术可行性和生态环境容量适度发展现代煤化工,发挥煤炭的工业原料功能,有效替代油气资源,保障国家能源安全;推动煤化工向精细化、高端化、集群化方向发展,以煤制油生产的石脑油为原料进行油品二次深加工,生产聚乙烯、聚丙烯和高档润滑油等产品,实现煤化工产品的高端化。

三是示范发展煤制清洁能源。依托煤炭原料的成本优势,研究新一代煤催化气化制氢、氢气纯化技术、超临界水气化制氢,为未来氢气燃料电池提供可靠的氢能供应。

四是探索发展煤基新材料,开展碳基固体氧化物燃料电池试点示范,高性能电池和超级电容器碳基电极材料示范,加速碳基材料与先进储能材料、显示功能材料、生物医药等产业链融合发展。研究开发高强度煤基碳纤维,开拓煤基碳纤维在风机叶片制造、体育器材、运输设备和建筑施工等领域的应用[10]。

五是推进煤炭转化与可再生能源、碳捕集利用和封存等耦合利用,建立低碳循环、清洁高效的现代煤化工体系。

3. 煤炭行业碳中和主要技术路径

作为负责任的大国,中国一直积极参与全球气候治理,碳达峰、碳中和也是我国经济可持续发展的必然选择,碳减排对我国能源发展有重大影响。受资源禀赋影响,以煤为主的化石能源长期在我国能源结构中占据主导地位,这意味着煤炭行业要实现碳减排目标,将面临一次能源碳基比例过高的巨大挑战。

也正因如此,煤炭行业被推入争议的漩涡。2020 年,中国煤炭工业协会和世界煤炭协会在一份联合倡议书(以下简称"倡议书")中提到:"我们正深陷于一场极端的争议中,否定煤炭作为未来低排放的一部分,也忽略煤炭对诸多发达国家和发展中国家的经济支撑作用。"与此同时,倡议书也表明了煤炭行业直面巨大挑战的决心:"煤炭工业数百年的发展史已经证明可以实现现代化,能够通过创新和技术进步应对运营和环境挑战;可以通过与政府和投资者的合作支持经济发展。"

在煤炭行业进行碳减排,需要减少煤炭生产过程中的甲烷和煤炭消费过程中的二氧化碳,煤炭革命战略蓝图和进程路线如图 5-5 所示。未来 30 年煤炭行业革命被划分为三个阶段,即 3.0 阶段、4.0 阶段和 5.0 阶段。煤炭 3.0 阶段要实现自动开采、超低排放,4.0 阶段要实现智能开采、近零排放,5.0 阶段要实现无人开采,达到再生能源排放标准。煤炭行业碳中和的"三步走"战略:

起步期(2020—2030 年):着力推动煤炭能耗达峰,煤炭 3.0 向 4.0 阶段转型升级,生态修复增汇,保障煤炭碳排放尽早达峰。

攻关期(2030—2050 年):重点攻关低碳开采、脱碳去碳、生态修复技术,煤炭行业由自动化向智能化、无人化迈进,由超低排放向近零排放、零排放迈进,完成煤炭 5.0 阶段转型升级,实现煤炭与新能源耦合共生。

巩固期(2050—2060 年):应耦合零碳利用与负排放技术,积极抵消以往排放的温室气体,保障准时或提前达成碳中和愿景。

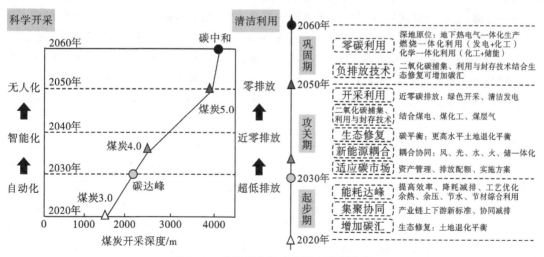

图 5-5　煤炭革命战略蓝图和进程路线

为减少甲烷和二氧化碳排放,需强化开采与捕集封存两手抓,煤炭行业当务之急必须通过创新和技术进步来主动应对环境问题挑战:煤基温室气体减排与资源化利用,应在三个方面加快技术开发研究。甲烷是煤层气的主要成分,煤矿甲烷减排需要强化煤层气高效开采技术;二氧化碳捕集、利用与封存被公认为显著减少燃煤发电、煤化工等碳排放最具可行性的技术,应大力发展和应用;另外,通过煤制油、煤制气等技术进行能源转化(图5-6),也是低碳化利用途径之一,可解决部分高碳排放问题。

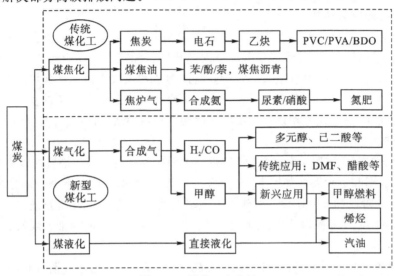

图5-6　煤化工产业链

　　二氧化碳捕集、利用与封存即把生产过程中排放的二氧化碳进行捕获提纯,继而投入新的生产过程中进行循环再利用或封存。如何将二氧化碳封存固定,一直是诸多学者倾力探究的重要研究内容,近年来,国内多家能源企业和科研院所也加大了二氧化碳捕集、利用与封存的研发力度。但该技术在实现产业化方面还存在困难。二氧化碳捕集、利用与封存亟需解决有效性、安全性和经济性难题。一方面,二氧化碳如何大规模有效捕集、封存,相关技术还不成熟;另一方面,二氧化碳地质封存可能宿体比较多样,如地层、废弃煤矿、海底等,目前最接近商业化的地质封存方式是将二氧化碳注入地下枯竭油气藏中。但这样封存是否会引发地质灾害,一旦集中泄漏该如何应对等安全性问题还没有研究清楚。此外,目前运行的二氧化碳捕集、利用与封存示范工程处理1 t二氧化碳的费用一般在300～800元,这些附加费用对火电厂而言,维持正常运营都难。因此降能耗、降成本也是二氧化碳捕集、利用与封存技术研发和应用推广的关键所在。

　　此外,氢能具有能量密度高、清洁、零碳的特征,将是与电力并驾齐驱的终端能源。进行煤炭绿色制氢技术研发对氢能产业的规模化发展、"双碳"目标的实现具有重大意义。为了满足煤化工产业对富氢气体的需求,开展煤炭超临界水气化制取氢气,实现转化过程中的原位水气转换反应,显著提高合成气中的氢气份额(从30%提高至60%以上);基于超临界水气化制氢、超临界水热燃烧分子加热技术的煤炭制"绿氢"技术,采用国际前沿超临界水技术,将高碳能源(煤炭)转化为零碳能源(氢能),同时实现二氧化碳的低成本分离、废水/渣的彻底无害化处理及能源化利用,从而建立先进的高效煤炭制"绿氢"系统工艺。

　　碳中和目标不代表不需要煤炭,煤炭行业必须加快解决煤炭低碳化利用和碳去除技术问题。正如倡议书所言:"我们的世界仍然需要煤炭,煤炭工业不会消失,而是向洁净煤方向过渡和转型。"

5.1.2　油气开发行业的碳中和路线

全球已有 30 多个国家将实现碳中和设定在 21 世纪中叶前后,全球经济低碳、无碳发展是必然趋势。实现碳中和目标,二氧化碳排放必须大幅下降,这将有力倒逼能源结构、产业结构不断调整优化,必将促进能源转型加速推进[11],给油气行业发展带来前所未有的挑战。为此,研究碳中和硬约束下的油气行业发展形势,找出油气产业转型升级策略,可以为我国油气行业高质量发展和能源安全战略的实施提供借鉴。

全球一次消费能源类型由高碳向低碳、无碳发展,由化石向可再生发展,由低密度向高密度发展是大势所趋。但能源转型是一个漫长、逐步的过程,不可能一蹴而就,在新能源技术、成本等核心问题没有大规模突破之前,油气仍是未来的主要能源。目前,全球石油产量呈现"稳中有增"的态势,天然气已经进入快速发展的"黄金期",势必在第四次能源转型中发挥举足轻重的桥梁作用。预计 2040 年石油在全球能源消费中占 27.2%,天然气占 25.84%,煤炭占 20.3%,非化石能源(包括新能源)占 26.66%。

2019 年我国外贸原油进口量达 5.1 亿 t,同比增长 9.5%,原油对外依存度达到 73%。尽管天然气对外依存度低于石油,但是进口量增速远大于国内自产,2019 年我国天然气进口量为 1341 亿 m^3,同比增长 8.1%;我国天然气对外依存度也不断提高,并于 2019 年达到 44.1%。

反观国内石油产量,在 2016—2018 年经历了连降后于 2019 年稳住颓势,如图 5-7 所示,2020 年达到 1.95 亿 t。天然气连续 4 年增产超过 100 亿 m^3,2020 年产量超过 1860 亿 m^3。2019 年国家相关部委组织国内油气企业共同研究,形成了未来 7 年的战略行动计划,如中石油《2019—2025 年国内勘探与生产加快发展规划方案》、中海油《关于中国海油强化国内勘探开发未来"七年行动计划"》,明确要提高原油、天然气储量,以及要把原油、天然气的对外依存度保持在一个合理范围,"三桶油"将进一步加大石油、天然气的勘探开发资本支出。

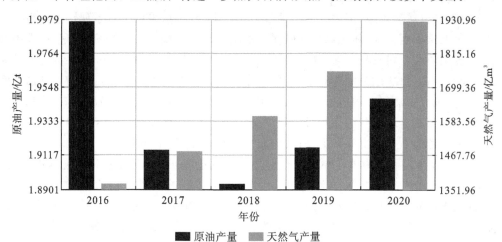

图 5-7　2016—2020 年原油和天然气产量

我国油气资源开发利用的总体发展规划为稳油增气,坚持常非并重、陆海并举、加强勘探、增加储备;提高天然气消费的比例,2025 年前后石油消费进入平台期。与此同时,在碳中和目标下,我国油气商业生态随之发生变化,我国"三桶油"生存空间正被挤压。油气正经受着光伏、风电、氢能等低碳能源的冲击,越来越多的能源新贵冲击着石油"大佬"的地位。中海油发布的可持续发展报告将绿色低碳确立为其核心发展战略之一,提出了从常规油气向非常规油气、从传统油气向新能源跨越发展的愿景。

1. 碳中和约束下油气公司转型发展主要举措

国有石油公司作为国家能源支柱企业,推进碳中和应坚持递进式中性化战略,突出重围找核心,全球石油工业市场规模变化如图 5-8 所示。突出重围的主要手段是在减碳的同时,大力发展碳转化利用产业,形成全新的碳产业链或碳产业集群,使绿色油气与碳产业齐头并进,成为"终身伴侣"。

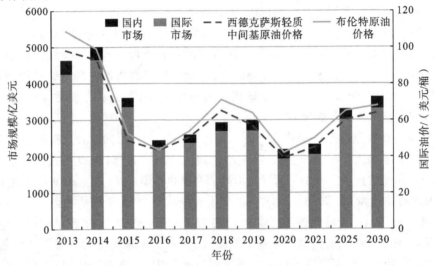

图 5-8　全球石油工业市场规模变化

为确保碳达峰和碳中和目标的实现,政府必将出台更加严格的碳约束政策和减排措施,这给油气企业带来机遇和挑战,国内外大型油气公司均主动应对,采取了一系列转型举措。

(1)设定低碳发展目标,强化绿色低碳发展战略。欧洲大型油公司纷纷宣布公司碳中和目标。其中,英国石油公司(BP)宣布 2050 年实现碳中和,壳牌公司宣布 2050 年或更早成为净零排放的能源企业,道达尔公司宣布 2050 年在全球生产业务及客户所使用的能源产品中实现净零排放。美国大型油气公司没有设定碳中和目标,但也在碳减排方面做出响应:埃克森美孚公司计划 2025 年将全球业务的甲烷排放强度降低 40%~50%,燃除强度降低 35%~45%,并在 2030 年前消除常规燃除;雪佛龙公司计划 2028 年将碳排放强度减少 35%(与 2016 年相比),2030 年实现常规燃除为零。中国石化和中国石油已提出 2050 年左右实现碳中和目标,中国海油已启动碳中和规划,将全面推动公司绿色低碳转型。

(2)加强低碳转型发展,进行产业链分解,分环节进行减碳。①在上游的勘探开发环节,要以碳捕集为主要思路。②在炼化环节,应按照原子经济(即数着碳原子个数进行资源配置)的技术路径来优化技术,通过提高碳原子利用率来降低二氧化碳的排放。按照原子经济技术路径,美国目前炼油厂的碳原子平均利用率是 85%,吨原油综合耗能是 40 kg 标油,而我国炼油厂的碳原子平均利用率不到 79%,吨原油综合耗能 59.7 kg 标油。③重视油气全产业链的节能和天然气对燃料油的替代。④在排放比较分散的能源消费环节,应该用集中对付分散,通过集中式二氧化碳捕集、利用与封存和碳汇林等方式,来中和分散的碳排放。

（3）加快减排能力建设，强化低碳减排技术攻关与应用。大型油公司都拥有完整的产业链条，实现碳中和将是系统工程，需要在整个产业链和业务链中加强减排能力建设。①完成碳足迹排查，进一步完善碳排放监测系统，加大生产过程优化控制和管理，注重低碳技术研发与应用，努力提高全产业链的能源使用效率。②需更加注重石油工程低碳技术服务，实现全生命周期排放的可控和可减。③提升集成数字化平台建设，利用数字化技术提升传统油气勘探开发的安全和效率，促进能效提高，减少碳排放。④进一步控制勘探开发过程中的甲烷排放和天然气燃放，优化运输物流系统，并利用无人机和人造卫星监测碳排放，以进一步提升减排能力。

（4）加大新能源业务投资，为低碳发展提供资金保障。近年国际油公司在保持油气业务核心地位不变的同时，逐渐加大新能源业务投资，挺进低碳领域，加速能源转型。英国石油公司计划 10 年内在低碳领域每年投资约 50 亿美元[12]，以构建基于低碳技术的一体化业务组合，主要包括可再生能源、生物质能、氢能和二氧化碳捕集、利用与封存。目前，壳牌公司每年在可再生能源和其他清洁能源领域的投资额达 10 亿～20 亿美元，并计划到 2050 年每年投资 20 亿美元用于可再生能源和清洁能源技术，2050 年新能源业务收入占总收入比例达 20%。2019 年，道达尔公司超过 1/3 的净投资被用于综合天然气、可再生能源和电力部门，未来将不断增加对可再生能源的投资，预计 2030 年该公司可再生能源业务收入占总收入的比例达 20%。

2. 碳中和约束下油服公司转型发展的应对策略

在碳中和约束下，油气公司将加速推进低碳化转型，逐步减少油气业务投资，而不断加大新能源领域的投资，这对油服公司的可持续发展和效益提升带来了严重的挑战，需要强化油气工程低碳化发展，加速布局低碳能源服务业务，满足油气公司低碳转型的需求。

（1）加强顶层设计，强化低碳战略发展。在全球积极应对气候变化的大背景下，企业更加注重低碳发展的社会责任，尤其是能源企业，其碳排放更易受到社会关注。国际油服公司十分重视企业社会责任建设，早在 21 世纪初就制定低碳发展战略，积极参与低碳发展组织，加强企业碳排放管理，披露碳排放数据。2019 年，斯伦贝谢公司承诺设定科学的温室气体减排目标，确定了至 2021 年的减排目标，并提交给科学减碳倡议组织（SBTi）。在此背景下，斯伦贝谢公司成立新能源公司，专注于氢能、生物质能、地热、碳捕集与封存及锂提取等低碳能源业务。贝克休斯公司设定了 2050 年前实现净零碳排放的目标，持续缩减油田服务和设备业务规模，重点推进能源转型和可再生能源技术服务业务，其油气咨询公司率先启动碳管理实践，成为第一批可以提供碳强度、碳解决方案评估及减排认证的咨询类公司。

（2）加大低碳技术攻关，促进油气工程开采低碳化。国际油服公司一直重视新技术研发，近些年不断加大低碳技术投资，以减少油气工程服务业务的碳排放。一是围绕提高钻完井效率和质量、单井产量等目标，持续提升油气工程技术水平，以技术创新带动效率和效益提升，进而实现节能减排。二是加大新兴技术融合创新和应用，包括数字化、大数据、云平台及智能技术，以赋能传统技术服务业务，提供更加高效、快捷、安全的综合解决方案，帮助油公司持续提升勘探开发效益。未来油气钻井勘测技术应积极向深层地下及海洋领域发展，相关配套技术及钻井设备也应积极优化持续更新，不断满足深海钻探需求。此外海洋油气开采也可作为钻井技术开拓创新的主要方向，尤其在深海定位、深海钻井喷射方向及智能钻柱方面，国内钻井技术依旧存在诸多不足，所以相关科研单位应积极探索，勇于创新，保证深海钻探技术的效率提升。

（3）信息化和智能化发展趋势。互联网技术发展至今，信息化大数据技术已深入国内生产生活各领域,油气开采技术及开采作业也不例外。相对传统油气开采技术,信息化大数据油气开采更具智能化,通过数据收集、计算机研判,能够实时判断开采过程中遇到的问题,有效杜绝各类安全事故发生,提前预警操作技术人员。在这样的模式下,不仅提升了钻井工程监督管理质量,确保作业效率和品质,还可以降低人力监控成本,提升钻井技术的经济效益。在信息化监控模式下,安全管理人员可以有效掌控油气现场状况,确保钻井工程的安全性,又能实现远程操控和网络监测,有利于促进油气产业的进步。此外,随着科学技术的飞速发展,重型工业领域逐渐向自动化、智能化方向发展,油气开采领域也应紧跟步伐,实现油气开采规模化、智能化发展,也是油气开采效率提升、质量提升的关键性环节。现有国内钻井技术及设备自动化程度,由于技术复杂难以实现规模化开采,或设备精密程度不足无法适应当前国内发展需求。如海洋钻井领域的发展,需要前期掌握海洋周边环境数据,构建专业化、智能化控制系统才能避免海上钻井事故的发生,保障海上钻井工作的高效运行。

当前国内钻井设备和技术工艺大多缺乏专业化数据,智能建模领域更是空白,保障钻井工作的科学性无从谈起。对此,科学运用钻井设备实现自动化数据采集,以及钻井技术的智能化、自动化,是未来钻井领域的必然方向,该趋势不仅利于钻井效率的提升,更利于钻井规模化发展。未来钻井技术的自动化与智能化,将给钻井勘测提供周边环境的多样化数据,能够应对各类复杂多变环境,安全系数更好,对周边环境影响也会降至最低,真正促进油气开采经济效益的多重提升。

(4)优化业务结构,布局低碳能源服务业务。油服公司充分利用国际大型油公司加大低碳能源业务投资带来的市场机会,积极优化业务结构,布局低碳能源服务业务。斯伦贝谢、贝克休斯等公司引领转型发展,不断加大氢能、生物质能、地热,以及二氧化碳捕集、利用与封存等低碳能源技术服务业务的发展力度。其中,斯伦贝谢公司采取其惯用的业务拓展策略,与各领域中技术先进或综合实力较强的公司加大合作,成立合资公司共同发展低碳能源业务;贝克休斯公司的低碳能源业务拓展方式则相对稳妥,在现有业务基础上稳步拓展,开展天然气、液化天然气、数字化、密集监控、碳捕集等能源转型新业务,为多行业提供涡轮机械和过程解决方案及数字解决方案,帮助客户减少碳排放。

3. 中国油气行业碳减排路径

在 1.5 ℃控温情景下,到 2050 年油气全生命周期需减少 95％的温室气体排放。在麦肯锡咨询公司制定的路径中,油气终端需求下降是最大抓手,将贡献 80％的温室气体减排;中国油气行业产业链(包括采油、运输和化工)的碳减排措施将贡献约 15％的减排。

油气行业的温室气体排放主要包括二氧化碳与甲烷两类,二氧化碳排放主要由供热与供能需求产生,如使用天然气作为燃料供热及产生蒸汽、自备电厂发电等带来的尾气排放等。油气行业的温室气体排放,高达 64％来源于产业链上游。以 20 年为尺度,甲烷的增温潜势约为二氧化碳的 86 倍,是需要优先控制的一类温室气体。在油气产业链贡献的 15％温室气体减排量当中,超过 60％来自甲烷减排,剩下 40％来自二氧化碳减排;其中上游采油减排占比约10％,下游炼油减排占比约 30％。

1)甲烷减排

处理甲烷排放是主要抓手,可以通过在日常流程中应用新技术来减排。现有技术可以解决 70％的甲烷逃逸,但因为监管法律有待完善、高投资回报率要求以及对常规采油操作的打扰,甲烷减排技术尚未大规模应用。现有可供选择的技术包括:

（1）更换高排放器件。通过更换高排放泵、压缩机密封件、压缩机密封杆、仪表空气系统和电动机等控制甲烷高排放环节，可贡献甲烷总减排量的 30%。然而替换设备质量的不稳定性可能会导致减排量出现一定程度的偏差。

（2）安装排放控制装置。通过安装蒸汽回收装置、排污捕获单元、柱塞、火炬燃烧等对甲烷排放环节加以控制，从而减少甲烷排放，占甲烷总减排量的 7%。然而排放控制设备（尤其是汽油油气回收系统）质量的不可靠，以及在安装、使用新排放控制设备方面的经验不足会影响总减排量。此外，火炬燃烧是通过燃烧将甲烷转化成二氧化碳，一定程度上还是产生了温室气体。

（3）泄漏检测和修复。通过使用红外摄像头等技术定位和修复全价值链泄漏，占甲烷总减排量的 26%。然而，由于该技术提供商的服务质量和专业知识参差不齐，需要定期跟踪泄漏情况，因此劳动强度相对较大。

（4）其他新兴技术。如通过数字传感器、预测分析、卫星及无人机检测泄漏、压缩和液化甲烷气副产物的微技术，减少甲烷的催化剂等，占甲烷总减排量的 4%。然而这些新技术需要较高的安装成本和人力资本，企业缺乏在这一领域进行投资和创新的动力。

2）产业链上游减排

在油气产业链上游，海上油田贡献了约 80% 的二氧化碳排放。上游行业的减排主要依赖流程优化，即提高流程中的能效，并降低化石燃料占比。超过 90% 的陆上油田已通过电网来为采油设备供电，采油操作本身只在供暖部分排放少量二氧化碳。但是，海上油田仍然燃烧石油和天然气并产生二氧化碳。能效提高是降低海上油田排放的重要抓手，也是技术成熟度与资源可用性最高的方式。通过改进设备和流程的设计，并购买节能设备等来提高能效，海上油田的碳排放量有潜力降低 15%。针对剩余排放，可以通过海底电缆供电解决，相对海上碳捕集封存，海底电缆供电是技术成熟且较为经济的碳减排手段。但是海底电缆造价昂贵，就近海油田而言，每吨二氧化碳的减排成本超过 100 美元。在低油价环境下，油气企业需要外部激励来推动他们开展行动。除去海底电缆，海上风能发电也是一种潜在电气化方式，尤其适用于远海油田。

3）产业链下游减排

在油气产业链下游的炼油和化工领域，碳减排则需要依靠在战略层面布局新兴技术来实现，如塑料回收，碳捕集、利用与封存和设备电气化等。然而，这些高潜力碳减排抓手技术尚未完全成熟，因此需要根据地区资源禀赋有针对性地采用。中国炼油化工企业可考虑以下三种区域类型，进行针对性布局以填补碳减排缺口：

（1）碳捕集、利用与封存规模潜力区。代表地区为东北、华北、西北和华东，如东北三省、京津冀、长三角、新疆和陕西。这些地区靠近油田及其他高碳排放行业，二氧化碳运输、储存成本较低，易与周边产业协同形成规模效应并降低资本开支，因此推荐优先使用碳捕集、利用与封存。例如，陕西炼油产业拥有与煤化工产业的碳减排协同效应，可优先试点开展碳捕集、利用与封存规模化。我们预计碳捕集、利用与封存规模化每年将为中国油气产业带来约 2000 万 t 二氧化碳减排。

（2）电气化试点代表区。代表地区为华中和西南，如湖北、四川等。这些地区拥有丰富的清洁能源，且电价较低，可降低电气化试点的电力成本。例如，四川拥有中国排名第一的水电装机容量，太阳能和风电的总装机容量为 250 万 kW；湖北拥有中国排名第三的水电装机容量,可再生能源的总装机容量超过 1000 万 kW,可优先试点开展电气化。我们预计电气化试点规模化每年将为中国油气产业带来约 200 万 t 二氧化碳减排。

(3)因地制宜战略区。如山东,该地区既拥有来自太阳能、风能的丰富而廉价的电力,可以进行电气化试点,也靠近油田(如胜利油田),便于开展碳捕集、利用与封存规模化,因此对于碳减排手段的选择需一事一议、具体分析。

我国把发展非化石能源,推动能源低碳转型放在突出位置。而"三桶油"对于低碳能源布局业已展开,这是未来 15 年最现实的转型路径,也是碳中和对油气企业提出的最终要求。

中国石化将统筹转型升级与减碳进程、结构优化与碳排放控制,把氢能作为公司新能源业务的主要方向,"十四五"期间规划建设 1000 座加氢站或油氢合建站,打造"中国第一大氢能公司";将优化提升油品销售网络,加快打造"油气氢电非"综合能源服务商;大力发展可降解材料、高端聚烯烃、高端合成橡胶,在新材料发展方面实现大突破。力争比国家目标提前 10 年,在 2050 年实现碳中和,为应对全球气候变化作出新贡献。

中国石油则表示,2021 年着力发展主营业务,积极推进绿色低碳转型,注重数字化转型和智能化发展,继续深入开展提质增效。力争到 2025 年左右实现碳达峰,2050 年左右实现近零排放。中国石油董事长戴厚良表示,将继续做强做优油气主营业务,积极拓展非化石能源,加快布局新能源、新材料及新业态,构建多能互补的新格局。

而中海油在 2020 年已开始顺应能源转型大趋势,践行绿色低碳发展战略。中海油方面表示,未来几年将不断地加大海上风电的投资力度。原有每年 3%~5% 的投资比例将有所提升,未来争取每年投资 5% 以上用于风场资源获取。此外,还将积极推进数字化、智能化建设,实施渤海湾岸电工程等,助力绿色低碳生产。

4.国际石油公司碳中和战略具体行动路径

实现碳中和目标对能源行业是一次彻底的革命,加快调整生产方式减少碳排放已成为大型石油公司的共识。在此背景下,越来越多的石油公司制定了碳中和战略路径。作为在碳中和战略布局方面处于全球领先地位的石油公司,壳牌、BP、道达尔、埃尼、艾奎诺、雷普索尔都提出了分阶段实现净零碳排放的战略路径,建立了碳排放指标体系,以及应对气候变化、实现碳中和目标的行动方案。

在各大石油公司 2020 年发布的可持续发展报告和碳中和相关报告中,壳牌等 6 家公司提出的碳中和战略路径,都包括了有关碳排放量的控制目标,如表 5-1 所示。壳牌、BP、道达尔、雷普索尔提出到 2050 年前实现公司业务净零碳排放;艾奎诺和埃尼将公司业务净零碳排放目标的完成时间分别提前到 2030 年和 2040 年,并提出到 2050 年实现全生命周期净零碳排放。

表 5-1 石油公司碳中和路线

国际石油公司	2025 年	2030 年	2040 年	2050 年
壳牌	甲烷排放强度降至 0.2%	净碳足迹比 2016 年降低 20% 左右;消除正常工况火炬		公司业务净零排放;净碳足迹比 2016 年降低 50% 左右

续表

国际石油公司	2025 年	2030 年	2040 年	2050 年
BP	全球业务碳排放净零增长	消除正常工况火炬		全球业务净零排放；BP 销售产品的碳排放强度比 2015 年降低 50%
道达尔	甲烷排放强度降至 0.2%	全球业务全生命周期平均碳排放强度比 2015 年降低 15%；消除正常工况火炬	全球业务全生命周期平均碳排放强度比 2015 年降低 35%	全球业务净零排放；欧洲业务全生命周期净零排放；全球业务全生命周期平均碳排放强度比 2015 年降低 60% 以上
埃尼	消除正常工况火炬	全生命周期净排放量比 2018 年降低 25%；净碳排放强度比 2018 年降低 15% 左右	全球业务净零排放；全生命周期净排放量比 2018 年降低 65%；净碳排放强度比 2018 年降低 40%	全生命周期净排放量比 2018 年减少 80%；净碳排放强度比 2018 年降低 55%
艾奎诺	上游碳排放强度低于每桶油当量 8 kg 二氧化碳	全球业务碳中和；挪威业务温室气体排放比 2005 年降低 40%；消除正常工况火炬；甲烷排放强度接近零	挪威业务温室气体排放比 2005 年降低 70%	全生命周期净零排放；净碳排放强度降低 100%；全球海上碳排放比 2008 年降低 50%
雷普索尔	碳排放强度比 2016 年降低 12%；正常工况火炬比 2018 年降低 50%	碳排放强度比 2016 年降低 2%；基本消除正常工况火炬	碳排放强度比 2016 年降低 40%	公司业务净零排放

注：各公司对碳排放强度指标的称谓不同，壳牌称为"净碳足迹"，艾奎诺公司和埃尼公司称为"净碳排放强度"，道达尔和雷普索尔称为"碳排放强度"。

以上述 6 家公司为代表的国际石油公司实现碳中和目标的行动方案主要体现在改进工艺和产品，减油增气和发展新能源业务，碳捕集、利用和封存及碳汇，管理机制创新，绿色金融五个方面。

在改进工艺和产品方面，主要通过改进工艺提高能效，减少生产作业中的碳排放量，同时改进公司产品以帮助客户降低碳排放量。壳牌规定每年碳排放量超过 5 万 t 的作业必须制订温室气体管理计划，提高自身生产作业的能效；同时针对各行业客户开发定制化的减排解决方案,帮助其减少燃料消耗和降低排放量。

在减油增气和发展新能源业务方面,主要通过提高天然气在油气生产总量中的比例,大力发展新能源业务来降低温室气体排放量。例如,壳牌提出,到 2030 年将天然气业务占比提高到 55% 以上,到 2050 年达到 75%。艾奎诺宣布,到 2026 年可再生能源装机容量将从 2019 年的 0.5 GW 提高到 4~6 GW。

在碳捕集、利用和封存技术及碳汇方面,主要通过大力开发和部署碳捕集、利用与封存技术及种植森林等措施,来实现碳补偿或碳抵消。壳牌提出到 2035 年建设 25 个与加拿大 Quest 项目规模相当的碳捕集与封存设施,新增 2500 万 t/a 的碳储存能力。埃尼提出到 2030 年建成储存能力达 700 万 t/a 的碳捕集与封存项目,到 2050 年碳储存能力达 5000 万 t/a;建设一级和二级森林保护项目,到 2050 年补偿相当于 4000 万 t/a 的二氧化碳排放量。

在管理机制创新方面,主要通过优化治理结构、调整绩效政策、实施内部碳价等方式来促进碳减排措施的推广和应用。在公司治理中,6 家石油公司都建立起应对气候变化的治理结构。例如,BP 建立了一套自上而下,涵盖董事会、高级管理层、业务板块和职能部门的健全的治理结构,包括董事会下设的安全与可持续发展委员会、2020 年新成立的战略与可持续发展部、协调各部门的碳领导小组,以及生产与运营板块 HSE 与碳管理部门。在绩效政策中,6 家石油公司都将高管和员工的薪酬与减排目标挂钩,确保公司减排目标的实现。例如,壳牌将超过 1.65 万名员工的薪酬与减少其净碳足迹的目标挂钩,目前薪酬主要与近期目标挂钩。在内部碳价机制中,6 家公司都将内部碳价应用于新项目投资决策和现金流预测。其他管理机制方面的创新举措还包括一些以减排为主题的行动计划。

在绿色金融方面,6 家公司主要通过发行绿色债券、建立绿色产业基金等方式来筹集资金,用于支持应对气候变化和提高资源利用效率的经济活动。雷普索尔是油气行业第一家发行金额达 5 亿欧元(约合 38.5 亿元人民币)绿色债券的公司,这些绿色债券用于资助提高能效的项目和发展低碳技术。

碳中和是国家层面的整体目标,碳中和并不是"零碳排放",可通过一些行业的减碳、使用负碳技术和碳汇能力来抵消另一些行业无法消除或减排成本很高的排放,而不是所有行业都同时归零。这就要求油气企业走出自己的竖井,在更大的格局内开放式思考,找对自己的定位,找到适合自己的减碳和抵消手段。电力是中国碳排放最大的领域,也是中国碳中和的首要领域。未来的能源系统将以电为中心,即全社会电气化水平肯定会提高,但不会是 100% 的完全电气化,电能也不会 100% 全部由可再生能源提供。比如炼化系统在提供能源产品的同时提供化工原材料。基于炼化技术结构,未来也很难把所有原油都变成化工原材料而不提供能源产品。再比如随着未来大量风光发电接入电网,燃气发电因为可以提供电力系统所需的转动惯量,对电力系统稳定运行并充分消纳风光电不可或缺。天然气在未来的碳中和过程中还将起着重要作用。

因此,油气领域碳中和,需要放在"大能源"背景下考虑。国家减排的最大压力来自煤炭和电力领域。油气企业应与这些领域加强协同,而不是都进入电力领域开展与电力企业的同质竞争。比如说,油气企业可以通过二氧化碳转化与封存业务,为煤炭和电力企业排放的二氧化碳提供解决方案,把二氧化碳变成资产而非负债。

5.2　非常规化石能源行业的碳中和技术路线

我国非常规化石能源产量正在快速增长,已进入常规和非常规并重的开发阶段。2015—2020 年,我国非常规化石能源(页岩气、煤层气、煤制气)产量从 90 亿 m³ 增长至 200.4 亿 m³,增长 123%。非常规油气占全国累计探明油气储量的 41%,非常规油气产量占油气总产量的 20%。从定位上说,我国已经实现从常规油气向非常规油气的跨越式发展,非常规油气勘探开发取得革命性突破,在“十三五”期间实现了工业化发展。

从结构上来看,我国非常规化石能源产量占比从 6.69% 增长至 13.87%,已经翻倍。2020 年我国非常规化石能源产量在国产天然气中的占比突破 10%。当前,我国正迈入非常规天然气时代,正处于常规天然气持续发现期和非常规天然气战略突破期,非常规天然气的产量逐年增加。据业内资深人士普遍分析,未来 10 年我国非常规天然气将进入关键的快速发展时期,到 2030 年,非常规天然气产量将占到国内天然气总产量的 1/2,将在天然气发展道路上扮演着越来越重要的角色。

5.2.1　页岩油气

自然资源部油气资源战略研究中心发布的《2020 年全国油气资源勘查开采形势分析报告》显示,2019 年,我国石油新增探明技术可采储量 1.61 亿 t,储量接替率为 84.3%。国家能源局召开的 2021 年页岩油勘探开发推进会指出,2020 年全国原油产量达 1.95 亿 t,比上年增长 1.6%,实现连续 2 年产量回升。为进一步做好原油稳产增产,需要突破资源接替、技术创新和成本降低等多重难题,在页岩油等新的资源接续领域寻求战略突破。

在前些年的高油价时期,页岩油气曾炙手可热,跨国油企也一度积极尝试系统参与页岩油气勘探开发。为此,埃克森美孚、雪佛龙等公司专门剥离海外资产,退守美国本土。大公司取代中小公司成为页岩油气主体的页岩革命新阶段似乎就要到来。但后来,相继发生油价滑坡及新冠肺炎疫情等黑天鹅事件,油价出现剧烈动荡,跨国油企不得不削减上游投资,导致进驻页岩油气领域步伐放缓。各类企业参与美国页岩油气行业,形成了取长补短、抱团取暖、具有顽强生命力的运行机制,降低了页岩油气行业的生产成本,使得页岩油气行业始终能够在各类环境中保持旺盛的生命力。

迄今为止,美国是全球唯一进行系统、彻底、富有效率和冲击力的页岩革命的国家,原因是美国页岩油气资源丰富,勘探开发体制机制灵活,技术创新能力强。美国有数以万计的企业参与页岩油气的勘探开发,这些企业包括生产商、金融机构、技术服务商等,八仙过海各显神通,众多企业合力支撑页岩革命。大量企业主体的参与是页岩油气行业取得成功的重要法宝之一。不仅仅是国内企业,外资企业对于美国页岩油气生产也作出了重大贡献。这个经验对于后来者而言同样适用。

我国是继美国之后,为数不多的在页岩油气领域取得重要突破和重大建树的国家。目前,我国页岩气产量位居全球第二,国内相继建立了涪陵、威远、延长、昭通等页岩气示范区,新疆吉木萨尔、大港油田及延长油田被列为国家页岩油示范区。近年,长庆油田在庆城取得了 10 亿 t 储量的页岩油大发现,是页岩油气领域重大突破。学者提出大力发展页岩油地下原位开采等前沿重大技术的建议,以期在非常规油气领域取得重大突破,从根本上改变能源安全保障工作面临挑战的局面。

总体看,我国的页岩油气产业是在国家石油公司主导下推进的,国家石油公司皆为大规模企业。大企业参与是中国页岩油气行业的特色,与过去中国石油工业的发展脉络基本一致,这是我国页岩油气事业发展不同于美国页岩油气的地方。美国的页岩油气产业首先从中小企业开始。大企业主导参与不会否定中小企业参与页岩油气的优势。美国页岩油气行业之所以充分依托中小企业,很大程度上就是基于中小企业运营成本低的相对优势,大企业的管理成本相对较高,导致在低油价下开发页岩油气成本优势不明显,甚至成为劣势。

只有在油价上扬且处于相对较高水平时,大油企进驻页岩油气领域方为可能。国内企业当前在从事页岩油气勘探开发时,其实也存在类似问题,比如国内已开发的页岩气田就普遍面临成本较高的挑战,需要在一定程度上依赖国家补贴,否则生产越多,亏损越多。油价在新冠肺炎疫情后出现了一定程度的复苏,主要受经济恢复增长驱动,各国实施积极的财政货币政策,导致经济领域流动性增长。这是油气价格上扬的直接诱因。然而,在能源多元化时代,在电动革命、氢能革命大力推进的能源"战国"时代,油价上扬实际上被设置了上限。从油气行业发展的角度看,中低油价符合行业发展的利益,高油价是把"双刃剑"。

1. 页岩油

页岩油是指以页岩为主的页岩层系中所含的石油资源。页岩油作为长庆油田二次加快发展的最现实接替资源,如何实现规模效益开发尤为关键。由长庆油田历经十几年勘探发现的10亿 t 级庆城大油田,储层位于鄂尔多斯盆地长 7 生油层,属于极难有效开发的页岩油资源。长庆油田通过持续攻关,探索形成鄂尔多斯盆地页岩油高效开发模式。2020 年 3 月,陇东国家级页岩油示范区百万吨产能建设全面启动,标志着庆城 10 亿 t 级大油田进入规模开发阶段。

中国的陆相页岩油包括三大部分,一是埋藏深度小于 300 m 的油页岩油,这是可以通过地面干馏的方式开采的一类资源。对于其资源潜力与未来开发利用地位,目前还有争议。此外,只有单层厚度大、分布有一定规模且含油率高的油页岩才具有经济开发潜力。从这点看,我国油页岩油的资源总量比较有限。

二是中低熟页岩油。页岩中只有一小部分有机物转化为石油,且已转化的石油丰度低、黏度高、流动性差,不能利用现有成熟的技术进行开采,需要采用地下人工加热的方法,将页岩中剩余有机质和高黏度石油转化为易采出的轻质石油和伴生天然气。据初步评价,我国中低熟页岩油资源总量巨大,一旦技术成熟,将带来我国石油工业的一场革命,称为陆相页岩油革命,可以与美国海相页岩油革命相媲美。

三是中高熟页岩油,其地下温度、压力比较高,埋藏时间比较长,大部分有机质已经转化为石油和伴生天然气,大量滞留在页岩层系内。通过水平井技术增加井筒与页岩地层的接触面积,水力压裂技术提高地层内页岩油向井筒的流动能力和规模,即可获得工业产量。

我国陆相页岩的资源禀赋和现有采收率水平决定了高熟页岩油经济可采总量比较有限。从目前已有试采资料看,我国中高熟页岩油对支撑我国原油年产 2 亿 t 有很好的现实性,但贡献的产量份额不够大。

与美国不同,我国陆相页岩油革命的实现需要中高熟页岩油与中低熟页岩油的接续发展。其中,中高熟页岩油现实性好,可以依靠成熟的水平井和体积压裂技术实现有效开发利用,是我国"十四五"原油 2 亿 t 稳产的重要补充。中低熟页岩油资源潜力巨大,但现有技术的稳定性和适应性还有待先导试验验证,目前还有不确定性。一旦技术取得突破,将带来原油产量的大规模增长,对国家油气供应安全将发挥重大作用。因此,实现陆相页岩油革命的主体是中低熟页岩油。

总体看,我国陆相页岩油革命一旦发生,将具有四方面内涵:

一是资源类型的革命,从"人工油藏"迈向"人造油藏"。中高熟页岩油的开发思路与美国无异,即依靠改变地下流体渗流环境和补充地层能量,在"甜点"内形成高渗透流动通道,即人工改造油藏。中低熟页岩油开发的关键是采用人工加热改质的方法,使富有机质页岩在地下原位产生轻质石油和天然气并采至地表,是真正意义上的"人造油藏"。

二是开采技术的革命,从"水平井+体积压裂"迈向"地下原位转化"。中高熟页岩油的开发可以照搬页岩气开发的成功技术和经验,即通过水平井+体积压裂技术形成复杂人工缝网,提高地层内页岩油向井筒的流动能力和规模。中低熟页岩油的开发则需要地下原位转化技术,这是和现有的水平井和体积压裂技术完全不同的一类全新技术,但相关工具都是成熟的,就待先导试验予以证实。这套技术一旦成功,将带来页岩油地下原位转化的技术革命。

三是开发方式的革命,从地上"井工厂"迈向地下"油炼厂"。当前,中高熟页岩油的开发普遍采用"井工厂"的方式,即利用一个作业平台完成多口水平井的钻完井,达到降本增效的目标。中低熟页岩油的开发除利用"井工厂"技术完成钻完井外,还需要人工升温使页岩中的有机质发生裂解生成轻质石油和天然气,并把裂解过程中产生的焦沥青、二氧化碳和部分硫化氢等污染物留在地下,相当于在地下建立一座"油炼厂",从而实现油气的绿色开采。

四是资源地位的革命,从"保 2 亿 t 原油稳产"迈向"大规模上产"。我国中高熟页岩油的开发已经起步,"十四五"是我国陆相页岩油快速发展期。中低熟页岩油地下原位转化技术有望在"十四五"期间完成先导试验,并向工业化生产迈出关键一步。同时,关键装备的国产化也在积极推进中,一旦先导试验成功,中低熟页岩油产量将在"十五五"期间大规模增长,那时我国原油对外依存度将大幅降低,值得期待。

2. 页岩气

页岩气是指位于暗色泥页岩以吸附或游离状态为主要存在方式的天然气聚集。美国能源署估算了 32 个国家页岩气的技术可采储量(图 5-9),页岩气总储量为 187.6 万亿 m^3,天然气总储量 187.5 万亿 m^3;其中,中国页岩气可采储量世界第一,达到 36.1 万亿 m^3,远远超过了探明的 3 万亿 m^3 天然气储量。国土资源部油气中心采用成因法、统计法、类比法及德尔菲法进行估算,估算的中国页岩气可采资源储量大约为 31 万亿 m^3,与美国能源署的估计大体一致。

中国页岩气资源分布广泛,在南方古生界、华北地区下古生界、塔里木盆地寒武-奥陶系广泛发育有海相页岩,准格尔盆地的中下侏罗统、吐哈盆地的中下侏罗统、鄂尔多斯盆地的上三叠统等发育有大量的陆相页岩,地理位置上处于塔里木、准噶尔、松辽等 9 个盆地。

页岩气的开发难度首先是储集空间小,主要存储在比磨刀石还要致密的岩石中,储集空间一般为纳米孔隙,平均 80 nm,约为头发丝直径的 1/600。其次赋存状态与常规气不同,主要以吸附态、游离态形式赋存在储层中,开采初期产量以游离气贡献为主,中后期气藏压力降低,吸附气解吸后才逐渐被采出。目前,中国石油在川南页岩气田经过 10 余年的勘探开发,形成了成熟的 3500 m 以浅页岩气勘探开发六大主体技术系列,实现 3500 m 以浅规模效益开发,并在深层页岩气勘探开发方面持续取得重大突破。

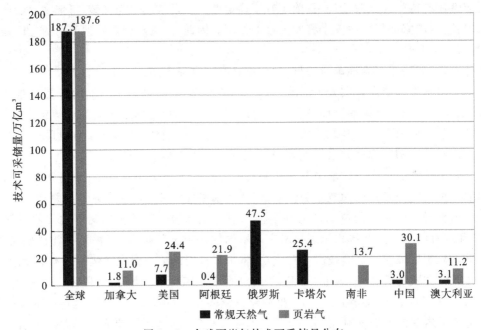

图 5-9 全球页岩气技术可采储量分布

（注：俄罗斯和卡塔尔的页岩气、南非常规天然气技术可采储量数据无法获得）

页岩气成为非常规天然气增长最大亮点，产量占比显著提升。2015—2019 年，页岩气在天然气总产量中的占比从 3.42% 增长至 8.69%，产量从 46 亿 m³ 增长至 154 亿 m³，增长最为迅速。2020 年，页岩气产量实现爆发式增长，根据央广网数据，2020 年我国页岩气产量达200.4 亿 m³，同比增长高达 30%，其产量占比首次突破 10%，占总产量的 10.52%。通过加快对埋深 3500~4000 m 页岩气资源的开发，2025 年全国页岩气年产量可以达到 300 亿 m³；考虑到埋深 4000~4500 m 页岩气资源开发突破难度较大，2030 年页岩气有望落实的年产量为350 亿 m³。

资源禀赋与政策支持下，页岩气有很大增长空间。我国常规天然气储量排世界第十三位，而页岩气储量是世界第一。由于页岩气开采难度大，前期投入较高，我国自 2012 年开始对页岩气按 0.4 元/m³ 进行补贴，2016—2018 年的补贴标准为 0.3 元/m³，2019—2020 年补贴标准为 0.2 元/m³。

页岩气区块的开发流程分为勘探、开发和采气三个阶段（图 5-10）。页岩气的开发技术包括页岩气资源评价技术、开发技术和工厂化作业技术。美国经过 30 多年页岩气开发，形成了成熟可靠的开采技术。目前美国是世界上唯一实现了页岩气大规模开采的国家，代表了世界上最先进的页岩气开采技术。中国的页岩气开采技术处于技术储备和合作学习的阶段。页岩气的勘探技术与常规天然气类似，使用的勘探设备也基本相同，比较具有技术含量的环节是地震资料的解释和评价技术。中国企业在页岩气勘探方面经验不足，但基本可以满足要求，也能得到国外企业的帮助。中石油、中石化都是全产业链经营模式，国内的勘探企业基本上都集中在这两家公司内部。这两家公司的勘探作业能力基本能够完成页岩气勘探任务。

页岩气开发和采集的技术，目前需要学习美国企业。国内油田技术服务公司基本不掌握页岩气开采技术，很难参与其中，只能提供一般性的服务。但国内已有部分企业开始前期相关

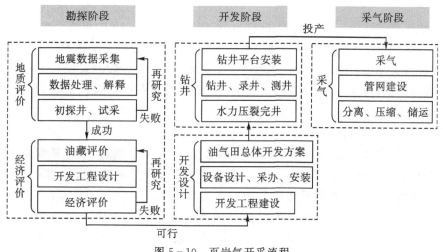

图 5-10　页岩气开采流程

的技术储备,如安东油田服务有限公司和宏华集团有限公司。安东油田服务早在 2006 年就开始储备页岩气开发的相关技术,并参加了中石油第一口页岩气试验开采井的施工。宏华集团在页岩气开发规划服务方面处于国内领先地位,还研发了较多适应中国开发环境的开采设备。

压裂技术是页岩气开采中的关键技术,压裂费用一般占页岩气开采总费用的 30% 左右,是页岩气开采能否实现低成本工业化开发,以及保证页岩气产量的关键点。压裂技术一般以岩石力学理论为基础,分为水力喷射压裂、氮气泡沫压裂、同步压裂等多种压裂方式。

虽然中国页岩气储量丰富,但开采较困难。页岩气资源多分布在边远山区且离地表较远;另外丰度较差,矿井开采期较短;而且中国页岩气地质结构种类较多,需要不同的开发技术,四川盆地属于海相页岩储层,可借鉴美国经验,而吉林东部盆地属于陆相页岩储层,美国技术不适用,需要自主开发技术。总体而言,中国页岩气开采仍处于探索及试验阶段。中石油、中石化和延长油田已分别打出了页岩气试验开采井,但目前中国还没有形成页岩气工业化产量。

5.2.2　煤层气

非常规气是我国自产气的最大增量,也是保障我国能源安全的主要方式之一。长期受益于天然气需求增长,煤层气(煤矿瓦斯)是未来增量气的重要主体之一。煤层气是赋存在煤层及煤系地层的烃类气体,是优质清洁能源。中国煤层气产量从 2017 年起逐年递增,2020 年达到 102.3 亿 m^3。2021 年 5 月中国煤层气产量为 8.6 亿 m^3,同比增长 3.9%;2021 年 1—5 月中国煤层气累计产量为 43.4 亿 m^3,累计增长 9.8%。2021 年 1—5 月中国煤层气产量大区分布不均衡,其中华北地区产量最高,特别是山西省贡献了最多产量;各省市产量第一名遥遥领先于其他省市。

煤层气开采方式主要包括井下煤层气抽采、地面煤层气钻采两大类。井下抽采多伴随煤炭开采进行,地面钻采则不受煤炭开采的限制,后者一般可在开采煤层前进行煤层气的开采。煤层气综合抽采是未来煤矿和煤层气综合开发的趋势,即开采煤层前进行预抽,卸压邻近层瓦斯,边采边抽,并进行采空区煤层气抽采。煤层气地面抽采浓度较高,基本在 95% 以上,可以直接进入天然气管网,与天然气和页岩气共同运输。但是井下抽采煤层气浓度较低,基本以就地利用或者放空为主。

我国煤矿区煤层气井下抽采从 20 世纪 50 年代开始。经过 70 多年的发展,抽采目的已由最初的保障煤矿安全生产发展到了采煤采气一体化的综合开发。抽采技术已由早期的本煤层抽采和采空区抽采单一技术逐步发展到井上下立体抽采、井下各种抽采技术组合应用的综合抽采技术,其中,邻近层抽采、本煤层预抽和采空区抽采等传统的抽采技术得到了大范围推广应用,地面井抽采技术也取得了良好的效果。

1. 煤层气井下抽采进入平稳期

我国煤层气赋存条件区域性差异大,多数地区呈低压力、低渗透、低饱和特点,规模化、产业化开发难度大,井下抽采难度增大。近年来,随着国家加强对煤矿煤层气抽采管理和煤炭产量的提升,煤矿煤层气井下抽采量逐年上升。

2000 年煤层气井下抽采量为 8.6 亿 m^3,2018 年煤层气井下抽采量为 129 亿 m^3,约为 2000 年的 15 倍。2006—2011 年,煤层气井下抽采量进入快速增长时期,年均复合增长率为 24.8%;2012—2020 年,煤层气井下抽采量进入稳定增长阶段,年均复合增长率为 6.1%。2018—2020 年,井下煤层气年抽采量为 129 亿~140 亿 m^3,井下煤层气抽采进入平稳期。

我国抽采矿井主要集中在山西、贵州、湖南、四川、重庆、河南、吉林、安徽、云南、陕西、内蒙古、宁夏等地区。

2. 煤层气井下抽采浓度偏低导致利用率较低

煤层气井下抽采浓度总体较低。根据煤炭科学研究总院调研,井下抽采浓度 30% 以上抽采量约占 43.58%,其中,国有矿中浓度 30% 以上占 44.95%,地方矿中浓度 30% 以上占 37.55%。煤层气的利用途径有民用燃料、工业用燃料、发电、汽车燃料和化工原料等,目前,煤层气利用主要集中在民用和发电领域。总体上,煤层气利用量增加的速度与抽采量增加的速度基本持平,由于煤层气浓度偏低,导致我国煤层气井下平均利用率一直处于低位,维持在 40% 左右。

《煤矿安全规程》明确提出有突出危险煤层的新建矿井必须先抽后建的新规定。"先抽后建"目的是在突出煤矿建设前,布置地面钻井预抽煤层瓦斯,降低煤层瓦斯含量和压力,实现将高瓦斯突出煤层改造为非突出低瓦斯煤层,减弱或消除将来建矿和生产时瓦斯灾害威胁。

在地面开发方面,2005 年开始,煤层气探明地质储量稳步增长,2009 年随着勘探开发全面铺开,探明地质储量增长较快,截至 2017 年底累计探明地质储量 6974 亿 m^3。沁水盆地、鄂尔多斯盆地东缘产业化基地初步形成,潘庄、樊庄、潘河、保德、韩城等重点开发项目建成投产,四川、新疆、贵州等省(区)煤层气勘探开发取得进展。

从抽采浓度看,相比井下抽采的煤层气,地面开发的煤层气浓度高,可以达到 95% 以上,其利用率也高,可以达到 90% 左右,类似于常规天然气,适于进入管道输送或生产液化天然气运输。根据我国煤储层的储层压力、渗透率、含气量特征,我国的煤储层可分为三类:第一类为高压高渗储层,代表性盆地为准格尔盆地;第二类为条件较好储层,代表性盆地为鄂尔多斯保德地区;第三类为低压低渗储层,代表性盆地为沁水盆地部分地区、鄂尔多斯盆地部分地区和东北盆地。目前,国内应用较多的煤层气地面开发技术有垂直井开发、丛式井开发、多分支水平井开发和 U 形井开发技术。

我国的煤层气开采技术水平还需要进一步提升,通过对当前已有开采技术进行改良,可以获取适合我国煤层气开采的有效技术。为此我国要加强煤层气开采技术的创新,结合我国煤层气分布与开采的现状,探究提升煤层气开采效率的有效方法。在新技术的引进上要结合煤层气开采的特点与实际情况,国内还应加强新技术的研发力度,结合地理情况来开采煤层气,继而提升煤层气的开采效率。在开采煤层气时还可以引进固氮酶增产技术,该技术主要是结合生物科学的方法来制备固氮酶,酶可以被送到地下天然或者人工产出的裂缝中,生物固氮酶将注入煤层的氮气转化为可以提高煤层气二次采收率的一种化合物,固氮酶的转化率高、存活时间长,对煤层的污染较小,可以提升煤层气的开采量。

多级强脉冲加载压裂技术是开采石油和天然气时常用的压裂技术和方法。多级强脉冲加载压裂技术的工作原理是以多种燃速复合压裂药优化组合匹配,结合特有的隔断延时控制技术,使其燃烧产生大量高温、高压气体的连续有序释放,形成多级高压脉冲波,沿着射孔实现煤层气的有序传递,并由此产生良好的压裂效果,在煤层内形成多条裂缝,从而形成裂缝体系,增加煤储层的渗透率。与水压裂技术相比,多级强脉冲加载压裂技术可靠、成本低、操作简单、适用性更强。煤本身的质地较弱,在缺乏支撑剂的环境下煤层会产生一定的压裂,容易导致裂缝出现重新闭合的现象。

在煤层气产业发展初期,我国出台了许多鼓励煤层气开发利用的优惠政策。近年来,国内天然气消费量增速较快,对外依存度不断攀升,煤层气等非常规天然气的开发越来越受到重视,非常规天然气也迈入加快发展的重要机遇期。作为清洁能源,政府对煤层气开发利用的补贴力度也在不断增大。

综上所述,国内煤层气的利用多集中在特定浓度,综合化利用的基础研究较为薄弱,尚未形成较为有效的煤层气综合利用技术,对煤层气综合利用的能效评价标准尚不健全。此外,随着智能化技术的不断进步,急需对多源宽浓度煤层气的气源特征规律、煤层气稳定供能技术、煤层气综合利用技术等开展深入研究,结合多层神经网络及深度学习模型等先进技术,实现矿井多源煤层气智能分级利用及减排。

5.2.3　天然气水合物

天然气水合物(natural gas hydrate)即可燃冰,是天然气与水在高压低温条件下形成的类冰状结晶物质,因其外观像冰,遇火即燃,因此被称为可燃冰、固体瓦斯和气冰。充填甲烷的可燃冰 1 m³ 可产出气 164 m³ 和水 0.8 m³,其能量密度是煤和黑色页岩的 10 倍左右,是常规天然气能量密度的 2～5 倍。可燃冰的燃烧热值高,清洁无污染,燃烧后几乎不产生任何废弃物,二氧化硫产生量比燃烧原油和煤炭低两个数量级,是近 20 年来在海洋和冻土带发现的新型能源,并有可能成为 21 世纪的新能源,受到世界各国政府和科学界的密切关注。

可燃冰由海洋板块活动形成。当海洋板块下沉时,较古老的海底地壳会下沉到地球内部,海底石油和天然气便随板块的边缘涌上表面。在深海压力下当接触到冰冷的海水,天然气与海水产生化学作用,就会形成水合物。科学家估计,海底可燃冰分布的范围约占海洋总面积的10%,相当于 4000 万 km²[13],是迄今为止海底最具价值的矿产资源,足够人类使用 1000 年。

虽然全世界可燃冰资源量非常可观,但由于开采技术问题,除了小型现场试验之外,目前唯一实现开采的只有西伯利亚麦索雅哈气田的商业化开采井,钻了大约 70 口井。全球未来的可燃冰产量尚不确定。

鉴于可燃冰的广阔前景,多个国家都在积极开展可燃冰研究,但截至目前仍面临多个难题。

首先,因绝大部分可燃冰埋藏于海底,所以可燃冰开采难度十分巨大。目前,日本、加拿大等国都在加紧对这种未来能源进行试开采,但都因种种原因未能实现或未达到连续产气的预定目标。其中,2013年日本曾尝试进行过海域可燃冰的试开采工作,虽然成功出气,但6天之后,由于泥沙堵住了钻井通道,试采被迫停止。而根据央视报道,在地球上,绝大多数的可燃冰其实都和泥沙混在一起。中国在南海神狐海域试采成功的就是一种泥质粉砂类型矿藏,可以说是未来最具商业价值的一种。此次开采,我国科学家利用降压法,将海底原本稳定的压力降低,从而打破了可燃冰储层的成藏条件,之后再将分散在类似海绵空隙中的可燃冰聚集,利用我国自主研发的一套水、沙、气分离核心技术最终将天然气取出。

其次,可燃冰开采过程中风险因素较大。央视报道,据估算,全球海底可燃冰的甲烷总量大约是地球大气中甲烷总量的3000倍,如果开采不慎导致甲烷气体大量泄漏,将可能引发强烈的温室效应。如何安全、经济地开采可燃冰,并且从中分离出甲烷气体,依然是目前各国研究和利用可燃冰的核心难题。此外,可燃冰开采还面临高昂成本问题。长江证券报告分析,当前中国南海可燃冰开采费用达200美元/m³,折合成天然气达6元/m³,而常规天然气本身开采只有不到1元/m³,整整相差6倍。但根据专家测算,未来可燃冰的生命周期成本总体约为0.77元/m³,相比常规天然气大约0.99元/m³的生命周期成本,还是具备极大的商业开采价值的。因此,除中国外,进行可燃冰开采试验的目前为止也只有苏联(商业化)、美国(小范围试验开采)、日本(海底提取试验),其他国家均是以试验井、试验船等形式进行研究。此前有业内专家表示,目前可燃冰的研究进度大概相当于30年前的页岩气研究状况,但考虑到气水合物的复杂性和链式环境影响,研究、开发进度会更加缓慢。

根据中国战略规划对可燃冰勘探开发的安排,2006—2020年是调查阶段,2020—2030年是开发试生产阶段,2030—2050年,中国的可燃冰将进入商业生产阶段。

2020年2月17日至3月30日,我国海域可燃冰第二轮试采圆满成功。此次试采已持续产气42天,累计产气总量149.86万m³,日均产气量3.57万m³,是第一轮60天产气总量的4.8倍,创造了产气总量、日均产气量两项世界纪录。

5.3 非化石能源的碳中和技术路线

人类活动产生的二氧化碳排放主要来源于化石能源燃烧,因此二氧化碳减排主要依靠减少化石能源的应用。在碳中和目标约束下,化石能源消费将显著下降,即使碳捕集、利用与封存技术得到快速发展并实现大范围商业化应用,化石能源消费依然会有较大幅度下降[14],未来主要依靠可再生能源供应增长来满足能源消费需求,预计2050年全球可再生能源消费占比将提升至30%以上[15]。

面对经济变革和新能源革命的到来,我国要抓住机遇,努力走在非化石能源研发利用事业的前端,为经济和社会的可持续发展奠定好能源基础[16]。目前,在能源生产总量增长的同时,我国的能源结构也逐步完善和优化,煤炭在能源消费总量中所占比重逐步下降,太阳能、风电、水电、生物质能和核能等清洁能源及可再生能源所占比重不断提高,清洁能源研发利用取得了很大成效。斯坦福伯恩斯坦研究所的分析师假设,如果中国在2050年之前实现碳中和,那么那时中国的电力至少有94%来自无碳能源;同时预测,2050年中国的光伏电力和风电将分别占到32%和25%,核能和水电提升至12%和15%。

5.3.1　太阳能发电行业发展路线

太阳能发电主要包括太阳能光伏发电和太阳能光热发电,其中太阳能光伏发电是利用电池组件将太阳能直接转变为电能的装置。太阳能电池组件是利用半导体材料的电子学特性实现光能—电能转换的固体装置,在广大的无电力网地区,该装置可以方便地实现为用户照明及生活供电,一些发达国家还实现了与区域电网并网互补。目前从民用的角度,在国外技术研究趋于成熟且初具产业化的是"光伏-建筑(照明)一体化"技术。经过 40 年的发展,我国太阳能利用事业已经进入一个全新的发展阶段。

1. 太阳能光伏发电

根据 2012 年中国资源综合利用协会可再生能源专业委员会和国际环保组织"绿色和平"发布的《中国光伏产业清洁生产研究报告》,光伏发电的能量回收周期仅为 1.3 年,而其使用寿命为 25 年,也就是说在约 24 年里光伏发电都是零碳排放。根据测算,光伏发电的二氧化碳排放量只是化石能源的 1/20～1/10,所以光伏发电在降低碳排放方面拥有压倒性的优势。

过去 20 年以来,我国风电产业先于光伏产业进入规模化发展。随着光伏度电成本的快速下降,以及分布式光伏的大力发展,我国光伏累计装机增速远高于风电。2020 年中国太阳能发电装机容量达 253 GW,年产量为 124.6 GW,占电力行业总发电量的 3.42%,其中主要为光伏发电。未来 10 年光伏的新增规模远远超过风电。太阳能光伏发电是目前发展最为迅速,并且前景最被看好的可再生能源产业之一。

2000 年以来,全球太阳能光伏年度新增装机容量呈现快速增长的态势,年均复合增长率为 43.33%。2010—2020 年全球光伏发电累计装机容量从 40 GW 增长到了 760.4 GW,近 10 年的光伏发电累计装机容量翻了 19 倍。这一增速使得光伏产业成为到目前为止增长最快的产业之一。展望未来,国际能源署预计到 2050 年能够提供全球发电量的 11%。国际可再生能源机构(IRENA)的报告显示,2010—2019 年,全球公用事业规模的光伏电站加权平均发电成本急剧下降了 82%,从 2010 年的 0.378 美元/(kW·h)降至 2019 年的 0.068 美元/(kW·h)。

2011 年 9 月 5 日,欧盟联合研究中心能源与交通研究所发布了其年度统计分析报告《光伏现状报告 2011》,对全球超过 300 家相关企业的调查结果进行总结和评估。根据报告,从光伏组件生产情况来看,过去数年经历了重大变化,中国大陆已成为全球主要的太阳能电池和组件制造中心,其后是中国台湾、德国和日本。全球前 20 位太阳能电池制造商中,有 8 家中国大陆企业、5 家欧美企业、4 家中国台湾企业、3 家日本企业,中国大陆有 6 家企业进入前十位。而从光伏装机情况来看,欧盟凭借其累计装机容量超过 29 GW,领先于其他国家和地区。

在价格方面,受光伏市场从供应受限向需求驱动转变,以及光伏组件产能过剩的影响,过去几年光伏组件价格大幅降低,降幅接近 50%。未来光伏系统成本的降低将不仅取决于太阳能电池和组件的技术改进及规模扩大效益,还取决于系统组件成本,以及整体安装、规划、运行、许可与融资成本的降低。

在技术发展方面,随着市场的需求升级和行业的压力,单晶硅片和硅料成本下降,钝化发射极及背表面电池(passivated emitterand rear cell,PERC)取代传统电池,其成本更低,性能更好,被市场广泛接受,是一种主流的高效电池,兼容现有生产线,效率提升明显,2020 年占比高达 86%。根据中国光伏行业协会(CPIA)数据,PERC 电池在原有生产线上增加钝化膜和激光开孔两个环节,单晶效率即可提升 0.8%～1%,多晶效率可提升 0.5%～0.8%,且可结合其他工艺带来更大效率提升。PERC 为目前市场主流技术路径,仍具备几年生命期,但生产线扩张即将进入尾声。据不完全估计,2021 年主流 PERC 电池片厂商规划的新增产能达 143 GW,为历史最高值,主要因大尺寸技术迭代小尺寸所致。但 PERC 转换效率已接近 24% 的理论极限,未来提高空间有限。此外,PERC 电池存在热辅助光致衰减(LeTID),后期发电能力弱。预计 PERC 扩产潮达到顶峰后,各大厂商再扩 PERC 产能意愿有限,更多精力将用于布局新技术路径电池。

总之,光伏产业作为代表性清洁能源新兴产业,对应对能源问题、缓解气候变暖起着重要作用。但在蓬勃发展的光环下仍存在着如环境污染、材料短缺、规模问题等诸多负面因素。如果对此没有充分认识,并综合包括政府、学界、产业界、公众等各利益相关方的意见进行统筹规划、技术升级改造和因地制宜的应用,将不可避免地对光伏产业未来发展造成严重影响。

2. 太阳能光热发电

太阳能光热发电可与储热系统或火力发电结合,从而实现连续发电,并且稳定性高,兼容性强,便于调节。此外,光热发电设备生产过程绿色环保,光热发电产业链中基本不会出现光伏电池板生产过程中的高耗能、高污染等问题,这也是其他发电方式不可比拟的优势。

太阳能光热发电被视为未来取代煤电的最佳备选方案之一,已成为可再生能源领域开发应用的热点。尤其是最近 10 年,光热发电发展步伐迅速。太阳能资源开发相对较早的美国、西班牙两国,无论在技术上还是商业化进程,都在全球位列前茅。其他太阳能资源国也相继出台了各种经济扶持和激励政策,宣布建设更多新的光热电站,大力发展光热发电产业。从目前形势来看,在全球范围内已经掀起了新的投资和建设热潮,并且不断有新的市场加入,全球太阳能光热发电总装机规模持续上升,世界各国宣布建设的光热装机规模爆发式增长,太阳能光热发电行业呈现出一派蓬勃发展的繁荣景象。国际能源署预测,中国光热发电市场到 2030 年将达到 29 GW 装机规模,到 2040 年翻至 88 GW,到 2050 年将达到 118 GW,成为全球继美国、中东、印度、非洲之后的第四大市场。

太阳能光热发电具有较多优点,包括在整个生命周期中,光热电站每度电的碳排放远低于光伏电站,仅为光伏电站的 1/6。与光伏和风电相比,光热发电是电网友好型的清洁电源,大规模并网不会增加整个电力系统的额外成本,太阳能光热发电与储热系统或火力发电结合后,可以实现全天 24 h 稳定持续供电,具有可调节性,易于并网,相对于光伏或风电季节性、间歇性、稳定性方面的缺陷,光热发电对电网更友好,兼容性更强。也就是说,一旦考虑到将光热发电技术配置储能系统,它与其他可再生能源发电技术孰优孰劣的问题就一时很难定论;建设光热发电站需要消耗普通钢材、玻璃、盐和水泥等大量传统材料,有助于化解传统行业过剩产能;设计、制造光热电站所用的技术设备与传统煤电几乎相同,有助于在能源转型过程中帮助传统煤电产业链企业获得新生。光热技术能够弥补其他可再生能源技术的一些缺陷,能够在可再生能源领域达到互补作用。

同时,光热电站自带大规模、廉价、安全、环保的储能系统,能明显降低未来电力系统对储能的需求;光热发电具有很大转动惯量,有利于电网频率和电压稳定,能够为电力系统安全运行提供重要支撑;光热发电大多建在荒漠化土地上,有利于当地生态改善;中国优质光资源主要在西北,通过规模化建设光热电站,有利于扩大当地就业(光热电站就业人数是光伏电站的10 倍),可明显拉动西北落后地区经济发展;经过一定年限的规模推广,光热发电不仅可摆脱对国家补贴的依赖,且经济性和环保性均优于天然气发电和光伏+化学电池储能,上网电价也可降到当前煤电水平。在未来能源结构调整过程中,光热技术具备巨大的发展潜力。要想让金融机构加大对光热电站项目的融资支持,为光热电站开发吸引更多的投资商,务必要发挥光热发电可以配置储能系统的优势。

但目前发展光热发电存在一些困难,包括光热发电处于发展初期,没有规模效应,与光伏相比价格较高;光热电站的经济性与其规模紧密相关,只有较大规模的电站才具有良好的经济性,因此,光热电站投资额远大于光伏电站;光热电站建设周期较长,工程技术较为复杂,涉及多个工程门类,调试、运维都较为复杂;虽然光热发电价值已得到不少专家认可,但因目前国内拥有大量煤电机组,光热发电价值和作用短期还无法得到体现等。

太阳能光热最新应用已在制冰技术、季节性蓄热技术和热发电技术方面取得突破。

(1)制冰技术初见成效。目前,太阳能制冷技术已被国内很多太阳能大型企业掌握,如桑普、奇威特、皇明、希奥特等,在全国建有示范项目多个,并实现了与太阳能采暖、热水系统的联合应用。除了应用于太阳能空调,太阳能制冷还可产生出冰块,应用于蔬菜水果肉类的保鲜、啤酒生产和储藏等各方面,但技术难度较高。2013 年 3 月,我国首家"太阳能制冷成套装备项目联合开发中心"在青岛成立,针对太阳能中高温制冷制冰成套装备进行研究与开发。2013年 4 月,国内首台中温太阳能制冰蓄冷系统机组完成调试运行,成功产出第一桶冰。该机组由力诺瑞特和泰安华能制冷有限公司联合研制,工作温度可达到 150 ℃,每天制冰量达到 1.5～2 t。

(2)季节性蓄热技术实现。蓄热技术是太阳能采暖系统的关键,它直接决定了采暖系统的有效应用。其中,季节性蓄热采暖的技术要求最高,也最不容易实现。2013 年在石家庄举行的"太阳能季节性蓄热采暖应用技术研讨会"上,由四季沐歌设计承建的河北经贸大学太阳能季节性蓄热采暖项目,向我们有力地呈现了我国太阳能采暖技术的加速度。河北经贸大学季节性蓄热太阳能采暖项目的储热水箱设置于地上,共采用 228 个容量为 89 t 的水箱,水箱外部用钢板和特殊材料组成隔热层,总蓄热容量达 2 万 t。河北经贸大学太阳能季节性蓄热采暖项目的成功运行,标志着我国太阳能采暖技术进入国际最先进水平。

(3)热发电技术成果告捷。自 2012 年 6 月 10 日首次实现冲转运行,北京延庆太阳能热发电站试验生产一年多来,运行平稳,2013 年 6 月,由高达 119 m 的集热塔、100 组定日镜组成的亚洲第一座塔式太阳能热发电站——延庆太阳能热发电实验电站正式并入国家电网。这标志着中国已经掌握了太阳能热发电技术,成为继美国、西班牙、以色列之后,世界上第四个掌握这一技术的国家。

目前,太阳能热发电四种形式中,槽式和塔式太阳能热发电系统在我国实现了商业化推广运行,已开始进入专业性使用阶段,碟式与线性菲涅尔式太阳能热发电则分别处于样机示范及系统示范阶段。

此外,火电与光热发电混合发电技术进入研究阶段。2012 年兰州交通大学国家绿色镀膜技术与装备工程技术研究中心和华北电力大学国家火力发电工程技术研究中心达成战略合作协议,双方展开火力发电技术与光热发电技术相结合的工程研究。

5.3.2　风电技术发展路线

风电技术就是利用风能发电的技术,主要靠制造风能发电机。近年来,风力发电作为清洁能源备受全球各国关注,全球风力发电规模稳步增长,2020 年全球风电装机总容量为741 GW,同比增长 13.8%,开发风电技术是当今诸多国家的主要发展战略,到 2050 年全球各地区风力发电量总和将达到近 5000(TW·h)/a。

目前全球风力发电以陆上风力发电为主,从全球来看,陆上风电经过多年的发展,已形成成熟的技术和服务市场。然而,随着陆上可开发土地资源和风能资源的日益稀缺,海上风电已逐渐成为一种发展趋势。海上风电不是简单地把陆上风电移到海上,而是与陆上风电具有明显的不同。由于风电场布设位置的改变,带来风机装备设计制造、风电场选址开发和建设运维等一系列的变化与挑战。为此,应借鉴陆上风电发展的成功经验,结合自身特点,完善技术市场和服务市场,推动海上风电健康稳定发展,为实现陆上风电与海上风电的共同稳定发展提供强劲动力。

截至 2020 年底,我国风电累计装机规模达到 281.72 GW,居世界第一,以陆上风电为主。我国陆上风电、海上风电的发展情况如下。

1. 陆上风电发展现状

虽然我国风能产业起步较晚,但通过一系列的引进、消化、吸收,我国陆上风电技术已逐步实现了自主创新,风电产业的发展取得了可喜成绩。风电已成为我国能源结构的重要组成部分。2019 年我国全年发电量中,风电占 5.5%,已经成为仅次于火电(装机容量 11.91 亿 kW,占总装机容量的 59.2%)和水电(装机容量 3.56 亿 kW,占总装机容量的 17.7%)的第三大电力来源,且快速发展,年增长率 26.36%。

我国陆上风力发电风能资源丰富,具有良好的先天开发条件,目前我国陆上风电装机规模全球第一。风力资源主要分布在"三北"地区,云贵高原和东南沿海地区次之。受风能资源分布和开发难度等因素的影响,我国陆上风电发展过程呈现从北向南、从戈壁平原到山区、从集中到分散的特点。陆上风电单机组容量也从 55 kW 发展到超过 10 MW。从政策层面看,为促进我国风电产业的发展,国家相继出台了《中华人民共和国可再生能源法》《国家发展改革委关于完善风电上网电价政策的通知》《分散式风电项目开发建设暂行管理办法》,以及绿色电力证书、可再生能源电力配额制度等鼓励政策和激励措施。

尽管取得了一些成绩,但陆上风电的发展也面临着诸多问题。比如,就近消纳能力不足,远距离输送通道容量有限,弃风限电,开发方式粗放,风能资源勘探不科学,设计水平参差不齐,风电机组可靠性有待提高,技术壁垒严重,运行管理水平落后等,这些都对风电行业的健康发展提出了挑战,需要在今后的工作中不断完善。

2. 海上风电发展现状

目前,我国海上风电新增装机量已位居全球第一,累计陆上风电装机总量全球第一,累计海上风电装机总量全球第二,达到 996 MW,仅次于英国。海上风电的开发区域由近及远可分为潮间带、潮下带滩涂、近海及远海,目前已建成的风电项目均为滩涂和近海风电场。海上风电具有很多优点,风能资源稳定,不占用土地资源,无消纳问题等。但是,海上风电同样面临着巨大的技术难题,风能资源评价、海洋水文测量、地质勘察等基础工作开展不足,风电机组基础建设成本高,海上施工作业难度大,施工装备市场不成熟,设备运行环境恶劣,工程管理和生产运维经验严重不足,标准体系不完善等。同时,在开发过程中,还要考虑对军事、航运、海洋生态保护等方面的影响。海上风电已经进入大规模发展阶段,面对行业存在的问题和挑战,需要借鉴陆上风电发展经验和教训,通过不断实践和创新,努力推进海上风电产业健康持续发展。

风能技术分为大型风电技术和中小型风电技术,虽然都属于风能技术,工作原理也相同,但是却属于完全不同的两个行业。大型风电设备是将电卖给国家电网,其功率大频率恒定

(50 Hz),小型风力发电机结构简单,没有严格要求控制其发电的频率,因为发出来的电一般都是用蓄电池保存的。小型风力发电机基本都是离网型用户使用,比如偏远地区,或者为了环保考虑而使用的,例如风电与光伏电结合的路灯。

大型风力发电机组也就是并网型风力发电机在未来几年会有很大的发展,基本以每年 2 倍的装机容量在提高,但是国家因保证项目质量等原因,不断提高风力项目招标的门槛,对技术要求很高。大型风电设备与小型风电设备的区别很大,主要在桨叶的设计上。现在的大风机大都是水平轴风机,由偏航系统实现偏航,而小风机适合垂直轴的风机,不需要偏航,因此它们分别属于两种类型的风机。

1)大型风电技术

我国大型风电技术与国际还有一定差距。大型风电技术起源于丹麦、荷兰等一些欧洲国家,由于当地风能资源丰富,风电产业受到政府的助推,大型风电技术和设备的发展在国际上遥遥领先。我国政府也开始助推大型风电技术的发展,并出台一系列政策引导产业发展[17-18]。大型风电技术都是为大型风力发电机组设计的,而大型风力发电机组应用区域对环境的要求十分严格,都是应用在风能资源丰富而资源有限的风场上,常年接受各种各样恶劣环境考验。环境的复杂多变性,对技术的高度要求就直线上升。国内大型风电技术普遍还不成熟,大型风电的核心技术仍然依靠国外,国家政策的引导使国内的风电项目迅速推进。但风电项目多为配套类型,完全拥有自主知识产权的大型风电系统技术和核心技术较少,还需经历几年环境考验才能逐渐成熟。此外,大型风电技术中发电并网的技术还在完善,一系列的问题还在制约大型风电技术的发展。

2)中小型风电技术

我国中小型风电技术可以与国际相媲美。20 世纪 70 年代中小型风电技术在我国风况资源较好的内蒙古、新疆一带就已经得到了发展。最初中小型风电技术被广泛应用于送电到乡的项目,为一家一户的农牧民供电。随着技术的不断完善与发展,其不仅能单独应用,还能与光电组合互补,已被广泛应用于分布式独立供电。这些年来随着我国中小型风电出口的稳步提升,在国际上,我国的中小型风电技术和风光互补技术已跃居国际领先地位。

中小型风电技术成熟,受自然资源限制相对较小,分布式独立发电效果显著。不仅可以并网,还能结合光电形成更稳定可靠的风光互补技术,况且技术完全自主国产化。无论技术还是价格在国际上都十分具有竞争优势,已打响了中小型风电的中国品牌。国内中小型风电的技术中,低风速启动、低风速发电、变桨矩、多重保护等一系列技术得到国际市场的瞩目和国际客户的一致认可,已处于国际领先地位。中小型风电技术最终是为满足分布式独立供电的终端市场需求[19],而非如大型风电技术那样满足发电并网的国内垄断性市场需求,因此技术的更新速度必须适应广阔而快速发展的市场需求。

5.3.3　水力发电技术路线

我国水能蕴藏量丰富,可开发水资源充足。我国可开发河流主要集中在西南地区对应流域(图 5-11 和图 5-12),全国水能资源蕴藏量为 6.8 亿 kW,高居世界第一。近几十年来我国水电装机容量和水力发电量平稳上升,2020 年全国水电装机容量为 3.7 GW(图 5-13),占水能蕴藏量的 54%,可开发水资源充足。我国水电已经成为仅次于火电的第二大电力来源,装机规模约占电力总装机容量的 17%。

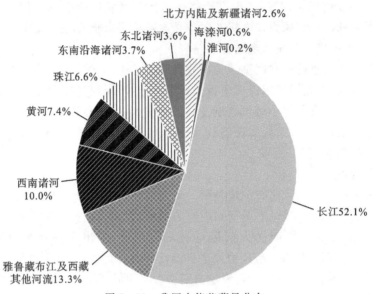

图 5-11 我国水能蕴藏量分布

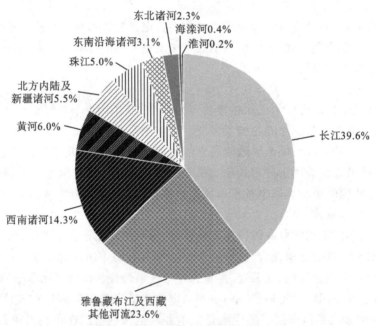

图 5-12 我国可开发水资源分布

　　与其他发电方式相比,水力发电使用的能源是水能,为可再生能源,取之不尽用之不竭,不用担心过度使用而导致大量的能源消耗问题,且清洁无污染。因此水力发电是目前发电方式中相对比较安全的发电方式之一。随着技术的不断进步,智能化与自动化系统逐渐在水力发电中应用。智能化系统的引进使得水力发电效率大幅度提高,可以产生足够的电量用于保障工业生产及居民生活的有序进行。水力发电智能化及自动化可以在很多方面促使我国水力发电事业的蓬勃发展。

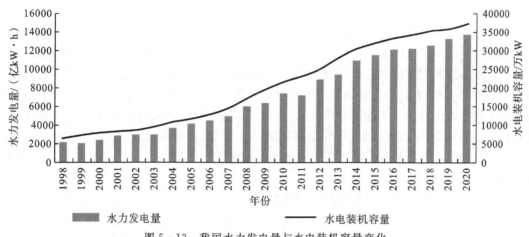

图 5-13　我国水力发电量与水电装机容量变化

1. 水利工程设施运行中的问题

目前水利工程设施在运行过程中仍会出现一些非确定性的问题和故障,其中大概率事件主要包括电气故障问题、设备控制问题、信号传输问题及人员配备问题等。

(1)发生电气故障问题时,我们需要根据不同空间及不同时间节点上用电量的需求情况来布置,在加载电气设备时,要求操作人员格外注意电气装置的布局状态。而电气装置中常出现的错误操作通常是电压的高低与使用不匹配,会有"高压低用,低压高用"的情形,该情形下如果发电设备投入使用,容易造成电气设备在运行时出现异常与故障。

(2)设备控制问题也是水力发电系统工作过程中较为常见的问题之一。电气控制设备的主要作用是对整个水电站进行控制,若电气系统的结构层次处置不合理,其对系统分配的电能就会出现异常,这样整个水力发电的效率就会大幅度下降,从而造成浪费。因此水力发电中的电气控制设备运行时,要时刻观察其运行状态。

(3)信号传输问题是指相关信号设备所传递的数据容易受到环境及其他因素干扰,从而使信号设备在传递或接收信号时不连续或者直接报错,这在极大程度上会影响设备的精确值,难以执行接收信号中的指令信息,降低水电站的通信效率,以至于影响水电站的运行效率,甚至造成水力发电控制系统瘫痪。

(4)在操作设备时,操作人员必须掌握系统的运转状况,但很多人员自身技术水平无法满足要求。软硬件运行一段时间后均会出现一定问题,需要对问题进行分析并消除缺陷,优化系统。然而经常有很多较小的问题得不到及时解决,逐渐发展成大问题,最终导致整个系统瘫痪。

2. 解决办法

解决以上水力发电问题的办法是实现水力发电智能化。

1)水力发电智能化在设备控制方面的运用

智能化水力发电技术中第一个不可或缺的部分是利用计算机完成水电站全方位监测,操作人员利用相关软件将个人电脑或手机与监测设备连接,可以随时获取水力发电设备的运转信息或高清图像,通过软件将其转化为标准化的数据,有助于操作人员对设备进行调整或设置,使其高效、稳定运转。而事实上,水力发电自主监测体系是智能化水力发电的第一步,将设备、人员、操作、调节有机结合,对提高整个系统的效率至关重要。

2)水力发电智能化中水文信息的自动监控

为及时准确获取水力发电系统中水库数据信息,我们需要采用自主监控系统,比如,利用多相位传感器监测水库的水位、水速等相关数据,再将传感器获得的模电信号转发到智能化水力发电的控制中心,通过中央处理器处理接收到的数据信息。控制中心中央处理器不仅可以对水库水文数据信息作出正确的分析决策,还可以存储其分析处理的全部数据,以供操作人员查找获取。另外,自主监控体系还可以用来监测水位信息,在多雨的夏季黄河下游经常会发生涝害,而自主水位监测对预防水灾、防止决堤至关重要,利用其预报、分析功能可以减少人力、物力损失。

3)水力发电智能化中实时信息的自动监控

对于智能化技术在水力发电中的全面推广,最关键的因素就是可以利用监控系统将水力发电的全部仪器装置纳入操作人员的视野范围,提高自检效率。在系统中无论哪个步骤的仪器发生故障,都会将特定报错代码数据传输给智能化监控决策中心,决策中心对接收到的报错代码进行综合比对、分析,然后做出相关的调整决策,保证设备及时回归到原本正确的运行状态,对系统的仪器装置提供运行保障。

5.3.4 生物质能利用技术路线

生物质能一直是人类赖以生存的重要能源,它是仅次于煤炭、石油和天然气,居于世界能源消费总量第四位的能源,在整个能源系统中占有重要地位。有关专家估计,生物质能极有可能成为未来可持续能源系统的组成部分,到21世纪中叶,采用新技术生产的各种生物质替代燃料有望占全球总能耗的40%以上。

为了应对能源短缺、环境污染等问题,全球各国积极支持和推动生物质能发电项目。生物质能装机容量实现了持续稳定的上升,国际可再生能源机构数据显示,2021年全球生物质能总装机容量为143.2 GW,2020年全球生物质能发电量已增长至583.8 GW·h。

我国拥有丰富的生物质能资源,据测算,我国理论生物质能资源约为50亿t标准煤,是中国总能耗的4倍左右,可供开发的生物质能能源量达8.37亿t标准煤,相当于达到能源消费总量的20%以上。截至2021年底,我国生物质发电装机容量达到3798万kW,占全国总发电装机容量的1.6%;我国生物质发电量1206亿kW·h,占全社会用电量的2%。

在可收集的条件下,我国可利用的生物质能资源主要是传统生物质,包括农作物秸秆、薪柴、禽畜粪便、生活垃圾、工业有机废渣与废水等。生物质能的利用主要有直接燃烧、热化学转换和生物化学转换等三种途径。

(1)生物质的直接燃烧在今后相当长的时间内仍将是我国生物质能利用的主要方式。农业产出物的51%转化为秸秆,年产约6亿t,约3亿t可作为燃料使用,折合1.5亿t标准煤;林业废弃物年可获得量约9亿t,约3亿t可能源化利用,折合2亿t标准煤。

(2)生物质的热化学转换是指在一定的温度和条件下,使生物质气化、炭化、热解和催化液化,以生产气态燃料、液态燃料和化学物质的技术。甜高粱、小桐子、黄连木、油桐等能源作物可种植面积达2000多万公顷,可满足年产量约5000万t生物液体燃料的原料需求。

(3)生物质的生物化学转换包括生物质-沼气转换和生物质-乙醇转换等。沼气转换是有机物质在厌氧环境中,通过微生物发酵产生以甲烷为主要成分的可燃性混合气体即沼气。畜禽养殖和工业有机废水理论上可年产沼气约 800 亿 m^3；乙醇转换是利用糖质、淀粉和纤维素等原料经发酵制成乙醇。

2020 年我国二氧化碳排放量达到 110 亿 t，其中约 60 亿 t 来自于燃煤，为实现国家碳中和战略目标，燃煤电厂和煤化工烟气是我国二氧化碳减排的攻坚重点。燃煤电厂排放的烟气中含有二氧化碳、硫化物、氮氧化物、重金属等污染物，显著影响了大气环境。传统的电厂烟气处理技术包括烟尘控制、烟气脱硫和脱硝等，但存在工艺设备复杂、能耗高、处理成本高及二次污染重等问题，制约其应用。相比于传统燃煤电厂烟气减排技术，微藻固碳减排技术具有工艺设备简单、操作方便和绿色环保等优势。

"二氧化碳烟气微藻减排技术"项目可以燃煤电厂烟气二氧化碳和煤化工厂烟气二氧化碳的减排为目标，以实现规模化养殖的螺旋藻、小球藻、微拟球藻等固碳藻种为基础，将高光效低成本的微藻光反应器研发作为突破口，开发微藻减排烟气二氧化碳成套技术与微藻废水养殖技术，从而降低微藻固碳养殖系统成本。可以实施燃煤电厂和煤化工厂烟气二氧化碳微藻固碳的两种模式，实现工艺稳定、过程可控、连续稳定的微藻养殖，为微藻烟气固碳产业和实现碳中和国家战略目标提供了一个可持续的技术选择。

5.3.5　核能技术发展路线

核能是通过核反应从原子核释放的能量，符合爱因斯坦的质能方程 $E=mc^2$，其中 E 为能量，m 为质量，c 为光速。核能可通过两种核反应释放：核裂变，较重的原子核分裂释放结合能；核聚变，较轻的原子核聚合在一起释放结合能。

核裂变能已被广泛应用于核武器及核电领域，可以为能源转型做出重大贡献，但部分公众对其持反对态度，因为它涉及分裂原子，易引发潜在的危险连锁反应。核电站输出的放射性物质会污染生态系统，福岛核电站熔毁事件说明，核裂变反应仍然有失控风险。法国约 70% 的电力来自于低碳核电站，但在不断削减核电能力。虽然像 NuScale 公司的小型模块化反应堆（SMR）技术确实使裂变反应更安全、更便宜、更快上线运行，但即便如此，NuScale 及其同行现在仍在与持怀疑态度的公众和监管机构进行艰苦的斗争。

核聚变可以提供丰富、廉价、清洁和安全的基荷电力。核聚变反应堆不像裂变反应堆那样分裂原子，而是将氢同位素碰撞在一起，产生氦气和热量，就像太阳那样。1 kg 从海水中提取的核聚变燃料，相当于 55000 桶石油，足够 1 万户人家供暖 1 年。而且与裂变不同的是，核聚变只会产生痕量的放射性物质。核聚变能利用的难点在于如何可控。可控核聚变的可行性在实验室中已得到了验证，国际热核聚变实验堆（International Thermonuclear Experimental Reactor，ITER）计划正在实施。专家认为，到 21 世纪 40 年代中期，它将产生净正能量。与所讨论的其他能源替代方案相比，核聚变技术具有显著的优势。它能提供稳定的基础能源，足以取代燃煤电厂，用于为重工业、特大型城市和电动汽车提供稳定和干净的电能。与太阳能和风能不同的是，它不受地理条件的限制，而且在净能源输出和成本方面，它比氢能更胜一筹。值得注意的是，核聚变反应堆可以相对较小（250 MW），也可以通过模块化扩展而变大。这使得投资起来比传统的大型核裂变电站更加具备经济可行性。另外，核聚变较小的基础尺寸可以使该技术直接为海洋船舶甚至飞向火星的火箭提供动力。

据国际原子能机构预计，2030 年全球核电（全部为利用核裂变能）累计装机量将达到 496 GW，中亚及东亚累计装机量将达到 175 GW。核电在全球发电量中的占比长期维持在

10％以上。就核电发电量而言，中国已是全球第三大核电国家，仅次于美国和法国；但论核电在总发电量中的占比，则中国尚未进入全球前十。

2020年，我国共有16座核电站投入运营，运行核电机组达49台，总装机容量达51.03 GW，其中，装机容量排名前三的是阳江核电厂、福清核电厂、田湾核电厂。全年发电量占全国发电量的4.94％，但距全球10％的平均占比和美、俄、英、法、德五国20％左右的占比水平仍有较大差距。根据"十四五"规划和2035年远景目标纲要，至2025年，我国核电运行装机容量达到7000万kW。而根据国际能源署预测，未来20年，中国的核电发电量预计将增加2倍以上，未来将取代美国成为全球最大的核电国家。

我国核能发展近中期目标是优化自主第三代核电技术；中长期目标是开发以钠冷快堆为主的第四代核能系统，积极开发模块化小堆，开拓核能供热和核动力等利用领域；长远目标则是发展核聚变技术。根据研发规划，预计如下时间节点实现相应关键技术。

（1）前瞻性技术（到2030年）：以耐事故燃料为代表的核安全技术研究取得突破，全面实现消除大规模放射性释放，提升核电竞争力；实现压水堆闭式燃料循环，核电产业链协调发展；钠冷快堆等部分第四代反应堆成熟，突破核燃料增殖与高水平放射性废物嬗变关键技术；积极探索模块化小堆（含小型压水堆、高温气冷堆、铅冷快堆）多用途利用。

（2）颠覆性技术（到2050年）：实现快堆闭式燃料循环，压水堆与快堆匹配发展，力争建成核聚变示范工程。

按照压水堆、快堆及第四代堆、聚变技术三个领域的技术成熟度，核能技术发展路线如图5-14所示。

核能发展仍面临可持续性（提高铀资源利用率，实现放射性废物最小化）、安全与可靠性、经济性、防扩散与实体保护等方面的挑战。国际上正在开发以快堆为代表的第四代核能系统，期待能更好地解决这些问题。快堆发展方向主要取决于对燃料增殖或者超铀元素嬗变紧迫性的认识，目前预测发展规模有较大的不确定性。聚变能源开发难度非常大，需要长期持续攻关，乐观预计在2050年前后可以建成示范堆，之后再发展商用堆。

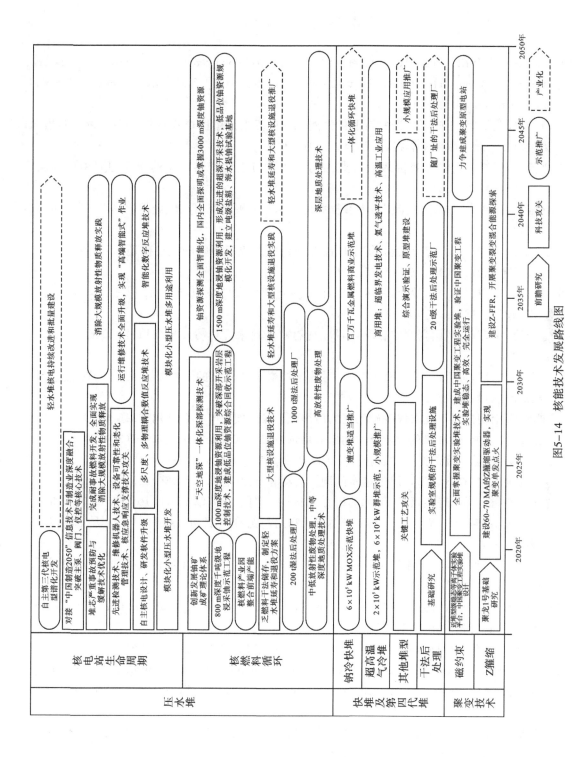

图5-14　核能技术发展路线图

本章参考文献

[1]KANG J N,WEI Y M,LIU L C,et al. Observing technology reserves of carbon capture and storage via patent data:Paving the way for carbon neutral[J]. Technological Forecasting and Social Change,2021,171.

[2]周吉光,张举钢,丁欣,等.油气资源供给能力约束下未来中国煤炭资源开采总量控制指标测度[J].河北地质大学学报,2020(43):101-112.

[3]严天科,张烁,李德波.我国煤炭行业结构现状及与主要产煤国家的差距[J].中国煤炭,2000,26(4):28-33.

[4]崔亚仲,白明亮,李波.智能矿山大数据关键技术与发展研究[J].煤炭科学技术,2019(47):66-74.

[5]武强,涂坤,曾一凡,等.打造我国主体能源(煤炭)升级版面临的主要问题与对策探讨[J].煤炭学报,2019(44):1625-1636.

[6]陈浮,于昊辰,卞正富,等.碳中和愿景下煤炭行业发展的危机与应对[J].煤炭学报,2021(46):1808-1820.

[7]于佳曦,司言武.我国资源综合利用税收优惠政策效果评估[J].税务研究,2018(11):20-24.

[8]朱超,史志斌,鲁金涛.碳达峰、碳中和对我国煤炭工业发展的影响及对策[J].煤炭经济研究,2021(41):59-64.

[9]刘海英.南桐选煤厂洗末煤脱硫工艺的应用[J].煤炭加工与综合利用,2016(3):9-12.

[10]朱超,史志斌.煤炭绿色智能开发利用战略选择[J].煤炭经济研究,2017(37):6-16.

[11]韩立群.当前国际能源转型探析[J].国际研究参考,2018(6):1-7.

[12]冯保国.石油企业转型发展的基本问题[J].国际石油经济,2021(29):15-27.

[13]丁蟠峰,杨富祥,程遥遥.可燃冰的研究现状与前景[J].当代化工,2019(48):815-818.

[14]张九天,张璐.面向碳中和目标的碳捕集、利用与封存发展初步探讨[J].热力发电,2021(50):1-6.

[15]马丽梅,史丹,裴庆冰.中国能源低碳转型(2015—2050):可再生能源发展与可行路径[J].中国人口·资源与环境,2018(28):8-18.

[16]XU B,LIN B. Assessing the development of China's new energy industry[J]. Energy Economics,2018(70):116-131.

[17]靳晶新,叶林,吴丹曼,等.风能资源评估方法综述[J].电力建设,2017(38):1-8.

[18]KARHINEN S,HUUKI H. Private and social benefits of a pumped hydro energy storage with increasing amount of wind power[J]. Energy Economics,2019(81):942-959.

[19]李从东,洪宇翔,汤勇力.我国风电产业价值链全面解决方案研究[J].科技进步与对策,2012(29):74-79.

第6章

电力行业碳中和技术路线

6.1 碳中和对电力行业的影响

6.1.1 电力行业碳排放的现状和总体趋势

燃煤发电是我国当前电力的主要来源。从表6-1可以看出,2011—2020年,我国发电量总体在持续上升。以2011年为基准,火电增长39.0%,水电增长93.9%,核电增长324.1%,风电增长563.3%,太阳能发电增长43416.7%。可以看出近年来我国可再生能源发电取得长足的进步,增长非常迅速。

表6-1 2011—2020年全国发电量结构 单位:亿kW·h

年份	火电	水电	核电	风电	太阳能发电
2011	38337.0	6989.4	863.5	703.3	6.0
2012	38928.1	8721.1	973.9	959.8	36.0
2013	42470.1	9202.9	1116.1	1412.0	84.0
2014	44001.1	10728.8	1325.4	1599.8	235.0
2015	42841.9	11302.7	1707.9	1857.7	395.0
2016	44370.7	11840.5	2132.9	2370.7	665.0
2017	47546.0	11978.7	2480.7	2972.3	1178.0
2018	50963.2	12317.9	2943.6	6359.7	1769.0
2019	52201.5	13044.4	3483.5	4057.0	2240.0
2020	53302.5	13552.1	3662.5	4665.0	2611.0

然而,尽管可再生能源发电得到了高速发展,但由于我国能源禀赋的限制,目前乃至将来一段时间,以煤电为主的火电依然是我国电力行业的主力能源。2020年我国发电结构如图6-1所示。

从图6-1中可以看出,火电目前仍然是我国最主要的发电方式。而我国的火电主要是煤电。煤炭是碳排放强度最大的化石能源。全球能源互联网发展合作组织发布的数据显示,煤

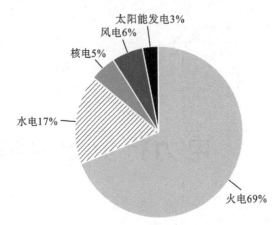

图 6 - 1　2020 年我国发电结构

电产生的二氧化碳排放占全国总排放量的 43%,是未来我国减碳的主体。

世界各国由于资源禀赋、技术水平、经济水平、地域范围等各不相同,不同国家电力行业碳达峰、碳中和的路径也各不相同。需要指出的是,发达国家的碳达峰过程一般都是经济社会发展的自然过程,如英国 1973 年就已实现碳达峰,法国、德国、瑞典 1978 年实现碳达峰,美国 2007 年实现碳达峰。这些早已实现碳达峰的国家,其共同点是早已完成工业化,进入了后工业化时代或信息时代,经济增长已不依赖能源消费的增长,电力装机容量或发电量多年维持在相对稳定的水平,因此其碳中和主要是在保持现有电力供应的基础上,尽可能减少二氧化碳排放。

联合国政府间气候变化专门委员会对碳中和的定义是二氧化碳的排放量与吸收量相等。事实上电力行业只要发电就会排放二氧化碳,对于化石能源发电,即使利用碳捕集与封存技术,由于脱除效率所限,也是排放二氧化碳的。因此电力行业自身实现碳中和是不可能的,只能是在保障电力供应的同时,尽可能减少二氧化碳排放。所有国家碳中和时电力行业都应有一定额度的二氧化碳排放量,所以电力行业碳中和不是二氧化碳零排放。

目前,挪威、瑞典、瑞士、法国等少数发达国家的单位供电碳排放已经下降到 100 g 以下,而当前我国单位供电碳排放约 600 g 左右。我国在 2060 年实现碳中和目标,如果届时我国单位供电碳排放也下降到 100 g 以内,则要求我国单位供电碳排放量以每年 10 g 左右的速度下降,才能在 2060 年左右达到世界先进水平。2060 年全社会用电量按照在目前基础上翻三番保守估计,电力行业的碳排放量将达到 10 亿 t 左右。因此,在 2060 年碳中和目标下,电力行业低碳发展的目标也更加明晰,就是尽可能地降低单位供电碳排放水平。

事实上,电力行业除二氧化碳外,作为温室气体的二氧化硫和氮氧化物也都有排放达峰的过程,如中国电力行业二氧化硫排放在 2006 年达到峰值 1320 万 t,此后逐步下降到 2014 年的 620 万 t,2015 年快速下降至 200 万 t;氮氧化物排放量在 2011 年达到峰值 1107 万 t,此后逐步下降到 2014 年的 620 万 t,2015 年快速下降至 180 万 t。尽管中国燃煤电厂基本上均实现了烟尘、二氧化硫、氮氧化物超低排放,但 2019 年电力行业的二氧化硫和氮氧化物排放量仍分别高达 89 万 t 和 93 万 t。因此,二氧化硫和氮氧化物的排放控制在未来一段时间内依旧是电力行业温室气体减排的工作方向之一。

6.1.2　电力行业碳中和的意义和总体概况

电力行业是我国碳排放的重点领域,也是实现碳达峰、碳中和目标的主要"责任人"。电力行业的碳减排是我国实现"双碳"目标的关键。

1. 我国电力行业实现碳中和与经济发展之间的关系

我国 GDP 总量居全球第二,但人均 GDP 仅有美国的 16%。我国 2019 年的人均 GDP 仅是 16 个碳达峰国家人均 GDP 平均值的 18.6%。我国计划在 2035 年左右人均 GDP 达到中等发达国家水平。但当前我国仍然处于工业化发展的阶段,GDP 的增长仍依赖能源消费的增长,因此中国电力行业的碳中和不仅要减少二氧化碳排放,而且要满足电力需求的持续增长。据研究预测,中国全社会用电量将从 2019 年的 7.5 万亿 kW·h 增长到 2050 年的 11.91 万亿～14.27 万亿 kW·h,增长率高达 58.8%～90.3%。在电力消费增长的情况下,中国电力行业要实现碳中和的难度远高于任何发达国家。

2. 我国电力行业碳中和必须结合我国能源禀赋和技术发展

中国电力行业碳中和的另一难度在于中国的资源禀赋。我国化石能源的资源禀赋用一句话来说就是"富煤、缺油、少气"。欧美国家普遍采用天然气、页岩气等替代燃煤发电,在中国是行不通的。尽管中国目前的燃气电厂比例很低,但中国天然气、石油的进口依存度仍很高。

从当前的发展来看,非化石能源作为电力行业的生力军,其所扮演的角色日益突出。目前,非化石能源(包括可再生能源和核能)在全球一次能源中的占比已达 22%,在我国一次能源中的占比已达 14.3%。在能源结构中,这是正在稳定、快速增长的一块。我国拥有丰富的非化石能源资源,特别是可再生能源资源。逐步建成以非化石能源为主的低碳能源体系,其资源基础是丰厚的。

根据历年气象资料统计,我国风能资源的分布及其特点是:①东南沿海及附近岛屿风能资源丰富,如福建、浙江嵊泗等地的年平均风速在 7 m/s 以上;②内蒙古和甘肃为风能密度较大区,这一带终年在西北风控制下,又是西伯利亚寒潮南下首当其冲之地,风能资源也较丰富;③黑龙江和吉林东部及辽东、山东半岛沿海风能资源也较丰富,如山东长岛地区,年平均风速也在 6～7 m/s 以上;④青藏高原及西北、华北地区的风能资源也较丰富,其中青藏高原属最大风能资源区。

中国地处北半球欧亚大陆的东部,主要处于温带和亚热带,具有比较丰富的太阳能资源。全国 700 多个气象台站长期观测积累的资料表明,中国各地的太阳能辐射年总量大致在 $3.35 \times 10^3 \sim 8.40 \times 10^3$ MJ/m²,其平均值约为 5.86×10^3 MJ/m²。该等值线从大兴安岭西麓的内蒙古东北部开始,向南经过北京西北侧,朝西偏转至兰州,然后径直朝南至昆明,最后沿横断山脉转向西藏南部。在该等值线以西和以北的广大地区,除天山北面新疆小部分地区的年总量约为 4.46×10^3 MJ/m² 外,其余绝大部分地区的年总量都超过 5.86×10^3 MJ/m²。太阳能丰富区在内蒙古中西部、青藏高原等地,太阳能较丰富区在北疆及内蒙古东部等地,太阳能可利用区分布在长江下游、广东、广西、贵州南部、云南及松辽平原。

我国地势高差巨大,地形复杂多样。西南部的青藏高原是世界上地势最高地区,延伸出许多高大山脉和河流。因此我国水能资源很丰富,全国江河水能理论蕴藏量为 6.8 亿 kW,年发电量为 5.9 万亿 kW·h;可开发的水能为 3.79 亿 kW,年发电量为 1.92 万亿 kW·h,居世界第一。我国水能资源分布很不均匀。东北、华北、华东地区仅占全国可开发水能总量的 6%,

中南地区占 15.5%，西北地区占 9.9%，西南地区最多，占全国的 67.8%。

通过以上对我国可再生能源禀赋的介绍可以看出，尽管我国化石能源"富煤、缺油、少气"，但我国拥有充足的风能、太阳能、水能等可再生资源，这为我国电力行业实现"双碳"目标提供了有利的条件。但与此同时我们也需要看到，我国可再生能源丰富的地区多集中在西北、西南及青藏高原等西部地区，而我国经济发达地区主要集中在东部，这是我国可再生能源禀赋不利的因素，必须寻找合适的技术手段加以克服。

6.1.3　电力行业碳中和主要环节的总体思路

1. 在电力供给侧

如前面所述，在电力能源供给侧需要将我国发电能耗降低到 $100 \text{ g}/(\text{kW} \cdot \text{h})$，必须构建多元化一次能源供应体系，主要包括以下几点。

一是大力发展可再生能源和核能，最大限度开发利用风电、太阳能发电等新能源，坚持集中开发与分布式并举，积极推动海上风电开发；大力发展水电，加快推进西南水电开发；安全高效推进沿海核电建设。

二是加快煤电灵活性改造，优化煤电功能定位，科学设定煤电达峰目标。煤电充分发挥保供作用，更多承担系统调节功能，由电量供应主体向电力供应保障主体转变，提升电力系统应急备用和调峰能力。

三是加强供电系统调节能力建设，大力推进抽水蓄能电站和调峰气电建设，推广应用大规模储能装置，提高供电系统调节能力。

四是加快能源技术创新，提高新能源发电机组涉网性能，加快光热发电技术推广应用。推进大容量高电压风电机组、光伏逆变器创新突破，加快大容量、高密度、高安全、低成本储能装置研制。推动氢能利用，碳捕集、利用和封存等技术研发，加快二氧化碳资源再利用。预计2025、2030 年，非化石能源占一次能源消费比重将达到 20%、25% 左右。

2. 在电力消费侧

在电力消费侧，全面推进电气化和节能提效，主要包括以下几点。

一是强化能耗双控，坚持节能优先，把节能指标纳入生态文明、绿色发展等绩效评价体系，合理控制电力消费总量，重点控制化石能源消费。

二是加强能效管理，加快冶金、化工等高耗能行业用能转型，提高建筑节能标准。以电为中心，推动风光水火储多能融合互补、电气冷热多元聚合互动，提高整体能效。

三是加快电能替代，支持"以电代煤""以电代油"，通过增加可再生能源电能供应，减少生产生活中的化石能源消耗；加快工业、建筑、交通等重点行业电能替代，持续推进乡村电气化，推动电制氢技术应用。

四是挖掘电力需求侧政府引导潜力，完善相关政策和价格机制，引导各类电力消费用户挖掘调峰资源，主动开展电力需求侧技术革新。

6.2　我国电力行业碳中和的具体技术路径

6.2.1　电源侧碳中和发展的技术路径

按照目前一次能源的分类，可将我国电力行业分为火力发电和可再生能源发电（含核能）

两部分。下面就这两部分在我国电力行业碳达峰过程中所需要完成的技术路径进行介绍。

1. 火电行业

火电行业通过燃烧化石能源进行发电,在燃烧的过程中对外排放二氧化碳。不同的燃料,由于其碳含量有差异,因此单位电量对外排放的二氧化碳量也有很大不同。由于我国化石能源具有"富煤、缺油、少气"的禀赋特点,因此煤电在未来一段时间内仍然会作为我国火电的主力。而随着页岩油/气、可燃冰等非常规化石能源的开采,未来我国火电将会形成煤、油、气多能驱动的格局。针对当前我国火电的现状,要实现"双碳"目标,需要在以下几个方面开展工作。

1)实施节能改造,降低单位发电量的碳排放

当前,我国煤电节能改造已经带来显著的二氧化碳减排。我国火电煤耗从 2013 年的 321 g/(kW•h)降低到 2019 年的 306.4 g/(kW•h),相当于减少二氧化碳排放近 2 亿 t。

2019 年全国燃煤发电 104063 万 kW(占 87.5%),燃气发电 9024 万 kW,生物质发电 2361 万 kW,余温、余压、余气发电 3272 万 kW,燃油发电 175 万 kW。60 万 kW 及以上的大机组容量占比为 45.0%;30 万～60 万 kW 等级的机组容量占比 35.4%,其中亚临界机组约 3.5 亿 kW,近 1000 台,容量占比超过 30%;单机容量小于 30 万 kW 的老小机组容量占比 19.6%。这说明全国火电装机容量中近一半是效率低、煤耗高、性能差的亚临界及以下参数的机组和热电联产小机组,如表 6-2 所示。

表 6-2　全国火电机组容量等级占比

单机容量/万 kW	占比/%
<10	9.8
10～<20	5.5
20～<30	4.3
30～<60	35.4
60～<100	33.0
≥100	12.0

在实现碳中和过程中,国家应出台政策首先关停淘汰效率低、煤耗高、役龄长的落后老小机组。2019 年的统计数据表明,小于 10 万 kW 的小机组容量 11657.8 万 kW,占火电总容量的 9.8%,年利用时间为 4431 h,比全国火电机组的平均利用时间 4365 h 高 66 h,小于 30 万 kW 的机组容量超过 2.3 亿 kW,应逐一分析这些机组的实际情况,该淘汰的坚决淘汰。其次应该对占煤电容量 30% 的近 1000 台亚临界机组进行升级改造。将亚临界机组的效率和煤耗提升到超超临界的水平,以大幅度地降低煤耗,同时大力改善低负荷调节的灵活性,大大提高其消纳风电和光伏发电量的能力。尤其是亚临界机组均是汽包锅炉,具有良好的水动力学的稳定性,因而更加适应电网的负荷调节。徐州华润电厂于 2019 年 7 月完成了对32 万 kW 亚临界燃煤机组的改造,额定负荷下的供电煤耗从改造前的 318 g/(kW•h)降低到 282 g/(kW•h),每度电降低标准煤耗 36 g,按年利用 4500 h 计,相当于每年节约标煤 5.2 万 t,减少二氧化碳排放约 14 万 t。改造后机组不但具有稳定的 100%～20% 范围内的调峰调频性能,而且在 19.39% 的低负荷下仍然实现了超低排放,达到了大幅降低煤耗,显著提

高灵活性的目标。

2020 年 12 月并网发电的安徽平山电厂二期发电项目(图 6-2)设计供电煤耗 251 g/(kW·h)，厂用电率按 5%考虑，发电煤耗仅为 238.45 g/(kW·h)，折算单位发电量的二氧化碳排放量为 643.8 g/(kW·h)，介于联合国政府间气候变化专门委员会公布的油电与气电二氧化碳排放强度之间。

图 6-2　平山电厂二期发电项目

2) 掺烧非煤燃料，进一步降低火电碳排放

火电的另一个低碳发展的方向是将高碳的煤与生物质、污泥、生活垃圾等耦合混烧。煤与生物质耦合混烧发电主要的突出优点是：利用固体生物质燃料部分或全部代替煤炭，显著降低原有燃煤电厂的二氧化碳排放量；利用大容量高参数燃煤发电机组发电效率高的优势，大幅度提高生物质发电效率，节约生物质燃料资源；利用已有的燃煤发电机组设备，只对燃料制备系统和锅炉燃烧设备进行必要的改造，可以大大降低生物质发电的投资成本；参与混烧的生物质燃料比例可调节范围大(通常为 5%~20%)，灵活性强，对生物质燃料供应链的波动性变化有很强的适应性。

燃煤电厂掺烧生物质燃料，在国内外均有成熟经验。掺烧污水处理厂污泥，在国内也有不少电厂投运，如广东深圳某电厂 300 MW 燃煤机组、江苏常熟某电厂 600 MW 燃煤机组、江苏独山港污泥掺烧热电联产机组(图 6-3)。掺烧生活垃圾主要是使用循环流化床锅炉的燃煤电厂，也有先将垃圾气化再掺入煤粉炉燃烧的电厂。

3) 探索开发火电碳捕集技术

碳捕集工程包括碳捕集和封存、碳捕集和利用，以及碳捕集、利用和封存。碳捕集工程不仅投资大、运行费用高，而且面临高耗能、高风险等问题。使用碳捕集、利用和封存技术，单位发电能耗增加 14%~25%，导致能耗需求量大幅增加；碳捕集、利用和封存技术各个环节成本高昂，导致其难以发展应用；并且不论以哪种方式封存二氧化碳都存在泄漏风险，一旦泄漏会造成难以评估的环境风险。但是，碳捕集、利用和封存技术仍是碳减排潜在的重要技术，中国政府高度重视，在一系列国家规划与方案中将碳捕集、利用和封存技术列为缓解气候变化的重要技术。

图 6-3　独山港 500 t/d 的污泥掺烧热电联产项目

2021 年 1 月国内最大规模 15 万 t/a 二氧化碳捕集和封存全流程示范工程在国家能源集团国华锦界电厂（图 6-4）建成。

图 6-4　国华锦界电厂 15 万 t/a 二氧化碳捕集和封存全流程示范工程

因此,降低碳捕集、利用和封存的成本、能耗及风险任重道远,在没有重大的技术突破以前,显然不宜推广应用。即使该技术有所突破,也需要政府持续推进。

2. 可再生能源及核能

可以看出,可再生能源和核能的碳排放强度很低,目前国内外有商业应用的低碳能源共八种,中国的水电资源开发程度已经很高,核电选址较为困难,生物质发电规模已近 2500 万 kW,多余生物质燃料可掺烧到现有燃煤电厂,能够发电的地热资源非常有限,潮汐能发电早有建成的示范项目,但一直未能推广。因此,现在能够大规模发展以至取代化石能源电力,取代煤电的就是可再生能源电力的风电和太阳能发电这两种电源。

近 10 多年来中国的风电与太阳能发电均取得快速发展,如图 6-5 所示,中国风能发电装机容量从 2009 年的 1613 万 kW 增长到 2020 年 28153 万 kW,太阳能发电装机容量从 2009 年的 2 万 kW 增长到 2020 年 25343 万 kW。

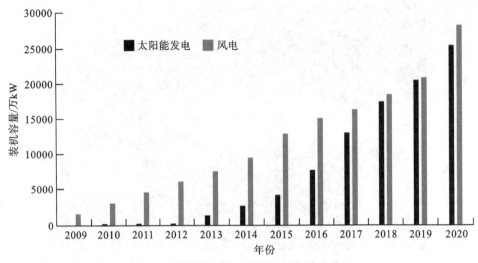

图 6-5　中国风电与太阳能发电的发展状况

2020 年 12 月 12 日,习近平主席在气候雄心峰会上进一步宣布,到 2030 年,中国单位国内生产总值二氧化碳排放将比 2005 年下降 65% 以上,非化石能源占一次能源消费比重将达到 25% 左右,森林蓄积量将比 2005 年增加 60 亿 m^3,风电、太阳能发电总装机容量将达到 12 亿 kW 以上。

3. 实现碳中和时中国电力装机容量构成

2020 年底中国发电装机容量达到 22 亿 kW,但并不意味着这些机组能够同时发电。2021 年 1 月 7 日 11.89 亿 kW 的用电负荷高峰出现在晚上,全国 5.3 亿 kW 风电和光伏的总装机容量有 5 亿 kW 没有出力。冬季是枯水期,3.7 亿 kW 水电的装机容量,此时也有超过 2 亿 kW 没有出力。另外,冬季是天然气的用气高峰,中国 1 亿 kW 左右的天然气发电装机容量有一半左右也没有出力。加上发电机组停机检修、区域布局等问题,造成冬季缺电就显而易见了。

2060 年前中国争取实现碳中和,电力行业首当其冲,需要大力发展可再生能源,但可再生能源不可控,不能作为保供电源。能够作为保供电源的主要是火电、水电、核电、储能(含抽水蓄能)。火电包括燃煤发电、燃气发电、燃油发电、生物质发电等,是最可靠的保供电源。

2020 年中国的水电装机容量为 3.7 亿 kW(含抽水蓄能 3149 万 kW),容易开发的水电资源已开发完毕,据报道中国的水电开发极限是 4.32 亿 kW。为了满足全社会的用电需要,实现碳中和时中国非水可再生能源的发电量预计将达到 50 亿 kW,主要是风电与太阳能发电,会有少量的地热发电及潮汐能发电。2020 年中国的核电装机容量为 0.5 亿 kW,核电由于核安全问题,选址极其困难,加上核燃料资源的限制,在现有的技术条件下,大规模发展仍有很大难度,预计实现碳中和时可发展到 2 亿 kW。考虑到将来极端天气会更多,仍以用电负荷高峰出现在冬季晚间为例,储能、核电的出力能力均取 1,水电的出力能力取 0.5,计算可得储能、核电、水电同时发电能力为 6.16 亿 kW。因此,保留火电机组装机 8 亿 kW,出力能力取 0.85,用电高峰时发电能力为 6.8 亿 kW。这样,在用电高峰时,全国总计可用发电能力为 12.96 亿 kW,基本可以保证电力供应。

6.2.2　电网侧碳中和发展的技术路径

电网连接能源生产和消费,在能源清洁低碳转型中发挥着引领作用。电网侧要实现"双碳"目标主要应在以下几个方面开展相应的工作。

1. 高压输送,减少线损

通过我国可再生能源的分布可以看出,我国西部可再生能源储量丰富,而我国东部地区经济发达,是主要的用能区域。因此,通过大力开发更高效的长距离输送技术,减少送电过程中的能量损失,可以大大提高可再生能源的利用效率。特别是加快以输送新能源为主的特高压输电、柔性直流输电等技术装备研发,推进虚拟电厂、新能源主动支撑等技术进步和应用,研究推广有源配电网、分布式能源、终端能效提升和能源综合利用等技术装备,从而全面推进我国电网的总体输送能力。

2. 智慧电网,科学调度

电网侧要充分带动产业链、供应链上下游,共同推动电力行业从高碳向低碳、从以化石能源为主向以清洁能源为主转变,积极服务实现碳达峰、碳中和目标。

(1)电网需要向能源互联网升级,着力打造清洁能源优化配置平台。目前国家电网已经开始推进各级电网协调发展,完善西北、东北送端和华东受端主网架结构,加大跨区输送清洁能源力度,到 2025 年公司经营区跨省跨区输电能力达到 3 亿 kW,输送清洁能源占比达到 50%。加快水电、核电并网和送出工程建设,到 2030 年公司经营区风电、太阳能发电总装机容量将达到 10 亿 kW 以上。加强"大云物移智链"(即大数据、云计算、物联网、移动互联网、人工智能、区块链等先进数字科学技术)等技术在能源电力领域的融合创新应用,支撑新能源发电、多元化储能、新型负荷大规模友好接入,到 2025 年初步建成国际领先的能源互联网。

(2)电网需要推动网源协调发展和调度交易机制优化,着力做好清洁能源并网消纳。强化电网统一调度,加快构建促进新能源消纳的市场机制,积极开展风火打捆外送交易、发电权交易、新能源优先替代等多种交易方式,保障清洁能源能发尽发、能用尽用。加快抽水蓄能电站建设,持续提升电力系统调节能力。

3. 减少输电过程的碳排放

推动电网在建设、运行过程中的节能减排工作,着力降低自身碳排放水平,全面实施电网节能管理。优化电网结构,推广节能导线和变压器,强化节能调度,提高电网节能水平。加强电网规划设计、建设运行、运维检修各环节绿色低碳技术研发,实现全过程节能、节水、节材、节地和环境保护。加强六氟化硫气体回收处理、循环再利用和电网废弃物环境无害化处置,保护生态环境。推广采用高效节能设备,充分利用清洁能源解决电网运行过程中的用能需求。

6.2.3　负荷侧碳中和发展的技术路径

1. 可再生能源电力消纳

目前中国可再生能源电力存在供需发展不平衡问题,电源侧通过国家政策以及补贴,基本形成了较为良好的生产结构。但负荷侧,中国绿色电力市场仍然处于起步阶段。因此,从可再生能源发电发展至今,消纳问题一直是制约可再生能源发电的一个重要因素。

可再生能源(绿色电力)的消纳能力是指电力系统调用各种资源配合可再生能源运行,在不显著增加系统成本的前提下接纳可再生能源的容量,其影响因素包括产业链(电源侧、电网侧、负荷侧)以及市场和政策等方面。2010 年施行的《中华人民共和国可再生能源法》促成了中国光伏和风电的快速发展,全球占比从 2006 年的 3.5％增长到了 2015 年的 33.4％,并在 2015 年超过了美国和德国成为全球风电光伏排名第一的大国。高速发展的背后是政府补贴政策的支持,高额补贴引爆了风力发电和光伏发电的投资,却给政府财政资金造成巨大压力,还带来了不断加剧的弃风弃光等问题。之后,可再生能源消纳问题显露了出来。在国家尚未进行调节管控之前,全国弃风弃光等问题非常严重。2015 年全国平均弃风率 15％、弃光率10％,造成了极大的能源浪费。尽管截至 2020 年,弃风弃光问题已经得到较好的控制,但如何合理解决可再生能源发电的消纳问题,依然是可再生能源发展的重中之重。

从负荷侧来讲,可再生能源电力消纳主要需解决三个问题。首先是如何降低可再生能源电力装机成本,使其可以和传统火电竞争。其次是远距离大容量输电及电网调峰能力。最后是电网可靠性的问题,通过加强负荷侧配置结构的灵活性,例如配置调峰机组、增加电网侧储能设备,以及电价政策平滑负荷曲线等实现电网总体的稳定可靠。

从需求侧来说,目前绿色电力市场发展的首要问题就是如何利用市场机制促进可再生能源电力的消纳。绿色电力市场应该成为保证绿色电力有效利用的基础,美国应该是世界上绿色电力发展较早的国家,起源于 20 世纪 90 年代,经过 20 年的发展与完善,基本形成了一个强制市场与自愿市场并存的绿色电力市场体系,配额制就是强制市场,其目的是达成可再生能源电力的消纳指标,这部分市场是绿色电力市场的主体。

2. 大力推进节能减排

发挥政策对于电力消费的调控作用,可以有效降低电力负荷侧带来的碳排放。主要包括以下措施:

一是强化能耗双控,坚持节能优先,把节能指标纳入生态文明、绿色发展等绩效评价体系,合理控制能源消费总量,重点控制化石能源消费;

二是加强能效管理,加快冶金、化工等高耗能行业用能转型升级,提高建筑节能标准;

三是完善相关政策和价格机制,引导各类电力消费市场主动挖掘调峰资源。

3. 加快电能替代化石能源

由于可再生能源电力所占比例的持续上升,利用电能来替代化石能源消耗,可以间接减少碳排放。可以通过加快电能替代,持续支持"以电代煤""以电代油",加快工业、建筑、交通等重点行业电能替代,持续推进乡村电气化,推动电制氢技术应用等,实现电能对化石能源消费的替代。

6.2.4 以储能系统保障电力系统稳定

为减少弃风、弃光、弃水现象,保障电力系统稳定,发展储能项目是非常必要的,但储能项目不仅投资较大,而且本身消耗电能,如抽水蓄能是效率较高的储能方式,但能源转换效率仅有 75％左右,因此国家必须出台相关政策,推动储能项目的建设。

2020 年中国建成投运的储能项目累计装机规模 3560 万 kW,其中抽水蓄能 3149 万 kW。2021 年 4 月 19 日,国家能源局印发《2021 年能源工作指导意见》,明确提出开展全国新一轮抽水蓄能中长期规划,稳步有序推进储能项目试验示范。在所有储能方式中,抽水蓄能经过了几十年的工程实践检验,技术最为成熟,也最具经济性,具有大规模开发潜力,但选址较为困难。

与抽水蓄能相比,其他储能项目规模都比较小,且有潜在的安全风险。储能项目都是将电能再次转化,如抽水蓄能是将电能转化为机械能,机械能再转化为电能;化学储能是将电能转化为化学能,再将化学能转化为电能等,在转化过程中会有大量的能源损耗。考虑到中国大规模开发风电与光伏发电,预计储能项目需新增 2 亿 kW。

6.3　我国电力行业碳达峰、碳中和的发展规划

6.3.1　我国电力行业碳达峰、碳中和的总体发展规划

1. 近期达峰

我国提出 2030 年前要实现碳排放达峰,2060 年前实现碳中和的目标。因此,在 2021 年至 2030 年的近期发展阶段,首先要实现的是碳达峰。当前,全世界约有 50 个国家实现了碳达峰,其排放总量占到了全球排放量的 36% 左右。其中,欧盟基本上在 20 世纪 90 年代实现了碳达峰,其峰值为 45 亿 t;美国碳达峰时间为 2007 年,峰值为 59 亿 t。据估计,我国实现碳达峰的预测峰值约为 106 亿 t。而欧盟、美国等碳达峰国家和地区,碳达峰时人均 GDP 均超过 5 万美元,且已经完成彻底工业化。而我国当前人均 GDP 刚超过 1 万美元,而且仍然处于工业化发展的进程中,因此我国要实现碳达峰目标相比其他已达峰的国家,将面临更加严峻的挑战。

2. 中期下降

党的十九届五中全会提出了 2035 年的社会主义现代化远景目标,其中明确提到"碳排放达峰后稳中有降"。因此,电力行业碳排放在 2030 年实现达峰目标的基础上稳定一段时间后,在 2035 年左右要开始进入下降阶段。20 世纪 90 年代已经碳达峰的欧美国家预计将于 2050 年实现碳中和的目标,而我国提出了在 2060 年之前实现碳中和的目标。因此,电力行业碳减排的压力大大高于发达国家。2035 年左右电力企业的碳排放要实现下降,主要依赖煤电机组的陆续退役,即 2000 年以后集中新建的煤电机组陆续达到退役的年限,开始分批退役,预计将在 2045 年左右达到退役高峰,也即"十一五""十二五"和"十三五"期间累计建成的超过 4 亿 kW 的煤电机组,都将在 2045 年前后的 5 年时间内陆续退役,以保证 2050 年左右单位供电达到 100 g 碳排放的水平,这将为最后 10 年国家完成碳中和目标打下基础。

3. 远期中和

随着可再生能源与核能的持续发展,以及节能减排工作的不断推进,我国电力行业需结合技术发展及企业现状,适时制定相应的碳减排目标,通过新技术的推进和国家政策的持续引导,最终在 2060 年实现碳中和的目标。

6.3.2　火电行业实现碳达峰、碳中和时的二氧化碳排放量

2018 年火电行业排放的二氧化碳占全国排放总量的 43%,约 43 亿 t。2021 年 4 月 22 日,习近平主席在领导人气候峰会上指出:"中国将严控煤电项目,'十四五'时期严控煤炭消费增长、'十五五'时期逐步减少。"可以看出,2030 年前煤电装机容量还是会增长的,全国煤碳消费量会有所减少,但电煤消费量会有所增加,需要大力推进"以电代煤",提高电气化水平。预计火电行业实现碳达峰时二氧化碳排放量会在 2018 年的基础上增长 15% 左右,约 47 亿 t。

据皮埃尔·弗里德林斯坦(Pierre Friedlingstein)等人的研究,2009—2018 年全球每年化

石燃料排放的二氧化碳为 330 亿～370 亿 t,平均约 350 亿 t,全球碳循环后每年仍造成大气中二氧化碳增加约 180 亿 t,即全球每年化石燃料排放二氧化碳约 170 亿 t 时,就可实现全球碳中和。中国人口占世界人口总数的 18.5%,如果不考虑共同但有区别的责任,按全球人均二氧化碳排放来考虑,中国实现碳中和时可排放二氧化碳约 31.45 亿 t,比 2018 年排放的 100.3 亿 t 减少 68.85 亿 t。

2018 年中国火电行业排放的二氧化碳占全国排放总量的 43%,不考虑碳中和实现时煤炭基本上均用来发电,其他工业行业的二氧化碳排放占比会有所下降,火电行业应该上升的因素,火电行业可以排放二氧化碳约 13.5 亿 t,电力行业的二氧化碳排放指标应超过该限值。

6.3.3 电力行业实现碳中和时二氧化碳的预测排放量

依据前面的分析,在现有能源资源、技术水平及安全需求基础上,实现碳中和时中国电力行业的发电装机构成、发电量及二氧化碳排放量测算如表 6-3 所示。

表 6-3 实现碳中和时中国电力行业二氧化碳预测排放量

发电类型	装机容量 /亿 kW	年利用小时 /h	发电量 /(亿 kW·h)	二氧化碳排放强度 /[g·(kW·h)$^{-1}$]	二氧化碳排放量 /亿 t
风电与太阳能	50.0	1500	75000	24.0	1.80
核电	2.0	7000	14000	12.8	0.18
水电	4.3	3600	15480	3.2	0.02
余热、余压、余气	0.5	3000	1500	0	0
生物质	1.2	3000	3600	0	0
气电	1.0	3000	3000	375.2	1.12
煤电	5.3	3000	15900	758.7	12.06
合计	64.3	—	128480	—	15.21

从表 6-3 中可以看出,实现碳中和时,全国发电装机容量高达 64.3 亿 kW,其中非化石能源发电装机容量 58 亿 kW,占比 90.2%;煤电装机容量 5.3 亿 kW,占比 8.2%;包括生物质与余热、余压、余气在内的火电装机容量 8 亿 kW,占比 12.4%。从发电量来看,实现碳中和时,全国发电量近 13 万亿 kW·h,其中非化石能源发电量占比 85.3%。全国电力行业排放二氧化碳量 15.21 亿 t,其中火电行业排放 13.18 亿 t,占全国可排放总量 31.45 亿 t 的 41.9%,小于目前的占比水平 43%。可见,如果能够实现上述目标,电力行业为碳减排作出的贡献是相当巨大的。当然,由于科技发展具有一定的不可预知性,如果在此期间,可控核聚变、氢能、碳捕集、太阳能利用等技术领域取得重大科技进步,那么实现碳中和时我国电力行业的碳排放量有可能还会更低。

第7章
工业部门碳中和技术路线

工业部门是我国能源消耗和二氧化碳排放的最主要领域,也是我国实现碳减排的重要领域,必须加强先进脱碳技术创新,加快能源转型,加快制定碳达峰、碳中和路线图和实施路径,做到超前部署和行动,为我国实现碳中和愿景目标、为全球应对气候变化作出更大贡献。

自19世纪末工业化进程飞速推进至今,工业部门始终是经济社会发展的重要支柱,也是我国曾经作为"世界工厂"的源动力。全球经济地位和自身发展阶段决定我国仍然有巨大的能源需求,工业部门仍是当前实现碳达峰的重中之重。2008年至今,我国逐渐成为世界生产的中心,在全球产业链中不断升级,世界银行已将我国定位为全球价值链中的先进制造业和服务业提供者。我国正在由"制造大国"向"制造强国"转变,由"世界工厂"向"全球产业链的枢纽"转变。这决定了很长一段时间里,我国的工业及高端制造业对经济发展仍至关重要。然而工业的发展必然伴随着对能源的持续消耗和碳排放的增加。除了受新冠肺炎疫情影响的2020年,我国能源消费量一直保持着超过3%的年增长率。另一方面,随着中国城镇化进程的发展,越来越多的人口进入城市生活,必然带来人均能源需求的增加,建筑部门和交通部门不可避免地面临着能源需求持续增长的压力。工业部门要压缩能源消耗和碳排放,应与建筑部门和交通部门协同共治。"十四五"规划明确提出单位GDP能耗下降13.5%和二氧化碳排放下降18%的目标。若要如期在2030年之前顺利实现碳达峰,"十四五"就是关键的决战时刻,工业部门必须加大碳减排力度。

碳中和意味着经济社会活动引起的碳排放,与商业碳汇等活动抵消的二氧化碳,以及从空气中吸收的二氧化碳量相等。在这一重点任务公布以来,给很多企业都带来了困扰,尤其是工业部门。中国一直非常重视工业制造业的发展,世界银行公布的数据显示,在世界500多种主要工业产品当中,中国有220多种工业产品的产量居全球第一。作为能源消耗高密集型行业,石化、化工、钢铁、有色金属冶炼、建材等行业是当前碳排放的大户,在国家碳中和、碳达峰的要求下,势必会对这些高能耗产业在总量供给、能源结构方面带来新的挑战。

7.1 工业部门碳中和发展规划

工业能耗占全社会总能耗的70%左右。在能源消费侧,能源总量和强度"双控"将加强,降低高耗能制造业碳排放量、实现"绿色制造"是我国实现碳中和目标的关键一步。制造业在全国能耗、GDP、二氧化碳排放中长期处于重要且稳定地位,如图7-1所示。制造业在国民经济中的支柱作用不仅体现在长期保持在27%以上的GDP占比,更为重要的是工业产品支撑着其他各行各业的发展、维护着人民生活和国家安全。此外,在整个工业增加值的增长速度为2.4%时,制造业3.4%的增长率明显领先于采矿业和电力、热力、燃气及水生产和供应业。因此,富有战略意义和发展势头的制造业将持续保持重要地位。在能耗方面,不同于其他产业将化石燃料仅作为燃烧供能的使用特点,制造业在原料供应和能源消耗环节对于化石燃料均有着巨大的需求,如新冠肺炎疫情的暴发,使得生产医疗防护设备的原材料——熔喷布的需求迅速增大,而熔喷布的源头材料则是石油和煤。在二氧化碳排放方面,2018年制造业占全社会总排放量的35.7%,是除电力、热力供应部门(占全社会总排放量的46.9%)外的第二大碳排放部门,但制造业总能耗却高于电力、热力供应部门,说明制造业单位能耗的碳排放强度低于电力、热力供应部门。

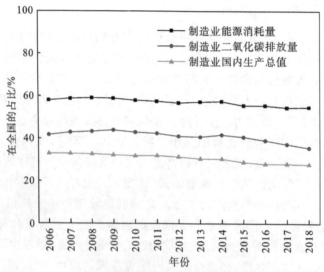

图7-1　制造业在全国能耗、GDP、二氧化碳排放中的占比

　　长期以来,我国工业重化工业特征突出,钢铁、建材、石化、化工、有色、电力六大行业能源消费占我国工业能源消费的比重一直保持在70%左右,但经济增加值占比在33%左右。"十三五"期间,高耗能行业能源消费占比有所增长,高耗能行业出现行业分化特征,钢铁、建材能耗趋稳,石化快速增长。工业领域中的碳排放主要还是来自于钢铁冶炼及建材生产,直接占到了工业碳排放总量的78%,国内碳排放总量的30%。化工行业的碳排放量约为4亿t,占工业总排放量的10.2%,占国内总排放量的4%。2020年,钢铁行业碳排放总量占全国15%左右;建筑材料工业二氧化碳排放中,燃料燃烧过程排放同比上升0.7%,工业生产过程排放同比上升4.1%;水泥工业二氧化碳排放12.3亿t,同比上升1.8%,其中的电力消耗可间接折算约合8955万t二氧化碳当量;有色金属工业碳排放量约6.5亿t,占全国总排放量的6.5%。

　　我国在全面建设社会主义现代化国家目标的指引下,持续的城镇化进程带来新建和升级基础设施的巨大需求,因此短期内主要工业产品的需求仍将持续增长,并在未来保持强劲增长势头。为了实现2050年全面建成现代化强国的目标,中国的工业增加值需要翻两番,按照传统的增长模式,工业产值、能源消耗和碳排放量将增加近一倍。在相对快速达到峰值之后,预计对粗钢和水泥的需求将保持稳定,而对主要石化产品和电解铝的需求将继续增长。

　　2021年5月,生态环境部印发《关于加强高耗能、高排放建设项目生态环境源头防控的指导意见》,要求从源头遏制高耗能、高排放(以下简称"两高")项目盲目发展,并将碳排放影响评价纳入环境影响评价体系。该指导意见初步明确了"两高"项目的具体范围:"两高"项目暂按煤电、石化、化工、钢铁、有色金属冶炼、建材等六个行业类别统计,后续对"两高"范围国家如有明确规定的,从其规定。

指导意见要求,强化规划环评效力。以"两高"行业为主导产业的园区规划环评应增加碳排放情况与减排潜力分析,推动园区绿色低碳发展。推动煤电能源基地、现代煤化工示范区、石化产业基地等开展规划环境影响跟踪评价,完善生态环境保护措施并适时优化调整规划。

指导意见明确,严格"两高"项目环评审批。石化、现代煤化工项目应纳入国家产业规划。新建、扩建石化、化工、焦化项目应布设在依法合规设立并经规划环评的产业园区。

指导意见强调,对炼油、乙烯、钢铁、焦化、煤化工等环境影响大或环境风险高的项目类别,不得以改革试点名义随意下放环评审批权限或降低审批要求。

"十四五"时期生态环保任重道远,推动高质量发展和生态文明建设,必须立足新发展阶段、贯彻新发展理念、构建新发展格局,推进生产生活方式绿色转型,协同推进减污降碳。

7.1.1　石化行业

近年来,随着全球能源转型速度加快,国际能源、石化"巨头"在低碳和转型方面加大了力度,加快了速度;同时,国内大型石化企业也在不同领域、以不同方式关注和助力我国"双碳"目标的推进。

炼油是重要的原油加工环节,全球范围内除中东地区在夏天会有少量的原油进行直接发电外,原油均需要炼油环节,加工成为成品油及化工品对外销售。由于全球的原油种类有近200种,不同的原油种类适合加工的产品和工艺路线也不相同。因此,全球范围内没有完全一样的炼油厂。传统原油的下游应用中,化工品的占比较低,一般不到20%。由于未来成品油的需求减弱,原油在炼制环节均最大可能增加化工品的比例。英国石油公司、荷兰壳牌公司、埃克森美孚等国外石油巨头已宣布关停全球范围内多家落后炼油厂,预示着传统的油品型炼油厂或将逐步退出历史舞台,而以生产化工品为主的"小油头大化工"民营大炼化企业或将由此迎来良好的发展机遇。根据伍德麦肯吉(WoodMac)公司的定义,原油至化工品分为以下三个阶段。

第一阶段:现有炼油化工一体化基地,可达15%~20%的化工产品产量上限。通常许多以燃料为导向的炼油厂与乙烯厂结合,其代表是国内"两桶油"的大型炼厂、道达尔在比利时安特卫普的工厂、英国石油公司在德国盖尔森基兴的工厂等。

第二阶段:原油到化学品的总体配置朝着化学品的优化或最大化方向发展,产量预期可达40%以上比例的化学品。其代表是恒力石化、浙江石化、盛虹炼化等。

第三阶段:原油到化学品的配置朝着化学品的优化或最大化方向发展,达到70%~80%的目标,并最小化燃料生产。目前这是一个理论配置,其代表是沙特阿美、埃克森美孚的原油到化工品技术。

根据"十四五"规划,成品油行业将以科学规划布局和安全、资源节约、产品高端绿色、技术高效发展为主题,通过市场正规化、企业大型化、产业一体化、沿海布局、清洁化生产、化工新材料发展、生产信息化和智能化等具体措施增强自身竞争力。

7.1.2 化工行业

化工行业的碳排放包括生产工艺过程中产生二氧化碳的直接排放和外部耗能(如燃料燃烧、电力供应等)导致的间接排放。化工行业中碳排放较高的子行业有合成氨、乙烯、电石、烧碱、尿素、甲醇、聚氯乙烯、炭黑等。在一些化工行业中,耗能相关的间接排放甚至超过了工业过程中的直接排放。尤其是我国能源结构以煤炭为主,化工行业的碳排放形势更显严峻。为应对"双碳"目标形势,化工行业应有的放矢。针对直接排放,要提升工艺技术水平,实现绿色化生产;针对间接排放,要在降低能耗的同时提升产品附加值,从而降低单位产值能耗成本。

作为传统化工板块的煤化工已经迈入深化供给侧结构性改革的重要阶段,未来煤化工将向高端化、清洁化和市场化路线迈进。从市场上的主流产品来看,煤化工产品主要分为煤制油、煤制天然气、煤制烯烃、煤制甲醇、煤制乙二醇等。据中国煤炭工业协会发布的《煤炭工业"十四五"现代煤化工发展指导意见(征求意见稿)》中的数据,截至 2019 年,我国已建成煤制油产能 921 万 t、煤制气产能 51 亿 m^3、煤制烯烃产能 1362 万 t、煤制甲醇 6000 万 t 左右、煤制乙二醇产能 478 万 t。由此可见煤化工现有产能规模较大,但受限于未来煤炭消费总量或将步入缓慢下行通道,煤化工未来的产能大幅扩张将大概率承压,因此在现有产能的基础上对设备实施高端化、清洁化改造并革新生产技术,推动传统煤化工向现代煤化工转型将是煤化工企业下一阶段的发展重点。

7.1.3 钢铁行业

我国的钢铁行业碳中和前沿技术研发处于起步阶段,碳中和冶炼已成为制约我国钢铁工业未来发展的"卡脖子"技术。根据钢铁行业碳中和技术的研发流程,可将碳中和分为以下三个阶段。

1. 碳达峰和碳减排平台阶段

研发和应用低碳冶炼与全流程低碳加工及智能制造技术,实现高能效和低碳化。在工艺优化、强化冶炼、余热和二次资源高效循环利用、超低排放改造、系统节能、产品高质化等基础上,研发应用低碳高炉、高效连铸、铸轧一体化、在线组织性能调控等低碳冶炼、加工新技术,同时开发全流程信息物理系统,实现高可靠性、高稳定性全流程智能制造,最大程度地提高能源利用效率和实现碳减排,为碳中和奠定基础。

2. 钢铁产业快速降碳阶段

在低碳高能效冶炼基础上,研发和应用钢铁-化工联产技术,增加碳汇,实现碳净零排放。基于碳捕集利用,研发应用钢铁-化工-氢能一体化网络集成碳捕集和利用技术,通过钢铁-化工协同,为我国以高炉-转炉长流程为主的钢铁产业实现碳净零排放提供最合理、最彻底的解决方案。

3. 钢铁产业深度脱碳阶段

在低碳高能效和钢铁-化工联产基础上,辅以氢能替代化石能源,研发应用氢基竖炉-电炉短流程新工艺技术,在适宜区域实现钢铁工艺流程革新和能源结构优化,为深脱碳或无涉碳钢铁生产提供全新途径。

与国外相比,国内目前在氢冶金、钢铁-化工联产等碳中和前沿技术研发方面尚处于起步阶段,工业化应用较多处于空白,总体属于"跟跑"阶段。由于国外技术保密和限制,我国今后在核心技术应用方面极易受制于人,急需加快碳中和冶金研发步伐,突破关键技术,打破国外技术封锁,抢占低碳前沿阵地,实现核心技术、关键装备、标准体系、研发平台和人才队伍的全面超越,引领钢铁产业低碳绿色化发展。

7.1.4　有色金属行业

根据中国有色金属工业协会统计,2020 年我国十种有色金属产量首次突破 6000 万 t 达到 6168 万 t,有色金属行业的二氧化碳总排放量约 6.5 亿 t,占全国总排放量的 6.5%。其中,铝冶炼行业排放占比 77% 左右,铜、铅、锌等其他有色金属冶炼业约占 9%,铜铝压延加工业约占 10%。

有色金属行业作为力争率先碳达峰的原材料工业之一,"十四五"期间将全面加快绿色低碳转型,为我国总体实现碳达峰作出贡献。有色金属工业要实现以电解铝行业为重点的碳达峰,需要在以下五个方面展开工作。

一是严控有色金属工业产能总量。电解铝产量是决定有色金属工业碳排放的关键因素,要严控电解铝产能 4500 万 t"天花板"不放松,严禁以任何形式新增产能,对铜等品种也要严控冶炼产能总量,并探索建立有色金属消费峰值预警机制。

二是提升再生有色金属产业水平,承接需求结构转化。当前,再生铜、再生铝、再生铅、再生锌产量占比稳步提升,承接了有色金属需求结构的转化,对实现碳达峰、碳中和目标提供了保障,要继续完善相关产业政策,提升再生有色金属行业企业规范化、规模化发展。

三是优化产业布局,改善能源结构。在考虑清洁能源富集地区生态承载力的前提下,鼓励电解铝产能向可再生电力富集地区转移,由自备电向网电转化,从源头削减二氧化碳排放。

四是推动技术创新,降低碳排放强度。有色金属工业应加强余热回收等综合节能技术创新,提高智能化管理水平,减少能源消耗环节的间接排放;要提升短流程工艺行业占比,持续优化工艺过程控制,进一步降低能耗、物耗,降低行业碳排放强度。

五是推动革命性技术示范应用。加强基础研究,开展以惰性阳极电解铝生产为代表的颠覆性技术研发、推广,降低二氧化碳排放总量。

7.1.5　水泥行业

《巴黎协定》要求水泥行业的单位排放量要降至 520～540 kg,和这一目标相比,我国水泥行业的碳排放量还偏高,单位排放量仍需降低 10%～13% 才能达到国际要求水平。2021 年 1 月中国建材联合会发布的《推进建筑材料行业碳达峰、碳中和行动倡议书》中提出,我国建筑材料行业要在 2025 年前全面实现碳达峰,水泥等行业要在 2023 年前率先实现碳达峰。2021 年 5 月,国家市场监督管理总局、工信部、发改委、生态环境部等七部委联合发布的关于提升水泥产品质量、规范水泥市场秩序的意见中提到,确保 2030 年前水泥行业碳排放实现达峰,为实现碳中和奠定基础,这是水泥行业政策中首次提出碳达峰目标。但国家层面对水泥行业具体的碳达峰、碳中和路线尚未出台。

水泥行业是最重要的建筑原材料之一,也是典型的资源密集型行业。作为世界最大的水泥生产和消费国,提前实现碳达峰、达成碳中和是行业不可推卸的历史使命。对 90% 以上碳排放来自化石燃料燃烧和生产过程的水泥行业来说,无论是碳达峰还是碳中和,都是艰巨的任务。

7.2 工业部门碳减排方向

工业是社会繁荣的基础,也是经济发展的核心。工业部门生产的材料构成了支撑现代生活方式的建筑、基础设施、设备和商品。如今,化石燃料和工业过程燃烧产生的二氧化碳约占总排放量的 1/4,工业占全球能源需求的 40%,持续的经济增长和城市化,将支撑对水泥、钢铁和化工产品的强劲需求。为了实现设定的气候目标,未来这些材料的生产必须更加高效,二氧化碳的排放得到进一步的控制。

7.2.1 源头减量

源头减量并不意味着突然减少或关停"两高"企业,而是指在符合发展前提下的供给侧改革。据麦肯锡咨询公司预测数据,源头减量对制造业中两大碳排放行业,即钢铁业和水泥业的减排效果明显,使钢铁业和水泥业在 2050 年较 2020 年减少 32.33%,仅次于碳捕集所带来的减排效果。未来压减"两高"产品产量的手段应当以严控新入产能、重组现有配置和逐步压缩产量为主。

以钢铁为例,2021 年 1 月 26 日,国务院新闻发布会披露,工信部与国家发改委等相关部门正在研究制定新的产能置换办法和项目备案的指导意见,逐步建立以碳排放、污染物排放、能耗总量为依据的存量约束机制,确保实现钢铁产量同比下降。促进钢铁产量的压减主要有以下四个方面。

一是严禁新增钢铁产能。对确有必要建设的钢铁冶炼项目需要严格执行产能置换的政策,对违法违规新增的冶炼产能行为将加大查处力度,强化负面预警。同时不断地强化环保、能耗、安全、质量等要素约束,规范企业生产行为。

二是完善相关的政策措施。根据产业发展的新情况,工信部和国家发改委等相关部门正在研究制定新的产能置换办法和项目备案的指导意见,将进一步指导巩固钢铁去产能的工作成效。

三是推进钢铁行业的兼并重组,推动提高行业集中度,推动解决行业长期存在的同质化竞争严重、资源配置不合理、研发创新协同能力不强等问题,提高行业的创新能力和规模效益。

四是坚决压缩钢铁产量。结合当前行业发展的总体态势,着眼于实现碳达峰、碳中和阶段性目标,逐步建立以碳排放、污染物排放、能耗总量为依据的存量约束机制,研究制定相关工作方案,确保实现钢铁产量同比下降。

废弃品回收主要针对废钢和废弃塑料。废钢通过电炉直接经短流程炼钢,比长流程炼钢过程的碳排放量低,预计可贡献钢铁业二氧化碳减排量的 20%。废弃塑料的回收率仅占 9%,大部分塑料被肆意丢弃、填埋或是焚烧,严重污染着土壤、海洋和空气,对于人类的健康和其他生物的生存均有极大的伤害。

7.2.2 工艺改造

不同行业工艺改进可以大幅降低碳排放量,例如,钢铁行业中的长流程钢,可基于工艺改造的脱碳路线,具体采用基于氢气的直接还原铁(DRI)、电解法炼钢、生物质炼钢等技术;在水泥行业,生产过程中石灰石分解产生的二氧化碳排放占到总量的 60%,可采用电石渣、高炉矿渣、粉煤灰、氧化镁、碱/地质聚合物黏合剂等碳排放强度低的替代原材料。工业部门部分行业碳减排工艺改进技术如表 7-1 所示。

表 7-1　不同行业的碳减排工艺改进技术

行业	改进技术
钢铁	氢作还原剂的零碳炼铁技术
化工	基于化石燃料并结合碳捕集、利用与封存技术的生产路径,电力多元转化(Power-to-X)生产路径,以生物质为基础的生产路径
电解铝	采用惰性阳极代替碳阳极,提高可再生能源比例
水泥	采用碳排放强度低的原料代替石灰质原料,包括电石渣、高炉矿渣、粉煤灰、钢渣、氧化镁、碱/地质聚合物黏合剂等
平板电脑	通过利用氧化镁和氧化钙替代白云石和石灰石,可以减少配料二氧化碳排放的一半左右
煤化工	通过发展加压水煤浆气化技术、加压粉煤气化技术等新型煤气化工艺,可以明显减少工业过程中二氧化碳排放

1. 煤化工工艺

在能耗双控的政策背景下,单吨生产能耗较高的化工产品将率先面临产能重新布局的挑战。一些化工产品的生产过程需要经过电解、气化、提纯等多道耗能工序,使生产单吨产品的综合能耗成为判断化工产品能耗的重要指标。现代煤化工产业碳排放中约 60% 以上来自于工艺排放,主要是通过变换净化工序排放。变换是为了将合成气中的一氧化碳变换为氢气,以调节后续合成反应的氢气与一氧化碳比。从煤气化中获得合成气中的碳元素,有相当一部分通过后续变换生成二氧化碳排放到了大气中。所以,工艺过程中降低变换比,将大大降低工艺过程的二氧化碳排放。

同一产品的不同综合能耗值是由生产产品所用原料的不同或产品生产过程的差异导致的,比如使用无烟煤制 1 t 甲醇的耗能低于使用烟煤制 1 t 甲醇的耗能;使用乙烯氧化法制得 1 t 乙二醇的耗能远远低于以煤为原料使用合成气法的耗能。

一是与低碳原料制备的富氢气互补。单纯以天然气为原料生产甲醇合成气很容易得到较多的氢气,而碳源需从烟道气回收或通过二段转化来实现。而以煤为原料生产甲醇合成气的氢气较少,需要进行一氧化碳变换,同时需脱除二氧化碳,并直接放空。采用煤和天然气联合造气工艺,充分考虑两种原料的特点,结合两种原料生产合成气的优势,实现碳氢互补。通过降低粗煤气中一氧化碳变换深度,甚至取消一氧化碳变换工序,从而节省粗煤气一氧化碳变换和脱除二氧化碳过程中消耗的额外能量,降低单位产品能耗,减少温室气体二氧化碳的排放。

二是绿氢用作补氢原料。现代煤化工与可再生能源制氢的深度结合,将来可能是化工行业生产化工品的重要理想路径。如果不发生变换反应,煤气化后进入合成气中的碳只有少量二氧化碳(煤气化过程中产生)在后续工序排放,大部分都通过合成反应进入产品。后续合成反应所需要的氢气大部分由可再生能源制氢补充,这样可以做到工艺过程基本不排放二氧化碳。HYGAS 水蒸气煤加氢气化炉如图 7-2 所示。

另外,煤气化的时候,应用二氧化碳作为生产传输介质,二次利用废气,能够很好地控制二

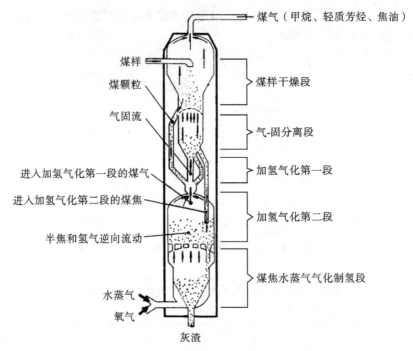

煤气（甲烷、轻质芳烃、焦油）

煤样

煤颗粒

气固流 —— 煤样干燥段

—— 气-固分离段

进入加氢气化第一段的煤气 —— 加氢气化第一段

进入加氢气化第二段的煤焦

半焦和氢气逆向流动 —— 加氢气化第二段

—— 煤焦水蒸气气化制氢段

水蒸气

氧气

灰渣

图7-2　HYGAS水蒸气煤加氢气化炉

氧化碳的排放量。富氢气体与煤的共同气化能够有效提高合成气碳氢比例,解决二氧化碳过多的排放量和能量损耗问题。合成气技术的应用能够保障氢气的利用率最大化,有效控制二氧化碳的排放。

　　相较于其他工业的生产流程,煤化工二氧化碳多发生在直接排放与间接排放过程。比如生产、供电、供热、设备泄漏、化石能源转换中出现的二氧化碳。为了减少二氧化碳排放,就必须做好煤化工流程与工艺改造工作,发挥冗余氢气价值,解决二氧化碳的过多排放问题,实现变废为宝目标。比如甲醇的制取制备中,反应器中会积存大量氮气,而这种现象会干扰到反应效率。所以合成中需要适当地放掉一些气体,让其中反应实现动态性的平衡。放气直接燃烧会损耗大量氢气能源,此时需要用膜分离技术进行氢气回收,重复利用、循环利用氢气,减少损失,避免能耗浪费,使效益最大化。

2. 石油化工工艺

　　国内炼油能力快速提升,整体炼厂开工率明显下滑。传统型炼厂主要以成品油为主,炼厂装置的设计通常包括常减压、催化裂化、延迟焦化等。自2017年开始我国炼油能力重回增长轨道,2019年国内炼油能力达到8.9亿t,成为仅次于美国的全球第二大炼油国,占全球总产能的8%左右;但2019年国内炼厂开工率下滑至73%。目前我国炼油产能过剩明显,传统的燃料型炼厂受损,但是新型以获取化工品为主的大型石油炼化企业将会受益,传统的燃料型炼厂过剩形势将更加严峻。

　　化工型炼厂盈利能力突出,但对氢气需求大幅提升。自恒力炼化项目等民营炼化项目投产以来,新型炼化一体化项目相较于传统燃料型或燃料-化工型炼厂的超额盈利能力已经得到充分印证,尤其在2020年油价、需求大幅波动中,化工型炼厂盈利的稳定性以及未来的成长性都得到了很好的验证。目前众多炼油企业已经向油化结合的方向迈进,新建炼厂产能以炼化一体化深度融合为主,总体而言炼油厂化工路线改制的实质路径为多种"加氢"技术、"裂化"及"裂解"技术的集中优化,主要有以"渣油加氢裂化＋催化裂解""蜡油、柴油加氢裂化＋催化裂解""渣油加氢处理＋催化裂解"和"全加氢裂化"为核心的技术路线。炼厂对氢气的需求主要包括"加氢裂化"和"加氢精制"两个方面,其中"加氢裂化"是指利用氢气将石油高分子量烃馏分裂解成价值更高的较低分子量馏分组件;"加氢精制"是指利用氢气脱除原油中的硫、氮和金属等杂质,工艺革新导致氢气需求大幅提升,氢平衡是化工型炼厂运行的重要前提。炼化一体化工厂需要大量的氢气,同时炼化一体化工厂在生产环节也会副产氢气,目前氢气成本已经成为炼油企业中仅次于原油成本的第二成本要素,而且氢气存储困难,如果氢气不足将影响炼厂整体装置的正常运行。炼厂主要的氢气来源有:①石油焦或煤制氢,美国炼厂外购的氢气多来自于天然气制氢技术中的甲烷水蒸气重整(SMR)技术;②催化重整氢气;③石脑油裂解副产氢气;④丙烷、异丁烷脱氢副产的氢气;⑤低浓度氢气的回收,如加氢、催化裂化、延迟焦化副产的氢气,多采用变压吸附(PSA)、膜分离、深冷三种工艺提取。几种主动制氢工艺的成本都非常高,而且碳排放量大,目前炼化一体化炼油厂两个主要副产氢气的工艺为炼厂干气制氢和重整。镇海炼化氢气管网如图 7-3 所示。

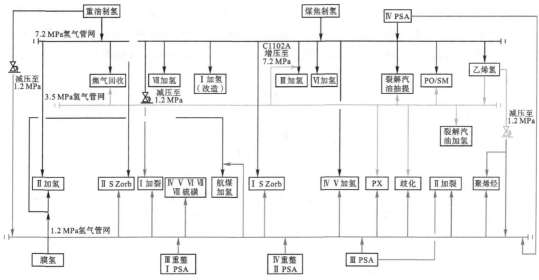

图 7-3　镇海炼化氢气管网

民营大型石油炼化企业的优势是最大化重整装置的能力,最大程度提升副产氢比重。催化重整工艺可将低辛烷值烷烃转化为高辛烷值的芳烃和异构烷烃,现代重整工艺既可以生产高辛烷值汽油,又可以经芳烃分离得到苯、甲苯和二甲苯等关键芳烃,同时副产大量现代炼厂必不可少的低成本氢气。一般情况下重整副产氢气约为进料的 3.0%～6.0%,对于加氢炼油流程,氢气用量一般占原油加工量的 0.8%～3.5%。民营大型石油炼化企业作为涤纶长丝PTA 行业龙头,最大化对二甲苯(PX)产能规模以获取上游原料,同时副产大量氢气用于炼厂加氢裂化装置。以浙江石化为例,其 800 万 t 连续重整装置年副产氢气约 30 万 t,供应炼厂近70%的氢气需求,大幅度降低了对化石能源制氢的依赖。而其他炼厂在建设中由于不具备下游一体化产业链优势,最大化重整装置存在 PX 销售的问题。

配套丙烷脱氢或混烷脱氢,提升原油利用效率,并副产部分氢气。炼厂干气一般作为燃气为炼厂反应提供热能,而民营炼化一体化工厂则采用天然气等燃气对炼厂干气进行替代,经C3、C4分离后分别送往丙烷脱氢、乙烯裂解及烷基化装置,提升原油利用效率,并提高副产氢来源。如浙江石化一期配套45万t丙烷脱氢,恒力炼化一期配套130万t C3/C4混烷脱氢。据卫星石化数据,单套45万t丙烷脱氢装置可以副产1.8万t纯氢。

3. 有色冶金工艺

在实现碳中和的进程中,有色冶金企业应逐步淘汰落后工艺,采用新工艺,降低能源消耗,提高能源利用率。例如,铜熔炼应优先采用先进的富氧闪速及富氧熔池熔炼工艺,替代反射炉、鼓风炉和电炉等传统工艺;氧化铝优先发展选矿拜耳法等技术,逐步淘汰直接加热熔出技术;电解铝生产优先采用大型预焙电解槽,淘汰自焙电解槽和小预焙槽;铅熔炼优先采用氧气底吹炼铅工艺及其他氧气直接炼铅技术,改造烧结鼓风炉工艺,淘汰土法炼铅工艺;锌冶炼优先发展新型湿法工艺,淘汰土法炼锌工艺。

目前,国内主要富氧单侧吹炉都是用于高铅渣的直接液态还原及铜精矿造锍熔炼,直接进行含铅复杂二次物料的冷料熔炼还属于开发试验阶段,如图7-4所示。富氧侧吹炉熔池熔炼含铅二次物料的工艺利用富氧单侧吹熔池熔炼技术,综合回收各类铅铜烟灰、铅锑渣、铜浮渣、后期渣、精炼残渣等含铅二次物料,高效分离回收低品位复杂含铅铋物料中的有价金属,真正做到铅铋冶炼厂内二次物料全面综合回收,建立了企业的有价金属大循环,形成了资源能耗消耗率低、污染排放量低、资源综合利用率高的循环经济模式,也是对二次物料综合回收技术的重要提升。

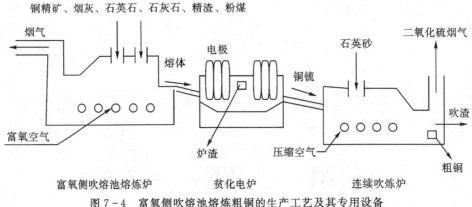

图7-4 富氧侧吹熔池熔炼粗铜的生产工艺及其专用设备

侧吹炉炉床面积3.6 m²,炉床尺寸3 m×1.2 m,炉身由下部三层铜水套、上部一层钢水套组成,炉体一层铜水套两侧嵌入风嘴水套,炉体外形及结构简图如图7-5所示。富氧单侧吹熔池熔炼炉集物料干燥、脱硫、熔化造渣、氧化还原于一炉,烟气通过炉身上部接余热锅炉、人字管、沉降斗、布袋收尘器、风机和脱硫系统,并通过烟囱排放。炉料从下料口与辅料一起投入炉内后,通过炉身下部浸没于熔渣液面内的两侧风口鼓入富氧空气与投入的物料发生剧烈的搅拌、造渣、氧化还原反应,金属下沉至炉缸,渣浮于金属液上部,实现渣与金属高效分离。富氧空气直接通过熔池两侧浸没于渣层的风口鼓入,强烈搅拌反应放热,热量来源主要是氧气与无烟煤(颗粒状)发生剧烈反应生成二氧化碳和一氧化碳,同时伴随着物料中的少量硫化物生成二氧化硫放热。炉料经过熔体的强烈搅拌熔化,炉内熔体化学反应快速,动力学条件良好,因此炉内熔体温度及成分均匀一致。

氧气底吹炼铜工艺也称水口山炼铜法是由中国有色工程设计研究总院与水口山有色金属集团有限公司共同研发的具有自主知识产权的一种先进的铜冶炼技术,如图 7-6 所示。该技术经历了两代创新,第一代为氧气底吹熔炼-PS 转炉吹炼(1992—2008 年)。该技术最早应用于越南生权冶炼厂,规模为年产 1 万 t 阴极铜,其后在山东东营、山东恒邦、包头华鼎、山西垣曲等冶炼厂采用,我国目前已有 10 余条生产线。第二代为氧气底吹熔炼 - 氧气底吹连续吹炼(2008 年起),即双底吹连续炼铜技术,指在造锍熔炼和铜锍吹炼两个重要的铜冶炼生产环节上,用氧气底吹炉取代传统的冶炼设备。该技术高效、节能、环保,能够实现现代化清洁生产,并能有效降低粗铜的加工成本。双底吹连续炼铜技术于 2014 年 3 月在河南豫光首次应用,采用该技术的山东东营二期工程于 2016 年 10 月投产,河南灵宝金城冶炼股份有限公司于 2017 年 8 月投产。

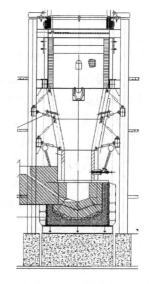

图 7-5　富氧侧吹熔炼炉示意图

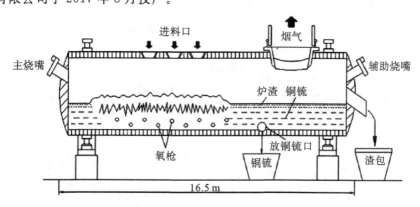

图 7-6　氧气底吹炼铜新工艺

4.炼钢工艺

钢铁工业二氧化碳排放量占全球工业二氧化碳排放的 1/3,这迫使其向更可持续的生产模式转变。在实际生产与冶炼过程中最常见的方法就是转炉炼钢,而且这种转炉炼钢适用于多种合金材料冶炼设备,能够有效提高炼钢的效率,促进钢铁企业的稳定发展。然而,转炉炼钢虽具备自身的优点,也会有一定的不足,需要得到相关企业的重视,进而能够根据实际情况优化炼钢模式,为钢铁企业的未来发展奠定基础。

精料入炉是降低炼钢生产过程碳排放最直接、最有效的手段。在钢铁料质量控制方面,尽量降低入炉料的硫、磷含量(含硫易切削钢等钢种除外),减少铁水温降和成分波动,合理控制铁水硅含量、碳含量和带渣量;按需采购符合国家和行业标准的废钢,制定实施更加细化的企业标准或团体标准,开展废钢带入混杂元素(铜、锌)脱除与控制技术研究,严格控制废钢中有害元素的含量,废钢分类堆存并保持清洁干燥,炼钢过程实现废钢料型结构动态调整。在造渣料质量控制方面,提升入炉冶金石灰的活性,降低生过烧率,可有效提高造渣效率,减少转炉热损失、炉衬侵蚀和钢渣产生量。此外，采用"留渣＋双渣"转炉炼钢工艺，可降低造渣剂消耗和钢渣产生量 1/3 左右。

炼钢厂在热量足够的前提下，灵活配比块矿、烧结矿、氧化铁皮球团等含铁料，以石灰石、白云石替代部分活性石灰、轻烧白云石，可有效降低冶炼成本，但从碳排放角度考虑，相当于将其他工序的部分碳排放量转移到炼钢工序。因此，冶炼中碳、高碳钢种需使用增碳剂，或在高废钢比冶炼需额外补充热源的情况下，应尽量减少这些冷料的使用量，并尽量使用合适粒度，固定碳较高，灰分、挥发分、硫、磷、氮等含量低的增碳剂。

2018 年，瑞典钢铁公司（SSAB）、瑞典大瀑布电力公司（Vattenfall）和瑞典矿业集团（LKAB）联合创立的非化石能源钢铁项目 HYBRIT 获得了瑞典能源署 5.28 亿克朗（约合 5801 万美元）的资金支持。瑞典能源署向 HYBRIT 项目提供的资助资金主要涵盖两个子项目。一是利用氢气直接还原进行钢铁生产初步研究项目。该研究项目的目标是开发出一种以纯氢气为球团矿生产海绵铁的还原剂的技术，如图 7-7 所示。二是球团、烧结工艺的非化石能源加热初步研究项目。该研究项目有着双重目标，即在减少现有球团厂温室气体排放的同时，设计出一种全新的造块工艺。HYBRIT 项目有望使瑞典二氧化碳排放总量减少 10％，使芬兰二氧化碳排放总量减少 7％，将对瑞典实现《巴黎协定》目标起到至关重要的作用。同时，该项目可有效提升瑞典钢铁工业整体竞争力，并有助于绿色能源体系的建立。

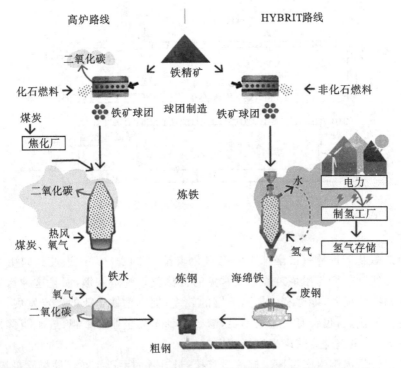

图 7-7 传统高炉工艺与 HYBRIT 工艺生产铁水和海绵铁的流程对比

神雾氢气竖炉直接还原典型工艺也是氢气炼钢的一种，其流程如图 7-8 所示。目前来看，通过基于氢气的直接还原技术实现减排或许是钢铁工业已知的最佳方案，而碳捕集与封存技术属于末端解决方案，并没有从根源上解决问题。通过将废钢作为钢铁生产原材料来实现减排则面临着废钢供给不足、用废钢生产出的钢材质量不够高等问题。此外，以天然气作为还原剂进行钢铁生产在减排方面有局限,且天然气的获取在政治上存在着一定的复杂性。

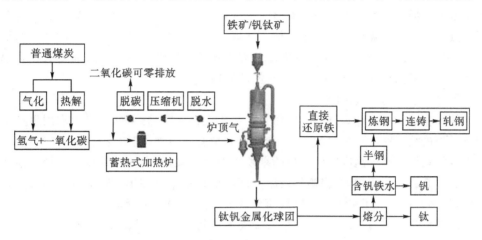

图 7-8　神雾氢气竖炉直接还原典型工艺流程图

此外,短流程钢的产量占比将逐步提升。对于剩余长流程钢来说,可以采用基于工艺改造的脱碳路线,如电解法炼钢、生物质炼钢。

5. 泥生产工艺

水泥生产中所使用的能源主要为电能与煤炭燃料,其中能源上的成本支出超过了直接成本的 60%,且国内水泥行业以燃煤为主要能源。回转窑中大多数使用烟煤,而立窑在燃煤的质量上具有较高的性能指标要求。最近几年,伴随着科技的不断革新进步,低挥发分煤与无烟煤都能够用于回转窑的水泥熟料煅烧生产工序中。在国家节能环保政策的逐渐落实背景下,越来越多的节能方式被研发并运用于水泥生产工艺中。

水泥生产过程中,粉煤灰、钢渣等替代品已被广泛使用,其他如氧化镁、碱/地质聚合物黏合剂等同样具备发展潜力。

1)水泥粉磨工艺节能技术

部分大型管磨机通过管桩筛分装置、研磨体防串装置、分级衬板等达到节能的目的。为了保障管磨机正常运作,在长期高速率、稳定生产期间,可以把一些质量较佳的材料运用于其中,例如硬质合金材料、高(中)铬合金材料。此外一些较易受到损坏的部件,比如隔仓板或衬板等则应当和研磨体保持一致,进而确保磨具外表光洁,为提高生产质量与产量提供基础。

部分中小型管磨机的粉磨系统不管是使用闭路或是开路,在物料处理环节均可使用预处理系统与工艺。其中主要涵盖了预粉磨、预粉碎及预破碎等一系列预处理工艺。借助该工艺流程加以处理以后,可通过预粉磨工艺来达成对粉磨的处理,确保长期稳定、高效的运作。物料经过处理后可以把粒径控制到不超过 2 mm 的水平。基于对预处理工艺的运用,可以把粗磨工艺内的部分功能加以替代,运用细磨工艺将部分长径偏低的中长/短磨系统予以改造,使其产量提升 3% 左右,还可以减少粉磨的耗电量。

2)磨内喷水系统的节能方案

磨内喷水技术是目前节能降耗的关键方向,该系统主要由供气与供水模块构成。在进行水泥的生产制造过程中,喷水装置自头部至尾部均具有喷水功能,使用备用泵可以确保喷水系统具有更为可靠、稳定的工作效率。由其工作原理可以得知,喷水系统运作期间,电机受到多级离心泵的引导可以输出压力水,在和空气产生作用相互混合以后,可以从设备内喷出一种呈雾状的压力水。物料若是在进入粉磨流程前温度超过 105 ℃,则水会经过喷水装置自前舱流入;若是超过 110 ℃,便需要启动喷水功能。所以,运用直射喷嘴可以有效改进喷水系统的整体功能,利用雾化技术来实现对设备的冷却处理。基于雾化技术,操作人员能让设备内喷入适量的水从而达成降温目标,以此来减少水资源的使用。

3)使用热管技术的排气系统

烟气的外在特征是温度高、体积大,而且会带走大概 1/3 的热量,这属于水泥生产工艺中最大的热损失途径。通过对余热的利用,能够提升炉膛热效率,把能源消耗量降至更低水准。废气所带走的热量和废气温度与废气量的乘积正相关。最近几年,热管技术在烟气余热回收工艺中已经逐渐普及使用,其在提高热效率方面的效果也十分突出。热管技术能够用来降低废气温度,从而直接减少了由于废气排放而导致的热量损失。热管是基于传热技术原理而研发的高效传热配件。目前,市场上具有较多种类的热管,其中为了降低投资成本,重力热管备受市场青睐。

所谓热管,就是填充了一定介质的密封性强、清洁、内部真空的真空管,介质类型主要有纯水体、丙酮、乙醇、其他类型的有机化合物、无机钾/钠金属等物质。在低温与高温热源朝着管道内部传导热量的时候,管道下段液体介质受热温度提高会立即蒸发并提升至热管上侧。基于上壳体外部低温冷源的热量吸取作用,蒸汽会逐渐冷却凝结成水滴,散发汽化潜热。基于其自身重力作用,水滴会顺着管壁回流,并且经过加热之后二次蒸发。此过程是连续进行的,而且以较快的速度完成了热量回收工作。

4)燃烧技术的改进

KBN 系列新型双风道煤粉燃烧器不仅具有普通多风道燃烧装置的各种优势,其最为主要的特征便是能够消除燃烧带部分区域温度偏高的现象,让火焰温度分布更加合理,有益于窑的长期运作。和普通多风道燃烧设备相对比,其主要具有以下优点:①不再设内风道,而是使用可调节型的旋流器,让外风道旋流强度能够按照窑内工作情况进行合理调节;②因为环形射流厚度提高到三风道燃烧器的 2 倍,能够降低煤粉和二次风的混合速度,让火焰最高温度得以降低,从而有效增加烧成带耐火砖的使用寿命;③不再设内风与外风调节阀门,使得系统更为简洁,同时能够节省一次风机耗用的电能约 3%;④火焰形状基于传动箱手轮进行调整,通过处于齿轮箱中的指示器提供指示,这样火焰的控制更为简便、准确;⑤在煤粉螺旋喂料器中增设了螺旋泵,风机利用螺旋泵把煤粉运送到双风道燃烧器中,外风通过高压离心风机来进行供风。

清华大学和深圳某水泥生产厂共同研发的煤粉喷腾燃烧技术,基于对煤粉燃烧器的优化改造,增强了风煤混合,让煤粉燃烧情况得以改善,使得煤粉燃烧更加充分,提升了火焰温度,让白煤和烟煤混合而成的综合煤与劣质煤的燃烧使用率大幅提升。该技术还实现了对一次风量的降低与二次风量的增强,促使煤粉更充分地燃烧,通过降低一次风量,能够防止煤粉飘落在窑的低温区域物体上,进而降低了煤粉机械不完全燃烧而导致的热量损失。并且因为煤粉可以在充足的氧气区域中获得充分的燃烧,从而显著降低了其化学不完全燃烧而带来的损失。

5)变频控制技术的应用

近几年来,回转窑变速器逐渐获得了广泛的关注和运用,该设备结合了最新的变频控制技术,主要用于驱动各类电动机。而在此之后,晶体管技术也出现了突破性发展,例如,某熟料分厂中配备的五台大风机,除了高温风机最初的设计为高压变频控制,其他四台风机都是凭借变更风门或是液耦开度来实现对风量的调整,在运行过程中会产生较大的耗能,按照生产运作中风机的实际运行状况,提出了合理的风机变频改造计划,以此提升能源的利用率。实行变频改造之后,2019 年节约了电能 880.56 万 kW·h,折算成标准煤约 1257.94 t,节能效果极为突出。并且采取变频控制以后能够实现对风量和风压的准确、稳定调节,让生产工艺控制操作变得更为便利,也促进了水泥产量的提升;减轻了设备的振动与磨损问题,也就使得有关设备的运维成本降低,使环境噪音问题得到了显著改善;降低了风机与电机的轴承温度,有效延长了相关元件使用寿命。

7.2.3　能源替代

工业部门作为高耗能部门,相当大的一部分碳排放是由化石能源消耗引起的。2020 年,我国工业能耗占一次能源消耗总量的 70% 左右。消耗的能源主要为煤、石油、天然气等化石能源,其中还包括相当一部分的电能。

结合碳排放的能源结构和消费下游来看,煤炭消费作为碳排放的主力,其能源消费的 57% 是电力用途,16% 是钢铁用途,8% 是化工消费。原油下游消费结构由成品油和化工组成,分别占比 51%、49%。而天然气下游消费结构中城镇燃气、工业、发电和化工占比分别是 42%、33%、14% 和 10%。未来,在碳中和的大背景下,我国的电力结构将发生深刻变革,据全球能源互联网发展合作组织发布的《中国 2030 年能源电力发展规划研究及 2060 年展望》预测,2050 年清洁能源发电占比将超过 80%。因此,现代化工业进一步提高电力驱动的比例,实际上是增加了应用绿电的比例,可大大降低燃料的消耗,进而实现燃料端的大幅碳减排。

加快实施清洁用能替代,优化能源结构,构建清洁低碳、安全高效的能源体系是中国工业部门实现碳中和的重要举措。依靠技术创新,进一步降低太阳能、风能发电成本,利用风电、光电、储能耦合模式替代锅炉,发挥储能技术快速响应、双向调节、能量缓冲优势,提高新能源系统调节能力和上网稳定性。利用光热、地热耦合模式替代燃煤供热用能,发挥太阳能光热和地热的各自优势,形成互补供热用能。同时,自进入 21 世纪以来,氢能的开发利用步伐逐渐加快,尤其是在一些发达国家,都将氢能列为国家能源体系中的重要组成部分,人们对其寄予了极大的希望和热忱。氢具有清洁无污染、储运方便、利用率高,以及可通过燃料电池把化学能直接转换为电能的特点,同时,氢的来源广泛,制取途径多样。这些独特的优势使其在能源和化工领域具有广泛应用。

1. 清洁能源电力

煤炭是我国工业的主要燃料和原料,其占能源消费总量的比重直接决定了工业单位能源消费碳排放量的多少。长期以来,煤炭在我国能源结构中占比接近 70%,成为我国工业碳排放水平较高的一个重要原因,所以提出了要形成"以电代煤"的能源结构,降低对煤炭的需求。

截至 2020 年底,中国风电、太阳能发电装机容量分别达到 2.8 亿、2.5 亿 kW,占世界风电、太阳能发电装机容量的 34%、33%,均居世界首位。中国新能源已形成完整的技术研发和生产制造产业供应链体系。新能源发电成本不断下降,近 10 年陆上风电、光伏发电成本分别下降 40% 和 82%。在碳达峰、碳中和目标下,2021—2030 年非化石能源(如核能、水能、风能、太阳能等)消费年均增长 6.9%,到 2030 年占一次能源消费比例将达 25%。预计 2021—2030 年煤炭消费增速为 −1.8%,到 2030 年消费占比降至 40% 以下。

《中国 2030 年能源电力发展规划研究及 2060 年展望》报告显示,2060 年将淘汰煤炭,清洁能源装机将成为主导电源,装机占比超过 90%。2030 年、2050 年、2060 年,中国清洁能源装机将分别增至 25.7 亿、68.7 亿、76.8 亿 kW,分别占比 67.5%、92% 和 96%,实现能源生产体系全面转型。

2. 氢能

氢能主要应用于工业领域,如炼油、氨生产、甲醇生产、炼钢等,绝大部分氢能来源于化石燃料。其中炼油和氨生产对氢气的使用量最大,大约能达到 33% 和 27%。钢铁行业目前用氢量较少,仅为 3% 左右。

电能替代并不能解决高耗能产业的减碳问题,这是因为即使使用可再生能源电气化手段,也只能降低高耗能产业中低位热能那部分碳排放,而这部分只占 20% 左右。对于工业领域因原料和高位热能而产生的 80% 的碳排放,目前还是无能为力。钢铁、冶金、石化、水泥的生产过程中需要大量的高位热能,所谓高位热能即高于 400 ℃ 的热能,这部分热能很难用电气化的方式来解决。

以钢铁行业为例,钢铁是工业的碳排放大户,当前全球钢铁 75% 采用高炉进行生产,在高炉所采用的长流程生产方式中,都是添加焦炭作为铁矿石还原剂。在这种情况下,每生产 1 t 生铁需要消耗 1.6 t 铁矿石、0.3 t 焦炭和 0.2 t 煤粉。也就是说,生产每吨钢铁的碳排放强度达到 2.1 t。

高炉的还原过程所产生的碳排放占到钢铁生产全部碳排放的 90%。因为碳排放过多,人们已经开始使用天然气代替焦炭作为还原剂,然后通过电弧炉将海绵铁转化为钢,这是人们为了减少炼钢过程中碳排放的一种尝试,可惜仍然无法达到深度脱碳。

为了进一步解决钢铁行业的碳排放压力,很多欧美国家开始探索氢冶金技术,而且取得了巨大的进展。

(1)在最新的氢能炼钢工艺中,在低于矿石的软化温度下,用氢气作为还原剂可以将铁矿石直接还原成海绵铁,海绵铁中碳和硅的含量较低,成分已经类似于钢,可以替代废钢直接用于炼钢。

(2)用氢代替焦炭和天然气作为还原剂,可以基本消除炼铁和炼钢过程中绝大部分碳排放。随着可再生能源成本下降,以及制氢工艺的成熟,能够实现可再生能源电解水制氢,在轧铸环节使用可再生能源发电,最后基本实现钢铁生产的近零排放。

我国在利用氢能实现冶金工业深度脱碳方面也有很多尝试。以中核集团、中国宝武钢铁集团为代表,这些企业正在探索利用氢气取代碳作为还原剂的氢冶金技术,推动钢铁冶金基本实现二氧化碳的零排放。2019 年 1 月,中核集团与中国宝武钢铁集团、清华大学签订了《核能-制氢-冶金耦合技术战略合作框架协议》,就核能-制氢-冶金耦合技术展开合作。

7.2.4 碳捕集与利用

碳捕集、利用与封存技术是指将二氧化碳从工业排放源中分离,然后直接封存利用,以实现二氧化碳减排的工业过程。作为一项有望实现化石能源大规模低碳利用的新兴技术,碳捕集、利用与封存技术是未来减少二氧化碳排放,保障国际能源安全和实现可持续发展的重要手段。工业部门的碳封存特点与其他部门一致,不再赘述。

1. 工业部门的碳捕集

二氧化碳减排的挑战是艰巨的。从技术和财政角度来看,工业部门的排放量是能源系统中最难减少的排放之一。1/4 的工业排放由化学或物理反应引起的非燃烧过程产生,因此无法通过使用替代燃料来避免。这对水泥部门来说是一个特别的挑战,这是由于 65% 的排放来自石灰石的焙烧,石灰石是水泥生产的化学过程。此外,该部门 1/3 的能源需求用于提供高温热量。从化石燃料转向低碳燃料或发电以产生这种热量将需要对设施进行改造,并大幅增加电力需求。工业设施是长寿命的资产(长达 50 年),因此有可能将排放“锁定”数十年。竞争激烈、利润率低的国际商品市场加剧了企业和决策者面临的挑战。

对于某些工业和燃料转化过程,碳捕集、利用与封存是最具成本效益的减排解决方案之一,在某些情况下,低至每吨二氧化碳 15～25 美元。国际能源署制定了与《巴黎协定》路径相一致的清洁技术方案(CTS),在该方案中碳捕集、利用与封存贡献了整个工业部门所需减排量的近 1/5。在清洁技术方案中,到 2060 年,工业生产过程中或将完成 28 Gt 以上的二氧化碳捕获量,其中绝大多数来自水泥、钢铁和化工部门。在 21 世纪 20 年代,碳捕集、利用与封存或将在这三个子部门取得重大进展。2030 年捕获的二氧化碳排放量迅速扩大,2060 年捕获量或达到近 1.3 Gt。碳捕集的主要应用领域包括:

(1)煤气化制氢及甲烷重整制氢过程;

(2)工业部门的化石燃料燃烧过程;

(3)化工原料相关碳排放和水泥生产的过程排放等;

(4)电力部门中应对短期和季节性峰值的火力发电。

2019 年中国共有 18 个捕集项目在运行,二氧化碳捕集量约 170 万 t;12 个地质利用项目在运行,地质利用量约 100 万 t;化工利用量约 25 万 t,生物利用量约 6 万 t。随着能源系统追求净零排放的雄心不断增长,碳捕集、利用与封存的作用将变得更加明显。特别是需要继续加大对该技术的部署,以实现工业脱碳化,并通过碳捕集与封存支持生物能源的负面排放。

2. 工业部门的碳利用

二氧化碳不仅广泛应用在石油开采、冶金、焊接、低温冷媒、机械制造、人工降雨、消防、化工、造纸、农业、食品业、医疗卫生等传统领域,还可应用于超临界溶剂、生物工程、激光技术、核工业等高科技领域。近年来,二氧化碳在棚菜气肥、蔬菜(肉类)保鲜、生产可降解塑料等领域也展现出良好的发展前景。根据二氧化碳的利用方式不同,可将其利用分为物理利用、化学利用和生物利用三个方面。

在钢铁行业中,二氧化碳主要用作炼钢反应气体、搅拌气体及保护气体。目前,北京科技大学朱荣教授团队已经完成首钢京唐 300 t 转炉炼钢二氧化碳资源化应用的工程示范,实现吨钢烟尘减排 9.95%,钢铁料消耗降低 3.73 kg,煤气量增加 5.2 m³,二氧化碳减排 20 kg 以上。此外,目前该技术已经应用于天津钢管、西宁特钢等多家企业,研发团队正积极将二氧化碳资源化应用的思路推广至钢铁工业上下游各工序,如烧结球团、高炉喷吹、LF/RH 精炼等工序,并着力研究钢铁企业煤气化工联产联用技术,开启了钢铁流程二氧化碳资源化循环应用新时代,如钢铁冶炼全流程利用二氧化碳将实现吨钢减排二氧化碳 100 kg。

多年来,二氧化碳用于处理钢渣的相关研究引起各国重视。其中,日本钢铁工程控股公司(JFE)开发的利用二氧化碳与钢渣尾渣反应制造人工礁石的技术现已在日本的近海推广。将这种人工礁石沉入近海海底,海藻类会附着在带孔渔礁上生长,有利于吸附空气中的二氧化碳和改善海洋生态环境。我国就钢渣碳酸化技术用于二氧化碳减排已开展多年研究,但由于成本较高尚未实现大规模应用。目前,我国钢渣等固废大量堆积的问题已引起各方重视,将碳捕集利用技术与固废处置技术有机结合,是实现钢铁行业高效率、低成本减排的重点研究方向之一。除此之外,二氧化碳的物理利用还包括以下方面:

(1)作为惰性气体用于焊接保护气、烟丝膨化剂、灭菌气体;

(2)作为冷却剂用于原子能反应堆的冷却和食品工业中的冷却及冷冻等;

(3)作为压力剂用于粉末灭火剂的压出剂,喷枪喷射剂,碳酸饮料、鲜啤酒压出剂,以及混凝土破碎;

(4)用作清洗剂,超临界二氧化碳对有机物有极好的溶解性,可用于光学零件、电子器件、精密机械零件的清洗;

(5)用于原油开采,超临界二氧化碳可以与原油混溶,降低其黏度,从而提高老油井石油采出率。

利用捕集的高浓度二氧化碳,可以进一步加工生产化学品,实现固碳中和的目的,如图7-9所示。中国科学院大连化学与物理研究所提出的"液态阳光"技术,将绿氢与二氧化碳反应制成甲醇,生产1 t甲醇可固定1.375 t二氧化碳。而甲醇又是重要的基本有机原料,下游可加工生产烯烃、甲醛、醋酸等多种化学品,目前该技术已经获得突破,多家研究机构和企业正在推进工业示范装置,未来将可再生能源制氢与捕集的二氧化碳用于生产甲醇将是现代化工碳中和的重要手段,如果经验证技术经济可行,规模化发展会颠覆当前C1化工的技术路线。中国甲醇产能超过9×10^7 t,主要从天然气和煤中制取,如果全部采用"液态阳光"技术生产甲醇,可固定上亿吨二氧化碳。此外,利用二氧化碳可加工生产碳酸二甲酯、可降解材料、芳烃、尿素、碳铵、纯碱、绿藻、无机盐等产品,从而实现固碳。此类技术未来将在碳中和过程中发挥重要作用。此外,目前已成功在实验室利用乙烯和二氧化碳生产丙烯酸钠(超吸收剂的重要原料),与基于丙烯的超吸收剂生产方法相比,此项新工艺中以二氧化碳为生产原料可取代约30%的化石燃料原料。

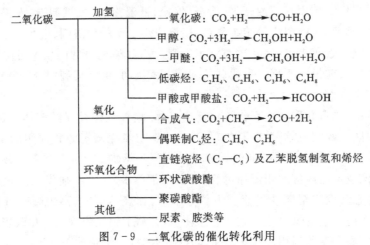

图7-9 二氧化碳的催化转化利用

煤化工企业借助超临界萃取技术对二氧化碳气体循环再利用工艺进行了优化,该技术具有操作简便、工艺流程简单、萃取率高、萃取物易分解等特点,而且二氧化碳气体化学性质稳定,无毒、无刺激、成本低,符合临界萃取剂的要求,可以从天然香料中萃取附加值较高的热敏性组织。现阶段,二氧化碳气体循环再利用技术主要用在灭火器、食品添加剂等方面,还可应用于蔬菜瓜果的保鲜,既安全又有较低的成本,极大地提升了二氧化碳循环再利用价值。

就地球的整体碳循环过程而言,通过生物的方法固定并转化二氧化碳是地球上最符合自然规律的利用方式,因此二氧化碳的生物利用也越来越受到重视。二氧化碳可以用来养殖生长周期短的植物或藻类以生产生物燃料。其中利用微藻固定二氧化碳技术极具开发和应用潜力,这主要是由于微藻固定二氧化碳的能力及其通过光合作用合成生物燃料的速度远高于传统作物。另外,由于微藻能够利用生活及工农业废水作为氮、磷和其他营养物的来源,因此可以实现废水处理、二氧化碳固定和生物燃料合成三种过程的耦合,从而使过程的经济效益和环境效益最大。

7.2.5　工业互联网与绿色供应链

1. 工业互联网

实现碳中和首先要调整能源结构,构建多元清洁的能源供应体系;其次要提升能源效率,形成绿色低碳的环境友好型发展模式。但目前以工业硬件设备的更新迭代为依托的碳减排技术难度大、成本高,且碳排放数据获取方式周期长,缺乏系统化的技术支撑。

在数字经济大趋势下,工业互联网通过全面构建人、机、物的互联,有效支持工业制造全要素、全产业链、全价值链信息的全面链接,大力提升了生产管理能效,减少了资源消耗,成为生产力提升与环境友好之间的新平衡点,推动碳减排工作迈上新台阶,助力实现碳中和目标。其中,容易被人们忽视的标识解析体系成为工业互联网技术助力碳中和实现的重要路径之一,其通过赋予每一个实体物品和虚拟资产唯一的"身份证"(标识),推动数据自由流动、便捷交互,解决制造业企业在信息化过程中存在的数据孤岛难题,实现供应链上下游的全流程管理。在国家标识解析体系方面,截至 2021 年 4 月,国家顶级节点共五个,包括北京、上海、武汉、广州、重庆;二级节点平台已上线 90 多个,成为三级节点的企业超一万家,标识注册量已突破百亿大关(图 7-10)。随着越来越多的工业互联网标识解析二级节点启动上线,以及相关应用的逐步深入,我国工业互联网标识解析体系建设已经初步形成。

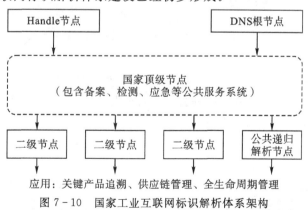

图 7-10　国家工业互联网标识解析体系架构

工业互联网应用覆盖国民经济 30 多个重点行业,涌现出智能化制造、网络化协同、个性化定制、服务化延伸和数字化管理五大典型新模式。其中,绿色供应链标识解析二级节点是经广东省通信管理局批准建设、重点培育的国家工业互联网基础设施的一部分,旨在通过工业互联网标识体系解决目前绿色供应链的管理难题。

2. 绿色供应链

绿色供应链是一种综合考虑环境影响和资源效率的现代供应链模式,但因其涉及链条较长、主体较多,加之企业间信息化不足,导致绿色供应链管理存在难追溯、难协同、智能化不足等问题,管理效率普遍较低。

绿色供应链标识解析二级节点以绿色供应链上的利益相关方为主体,专注于为绿色供应链企业和绿色产品提供万物互联入口。其另辟蹊径,通过赋予每一个绿色原料、绿色产品、绿色工艺等唯一的"身份证"(绿码),将绿色供应链管理从传统模式转变为云上的数字化新模式,从根本上改善目前绿色供应链难管理、难追溯、难监控的问题,提升绿色供应链管理能效,促进供应链上下游各企业绿色发展。

绿色供应链应用系统以国家工业互联网标识解析体系为依托、以"一物一码"为载体,实现产品的全生命周期管理及供应链数据的全面实时互联,优化企业生产管理,助力企业打造绿色、低碳的供应链体系。同时,依托绿色供应链系统,企业每个生产环节的碳足迹都可以实时监控、记录及分析,大大提升了碳排放数据获取的精准性、便捷性,便于企业有针对性地对高碳排放环节进行节能减排改进,助力企业实现碳中和目标。一是推动生产制造数字化,提升生产能效;二是促进供应链管理数字化,增大管理能效;三是延伸绿色服务,助推全民参与碳中和。

工业制造业实现碳达峰、碳中和并不是一蹴而就的,而是一场持久战,需要国家、政府及企业的共同努力。对于能源使用,要进一步强化工业节能,提高能源效率,通过增加光伏、风电、水电、核能等零碳电力和绿氢的使用比重,优化工业用能结构,降低能源消费产生的碳排放。对于资源使用,通过资源加工产生能源消费间接产生碳排放,减少资源加工量即能减少碳排放。通过提高资源效率、使用替代材料(高碳原材料替代低碳原材料)、发展循环经济,能够减少资源的使用量,进而减少资源加工过程中因能源消费排放的二氧化碳。对于数据使用,要积极推动 5G、大数据、云计算、人工智能、数字孪生等新一代信息技术在工业中的应用,加快工业互联网的发展,推动数据在工业生产中的大规模使用,优化工业生产组织流程,提高管理和决策的效率,提升自动化水平,实现深层减碳。

7.3　工业部门碳中和路线方案

实现零碳中国,需要未来 10 年持之以恒的实际行动,政府和各企业要进行碳中和路线方案制定的研究与讨论。其中,麦肯锡咨询公司针对重点工业部门(包括钢铁、煤化工、水泥行业等)的碳中和路线方案展开了深度论述。

7.3.1　钢铁行业

综合考量成本、技术成熟度和资源可用性,需求减少、能效提升,以及废钢再利用、碳捕集利用与封存、氢气直接还原炼钢等技术的加速推动是中国钢铁行业碳中和的重要抓手。学者预测的中国钢铁行业 2020—2050 年的减排路径如图 7-11 所示。

1. 需求缩减

预计到 2050 年需求缩减将贡献约 35% 的二氧化碳减排。对钢铁表观需求的影响因素来

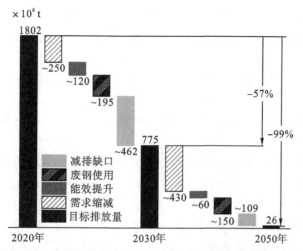

图 7-11　中国钢铁行业 2020—2050 年二氧化碳减排路径图

自于三方面:新增需求、替换需求及库存变化。随着城市化和建筑业增速的放缓,钢铁新增需求将较往年减少。此外,建筑行业材料效能提升(如使用高强钢)、新型替代材料的突破也将进一步削减钢铁的替换需求。随着国内供给侧改革去库存的进一步深化,钢铁企业高位库存减少也将带来表观需求的下降。展望未来,如果钢铁行业被纳入我国的碳价格体系(具体包括对钢铁企业碳排放进行收费、收税、排放交易等),将可能推动钢铁需求进一步下降。同时,随着欧盟排放交易体系等国际碳价格体系的加速推进,我国钢铁出口将面临更大的挑战,但也会给低碳钢铁产品带来新的市场机遇。加之国内大力推动钢铁产能产量的良性发展,我国钢铁产能将保持内需为主、出口为辅的局面。值得注意的是,当前的减排路径分析较大程度上取决于需求变化,这意味着碳中和转型的步伐将根据需求急剧加速(或放缓)。若企业追求持续的绿色增长,应当为碳中和转型工作作最充分的准备。

2. 能效提升

到 2050 年能效提升有约 1.8 亿 t 二氧化碳的减排潜力;预计到 2050 年将贡献全行业 15% 的二氧化碳减排。能效变革主要有三大驱动因素:

(1)产能升级和替换。预计到 2030 年有约 2000 万 t 碳减排潜力来自小型高炉-转炉(年均产能小于 1000 万 t)向大型高炉-转炉(年均产能大于 2000 万 t)的自然升级,共覆盖约 2.5 亿 t 产能。

(2)卓越运营。钢铁企业始终不懈追求卓越运营,通过不断完善标准、提高标准化操作水平,同时将关键指标向下分解、将运营能力与绩效挂钩、改善运营流程,钢铁行业在过去 10 年实现了 7.5% 的能效提升。对标业内最佳能效水平,预计未来 30 年能效提升可达 10%～15%。

(3)原辅料优化。企业因碳减排而在铁矿石、焦炭、熔剂等品类上优先利用高品质原料,实现长流程钢铁生产碳排放强度的降低。

3. 电炉＋废钢

电炉＋废钢是更优先、成熟且灵活的手段,钢铁制造过程中 66% 的碳排放来自长流程中的高炉炼铁过程,而利用废钢则可以采用碳排放更低的电炉短流程进行生产,并且通过绿电实现碳减排也更具经济性。随着国内废钢供应量的上升,预计中国未来的电炉钢比例将由当前的约 10% 增加到 2025 年的 15%，并且长流程废钢利用能力也可能进一步提升。预计到 2050 年通过电炉＋废钢替代长流程炼钢，可贡献钢铁行业二氧化碳累计减排量的 20%。废钢有三大主要来源：

（1）国内回收。鉴于废弃钢材的增加，特别是来自机械和汽车两大行业，预计 80% 的新增废钢供给将源于国内废钢回收。

（2）回收效率提升。政府持续引导废钢行业整合，并出台利好的财务和税收政策，将促使钢铁企业主动使用废钢。

（3）放开进口废钢。2020 年 12 月《再生钢铁原料》（GB/T 39733—2020）国家标准的批准和优质废钢进口的放开，预计将提高废钢整体供应并降低废钢成本。

4. 减排缺口

减排缺口仍需由碳捕集利用与封存、氢气直接还原炼钢等成本更为高昂、尚在发展之中的手段来填补。氢气直接还原炼钢的成本主要来自氢气生产，其核心是电价；碳捕集、利用与封存则需要相匹配的地质条件，如靠近衰退期的油田、盐水层等。因此我们认为具体技术部署应基于区域性评估，因地制宜选择方案。中国钢铁企业可考虑以下四种路径弥补减排缺口。

（1）碳捕集、利用与封存规模化。代表地区为环渤海地区（东北、津冀、山东），其有集中化的钢厂，供应全国超过 40% 的钢铁产量，还有火电、油气、水泥等其他高碳排放强度的工业，有望实现碳捕集、利用与封存规模化基础设施建设，摊薄支出成本（如管道等），且其靠近衰退期油田，运输效率高，还可通过优化实现额外收益。

（2）氢气直接还原炼钢试点。代表地区为西南地区（四川、云南、重庆、贵州），其拥有丰富的绿色电力和水资源，可实现低成本的绿氢生产，经济性高。瑞典、德国、奥地利等国已有氢能炼钢项目投产，国内宝武、河钢、酒钢等钢铁企业也开始了氢能炼钢探索试点。

（3）电炉＋废钢的循环经济。代表地区为沿海地区（浙江、福建、广东），其特点是钢铁需求高，废钢供应充足，但区域长流程钢铁产能低，目前供应主要靠区域外输入。未来，电炉＋废钢的循环经济模式可能成为区域钢铁供应的主要模式。在此基础上只要实现电力的低碳供应，即可很好地实现碳中和转型。

（4）关注过渡性技术。即不能实现钢铁碳中和但能显著降低碳排放强度的新技术，例如，炉顶煤气循环、高炉喷吹氢气、直接熔融还原等。钢铁行业实现碳中和还需要 30 年的历程，过渡技术能够补足一部分减排缺口，给零碳钢铁技术的发展创造空间。

此外，钢铁行业也在持续推动超低二氧化碳排放炼钢工艺技术的发展，包括生物质炼钢、新型直接还原工艺、新型熔融还原工艺和电解铁矿石工艺。这些探索距离工业化还有一定距离，但随着技术不断发展成熟，未来有可能更好地支持钢铁行业碳中和转型。

7.3.2 煤化工行业

在煤化工行业，合成氨和甲醇是煤耗最多的两个产品，它们占到 2019 年煤化工行业煤耗的一半以上。合成氨和甲醇的碳排放来自于煤气制氢过程中的副产二氧化碳和燃煤燃烧，根据计算，1 t 合成氨在全生命周期排放约 4.9 t 二氧化碳，1 t 甲醇约产生 4.4 t 二氧化碳。针对合成氨碳减排，终端需求下降是最大抓手，预计最高可贡献 40% 的二氧化碳减排；在供给侧减排中，生产能效提高（包括通过工艺和运营优化减少碳排放）贡献约 15%，燃煤电气化贡献约 30%，剩下 5%～10% 的碳减排缺口则需要通过碳捕集、利用与封存及绿氢等新兴技术来解决。中国煤制氨行业的二氧化碳减排路径如图 7-12 所示。

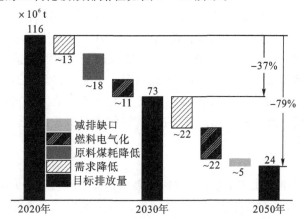

图 7-12　中国煤制氨行业的二氧化碳减排路径图

甲醇的碳减排抓手与合成氨相似,能效提高和燃煤电气化可分别将碳排放量降低 15% 和 20%。但因为在建筑、化工上的广泛使用,甲醇终端需求在未来 30 年预计会持续增长,所以更大的碳减排缺口仍需要新兴技术解决。预计在 2050 年,80% 以上的甲醇生产需要使用碳捕集、利用与封存或绿氢技术,才能实现 1.5 ℃ 温控路径下甲醇行业全面碳减排的要求。中国煤制甲醇行业的二氧化碳减排路径如图 7-13 所示。

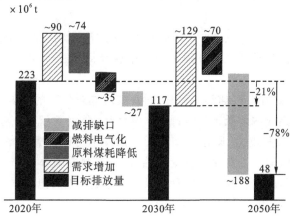

图 7-13　中国煤制甲醇行业的二氧化碳减排路径图

因为生产流程相似、减排抓手重合,煤化工行业的二氧化碳减排路径可以合成氨为例来进一步阐明具体的碳减排抓手。

1. 需求侧管理

合成氨主要下游用途为氮肥生产,约 90% 的合成氨会被加工为氮肥。预计到 2050 年,中国的氮肥用量有潜力下降 40%,这是由耕地减少和化肥使用效率提高共同驱动的。

(1)耕地减少。我国总体耕地面积预计未来将延续下降趋势,从 20 亿亩降低到接近 18 亿亩,预估下降 10%。长期过度耕种导致耕地土质下降,当前我国 20 亿亩耕地中已有 19.4% 污染耕地、17.8% 低等耕地和 8000 多万亩不稳定耕地,休养生息、退耕还林还草、轮作休耕势在必行。同时,伴随着城镇化进程,未来农村人口预计将进一步迁出,导致部分耕地荒置。

(2)化肥使用效率提高。在不影响产量的前提下,我们预计中国每公顷年氮肥用量有潜力在 2050 年下降 30%。中国农场的人均耕地面积远低于西方国家,小农户缺乏科学使用化肥的知识,导致中国存在化肥过量使用、盲目使用的问题,中国的农作物公顷均氮肥用量为 306 kg,远高于世界平均水平,是美国的 2 倍以上。近年来这个问题有所改善,在"十三五"时期,政府通过农民教育和地方监管,积极控制化肥施用量。未来,随着土地所有权整合,大农场预计会逐渐代替个体农户成为主流农场模式。大农场主的每公顷氮肥施用量远远低于小农场主;同时,大农场主也更愿意采用优化的耕种技巧,如使用有机化肥、缓释化肥等新式化肥,进一步提高化肥使用效率。

2. 现有减碳技术

新兴气化炉和燃料电气化技术已经成熟,如果在行业广泛应用,可以有效降低超过 50% 的碳排放,但是会产生额外的资本支出和运营成本。由于煤化工行业整体利润水平较低,因此需要外部推力来将碳排放的外部成本内部化,才能提高这两项技术在行业的应用空间。

(1)新兴气化炉。我国现有气化炉仍以老旧固定床为主,其单炉生产能力低、污染处理困难,已普遍被国外现代煤化工行业所淘汰。随着碳排放要求提高,煤化工企业需要积极置换产能,淘汰升级高煤耗的老旧固定床气化技术,使用新兴高效率的粉煤气化等技术。预计在 2030 年,通过升级煤气设备,行业单位煤耗有潜力减少 30%,从而将碳排放量降低约 15%。

(2)燃料电气化。燃料电气化可以消除燃煤碳排放(占总体的 50%),这项技术已经成熟,但是在高温流程中会显著提高运营成本,预计减排 1 t 二氧化碳的成本超过 100 美元。

3. 新兴碳减排技术

碳捕集、利用与封存和电解氢这两个新兴技术,是解决合成氨行业碳减排最后一里路的抓手,这两项技术都可以将合成氨生产过程中的碳排放降低超过 80%,但目前仍处于技术探索阶段。

(1)碳捕集、利用与封存。碳捕集、利用与封存技术同煤化工的发展具有很好的耦合性,因为二氧化碳浓度高,捕集成本远低于其他行业。据估计,合成氨行业每吨二氧化碳捕获成本约 80 元,而其他行业(如水泥、电力)则超过 200 元。该技术可以优先在华北、东北、内蒙古等靠近油田的地方利用起来,通过二氧化碳进行驱油,降低碳排放成本。未来 30 年,如果碳捕集、利用与封存技术发展程度提高,建设运输管道及储存设施,与其他高碳产业形成产业协同,则有望进一步扩大行业内应用。

(2)电解氢。使用电解氢生产合成氨代替煤制氢技术已经成熟,但由于当前成本较高,还未能在合成氨行业应用。根据我们的测算,假设以工业电价每千瓦时 0.6 元计算,电解氢制合成氨的成本是煤制氢的 3 倍以上。随着电解氢转化效率进一步提高及新能源电价下降,在部分可再生能源余裕的区域,电解氢未来成本会低于煤制氢。如果成本优势明显,合成氨产业厂集群有可能逐渐向该区域转移,下游生产尿素所需的二氧化碳可以从周边高碳企业捕集的二氧化碳中获取。

7.3.3 水泥行业

通过综合考量碳减排成本、技术可行性、资源可用性,结果表明,需求下降、能效提升、替代燃料、碳捕集技术的加速推动是中国水泥行业碳减排的重要抓手。据此,中国水泥行业 2020—2050 年的二氧化碳减排路径如图 7-14 所示。

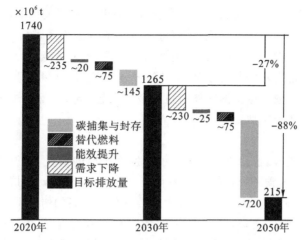

图 7 - 14　中国水泥行业 2020—2050 年二氧化碳减排路径图

1. 需求下降

根据综合能源转型委员会(ETC)、国际能源署(IEA)、麦肯锡全球水泥需求预测模型及中国水泥行业专家的意见,预计常规情形下中国水泥行业的需求下降到 2050 年将贡献约 27% 的碳减排,其主要动因是城市化和建筑业的增速放缓。随着我国城市化率趋于稳定,GDP 驱动的水泥需求预计会进一步下降,现有建筑的维修和更新将逐渐主导未来的水泥需求。此外,混凝土的替代建材(如钢、预制材料、交错层积木材等)也将进一步降低水泥需求。然而,需求预测的准确性受城市化和建筑业发展实际情况的影响,若需求下降不及预期,则需要依靠其他抓手推动碳减排,特别是碳捕集与封存。

2. 能效提升

能效提升的技术已经相对成熟,到 2050 年可为水泥行业贡献约 5% 的碳减排。水泥行业的能效变革包括两大方面:一是节电的减排贡献(包括原料研磨、预分解炉、水泥车间用电等),为避免双重计算,我们将这部分潜力放在电力行业碳减排分析中另行展开;二是节省燃料的减排贡献,预计到 2030 年燃料消耗可节省 5%,到 2050 年可节省 14%。

3. 替代燃料

替代燃料是更优先、更具成本效益的手段,到 2050 年可推动行业约 10% 的碳减排。如果我们逐个分析可为水泥生产供热的主要燃料,会发现可再生废弃物是最可行的煤炭替代燃料。

(1)煤炭目前为逾 95% 的水泥生产供热,是现阶段石灰石煅烧使用的主要燃料源。由于煤炭价格低廉,煤炭燃料不太可能被完全取代,但会在燃料结构改善过程中不断降低份额,预计在 2050 年煤炭占水泥生产所使用燃料的 20%~30%。

(2)生物质目前为不足 1% 的水泥生产供热,被认为是无排放的清洁资源,并且搭配碳捕集技术可能产生净负排放。但中国生物质资源整体紧张,且多个行业均出现需求显著增长的可能,目前行业内仍没有公司用生物质为水泥车间供热。考虑到生物质供给端的不确定性,预计在 2050 年生物质占水泥生产所使用燃料的 5%~10%。

(3)废弃物为不到 5% 的水泥生产供热,我们认为废弃物是更好的潜在碳减排资源。一方面有机废弃物可作为燃料,另一方面固体废弃物可代替熟料,减少石灰石的使用,从而进一步减少生产过程中的碳排放。同时,废弃物利用在我国有政策利好、供应量相对持续、垃圾分类状况不断改善三方面支撑。预计在 2050 年废弃物占水泥生产所使用燃料的 55%～75%。

(4)电力加热。对于水泥生产来说,采用电加热无论从技术要求(需要较高温度和功率)、设备改造,还是运营经济性上看,均不具备很高的可行性,未来可能不会成为重要的减排手段。

(5)天然气虽不能帮助水泥行业实现燃料的零碳排放,但可以显著降低燃料的碳排放强度,因此可能在未来的碳减排中扮演重要的过渡技术角色;同时,天然气作为替代燃料也面临成本上升、设备技术改造等挑战。

4. 碳捕集与封存

在需求下降、能效提升、替代燃料三大抓手均发挥作用的情况下,预计可产生的碳减排成效与 1.5 ℃温控情景下的碳减排目标之间仍有较大缺口,还需要新兴技术的支持。鉴于水泥生产中熟料工艺排放的特点,在没有新兴技术大规模代替熟料的情况下,碳捕集与封存将成为水泥行业实现碳中和的唯一选择,预计到 2050 年需要贡献行业约 50% 的碳减排。碳捕集与封存需要相匹配的地质条件,如靠近衰退期油田、盐水层等;且由于水泥厂规模较小、地点分散,单个企业难以承担大规模碳捕集与封存基础设施建设,因此可考虑参与碳捕集与封存工业园区模式,与其他需要依赖碳捕集与封存技术减排的行业(如钢铁、煤电等)组团开展试点,如可以从行业集中度较高的河北或山东开始试验。

5. 二氧化碳利用

此外,水泥行业也一直在推动二氧化碳养护混凝土等新兴水泥替代技术的发展。碳养护混凝土技术是通过二氧化碳与混凝土中钙、镁组分之间的矿化反应,同时实现温室气体的封存及混凝土强度和耐久性的提升,从而降低水泥使用量。然而该技术仍处在试点阶段,有待进一步规模化推广。另外,基于非碳酸钙的替代熟料技术也是行业未来技术创新的关注重点。

6. 技术创新和突破

目前我国水泥熟料比为 0.67,低于全球平均值 0.74。一个值得注意的政策趋势是,根据 2019 年 10 月 1 日起开始实施的 GB 175—2007《硅酸盐通用水泥》国家标准第 3 号修改单,复合硅酸盐水泥 32.5 强度等级(PC32.5R)将取消,修改后将保留 42.5、42.5R、52.5、52.5R 四个强度等级。此举旨在提高水泥行业产能利用率和产品质量,但也会提升水泥行业的熟料使用比例,进而增加单位二氧化碳排放强度。在满足建筑施工技术要求的前提下,要综合考量碳排放强度和熟料总用量之间的平衡关系,通过技术创新和突破来应对这一挑战。

第8章
建筑领域碳中和技术路线

建筑部门贡献了全球碳排放总量的 40%,是实现碳中和目标的关键部门。建筑建造过程的碳排放主要来自建材的生产和施工。建筑运行过程的主要碳排放来源为供暖、空调、照明、插座设备,以及特殊用能(如实验室、数据中心等)和交通用能(充电桩)。本章将探讨建筑全生命周期碳减排路线,包括建材生产阶段、建筑施工阶段和建筑运行阶段,以及绿色建筑与低碳建筑相关概念。

8.1　建材生产阶段的碳减排

2014 年是建材碳排放变化的分水岭,2000—2014 年建材碳排放年均增速 12%,2014 年达到 15.9 亿 t,此后进入平台期。建筑竣工面积是建材生产碳排放的主要驱动因素,2014 年房屋建筑竣工面积达到顶峰 42 亿 m²。目前生产过程中二氧化碳排放较多的建材有钢材、水泥、铝材、玻璃等,下面介绍其相关碳减排方法。

8.1.1　钢材

我国钢铁生产规模大,是二氧化碳排放的主要行业之一,节能减排总体水平与国际先进水平有较大差距。钢铁行业是我国发展低碳经济的重要组成部分,二氧化碳减排压力巨大,也是我国碳减排的重点行业。

节能降耗是降低二氧化碳排放最有效、最实用的技术手段。我国钢铁行业的能耗约占全国总能耗的 14%,排放的二氧化碳总量占全国的 10% 以上。多年来,虽然我国钢铁行业节能降耗取得了较好的成绩,但行业平均吨钢能耗仍比国际先进水平高 15% 左右,吨钢二氧化碳排放量平均约为 2.1 t,而先进水平国家仅为 1.7 t,只有宝钢等少数企业能在整体上达到国际先进水平,大部分企业还有较大差距[1]。

1. 钢铁生产中碳减排存在的问题

1)工艺路线和用能结构的差异

我国钢铁生产以高炉-转炉的长流程结构为主,粗钢产能约占全国总产能的 85%,而发达国家为 45%~65%。长流程生产工艺的能耗高,约是废钢-电炉短流程生产工艺的 2 倍,二氧化碳排放量大。此外,我国钢铁生产以煤炭为主要能源,约占总能源的 90%,生产使用的煤炭品质不高,能源利用效率低,导致二氧化碳排放量大。

2）入炉铁矿品位低

我国铁矿品位低，受生产成本、铁矿资源供应等方面影响，高炉入炉铁矿品位偏低，无效能源消耗增加，生产能耗高，致使单位产品二氧化碳排放量大。

3）中低水平装备产能大

在现有钢铁产能中，落后和一般水平装备所占比例约为 1/3。与较先进装备相比，这些装备的能耗要高出 15％左右，余能、余热、煤气回收要低 30％以上，高能耗导致了二氧化碳的高排放。

4）中低档产品比例大

与高档产品相比，中低档钢材产品性能差，终端使用时要达到同样的性能效果，使用量需增加，这样就会增加用户能耗。同时，中低档钢材使用寿命偏低，在相同的时期内，回收再生产的频次高，需额外消耗更多的能源。在我国现有的钢材产品中，中低档产品所占比重较大，导致行业平均单位产品能源消耗高、二氧化碳排放高。

5）能源回收水平不高

钢铁生产过程伴随大量的能源消耗和转化，余热、余能、蒸汽、煤气等大量产生。目前，国内大部分钢铁企业的二次能源回收系统不完善，能源损失严重，能耗量居高不下，二氧化碳排放量难以降低。

2. 提升钢铁生产碳减排的建议

1）提高入炉铁矿品位

提高入炉铁矿品位是钢铁生产节能降耗的关键。原料品位的提高可有效降低入炉料中的杂质含量，减少炉渣产生量和能源消耗量，从源头上减少资源、能源消耗，实现二氧化碳减排。据统计，高炉入炉品位每提高 1％，焦比下降 2％，节能效果明显。我国自有铁矿资源品位低，应采取多种措施提高入炉品位，如适当增加高品位进口矿数量，提高铁矿入炉品位等。

2）采用大型现代化装备及先进的工艺技术

采用大型现代化技术设备和先进技术，淘汰落后装备，生产技术经济指标会得到很大改善，能有效提高能源利用率，降低资源能源消耗和二氧化碳产生量。成熟的节能技术及装备有捣固焦炉炼焦，配置干熄焦装置，烧结采用铺底料及厚料层操作，高炉采用富氧和大喷煤等技术，连铸坯热装热送，选用高温蓄热加热炉等。

3）提高产品档次和质量

高档次钢材的生产能耗略高，但性能优、使用量少、寿命长，同时能减少下游产业生产和用户的消耗，在钢材全寿命周期的节能减排效果明显。如将汽车用钢全部换成高强度、高塑性、高韧性的第三代汽车用钢，除提高汽车安全性外，可减少汽车用钢量 10％以上，降低汽车使用过程能耗及二氧化碳排放量。

4）充分利用二次能源

充分回收利用钢铁生产过程中产生的余热、余压、余能及工业废气，可减少煤炭等化石燃料的使用，提高能源利用效率，降低单位产能能耗水平，减少二氧化碳排放。目前，成熟的技术有高炉煤气余压透平发电、烧结余热回收、干熄焦回收蒸汽发电、燃气蒸汽联合循环发电项目等。

5）使用清洁能源，研究低碳冶金新技术

核能、太阳能、风能、水能等清洁能源属非涉碳能源，钢铁生产过程使用这些能源替代涉碳能源可有效减少二氧化碳排放。研究低碳冶金新技术可减少能源消耗,减排二氧化碳,目前部分钢铁企业正在研究试验一些理论可行的技术,如高炉煤气回输技术、高炉纯氧冶炼技术、二氧化碳捕集利用技术等。

8.1.2　水泥

水泥工业是世界第三大能源消耗行业,占据工业能源消耗的 7%,也是世界第二大二氧化碳排放行业,占全球二氧化碳排放的 7%。我国水泥工业 2020 年碳排放约 12.3 亿 t,约占建材工业的 84.3%,约占全国的 13.5%。水泥工业是我国工业全面实现碳减排的关键产业,对我国实现碳中和目标影响重大。

水泥工业的碳排放主要来源是生产电耗、燃料燃烧和原材料碳酸盐分解。按照水泥单位产品能源消耗限额的现行国家标准先进值计算,可比水泥的二氧化碳排放量约为 675 kg/t。其中,生产电耗间接排放的二氧化碳占 10.82%,燃料燃烧直接排放的二氧化碳占 31.45%,原材料碳酸盐分解直接排放的二氧化碳占 57.73%。水泥综合电耗、熟料标准煤耗取 GB 16780—2021《水泥单位产品能源消耗限额》中 3 级指标上限值,分别为 61 (kW·h)/t、94 kg/t(标准煤),水泥中熟料占比取 0.75(此处取 3 级是因为文件中说明 3 级对应的企业是生产水泥和水泥熟料产品的现有企业,2 级指的是生产水泥和水泥熟料产品的新建、改建和扩建企业);熟料工艺排放的二氧化碳参照政府间气候变化专门委员会默认值(5000 t/d 生产线吨熟料工艺排放二氧化碳取 520 kg);电力排放因子和标煤排放因子按照 HJ 2519—2012《环境标志产品技术要求　水泥》,分别取值 0.86 kg/(kW·h) 和 2.75 t/t。计算如下:Q 可比水泥 = $0.75 \times 2.75 \times 94 + 0.86 \times 61 + 0.75 \times 520 \approx 636$ kg/t。未考虑余热发电、余热利用、替代燃料等二氧化碳减排,未考虑钙质替代原料和介质原料非碳酸盐形式存在的氧化钙因素,未计算生料有机碳和水泥窑粉尘煅烧排放的二氧化碳[2]。针对水泥工业的碳排放主要来源,碳减排技术路径主要有提高工艺水平、使用替代燃料、降低熟料系数、降低原材料碳酸盐分解的二氧化碳排放等方面,其潜在的减排空间也不尽相同。

1. 提高工艺技术水平,降低水泥单位能耗

自 20 世纪 80 年代以来,我国水泥工艺技术水平不断提升,水泥单位能耗不断降低。表 8-1 是我国《水泥单位产品能源消耗限额》2007 版和 2012 版的水泥单位产品能耗先进值,联合国《水泥工业低碳转型技术路线图》2050 年全世界指标值,以及当前我国 5000 t/d 生产线先进值的对比。按照《水泥单位产品能源消耗限额》使用"可比熟料""可比水泥"能耗值的相关计算才具有可比性,因此,熟料和水泥的二氧化碳排放值都按此原则计算。由表 8-1 可见,可比水泥综合能耗降低。水泥单位产品能耗指标的进步体现了水泥工艺装备技术的进步,也反映了工艺装备技术对水泥碳排放的贡献程度。进一步通过节能技术改造和加强节能管理,推动我国水泥企业普遍达到《水泥单位产品能源消耗限额》标准要求十分必要。同时,应清楚地认识到我国当前水泥工艺技术水平已经远超世界平均水平,通过降低水泥综合能耗来降低水泥二氧化碳排放的空间不大[3]。

2. 使用替代燃料,降低化石燃料

水泥生产过程中可以使用替代燃料来减少二氧化碳的排放,替代燃料可以分为固态替代燃料、液态替代燃料和气态替代燃料。固态替代燃料主要有木屑、塑料、农业残余物、废弃轮胎、石油焦等;液态替代燃料主要有矿物油、液压油等;气态替代燃料主要有焦炉气、炼油气、裂

表 8-1 水泥产品能耗值

不同标准	可比熟料综合热耗		可比水泥综合电耗/[(kW·h)/t]	可比水泥综合能耗标准煤/(kg·t⁻¹)
	标准煤/(kg·t⁻¹)	热耗/(kJ·kg⁻¹)		
GB 16780—2007	≤107	≤3136	≤85	≤93
GB 16780—2012	≤103	≤3019	≤85	≤88
联合国《水泥工业低碳转型技术路线图》2050 年指标	123	3619	79～82	102
当前我国 5000 t/d 先进值	100	2913	72	84
GB 16780—2021（以 1 级为例）	≤94	≤2755	≤48	≤80

解气、填埋的废物产生的气体等。废油、废轮胎、污泥等用作替代燃料较为普遍，其中，废油热值最高、碳排放因子最低。我国目前替代燃料使用率约为 1.2%，替代燃料发展空间较大。但污泥、木材、生活垃圾等发热量低，二氧化碳排放因子高，反而会增加水泥的二氧化碳排放。如果不考虑替代燃料自身的二氧化碳排放，只考虑对化石燃料的替代减排，则减排效果十分显著。

3. 提高熟料质量，降低熟料系数

在保证相同水泥性能的条件下，熟料质量越好，掺入的混合材越多。而当混合材用量增加 1% 时，水泥熟料用量就可减少 1%。根据 GB 16780—2021《水泥单位产品能源消耗限额》水泥单位产品能耗值，以 1 级为例，如果水泥中熟料占比超过或低于 75%，每增减 1%，水泥综合能耗先进值应增减 1.10 kg/t（标准煤），由此简便计算可使水泥减少二氧化碳排放 1.22%。但是现代水泥生产技术十分成熟，熟料质量提升空间有限，因此，对水泥碳减排的促进作用很小。通过其他技术提高水泥中混合材的掺加量，单从水泥行业的角度看是降低了熟料使用量，减少了水泥的二氧化碳排放，但是从水泥的全生命周期来看，同等条件下会降低混凝土掺合料的用量，增加水泥用量，实际上并未减少单位工程用水泥的二氧化碳排放。

4. 降低原材料碳酸盐分解的二氧化碳排放

（1）使用钙质替代原料。水泥生产中碳酸盐分解产生 57.73% 的二氧化碳，用钙质工业固废来替代石灰石可以显著减少碳酸盐分解排放。通常可利用的工业固废包括电石渣、高炉矿渣、钢渣及粉煤灰等。当水泥生料中添加了 60% 的电石渣替代石灰石，单位熟料二氧化碳排放减少 227.5 kg，减少二氧化碳排放约 43.11%，折合水泥减少二氧化碳排放约 24.89%；当生料中添加 3.98% 的钢渣替代石灰石，单位熟料二氧化碳排放减少 4.4 kg，并且煤耗降低 3 kg，综合减排 2.33%，折合水泥减排约 1.35%。

欧洲水泥协会预计 2030 年使用钙质替代原料可以减少二氧化碳排放 3.5%，到 2050 年将减少 8%。由此可见，使用钙质替代原料能够显著减少二氧化碳排放，具有较大的推广应用空间。但钙质替代原料存在来源不足、成分不稳定，且对水泥质量有影响等问题。

（2）发展低碳胶凝材料。硅酸盐水泥具有高能耗、高温室气体（二氧化碳）排放的缺陷，且随着世界各国经济和基建的不断发展，水泥用量逐年增加，对地球生态环境和气候变化的负面作用逐渐明显,发展低碳胶凝材料体系,科学地部分取代硅酸盐水泥十分必要。低碳胶凝材料主要有低钙水泥、低熟料水泥和碱激发材料等。低钙水泥体系主要有高贝利特硅酸盐水泥、硫(铁)铝酸盐水泥和铝酸盐水泥等,不同水泥体系由不同的熟料矿物组成,常见熟料矿物形成时碳酸盐分解的二氧化碳排放差别明显。

从各种节能减排技术来看,技术的普及产生了很好的节能减排效益。但是,由于我国目前经济仍处于中高速发展时期,水泥需求在短时期内不会有很大的下降幅度。我国原料的替代比例相对较低,碳捕集技术及先进的脱硫技术没有得到广泛应用,所以今后我国水泥工业节能减排可以从以上几点开展[4]。

8.1.3　铝材

铝工业是发展国民经济与提高人民生活水平的基础工业,也是高能耗高碳排放工业。其全生命周期各环节,包括铝土矿开采,氧化铝冶炼,原生铝电解,铝材、最终产品生产和再生铝回收利用,以及上游能源的生产过程,均会排放二氧化碳。探索铝工业减排路径对实现我国碳达峰与碳中和目标至关重要。

1. 我国铝工业碳排放量预测

铝工业有望实现 2030 年碳达峰目标,但实现碳排放强度降低 65% 目标仍有难度。在长期跟踪和研究我国铝工业全生命周期物质流、能耗和温室气体排放的基础上,中国科学院、清华大学及复旦大学进行了一项联合研究,在现有的技术水平和能源结构下,预测了我国铝工业未来 80 年的碳排放量,得到以下预判[5]。

(1)如果没有新的重要应用方式出现,氧化铝和原生铝产量可在 2030 年前达峰,而再生铝产量将持续上升,预计可在 2040 年左右超过原生铝,成为铝材的主要原料。氧化铝冶炼和原生铝电解是铝工业碳排放最大的两个生产环节,其排放约占总排放量的 9% 和 88%,决定了铝工业碳排放总量的峰值。如果没有技术突破带来重要的新用途,预计我国氧化铝和电解铝产量的峰值可在 2028 年左右达到,分别约为 8400 万 t 和 4100 万 t。达峰的主要原因是铝需求量增长将趋缓,且再生铝产量将快速增加。随着越来越多的在用铝存量进入报废期,铝废料的产生量将持续增加,并使得再生铝产量可在 2040 年前后超过原生铝产量。但考虑到铝具有轻质、高强、耐腐蚀、可多次循环利用等优势,以及技术的不断进步,铝在建筑、交通等领域的应用范围可能会扩大,并导致氧化铝和原生铝产量峰值的提高和达峰年限的推迟。

(2)在现有的技术水平和能源结构下,铝工业到 2030 年可实现碳达峰目标。达峰的关键在于氧化铝和电解铝产量的达峰。由于再生铝生产的能耗仅为原生铝的 4.9%,碳排放仅为原生铝的 4.2%,随着原生铝逐步被再生铝替代,原生铝产量在 2030 年前的达峰将推动碳排放达峰的实现。同时,铝工业有望实现 2030 年碳排放强度下降 65% 的目标。假设我国人均铝存量饱和水平为欧洲、美国和日本人均存量饱和水平均值的 75%,要实现这一减排目标,到2030 年我国再生铝的回收率需达到 85% 以上,铝工业的清洁能源比例需达到 45% 以上。虽然现有水平与这些指标尚存在较大差距,面临巨大的减排压力,但这些指标仍比世界先进水平低。因此,我国铝工业仍有望完成减排目标任务。

然而,值得注意的是,要实现 2030 年碳排放强度下降 65% 的目标,2030 年铝工业的碳排放量应控制在 11 亿 t。而按照现有的技术水平和能源结构,预计 2030 年碳排放量约为20 亿 t,铝工业单位国内生产总值二氧化碳排放量可比 2005 年下降 43%,与 65% 的目标还有较大差距。原因主要在于：一是铝废料的回收再生率较低，导致再生铝产量对原生铝的替代水平受限。二是如无颠覆性技术出现，通过提高生产技术水平来节能减排的空间已不大。根据国际铝协的数据，我国电解铝能耗强度已是世界领先水平；氧化铝冶炼能耗强度略高于世界先进水平，但差距不大。三是清洁能源比例低。我国能源以煤为主，铝工业清洁能源比例仅为13％。四是铝的需求量高，因此碳排放也居高不下。五是铝的隐含出口量大。我国每年出口产品中隐含的铝占消费量的20％以上，相当于为世界各国特别是发达国家承担了能耗与碳排放代价。

2. 铝工业实现减排目标的建议[6-7]

尽管我国铝工业已经采取了控制电解铝产量、淘汰落后产能等措施，但仅依靠产能调控和技术进步无法实现铝工业低碳化发展。为实现减排目标，建议从以下方面应对。

（1）打造废铝闭环回收利用体系，推动再生铝替代原生铝。我国尚未建立完善的废铝回收利用体系，废铝回收行业小、散、乱现象严重，存在拆解技术水平落后、废铝预处理能力不足、降级使用等问题。建议建设更为集中化、专门化的废旧金属拆解、回收和清理园区。鼓励大型企业进入废铝回收与预处理领域，逐步限制、减少家庭作坊式的废铝回收厂家。推广废铝分类、破碎、除杂技术，提高再生铝的质量，避免降级使用。鼓励铝加工企业与再生铝企业联合，形成产业规模和供需合作关系。通过明确铝工业准入条件，对铝废料预处理环节的规模、能耗、碳排放等方面做出详细的规定。

（2）从全生命周期角度提高铝工业的技术水平，降低铝损失率和碳排放强度。除再生铝回收利用环节外，在铝土矿开采环节，应减少民采小型矿山采富弃贫的现象，提高开采技术，减少采矿损失量。在氧化铝冶炼环节，通过技术进步不断提高拜耳法的氧化铝回收率。在原生铝电解环节，加快淘汰落后的电解槽，不断提高电解铝厂的管理和电解操作水平。在铝材和最终产品生产环节，实现电解铝厂、铸件厂和铝材加工企业的优化组合，通过提高铝液直接铸轧的比例，省略铝的铸锭和重熔环节，从而减少烧损量和能源消耗量。

（3）优化能源结构，提高铝工业清洁能源比例。鼓励企业主动调整用能结构，充分利用国内水电、风电、光伏和核电资源，尤其是推广水电铝项目。完善市场机制在减排方面的作用，如建立完善的碳交易市场，对高能耗高排放铝企业征收环境税等。

（4）进一步控制氧化铝和原生铝总量。我国已对氧化铝和原生铝实行总量控制政策。目前，氧化铝和原生铝产能均高于预测产量的峰值。这说明现有的总量控制目标稍显宽松。考虑到我国铝工业仍存在一定的落后产能，建议继续实行氧化铝和原生铝总量控制政策，并设置更为合理的目标值。

（5）推进铝工业产业升级，限制高资源、能源、排放强度产品的出口。建议调整关税政策，并辅以财政、金融和外交手段，限制出口高质量铝废料、未锻轧铝、再生铝和部分铝中间产品。暂时不对高附加值的铝中间产品如高端铝板带、铝箔和铝最终产品的进出口实行管制政策。支持我国企业到国外投资铝土矿山，建立全球性的铝废料回收与运输网络，开办氧化铝、电解铝和再生铝厂并进口相应的铝产品。

8.1.4 玻璃

节约能源、降低碳排放是当今时代及未来的发展趋势。平板玻璃行业由于其高能源消耗、高碳排放等特点，被纳入我国碳排放几大重点行业之一。所以，准确掌握其碳排放情况，对降低行业碳排放及实施碳排放权交易大有裨益[8]。

中国是平板玻璃生产大国,企业数量较多,体量较大。自 1989 年以来,平板玻璃产量、消费量一直保持世界第一,平板玻璃行业的碳排放量自然也居世界同行业首位。

在平板玻璃生产中,二氧化碳排放源的类型主要有化石燃料燃烧排放、过程排放、购入和输出电力及热力产生的排放三大类,如表 8-2 所示。

表 8-2　平板玻璃产生二氧化碳排放源类型

排放源名称	具体的排放源	排放源类型	主要的固定及移动设施
化石燃料燃烧排放	煤、柴油、重油、煤气、天然气、液化石油气、煤焦油、焦炉煤气、石油焦等燃料燃烧排放	固定排放源移动排放源	煤气发生炉、玻璃熔窑、锅炉、厂内机动车辆等
过程排放	①生产使用的原料中含有碳酸盐如石灰石、白云石、纯碱等在高温状态下分解产生的二氧化碳排放;②生产过程中碳粉中的碳被氧化成二氧化碳	工业过程排放源	玻璃熔窑
购入和输出电力及热力产生的排放	企业生产过程购入和输出电力及热力产生的排放	其他识别出的直接/间接排放的耗电、用热设备	原料制备、运输设备及锡槽、退火窑、空压机、鼓风机、氢氮气制备、其他设备运行等

在平板玻璃行业三大主要碳排放类型中,化石燃料的燃烧占整个碳排放的 60% 以上。所以,节约能源、优化燃料结构、提高燃烧效率等是减少碳产生和排放的主要途径[9]。

1. 通过能量转换实现节约能源

1)玻璃熔窑引入氧气燃烧系统

玻璃熔窑引入氧气燃烧系统分为全氧燃烧和富氧燃烧两种。富氧燃烧是通过提高助燃空气中的氧气比例强化燃烧,达到高效节能的目的。采用富氧燃烧具有以下优点:

(1)提高能源利用率。采用富氧气体作为氧化剂,可以减小过量空气系数,即氧化剂的体积,从而减小排烟损失;还可以促进燃料的完全燃烧,减小飞灰含碳量,提高燃料的燃烧效率。

(2)易于二氧化碳的分离及处理。富氧燃烧使得烟气中的二氧化碳体积分数提高,从而给二氧化碳的分离创造了一定条件,可使二氧化碳处理更有效率。富氧燃烧产生的烟气主要由水和二氧化碳组成,采用水分离技术在后端能比较容易地捕集到二氧化碳。

(3)强化玻璃熔窑内部传热。随着氧浓度的提高,直接的影响就是造成玻璃熔窑内部温度场的提高,使燃烧变得较为稳定,可以强化和稳定玻璃熔窑内部换热。

2)优化燃料结构,燃料低碳化

平板玻璃行业常用燃料相关参数如表 8-3 所示,可以看出,目前在平板玻璃行业常用燃料中,焦炉煤气、天然气是相对的低碳燃料。生产企业、行业主管部门、行业协会要达成共识,采取一定的行政手段,强制淘汰高碳劣质燃料,鼓励使用低碳清洁燃料。

表 8 - 3　平板玻璃行业常用燃料相关参数(GB/T 32151.7—2015)

燃料名称	单位低位发热量/GJ	单位热值含碳量 /(t·GJ^{-1})	燃料碳氧化率/%
石油焦/t	32.5	$27.5×10^{-3}$	100
重油(燃料油)/t	41.816	$22.1×10^{-3}$	99
煤焦油(焦油)/t	33.453	$22.0×10^{-3}$	99.5
焦炉煤气/10^4 m³(标况下)	179.81	$12.1×10^{-3}$	99.5
发生炉煤气/10^4 m³(标况下)	52.270	$12.2×10^{-3}$	99.5
天然气/10^4 m³(标况下)	389.31	$15.3×10^{-3}$	99.5

3)电力和化石燃料的最佳组合

生产企业、科研单位要研究平板玻璃生产的电力和化石燃料的最佳组合方案,使能源燃料的二氧化碳产生及排放达到最低。

2.提高燃烧效率

1)玻璃熔窑内保温及燃烧器改进

采用玻璃熔窑内保温技术及燃烧器改进技术,有利于节约能源,尤其有利于减少氮氧化物的产生及排放。同时,因为减少燃烧空气的使用,烟气中二氧化碳的浓度提高,有利于二氧化碳的分离及处理,从而减少碳排放。

2)低温熔化技术

降低玻璃熔化温度的途径一般有两种:在不失去实用性的前提下,采用低温熔化玻璃的化学组成;开发尽可能多的使用碎玻璃的办法。美国某试验研究报告指出,使用碎玻璃 20% 以上的玻璃熔窑,每增加 10% 的碎玻璃用量,熔窑操作温度可以降低 5 ℃,每使用 1 t 碎玻璃可节省 30～40 m³ 的天然气。

3)采用配合料预热技术

配合料经预热后,可以大大降低熔化温度,减少燃料用量,燃烧生成的二氧化碳也随之减少。如以流化床预热或特殊预热器预热,二氧化碳的排放量可降低 15% 以上。

8.2　建筑施工阶段的碳减排

现今,应对气候变暖,倡导低碳生产、生活方式已经成为大家的共识。高能耗、高排放的建筑业拥有很大的节能减排潜力,必须采用有效措施进行节能减排。施工阶段相比运营阶段,具有能源、资源单位时间内大量消耗的特点,导致碳排放集中。因此,准确计量此阶段碳排放量,制定相应的减排措施,是实现节能减排的关键环节,也是分析低碳施工的基础,具有重大意义。

劳动生产率指标衡量的是建筑业的技术水平,随着劳动生产率对碳排放量变化的正向驱动作用不断加强,对建筑业提升建筑技术水平的要求也越来越高。同时,提高建筑施工阶段的技术装备率,加快人工智能与建筑机器人的结合,发挥建筑机器人模块化、高效节能的优势,可有效提高施工技术和建造工艺,从而极大地提高建筑施工设备的运行效率,从技术层面降低建筑业碳排放水平。为此,需积极推行碳减排施工技术,在建筑中大力使用环保技术、低碳建材技术和低碳能源技术等,从而实现建筑业的低碳发展。同时,施工面积和施工人口密度分别是最大的正向驱动因素和抑制因素,合理控制建筑业施工规模、保持适度的施工人口密度,管理施工现场的施工人员,培养施工人员的低碳意识,将对抑制建筑业施工阶段的碳排放量增长起到积极的作用。

技术进步是企业提升竞争力的重要力量,对于建筑企业而言,推行碳减排施工技术,即在保证建筑质量的前提下,在施工过程中进行科学管理和低碳技术应用,做到最大限度节约能源与建材,适当采用适合碳减排施工的低碳建材与新工艺,加大碳减排施工技术的研发投入;同时,施工人员作为建筑企业活动的直接参与者,不仅要从思想、观念上提高节能减排意识,更要大力开展对其技术创新能力的培训,不断提高施工技能,加强对先进施工设备的学习,从而提高建筑企业的低碳管理水平,降低施工阶段的碳排放[10-11]。

8.2.1　房屋建筑工程中碳减排施工技术的应用

1. 节水与水资源的合理利用

在房屋建筑工程项目的规划和建设中,水资源一直以来都是重中之重。同时水资源整体利用范围相对比较广,要想从根本上保证水资源在整个施工中利用率的提升,就要实现绿色节能减排施工技术的合理应用。在施工中,通常在搅拌用水及养护用水方面,要对整个水源用量进行有效控制,禁止出现随意浇水养护混凝土等情况。在房屋建筑施工现场,对于供水管线的设置和利用,要与实际用水需求量进行结合,保证布置的科学性和合理性,尽可能将管线相互之间的距离进行缩短处理。对管线线路进行合理的布置,不仅能够从根本上实现对水资源能耗问题的有效控制,而且能够提高水资源的整体利用率。选择混凝土的搅拌站点时,要与施工现场的情况结合,尽可能利用水相对比较集中的位置,实现对水资源的有效控制。房屋建筑施工现场可以对水资源的回收处理系统进行科学合理的构建,实现水资源的循环利用,在施工时还可以对雨水或者可利用水进行回收处理,保证水资源在房屋建筑工程中的整体利用率得到有效提升。

2. 扬尘控制

众所周知,近年来我国空气污染问题越来越严重。尤其是雾霾及粉尘污染影响逐渐增加,导致人们日常生活也会受到严重的影响。粉沙扬尘在整个房屋建筑中比较常见,也是严重污染源之一,绿色节能技术在其中的应用能够针对施工现场的扬尘问题进行有效处理。在实践中,要对先进的技术手段进行合理利用,实现对扬尘数据有针对性的监测。房屋建筑工程项目在具体建设中运送土方以及设备和各种不同类型施工材料时,尽可能避免对整个道路造成严重的污染,在路面上可以适当铺设防尘布,避免扬尘过于泛滥。房屋建筑结构在具体施工时,整个作业区范围内目测的扬尘高度要控制在 0.5 m 的范围之内。针对一些比较容易发生扬尘问题的区域或者是各种施工材料,要提前做好一系列的预防措施,利用覆盖或者洒水等方式,尽可能避免扬尘的扩散。在整个房屋建筑施工中,混凝土浇筑是其中非常重要的施工环节,在浇筑前需要对灰尘及垃圾进行彻底的清理,利用吸尘器能够避免扬尘的产生。除此之外,在整个构筑物进行爆破拆除之前,要提前做好控制扬尘的方案,比如可以利用预湿墙体或者屋面敷水等方式,实现对扬尘问题的有效控制。

3. 碳减排施工技术在门窗中的应用

房屋建筑工程施工中,门窗项目具有非常重要的影响和作用。门窗项目的具体建设情况能够直接反映出整个碳减排施工技术的质量。在门窗施工中,门窗要具备良好的保温性和隔热性。同时要实现良好的通风和采光功能,若门窗某方面性能达不到良好的标准要求,势必会对整个房屋建筑的使用效果造成严重影响,客户的满意度也会受到影响。绿色节能施工技术在门窗施工中的合理利用,能够保证节能效果的强化。在门窗玻璃的选择方面,可以尽可能地选择一些低辐射镀膜的玻璃材质,主要原理是在普通的玻璃上涂抹半导体氧化物薄膜。这样不仅能够从根本上使门窗的反射率得到有效控制,而且具有一定的经济性和实用性[12]。

8.2.2　强化碳减排施工技术应用效果的策略

1. 监督管理机制的不断完善和优化

碳减排施工技术在房屋建筑工程中的合理利用,不仅能够积极响应新时期背景下我国在碳减排方面提出的个性化要求,而且能够推动整个建筑行业的稳定发展。但是由于近年来整个建筑市场当中的绿色环保材料过于复杂,质量参差不齐,很容易导致施工单位采购质量达不到标准要求的材料。导致这一现象出现的主要原因是现阶段的监督管理制度并不是很完善,很多质量不达标的材料流入市场。要想从根本上保证碳减排施工技术在具体应用时的效果,需要对符合要求的监督管理体系进行不断完善和优化。加强日常的检查力度,与项目具体施工标准进行结合,政府要在其中做好一系列的引导工作,对制度内容进行补充和完善,这样才能够保证绿色节能施工技术在整个房屋建筑中的合理利用。

2. 奖励创新机制的构建和落实

科学技术一直以来都是重要的生产力,要想推动整个社会经济的建设和发展,需要对技术的创新进行适当的鼓励。绿色节能施工技术创新长效机制的构建,能够对从业者起到良好的激发效果。这样不仅能够推动碳减排施工技术的改革和创新,而且可以为房屋建筑工程项目的施工打下良好基础。

3. 人员综合素质的提升

要想从根本上保证绿色节能施工技术在房屋建筑中的合理利用,应将人为因素在其中的作用和价值充分发挥出来。工作人员自身的综合素质及专业能力,将会直接影响整个绿色节能施工技术的水准。保证整个工程队伍自身专业能力的提升,应加强对内部员工的培训和教育力度,定期组织施工人员参与专项培训。这样不仅能够从根本上保证其自身综合素质的有效提高,而且能够提高其专业知识水平,保证绿色节能施工技术在实践中的高质量利用。建筑工程项目施工中,相关工作人员应在保证理论知识水平有所提升的基础上,实现实践认知能力的强化。理论与实践的高度融合,有利于保证绿色节能施工技术的合理利用[13]。

8.3　建筑运行阶段的碳减排

建筑运行阶段碳排放总体上呈现上升趋势,但增速明显放缓,碳排放年均增速从"十五"期间的 10.31%,下降到"十三五"期间的 2.85%。其中建筑直接碳排放已经基本进入平台期,建筑电力碳排放近些年仍维持 7% 的增速,热力碳排放近些年增速约为 3.5%。

8.3.1　城镇居民建筑

在城镇居民建筑中,家电种类较多,功能各不相同,已经成为主要的家庭耗能产品。在能源紧张与减少碳排放的背景下,家电产品的设计和开发应该注重对节能技术的运用,这是今后家电发展的主要方向[14]。

1. 变频技术

变频技术的应用是今后家用电器发展的主要趋势,其不仅增加了家电的功能,而且提升了节能效果,降低了家电运行时的噪声。与传统家电相比,变频家电的使用寿命更长。因此,近几年家电厂家加大了对变频家电的研发力度,其具有广阔的技术发展前景。例如,变频微波炉使用当前先进的节能技术,将传统微波炉中的变压器替换为变频器,该变频器在电源功率为 50 Hz 的情况下,可以转变为 2000～4500 Hz,从而有效解决由于反复开关火而导致的食物加热不均匀的问题,同时减少烹饪时间和用电量。这一技术在空调、吸尘器、电磁炉等小家电中得到了比较广泛的运用。在今后的发展过程中,交流变频会逐渐向直流变频发展,控制技术会由原本的脉宽调频向直流变频转变,不同类型的功率器件会向智能化、集成化的方向发展。

2. 电磁感应技术

在社会理念不断革新的过程中,电子技术发生了较大变化,而随着计算机的不断应用,人们进入了智能化时代。当前人们的生产、生活等各个领域都离不开电器设备,而多数电器设备都会使用传感器,这一技术的运用在社会发展中占据十分重要的地位。以电饭煲为例,其功率一般为 500～800 W,虽然用电量并不大,但是使用次数频繁,因此电饭煲的总耗电量不能忽视,降低电饭煲在保温、煮饭过程中的耗电量是关键所在。节能技术的使用不仅能够缓解能源紧张的现状,还能促进用户更高经济效益的实现。将电磁感应技术应用于电饭煲,能够缩短烹饪时间,降低用电量,与普通电饭煲相比,能节约 30% 以上的用电量,节能效果明显。但是在环境因素影响下,电饭煲的耗电来源和散热功能会受到影响,因此在研究节能技术的过程中,耗电和散热是需要重点研究的问题。设计过程中应注重加强结构设计、模具设计与元件布局的合理性,形成有效的热量通道,促使热量尽快从电饭煲中排出。同时,加强对功耗的研究,主要是对开通功耗和关断功耗进行研究,设计时以实际参数需求为依据,将理论分析与实际测试结合在一起。除此之外,还需要控制烹饪过程,在烹饪效果得到保证的前提下,尽量减少单位时间产生的功耗,进而避免热量在短时间内大量聚集,实现平均化处理。

3. 温控技术

温控技术在电扇中的应用,是在电扇中安装温度控制器,当气温比设定温度低时,电扇会自动关闭,从而实现节能。电扇外围元器件及继承电路中有振荡器,与普通振荡器相比,多谐振荡器在进行占空比运算时往往会受输出电压影响,为了使其灵敏度增加,需对感温二极管进行设置,实现对温度检测器的构建。受环境温度不断变化的影响,输出电压也会发生相应的变化,进而影响输出信号的放电时间和充电时间。在室内温度比较高的情况下,压降会有所减少,使实际充电时间延长、放电时间缩短,进而导致风扇的实际运行时间增加,实现长时间送风。当温度下降时,系统会对电路的工作状态进行调节,保证风扇的风力处于短促、稀疏状态;在环境温度降低到一定程度后,风扇就会自动断电,这与人体工学相关原理相符合,也能发挥节能降耗的效果。这一技术具有降低噪声、布局灵活、系统简单、故障发生率低、维护方便等特点,而且能改善发动机的运行环境,延长其使用寿命。

8.3.2　公共建筑

1. 动态冰蓄冷技术[15-16]

自从 1930 年开始,冰蓄冷技术经过不断创新与改进,应用范围扩展到公共建筑物和工业建筑物,以及区域供冷的改造。由于电力消耗具有明显的时段性,部分时段供电系统严重超负荷,而部分时段则出现电力过剩的情况,造成电力系统能源浪费。蓄冷技术的发展使得制冷设备得以错峰用电并减少高峰时段耗电量,在夜间开启制冰机组并将其引入蓄冷槽,在用电高峰时期使蓄冷槽中的冰融化减少空调机组所需的电能,有效缓解电网压力,解决能源浪费。然而,由于成本过高、制冰速率低、能耗大,热交换效率不理想,占地面积大等原因,传统蓄冷技术的普及应用一直受到阻碍。动态冰蓄冷技术作为新型蓄冷技术,有效改进了静态冰蓄冷设备换热效果的缺陷,是建筑节能领域的重点研究方向。

动态冰蓄冷系统采用冰晶、水和化学物质(如乙二醇)构成混合物,在蓄冷后,以冰浆或泥状的形态存在于循环系统中。相比于静态冰蓄冷技术,采用固定形状的冰球或冰板作为蓄冷介质,动态冰蓄冷技术在流动性方面具有明显的优势,冰浆对蓄冷槽的形状、尺寸没有任何限制,结构简单,需要零部件较少,仅需简单地扩大蓄冷容器的体积即可加大蓄冷液的使用量,可满足更多的使用需求,节约更多的高峰电力,这也是静态冰蓄冷设备不具有的灵活性。动态冰蓄冷系统构成如图 8-1 所示。

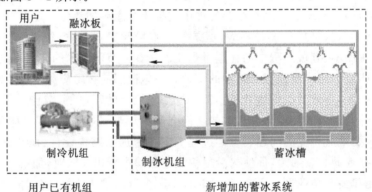

图 8-1　动态冰蓄冷系统构成

2. 温湿度独立调节技术[17]

目前城市办公建筑的空调排热排湿通常是采用表面冷却器对空气进行冷却和冷凝除湿来实现的,也就是使用电或其他能源,通过制冷机获得较低温度的冷水,利用该冷水同时处理空调房间的冷负荷和湿负荷。但是该方式存在着能耗高和难以满足室内热湿比变化及室内空气品质不高等问题。温湿度独立调节空调技术的核心是把对温度和湿度两个参数的控制由原来常规空调系统的一个处理手段改为两个处理手段,即通过新风除湿来控制室内湿度,高温冷水(16~18 ℃)降温控制室内温度。该方法能显著提高室内温湿度的控制精度,使空调系统的综合能效比得到进一步提高,达到节能、舒适、提高空气洁净度的目的。

3. 分布式能源冷热电联供技术[18]

分布式冷热电联供能源系统起源于 20 世纪 70 年代末的美国,且在西方国家得到了非常广泛的推广。分布式能源与传统的集中式供电方式相比,指将发电系统以小容量、小规模、分散式、模块化的方式布置在用户的周围,能够独立输出电、冷、热的系统。分布式能源系统通过将天然气一次能源同时转换成热水、电力、冷水及蒸汽等方式来进行供能,实现能源的综合性利用。其优势在于:①较高的能源利用率;②智能控制系统;③降低建筑能耗费用;④双重削峰填谷作用;⑤降低环境污染物的排放。

8.3.3 农村建筑

清华大学调研数据显示,目前我国农村生活用能中,商品能耗占总能耗的 60%,使用商品能源所产生的二氧化碳排放总量已达到 7.07 亿 t,占全国碳排放总量的 14%。若要有效地降低农村建筑能源消耗,实现低碳化发展,必须注重"开源"和"节流"并举的方法[19]。

1. 加强开发利用可再生能源

开发利用新能源是建筑节能的必由之路,据分析农村地区尤其应该注重开发太阳能和生物质能等经济性好的可再生能源。把造价低、施工方便的被动式太阳能采暖技术与建筑有机地结合在一起,不但可以提高室内舒适度,还能节约大量常规能源,显著提高建筑的节能率,对净化环境污染将起到重要作用。

传统的生物质能利用方式多为直接燃烧,不仅效率低,也对室内造成了很大的污染。开发高效生物质能源利用技术、研究适合秸秆等生物质能源的供热及炊事设备,如生物质固化成型技术、新型生物质半气化采暖炊事炉等,可以有效减少我国农村的生活用能消耗,避免传统生物质能利用方式中所产生的污染问题。

2. 注重农宅节能技术的研究与应用

我国北方地区农村每年每平方米建筑能耗为南方地区的 2 倍以上,造成南北方能耗差异的主要原因为,北方地区农村能源消耗中供暖能耗偏高。我国北方农宅能源浪费的主要原因在于农宅热特性差,热量大量地从屋顶、窗缝、墙体等处散失。因此,改善农宅热特性,实行农宅节能是降低我国北方农村建筑能耗的重要方面。我国南方地区由于气候条件和建筑形式的特殊性,在改造过程中更应注意开发适合当地情况的炊事和局部供暖技术,达到改善室内热环境和空气质量的目的。

8.3.4 北方城镇供暖

1. 采用地源热泵系统[20]

据《中国建筑能耗研究报告(2019)》,北方采暖碳排放占全国建筑碳排放总量的 23%,北方地区大多采用锅炉供暖,北京采暖主要是燃气锅炉。地源热泵系统采用电驱动,热量主要来自土壤,相对于燃煤或燃气锅炉采暖,减排效果明显。如果地源热泵系统用电全为绿电,则可实现采暖系统的净零排放。

电加热和燃煤、燃气锅炉供热只能将 $90\%\sim98\%$ 的电能或 $70\%\sim90\%$ 的燃料内能转化为热能,地源热泵将室外热能连同机组所耗电能一并转移到室内,能效比达 $4.5\sim6$,地源热泵是一种高效、环保、节能的空调技术设备。因此,大规模使用地源热泵系统为建筑提供供暖空调用能,是调整能源结构、降低二氧化碳排放的优选方向,对我国实现碳中和具有一定的促进作用。

2. 高效燃煤锅炉、燃气锅炉[21]

随着国家环保要求的日益严格,落后的小型燃煤工业锅炉逐渐被电力、天然气及先进设备替代,但先进的燃煤工业锅炉仍是我国工业用热和民用采暖的重要途径之一。近些年,一些先进的燃煤工业锅炉技术不断成熟,如高效煤粉工业锅炉、高效水煤浆锅炉和低排放型煤锅炉等,通过采用优质煤和先进适用的燃烧技术及污染物处理技术,先进的燃煤工业锅炉可以达到近燃气锅炉的排放水平。

3. 蒸汽节能输送技术[22]

随着我国经济的快速发展和工业化的持续推进,在工业生产及北方城镇供暖中,蒸汽的需求量越来越大。由于工业企业散居各处,不可能兴建多个供热设施来实现短距离输送蒸汽,所以长距离蒸汽输送技术拥有广阔的发展前景。无论是热电厂还是热用户都已经意识到长距离蒸汽输送技术的重要性。

4. 热电联产的集中供热技术[23]

我国当下热电联产集中供热系统的建立逐渐趋于完善,在许多方面减少了城市的环境污染,提高了人们周围环境的居住质量,城市的一些基础设施得到有效改善。从长远发展的角度来看,这个集中供热系统促进了我国城市的发展,在社会经济进步的同时,节约了很大部分的能源。可以说,这个行业具有巨大的发展前景。我国传统供热采用燃烧煤炭的形式,但是这种形式的产热效率低,往往只有预期 40%~60% 的供热效率,就算是采用良好的产热设备,最终的供热效率也只能达到 60%~80%。这种落后的产热方式不仅浪费资源,还因为燃烧煤炭的原因,会对环境造成严重的污染。热电联产形式利用更加先进的电站锅炉设备,供热效率能够达到 80%~95%,热效率显著提高。同时,电厂工作人员还可以有效利用冷却塔中的产热余热,确定合理的热电比,增加实际的供热效率,节约能源,提高企业的生产效益。不管是从行业的发展角度来看,还是从民生建设的角度来看,这种供热形式都具有巨大的发展前景。

8.4 绿色建筑

8.4.1 绿色建筑与低碳建筑的概念

当前,对于绿色建筑国内外有着不同的定义标准。我国 2019 年实施的《绿色建筑评价标准》中,将绿色建筑定义为:"在全寿命周期内,节约资源、保护环境、减少污染,为人们提供健康、适用、高效的使用空间,最大限度地实现人与自然和谐共生的高质量建筑"。由此看出,绿色建筑作为居住、生活、办公的载体,强调实现人与自然和谐统一的同时,尽可能地实现绿色环保,节约能源与资源。标准中的"全寿命周期"概念,指在建筑的设计、施工、运行维护等全部阶段内实现建筑的节能减排,绿色环保,营造健康舒适的环境[24]。

低碳建筑是指在建筑材料与设备制造、施工建造和建筑物使用的整个生命周期内,减少化石能源的使用,提高能效,降低二氧化碳排放量。低碳建筑已逐渐成为国际建筑界的主流,在这种趋势下其势必将成为中国建筑的主流之一。而中国也正在朝着这个方向前进。低碳建筑主要分为两方面:一方面是低碳材料;另一方面是低碳建筑技术[25]。

8.4.2 绿色建筑的特点

绿色建筑的概念从 20 世纪 80 年代引入国内发展至今,以绿色建筑定义为基础,在国内有以下特点[26]。

1. 地域性特点

绿色建筑不但要与当地自然环境气候特点相适应,而且要充分地尊重当地文化传统,与之相互契合。在自然方面,绿色建筑应利用光照、通风换气、水资源等自然条件,善于处理自然资源、利用自然资源,达到人与自然的和谐共生。在文化方面,绿色建筑应吸取当地文化传统元素,传承历史文化。

2. 资源节约利用

绿色建筑要实现节能降耗,减少资源浪费,应从施工阶段的建筑能耗、建材耗费,运营维护阶段的运行能耗、水资源耗费等多方面降低资源的损耗,尽可能使用绿色环保可再生的能源,循环利用,进而降低消耗的能源与资源,提高能源资源利用效率,减少损耗浪费。

3. 环境友好

绿色建筑强调最大限度地实现人与自然和谐共生,在全寿命周期中的各个环节应努力创造对建筑使用者来说安全、舒适、健康的环境;在建筑空间内外处理好与环境的关系,减少污染和对自然环境的破坏。

4. 经济性与创新性

将经济适用与建筑有效结合才能更好地做到节约资源能源,减少浪费损耗。在建筑设计、施工、运行阶段进行宏观的经济性分析,选用适宜的技术、设备和材料,对全过程进行合理的成本控制与精细的过程管理,节约人力、物力与时间,带来经济效益。创新性也是绿色建筑的特点之一,该特点是在建设过程与后期使用阶段,采用新工艺、新技术、新材料、新的施工和运维管理系统。

8.4.3　绿色建筑材料

1. 绿色建筑材料的定义与优势

绿色建筑材料是在传统建筑材料基础上产生的新一代建筑材料,是指对人体及周边环境无害的健康型、环保型、安全型的建筑材料。它能在施工过程中极大程度地降低能耗,减少污染物对环境的伤害,带给居住者健康、安全的环境。绿色建筑材料的主要特性可分为循环、净化、绿色三个部分,因而可以作为墙体材料、隔热材料、净化材料、防腐材料和装饰材料等。

比起普通的建筑材料,绿色建筑材料的优势主要体现在三个方面。其一是能耗少,污染低。绿色建筑材料的制造工艺水平高,取自可再生资源、环保能源,比起传统的工程用煤作为主要能源,现在更倾向于用太阳能、风能等这些环保能源,从而不会造成不可再生资源的大量减少、能源的浪费及对环境的污染。其二,绿色建筑材料易安装、方便运输,可以高效地减少施工过程中产生的噪声污染、矿渣岩石的放射性污染、玻璃幕墙的光污染等多种环境问题,也能避免对周围住户的打扰。其三,绿色环保建筑用材要比以往建筑用材的质量好,在如今的工程项目建设中,大部分新型材料都有重量轻、隔音、防腐的特征,在今后的使用中不易出现质量问题。

2. 绿色建筑材料的使用

1)在内部装饰环节的运用

绿色建筑材料不同于传统建筑材料的种类单调和功能单一,更能满足客户的多样化需求。比如:有些绿色建筑材料具有很好的隔音性能,可以使想要安静环境的客户免受噪音的影响;有些具有隔绝紫外线的性能,避免过强的紫外线对人体皮肤造成伤害。另外,绿色建筑材料还可以作为地板、家具的制造材料,不仅更加环保,对居住者的身体健康也没有危害,还可以简化内部装修施工流程,节省施工的精力和时间。这些都是传统建筑材料无法实现的,而绿色建筑材料不仅可以兼具实用性与环保性这两个方面的要求,还可以提高整体环境舒适度与美观性。

2)在顶端设计环节的运用

如今,城市规划与建设越来越重视环保,要求低碳节能环保的城市设计。因此在建筑工程中使用绿色建筑材料是环境保护与节能降耗非常有效的方法。英国伦敦的西门子"水晶大厦"就是如此,虽然它占地逾 6300 m^2,却是高效节能的典范。该建筑照明主要使用自然光线,利用智能照明技术,安装光伏太阳能电池板吸收太阳能并储存,晚上通过一个集成 LED 和荧光灯开关利用白天储存的太阳能。与同类办公楼相比,它可减少用电 50%,减少二氧化碳排放 65%,供热与制冷的需求全部来自可再生能源,这是传统建筑材料无法做到的。所以,在顶端设计阶段运用绿色建材,搭配先进科学技术,充分体现出绿色建筑材料在环境保护方面的优势。

3)在外部建筑中的运用

在外部建筑中运用绿色建材,比如墙体,新型的墙体材料主要是粉煤灰、混凝土及矿渣空心砖,都具有较好的隔音效果,环保节能,应用较为广泛。特别是煤灰砖,它具有多方面的优势。首先是保温隔热性能很强,这在建筑建设及使用过程中的节能作用是十分显著的。尤其是温度比较高的夏季,在外部施工阶段运用绿色建材,可以阻隔室外热量,降低室内环境温度,从而减少空调设备及电力资源耗损。除此之外,绿色建材还可以屏蔽辐射、减少噪音,保护生态环境的同时营造舒适度高的生活环境,凭借绿色建材稳定性能提高土木工程整体结构稳定性。

4)在前期准备阶段的运用

所有事情的成功都离不开事先的准备,特别是建筑工程这个容不得半点错的行业。在运用绿色建筑材料时,需要根据具体的情况分析建筑的特性,从而选出适合的建筑材料。在施工现场,施工人员需提前检查绿色建材的数量和安全性,整理数据参数与性能指标。如果在施工过程中发现绿色建材存在问题,需要马上通知施工人员进行检查。施工完成后也需反复测验,保证其安全性。除此之外,在绿色建筑材料的研发阶段,必须要经过多次的性能测试与分析,明确不同种类材料的适应性,如是否能够满足建筑工程施工要求。若建筑材料没有达到要求,则需要研究人员耐心地修改和完善,保证绿色建筑材料的质量,避免存在质量问题的材料进入施工现场,导致建筑工程的质量问题。

8.4.4 绿色建筑能耗

建筑从设计开始,经过施工、运行、拆除的整个时间段被称为建筑的全寿命周期,而能源和物料的消耗一直伴随着建筑的全寿命周期。作为现代建筑发展趋势的绿色建筑,担负着保护环境、节约资源、减少污染的重任,推动着整个建筑行业向着绿色健康、可持续发展的目标前进。所以绿色建筑的能耗水平一直是受到广泛关注的问题[27]。

有关研究表明,我国建筑能耗占总能耗的比例逐年上升,建筑行业无疑是未来人类社会发展中能源消耗的巨头,如图 8-2 所示,预计 2030 年我国建筑能耗将占总能耗的 40% 左右,如此巨大的能耗产生的温室气体、环境污染、大气污染、资源浪费等问题将严重影响人类社会的健康发展。因此建筑的节能降耗、绿色建筑的能耗研究,是摆在全人类面前的严峻问题。

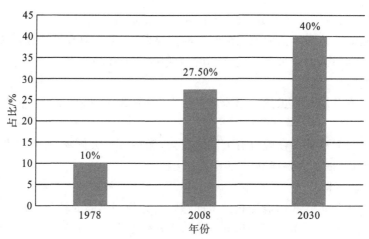

图 8-2　我国建筑能耗占总能耗比例

建筑全寿命周期的主要能耗可分为材料物化能耗、施工阶段能耗、运行阶段能耗、拆除阶段能耗。经过计算不同建筑各个阶段对煤炭、天然气、原油和电力的消耗,可比对建筑全寿命周期各个阶段的能耗占比,如图 8-3 所示,运行阶段能耗在建筑全寿命周期中的占比巨大,因此减少运行阶段的能耗是建筑行业节能减排的重中之重。

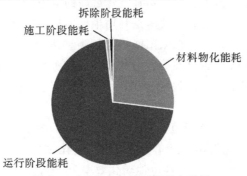

图 8-3　建筑各阶段的能耗占比图

8.4.5　绿色建筑可再生能源发展情况

使用常规能源会加重能源的消耗,而且带来了环境的恶化,绿色建筑强调可再生能源的应用。本节主要介绍了三种可再生能源的发展情况,为绿色建筑节能优化作准备[28]。

1. 太阳能

资料表明,我国每年接收的太阳辐射总热量为 $3.3 \times 10^3 \sim 8.4 \times 10^3 \, MJ/m^2$,相当于 2.4×10^4 亿 t 标准煤。我国拥有丰富的太阳能资源,能为太阳能的利用提供丰富的原材料。合理利用太阳能,能够带来巨大、长久的可持续发展。我国太阳能资源与澳大利亚、美国相当,比日本、欧洲(大部分国家)、俄罗斯、南美、东南亚等国家和地区丰富得多。

1)太阳能的优点

(1)太阳能能量巨大。地球仅仅接收从太阳表面发射的太阳能总量的 50%,但是地球 30 min 接收的太阳能与全球一年的能源使用量相当。

(2)太阳能是可再生能源。当今世界主要利用的还是煤炭资源,但随着过度开采利用,煤炭资源越来越少。太阳能资源丰富,利用太阳能能实现可持续发展。

(3)太阳能是清洁能源。太阳能是最清洁的能源之一,不会对环境造成污染。

(4)太阳能的利用无需开采和运输,能节省大量的人力和物力。

2)太阳能的缺点

(1)太阳能具有分散性。虽然太阳能总量巨大,但分散在地球上密度低,收集太阳能需要大面积的设备。

(2)太阳能具有间歇性。夜晚没有太阳的照射,无法收集太阳能,必须增加储能设备。天气等不确定因素也增加了太阳能利用的不稳定性。

3)太阳能相关技术

(1)太阳能光热技术。太阳能光热技术能够实现光能到热能的转化。根据《四川省居住建筑节能设计标准》(DB 51/5027—2019)规定,太阳能集热器安装方位角宜在 $-20°\sim20°$ 的朝向内,安装倾角宜选择在当地纬度至当地纬度 $+25°$ 范围内。对集热器的集热效率影响最大的是吸热体,即吸热膜层。较好的真空管膜层和较好的平板吸热片膜层的吸收率都在 0.95 左右。我国规定,对于平板太阳能集热器,它的瞬时效率截距不小于 0.72;对于无反射板的真空管集热器,它的瞬时效率截距不小于 0.62;对于有反射板的真空管集热器,它的瞬时效率截距不小于 0.52。在计算集热器的集热面积时,对于有反射板真空管集热器,需要包括真空管之间的空隙,而无反射板真空管集热器不需要包括真空管之间的空隙。

(2)太阳能光伏技术。太阳能光伏技术是利用半导体材料的光伏效应,直接将太阳能转化为电能。太阳能电池的种类繁多,根据太阳能组件的类型进行分类,可分为单晶硅组件、多晶硅组件、非晶硅薄膜组件和砷化镓组件等。虽然单晶硅与多晶硅电池组件的转化效率相比,单晶硅电池组件略胜一筹,但多晶硅电池的价格仅是单晶硅电池的 70%,所以选用多晶硅电池组件更为合适。

组件倾角以《光伏发电站设计规范》(GB 50797—2012)为准。一般太阳能照射在地球上功率大概为 $1000\ W/m^2$,砷化镓电池现在效率最高,转化效率大于 37%,功率为 $370\ W/m^2$,1 h 功率为 $0.37\ kW·h$,普通商用太阳能电池转化效率为 13%～22%,功率为 $130\sim220\ W/m^2$,1 h 的功率为 $0.13\sim0.22\ kW·h$。

2. 地源热泵

地源热泵主要能源来自地下的常温土壤和地下水,地热相对稳定,仅运用少量的电能和机械能,可以简单地完成室内空气与大地岩土层之间的热能交换,从而达到调节温度、实现室内冬暖夏凉的效果。

2005—2010 年约有 30 个国家已经在初步使用地源热泵。美国地热资源协会统计表明,截至 2020 年,美国约有 60 万台的地源热泵在不停地运转,其数量占世界的 46%。自 20 世纪 40 年代以来,地热在美国被大范围利用。地源热泵技术不断发展,加拿大和日本等国也都紧随其后加入了发展地源热泵技术的行列。

我国到目前共计有应用浅层地热能供暖供冷的建筑项目达 3000 多个,超过 50% 以上的项目都集中在北京、天津、河北等地。截至 2020 年,我国浅层地源热泵供能建筑面积已超过 8.58 亿 m^2。

由于气候变化,我国的采暖区域开始由北向南转移,采暖面积大幅增加。地源热泵能利用的资源广泛,不仅限于地下水,现已成功利用水库水、海水、工业废水、城市用水和坑道水等各类有待开发利用的水资源，以及土壤源作为其冷、热源。但我国的地源热泵技术不够成熟，地源热泵行业仍面临着安全保护技术薄弱、缺乏专业设备、效率低下、造价高等关键性问题。要做好区域能源规划，必须有相关的标准规范，这样才能在各个领域进行广泛的推广和使用。

1）地源热泵原理

（1）地源热泵制冷原理。制冷剂通过空气热交换器由低温低压液态冷媒蒸发进而吸收室内空气热量，变为低温低压气态，再逐步通过压缩机实现升温升压放热，此时冷媒中携带的热量由循环水路吸收，再通过地下埋管换热系统转移到地下水或土壤中。经冷凝器冷凝成为中温高压的液态冷媒又变为低温低压液态冷媒，从而实现再循环。

（2）地源热泵制热原理。通过四通换向阀（或四个电磁阀）转换冷媒流动的方向，这样地热就可以通过室外地埋管换热系统、地源热泵机组和室内空调末端等系统，不断将热量转移至室内，从而提高室内的温度，实现室内供热。

2）地源热泵优缺点

（1）地源热泵的优点：

①环境和经济效益显著。地源热泵机组在运行的过程中能耗少，不消耗也不污染水，不产生废弃物。

②应用广泛。地源热泵系统可以供暖、制冷和提供生活热水，可应用于多种建筑类型。

③维护费用低，可无人值守。地源热泵系统的运动部件少，系统不会暴露在风雨中，可免遭损坏，减少维护及费用。地源热泵有远程监控系统，可实现远程管理，做到无人值守。

④耐久安全，寿命长。地下换热管网采用抗老化性能好的高密度聚乙烯管材，寿命可达50 年，比普通空调长 35 年。

⑤节能。地源热泵能源利用效率为一般电采暖方式的 3～4 倍，比常规空气源空调系统节能 50% 左右。

（2）地源热泵的缺点：

①地下岩土层导热系数小，热扩散能力差，从地下取热需要大量的埋管量，会导致初期投资偏大，占用大量土地面积。

②在打井技术方面，回灌问题尚未得到很好的解决。

③我国的地下水回路不是严格意义上的密封，当地下水抽出后再回灌，很大程度上会将管路中的细菌和病毒带回含水层，从而造成环境污染，危及人类的身体健康。

3. 沼气

沼气是指有机物在一定环境下，如温度 8～55 ℃、pH 值 6.8～7.6，通过发酵产生可燃气体甲烷（CH_4），用于发电、取暖等，沼气主要应用于我国的大部分农村，运用地域限制较小，南北方都可使用。推广沼气不仅可以缓解环境压力，而且可以增加建池户收入，维持当地的生态平衡。

沼气最主要的利用方法是发电，既可以提供清洁能源，又可以缓解当前的环境压力。随着发电设备水平逐步提高，市场需求逐渐增大及国家政策的支持，可以预见沼气发电在我国有很大的前景。大多数发达国家都通过政策激励作为沼气发电产业的原动力，例如，加强科研投入、财政补贴、价格激励、减免税费及配额制度等，我国发展沼气发电产业可以借鉴这些宝贵的经验。

沼气的特性如下。

（1）热值大、利用率高。高效地利用沼气资源可以有效地减少环境污染，让沼气资源得到综合利用。

（2）在阿坝地区适应性较强。阿坝地区的畜牧业较为发达，可以利用牲畜的粪便作为原料，通过太阳能作为加热器来给沼气罐加热，使沼气罐在最佳温度下发酵进而发电。制造沼气用于发电，极大地节约了能源，可为阿坝地区的环保节能事业做出巨大贡献。

（3）原料丰富易获取，操作简单且造价低廉。但现阶段我国农村沼气利用率较低，尤其对于经济较为落后的地区，沼气的推广和发展不足。

本章参考文献

[1] 郝经伟，赵宏，张标，等. 钢铁二氧化碳减排情况与建议[J]. 冶金经济与管理，2015(6)：35 - 36.

[2] 丁美荣. 水泥行业碳排放现状分析与减排关键路径探讨[J]. 中国水泥，2021(7)：46 - 49.

[3] 齐冬有，张标，罗宁. 水泥工业碳减排的技术路径[EB/OL]. (2021 - 06 - 08)[2023 - 04 - 03]. https：//www. ccement. com/news/content/13050268544005001. html.

[4] 何峰，刘峥延，邢有凯，等. 中国水泥行业节能减排措施的协同控制效应评估研究[J]. 气候变化研究进展，2021，17(4)：400 - 409.

[5] 相震. 铝电解工业全氟化碳减排途径研究[J]. 环境科技，2011，24(5)：59 - 61.

[6] 陈伟强，王婉君，卢浩洁，等. 铝工业实现碳达峰与碳中和的挑战与路径[EB/OL]. (2021 - 03 - 15). [2023 - 04 - 03]. https：//baijiahao. baidu. com/s? id = 1694791865730316718&wfr = spider&for = pc.

[7] 卢浩洁，王婉君，代敏，等. 中国铝生命周期能耗与碳排放的情景分析及减排对策[J]. 中国环境科学，2021，41(1)：451 - 462.

[8] 田英良，梁新辉，孙诗兵，等. 日用玻璃原料与燃料对 CO_2 减排影响的研究[J]. 玻璃与搪瓷，2010，38(6)：6 - 10.

[9] 刘志海. 我国平板玻璃行业碳排放现状及减排措施[J]. 玻璃，2020，47(1)：1 - 6.

[10] 王新力，王朝霞. 建筑工程技术管理及节能减排实施策略[J]. 居业，2021(4)：157 - 158.

[11] 林兵. 绿色施工理念下的建筑施工管理方法探讨[J]. 江西建材，2021(4)：190 - 191.

[12] 刘传龙. 绿色节能施工技术在房屋建筑工程中的应用[J]. 中华建设，2021(5)：154 - 155.

[13] 王舒，张云斌，张宇. 土木工程施工中节能绿色环保技术探析[J]. 科技风，2021(16)：119 - 120.

[14] 蔡志杰. 节能技术在小家电产品领域中的应用[J]. 工程技术研究，2020，5(24)：253 - 254.

[15] 李高锋. 季节性冰蓄冷技术在空调冷源中的应用研究[D]. 湖南，衡阳：南华大学，2015.

[16] 韩广健. 冰蓄冷技术在商用建筑节能中的应用[J]. 科技资讯，2015，13(9)：94.

[17] 寿炜炜，张伟程，孙斌. 温湿度独立调节技术在夏热冬冷地区的应用研究[J]. 建设科技，2012(13)：52 - 55.

[18] 阮春海. 建筑中天然气分布式冷热电联供技术的应用探讨[J]. 建材与装饰，2016(52)：114 - 115.

[19] 李沁笛，单明，杨铭，等. 农村建筑节能低碳化发展途径及减排潜力[J]. 建设科技，2010

(5):40 - 42.

[20]李金华.地源热泵系统助力碳中和:以北京地区为例[J].节能与环保,2021(5):30 - 31.

[21]吴立新.燃煤工业锅炉清洁高效发展综合评价[J].煤炭加工与综合利用,2017(10):9 - 11.

[22]戴剑,王浩.长距离蒸汽输送设计及技术经济性评价[J].山东工业技术,2016(17):199.

[23]纪林林.热电联产集中供热系统的节能技术探究[J].中国新技术新产品,2020(5):141 - 142.

[24]张檀秋.绿色发展理念下我国城市绿色建筑发展的研究[D].昆明:云南师范大学,2020.

[25]欧晓星.低碳建筑设计评估与优化研究[D].南京:东南大学,2016.

[26]马伊利.基于绿色建筑碳排放分析的绿色建筑评价体系研究[D].邯郸:河北工程大学,2021.

[27]刘钊.绿色建筑运行能耗评价方法研究[D].长春:吉林建筑大学,2020.

[28]赵雨桐,唐澜,余思言,等.绿色建筑可再生能源发展综述[J].四川建材,2021,47(2):20 - 22.

第 9 章

交通部门碳中和技术路线

交通部门是继工业之后，我国快速增长的能源消费和二氧化碳排放部门，其二氧化碳排放峰值出现的年份和峰值排放水平已成为我国能否实现 2030 年国家自主决定贡献目标的要素之一[1]。与其他行业相比，交通运输行业碳排放构成较为复杂，其既属于制造业，又有服务属性，很多排放不完全由自身决定，使用强度、运输周转量与国家经济结构、能源结构和产业布局密切相关。同时，交通运输是移动污染源，常常跨区域运输，管理难度较大[2]。

中国交通部门的二氧化碳排放仍持续快速增长。2018 年，中国交通部门的能源消耗量为 4.96 亿 t 标准煤，占全国总能源消耗量的 10.7%；若按照能源类型测算，交通部门直接二氧化碳排放量为 9.8 亿 t。2018 年，在交通部门的总排放量中，道路运输、铁路运输、水路运输和民航运输分别占 73.5%、6.1%、8.9% 和 11.6%，道路运输占比最高。2008—2018 年，四种运输方式二氧化碳排放的年均增长率分别为 6.0%、3.3%、5.4% 和 12.3%，民航运输二氧化碳排放增速最快[3]。

作为节能减碳的重要一环，交通领域占全国终端碳排放的 10% 左右，过去几年年均增速 5% 以上，预计到 2025 年还要增加 50%，增加至 18 亿～24 亿 t。随着国内汽车保有量快速增加，交通能源消耗亦呈现出较快增长趋势，从而使得碳减排整体面临巨大挑战。

如果延续西方发达国家及我国沿海发达地区的发展趋势，我国交通运输服务需求、千人汽车保有量、交通用能及碳排放将快速增长。而在碳达峰和碳中和目标要求下，我国交通运输部门有望走出一条全新的低碳甚至零碳发展道路，届时可为全社会"双碳"目标的实现提供强有力的支撑[4]。发达国家在建筑等领域的碳排放已有所下降，但交通运输领域还没有大改变，减少交通运输业碳排放、布局新能源交通工具刻不容缓[5]。

9.1 交通部门碳中和发展规划

从整体碳中和目标的实施阶段来看，阶段一（2021—2030 年）主要任务是实现碳排放达峰；阶段二（2031—2045 年）主要任务是快速降低碳排放；阶段三（2046—2060 年）主要任务是深度脱碳，实现碳中和目标。因此，在碳排放达峰主要目标的大背景之下，交通部门的主要工作是提高能源使用效率等，中央、地方政府或企业已经在此基础上形成了一些相关指导政策、建议或者战略。

1. 中央政策

2021 年 2 月 24 日，中共中央、国务院印发《国家综合立体交通网规划纲要》，明确指出加快推进绿色低碳发展,交通领域二氧化碳排放尽早达峰。

2. 新能源政策

新能源汽车是交通部门减碳的关键所在。2021 年 11 月印发的《新能源汽车产业发展规划(2021—2035 年)》再次重点强调发展新能源汽车是我国从汽车大国迈向汽车强国的必由之路,是应对气候变化、推动绿色发展的战略举措,并提出到 2025 年,"新能源汽车新车销售量达到汽车新车销售总量的 20% 左右",到 2035 年,"纯电动汽车成为新销售车辆的主流,公共领域用车全面电动化"的新目标。为了推广普及新能源车辆,以北京和上海为首,各地方已经发布了以 2020 年、2022 年为时间节点的适应于本地能源结构的政策措施,如表 9 - 1 所示[6-7]。

表 9 - 1　各地的能源结构政策措施

地区	政策措施
北京	2020 年邮政、城市快递、轻型环卫车辆(4.5 t 以下)基本为电动车,办理货车通行证的轻型物流配送车辆(4.5 t 以下)基本为电动车,在中心城区和城市副中心使用的公交车辆为电动车
上海	2020 年底前,建成区公交车全部更换为新能源汽车
广西	新增和更新的客运车辆全部采用新能源汽车,环卫、物流、邮政、机场通勤领域新增和更新车辆时,新能源汽车的比例应逐年增加
山东	2022 年全省新能源汽车保有量力争达到 50 万辆
天津	以公交车、物流车、出租车(网约车)、公务用车和租赁用车为重点领域,持续加大新能源汽车推广力度。2018—2020 年,全市每年新增新能源汽车 2 万辆
湖南	每年推广新能源汽车数量占比不低于本地当年新增及更新汽车总量的 2%
山西	推动一批龙头企业实现规模化生产,全省新能源汽车生产能力达到 30 万辆
广东	珠三角地区每年更新或新增的市政、通勤、物流等车辆全部使用新能源汽车,到 2020 年新能源汽车占比达 90% 以上
陕西	在城市公交、厂区通勤、出租以及环卫、物流等领域加快推广和普及新能源车
湖北	2020 年全省新能源汽车产能达到每年 50 万辆
浙江	"十三五"期间累计推广应用新能源汽车 23 万辆以上,公交、环卫、物流、商业租赁等公共领域新能源汽车应用比例不低于 30%,新增公务车采购中新能源汽车占比不低于 50%
江苏	"十三五"期间,全省推广应用新能源汽车标准车超过 25 万辆
福建	2020 年全省累计推广新能源汽车 35 万辆,全省新能源汽车产能达到 30 万辆以上
黑龙江	在公交、出租、校车、环卫、邮政、公安、物流、景区等领域逐年扩大新能源汽车应用比例
辽宁	2020 年主城区城市公交车和出租车全部更新(改造)为清洁能源或新能源汽车
安徽	2020 年前每年按照 10% 的增加比例逐年扩大应用规模
内蒙古	2020 年全区推广应用新能源汽车达到 10 万辆(标准车)
贵州	加快推进城市建成区新增和更新的公交、环卫、邮政、出租、通勤、轻型物流配送车辆使用新能源或清洁能源汽车,机场、铁路货场等新增或更换作业车辆主要使用新能源或清洁能源汽车。2020 年底前,重点区域新增及更换的公交车中新能源汽车比重不低于 35%

3. 智慧交通战略

《数字交通发展规划纲要》指出到 2025 年,交通运输基础设施和运载装备全要素、全周期的数字化升级迈出新步伐,交通运输成为北斗导航的民用主行业,第五代移动通信(5G)等公网和新一代卫星通信系统初步实现行业应用。

《推进综合交通运输大数据发展行动纲要(2020—2025 年)》指出,到 2025 年综合交通运输大数据标准体系更加完善,基础设施、运载工具等成规模、成体系的大数据基本建成。

2020 年 9 月,腾讯发布了《腾讯未来交通白皮书》,这是腾讯首次在智慧交通方面发布的相关战略。在这份战略中,腾讯表示"将运用腾讯的数字化技术能力,从建设、管理、运营、服务四大层面展开,试图挖掘人、车、路数字化价值"。将汽车进行连接,为驾驶员提供增值服务的同时,也为智慧交通战略中的"万物互联""精准调度"提供终端基础。

从行业来说,"十四五"期间,产业转型升级将继续推进,钢铁、水泥、石化等高耗能行业有望率先达峰,工业部门总体上 2025 年前后可实现达峰。交通部门可争取 2030 年左右实现达峰。

9.2 交通部门低碳转型路径

随着我国经济高速发展,交通部门能耗和碳排放量仍将快速增加。为实现 2 ℃甚至 1.5 ℃温控目标,交通部门必须尽快实现低碳发展转型。交通运输的二氧化碳排放总量受到活动总量、模式占比、分模式的能源强度、能源碳强度等因素的影响。

从以往研究得出的低碳发展路径看,主要存在缺乏对高铁发展状况的更新,欠缺考虑其他替代燃料技术的可能性,对氢能技术应用潜力估计不足等问题。针对这些问题,交通部门主要的碳转型路径可归结为交通运输结构优化、替代燃料技术发展、颠覆性技术和交通工具高效化四大类[3]。

9.2.1 交通运输结构优化

合理的交通方式结构定义为:满足城市居民出行需求,在(与城市建设规模相协调的)交通资源配置约束下,研究各种交通方式的发展政策和调控措施,采取合理的交通调控措施,影响交通方式的转移,使交通方式结构达到较理想的状态[8]。

从运输方式看,交通运输碳排放结构可大致分为道路、航空、铁路、水运四类,其中道路作为主要部分在 2018 年以 7.56 亿 t 占交通运输碳排放量的 81.77%,而航空、铁路、水运碳排放量占比分别为 10%~13%、2%~3%、6%~11%。目前这四种运输方式新能源化的程度不一,因此交通结构的优化迫在眉睫。

1. 道路交通优化

道路交通运输系统是一个十分复杂的系统,其运输结构更是整个系统中最主要的因素[9]。从交通运输结构来看,道路交通主要包括两类,即客运和货运。

客运运输结构倾向于从道路运输向更加高效的铁路运输转型,主要为高铁运输。随着铁路电气化改造的推进,铁路节能技术和管理水平不断提升,铁路运输低碳化发展成效明显。通过多种措施提高铁路的市场份额,如高速铁路的建设运行大大降低了居民出行时间成本,提升了旅行舒适度,这就在一定程度上减小了公路出行比例[10-11]。

货运是道路节能减排的关键,一方面数字化线路、智能驾驶软件技术可提升公路货运效率;另一方面,通过"公转铁""公转水"调整货运需求在更绿色的渠道释放,从而间接减少道路及整体碳排放。

2. 航空运输结构优化

对于航空运输,新能源技术低,燃油替换与运营优化为减排的主要方向。在技术层面上,航空燃料的替代品主要有生物质燃油、氢能和电能三类,而综合对比生物质燃油可行性最优。生物质燃油(使用如秸秆等有机废物加工而成)采用的工艺可实现传统航空燃油 20%~80%的排放量,相对于零排放的氢能和电能存在劣势。但民用飞机发展氢能需要体积庞大且重量偏重的储氢罐,飞机架构需要重新设计和测试,短期难以落地;而与电能发展相配套的电池能量密度并没有跟上,也难以落地。在运营层面上,当前飞行过程、飞行线路存在一定的能耗浪费,可通过连续上升及利用飞机自重连续下降来降低少量油耗,而在运营线路上,通过雷达引导直飞或增开临时线路以缩短航行距离等方式亦可减少排放。

3. 铁路运输结构优化

对于铁路运输,已实现高电气化覆盖率,未来全程电气化确定性高,吸收公路货运需求间接节能减排。截至 2020 年末,我国铁路运营里程为 14.63 万 km,复合增长率为 4.83%,其中电气化运营里程高达 10.65 万 km,年复增长率为 6.98%,电气化率逐步抬升并以 72.8%在各运输方式中居首位。得益于较高的电气化率和远低于公路货运的能耗水平,铁路将以"公转铁"的形式承担公路的部分货运需求,从而避免部分火车新能源化进程较低导致的高排放,间接实现整体上的节能减排。

4. 水路运输结构优化

对于水路运输,"公转水"与能效优化可在技术迭代前辅助减排。一方面,水运单位能耗大幅低于公路运输,可通过"公转水"分担部分公路货运,从而间接实现整体减排;另一方面,船舶能效优化方案可实现最高减少 8%的碳排放,在清洁能源替换落地之前可达到部分节能减排的目的。

9.2.2　替代燃料技术发展

电气化是道路运输和铁路运输中重要的减排措施。电动汽车能效比传统汽车高出 50%,即使考虑电力的燃料周期排放,电动汽车全生命周期排放较之于传统化石燃料汽车仍有明显优势。在道路交通方面,除了应该鼓励和引导运输经营者购买和使用柴油汽车,提高柴油在车用燃油消耗中的比重,因地制宜推广汽车利用天然气、醇类燃料、煤层气、合成燃料和生物柴油等替代燃料及石油替代技术,还应该大力推广电动车在新车中的占比[12]。

随着未来中国电力结构的低碳化、清洁化,电动汽车减排优势将更明显。电动汽车可能在 2050 年使道路运输温室气体排放减少 74%~84%。假设汽车寿命为 12 年,年均行驶里程为 15000 km,当电池成本低于 1500~2000 元/(kW·h)时,纯电动汽车减排成本为负,即可以实现温室气体减排的同时降低全生命周期使用成本。

燃料电池技术可能成为重型货运汽车、大客车、重型船舶及客机的重要替代燃料技术。燃料电池汽车在运行过程中的零排放有助于减少交通部门碳排放,但目前制氢过程中二氧化碳排放量较高,约为 27~130 g/km。已有研究对氢能的减排潜力仍存在争议,且大多数学者认为氢能发展主要受基础设施的制约。道路和机场兴建加氢站对燃料进行存储,以及氢燃料运输仍存在较多技术阻碍。

生物燃料燃烧释放二氧化碳源于植物光合作用固化的大气二氧化碳,释放二氧化碳经光合作用又回到植物,从而实现碳中和[11]。由于制备原料各不相同,生物燃料全生命周期减排潜力约在 2%～70%。2050 年生物燃料将在交通部门能耗中占 17%,然而成本过高是生物燃料推广的最大障碍,生物燃料的运行成本约为 2.8 美元/L,是传统航空煤油的 2～3 倍。

9.2.3 颠覆性技术和新兴行为模式

1. 共享出行

1)概念和意义

共享出行是指人们无需拥有车辆所有权,以共享和合乘方式与其他人共享车辆,按照自己的出行要求付出相应使用费的一种新兴交通方式。共享出行模式将有助于减少道路运输碳排放。随着消费观念的转变,共享出行比例将逐渐提高,预计 2030 年共享出行车渗透率将达到 30%以上。共享出行可能使每公里碳排放减少 10%～94%,为共享出行自动驾驶技术提供了良好的应用环境[13]。

2)发展现状

共享出行从第一次映入大众眼帘的共享单车,发展到网约车、共享汽车、共享电单车,几年来跌宕起伏,但其真真切切地满足了人们最后 1 km、最后 3 km 甚至市内长途出行的需求。随着行业洗牌,市场监管加强,行业巨头将借助科技的力量转向共享出行生态打造,推动行业高效高质发展。

共享单车经历野蛮生长后,渐入正轨,当前赛道领跑企业为美团、哈啰及滴滴三大巨头,共享单车的使用更多体现在日常 1～3 km 短途出行、外出游玩;在物联网、移动互联网、大数据等前沿技术的快速发展下,共享电单车为解决用户最后 3～10 km 出行而生,其省时省力的特点与共享单车形成互补,用户选择更多,体验更佳;现阶段共享汽车的发展主要分为轻资产与重资产两种模式,细分包括网约车、顺风车、快车、分时租赁等多个领域[14]。

特别的,汽车共享出行是智慧城市交通可持续发展的重要解决方案,将车辆利用价值最大化是汽车共享出行的核心内涵。目前,我国典型的发展模式主要包括实时出租、网络约车、分时租赁、P2P 租赁及定制公交五种汽车共享出行方式,国内目前已经形成了相对稳定的产业格局,网约车占据主导地位。

五种典型汽车共享出行发展模式形成了城市汽车共享出行立体化互补格局,不同出行方式具有不同特点,如图 9-1 所示。实时出租和网络约车的出行场景较为接近,多为按次共享、即刻需求的实现,如办公学习、休闲约会等;网络约车中的拼车比实时出租费用低,快车与实时出租的费用差别不大,专车、豪华车要比实时出租费用高,网约车所带来的差异化出行服务更好地满足了乘客的个性化需求。分时租赁和 P2P 租赁的出行场景多为按时共享、满足计划式需求,如商务出差、户外旅游等。两种租赁方式的汽车利用率比私家车高 3～5 倍,但由于未形成适合于我国发展的商业体系,因此仍处于市场探索时期。定制公交的出行多为周期型固定式需求,如工作通勤、换乘接驳等,也是汽车共享出行中成本相对较低的出行方式,各城市应积极制定相关政策,鼓励定制公交出行模式的推广[15]。

3)智能共享出行

智能共享出行是共享经济时代人们日益增长的出行需求和丰富的出行供给方式共同作用

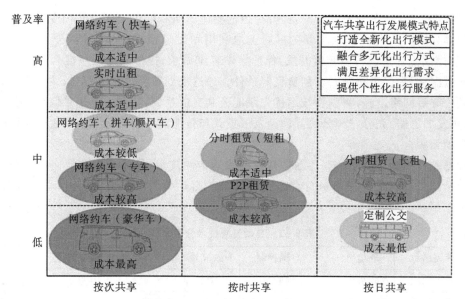

图 9-1 汽车共享出行典型发展模式

的产物。具体而言,智能共享出行是指在共享出行方式基础上,以具备部分自动驾驶(L2)及以上智能化水平的电动汽车为载体,通过与智能化道路交通基础设施、信息与通信基础设施进行高效协同,实现高等级智能化载运工具的出行供给与交通出行需求的高效连接、实时匹配,进而形成"出行即服务"的新型出行生态系统。

智能共享出行让城市交通更绿色,发展智能共享出行有助于减少城市内的小汽车数量。根据美国麻省理工学院教授卡尔洛·拉蒂(Carlo Ratti)估计,每一辆共享汽车的高效运行可减少 9~13 辆私家车上路行驶。新加坡的研究表明,通过实行共享出行解决方案,只需要30% 的车辆即可满足个人出行需求的现状。更为重要的是,自动驾驶汽车技术还可以用于提升地面公交的服务品质和运行效率,以及用于接驳轨道车站和交通枢纽,解决"最后一公里"难题,吸引更多乘客使用公共交通,其效果超过常规公共交通的"饲喂式"服务水平,从而降低交通能耗、温室气体排放和汽车尾气污染。

智能共享出行让城市交通更高效。智能共享汽车有望通过车辆之间的信息交互来平衡车速,实现在道路上的列队行驶,理论上可以将现有道路的通行能力提高一倍。美国学者桑蒂(Santi)等人根据纽约市超过 1.5 亿次出租车行程测算表明,若乘客接受等待 5 min,超过 60%的行程可以实现共享出行,意味着每天可节约超过 20% 的出行时间。当自动驾驶汽车市场渗透率达到 10%,可减少交通流量的 15%;当市场渗透率达到 90%,可减少道路拥堵的 60%,相当于节约大约 27 亿 h 的出行时间。此外,发展智能共享出行模式还将极大地方便老人、儿童、残障人士等弱势群体出行,提高该人群的机动性出行效率。

推动中国城市更加积极稳妥地发展智能共享出行,可以从以下三点进行考虑。

(1)示范先行,场景驱动。可考虑优先选取人口密度相对较低、常规公交支撑困难的城市外围地区,加快推进电动共享汽车的规模化推广,以及智能网联汽车驾驶技术的试点应用。

(2)以人为本,绿色安全。贯彻"完整街道"理念,将与智能共享出行相关的新型街道元素与行人、自行车等其他出行群体所需的街道元素统筹考虑,通过重新分配路权,将释放的小汽车空间反哺步行、自行车和公共空间,提升街道的整体品质和绿色交通友好程度。

(3)协同融合,共生发展。城市在布局土地利用和交通设施时,应坚持公交导向型发展(TOD),轨道站点周边实行高密度开发,保证集中客流需求;提倡土地利用混合,避免单一化、潮汐化交通需求,为促进车辆共享创造良好条件。通过规划智能公交专用道、共享汽车专用道和智能微公交等网络设施,将创新技术优先赋能公共交通系统,针对小汽车采取"先共享、再智能"的务实发展思路,充分发挥公交导向型发展模式与智能共享出行结合所产生的协同效用。

2. 自动驾驶

自动驾驶技术被认为是道路运输未来发展的颠覆性技术,具体是指在任何行驶条件下持续地执行全部动态驾驶任务和执行动态任务接管的自动化驾驶系统,可划分为五个等级[16](表9-2)。

表9-2 自动驾驶技术分级表

等级	等级名称	环境感知	车辆控制	失效应对	典型工况
0	人工驾驶	驾驶员+系统	驾驶员	驾驶员	
1	驾驶辅助	驾驶员+系统	驾驶员+系统	驾驶员	无车道干涉路段,车道内正常行驶工况
2	部分自动驾驶	驾驶员+系统	驾驶员+系统	驾驶员	无车道干涉路段,换道、环道绕行、拥堵跟车等工况
3	有条件自动驾驶	系统	系统	驾驶员	高速公路正常行驶工况,市区无车道干涉路段
4	高度自动驾驶	系统	系统	系统	高速公路全部工况及市区有车道干涉路段
5	完全自动驾驶	系统	系统	系统	所有工况

自动驾驶汽车可能对道路运输出行方式、出行结构和交通工具能效产生影响。自动驾驶技术的节能机制从机理看可分为拥堵适应性、生态驾驶、跟车行驶、性能要求降低、碰撞回避、车型适度减小和自动加注。与此同时,自动驾驶技术也会导致由高速公路提速、舒适性需求提高、出行成本下降带来的出行需求增加,以及新的用户群带来的出行需求增加和出行模式的改变。生态驾驶将显著降低单车能耗,以往研究分析结果差异较大,平均来看其节能效果为5%。碰撞规避使得自动驾驶汽车能够减少事故发生率,从而使整体能耗减少2%。跟车行驶有助于减少运行阻力,从而使得单车能耗下降3%~25%,根据车型和运行环境不同而不同。自动驾驶汽车在2050年渗透率可能达到49%~87%,届时可能使得车队碳排放减少3%。

3. 智慧交通

智慧交通是在整个交通运输领域充分利用物联网、空间感知、云计算、移动互联网等新一代信息技术,综合运用交通科学、系统方法、人工智能、知识挖掘等理论与工具,以全面感知、深度融合、主动服务、科学决策为目标,通过建设实时的动态信息服务体系,深度挖掘交通运输相关数据,形成问题分析模型,实现行业资源配置优化能力、公共决策能力、行业管理能力、公众服务能力的提升,推动交通运输更安全、更高效、更便捷、更经济、更环保、更舒适地运行和发展,带动交通运输相关产业转型、升级。

在智慧城市、智能交通和汽车智能化的大背景下,传感、通信、控制和执行器技术快速发展,汽车与电子、通信、互联网等领域加快融合,道路交通中的信息要素实现共享。在此基础上,融合利用智能交通大数据信息的智能节能减排技术成为当前研究的热点。

影响汽车油耗的因素包括车辆技术、道路条件和汽车运用水平等。其中驾驶习惯对车辆油耗影响高达 15%,当车辆高速行驶、频繁加减速及怠速时,车辆的油耗排放水平会极大地增加。现实情况中司机由于无法感知前方路况及囿于自身驾驶技术问题,会不可避免地产生增加油耗、增加碳排放的驾驶行为。这一问题有望在未来的智慧交通蓝图中得到改善[17]。

发展智慧交通可保障交通安全、缓解拥堵难题、减少交通事故。据分析,智能化交通可使车辆安全事故率降低 20% 以上,每年因交通事故造成的死亡人数下降 30%～70%;可使交通堵塞减少约 60%,使短途运输效率提高近 70%,使现有道路网的通行能力提高 2～3 倍。另一方面,发展智慧交通可提高车辆及道路的运营效率,促进节能减排。车辆在智能交通体系内行驶,停车次数可以减少 30%,行车时间减少 13%～45%,车辆的使用效率能够提高 50% 以上,由此带来燃料消耗量和排出废气量的减少。据分析,汽车油耗也可由此降低 15%。中国发展智慧交通已经成为必然,并且十分紧迫。

在智慧交通和智能城市的世界里,所有交通工具实现自动驾驶和联网管控,所有出行的路径都是计算优化的结果,没有因为车辆空载产生的浪费,也没有因为驾驶技术和道路状况等原因增加的排放,整个交通运行体系以碳排放最小为关键目标参数运行,同时兼顾乘客的需求。智慧交通无疑是交通碳减排的最终归宿。

9.2.4 交通工具能效提升

1. 乘用车和商用车能效提升

交通工具高效化对减排做出巨大贡献。中国乘用车汽车能耗标准经历了 2005—2008 年、2009—2012 年、2013—2015 年和 2016—2020 年四个阶段(下文用Ⅰ、Ⅱ、Ⅲ和Ⅳ表示)。各阶段油耗标准不断严格,其中,Ⅳ较Ⅲ、Ⅲ较Ⅱ和Ⅱ较Ⅰ阶段的同质量段油耗限值分别增加了 10%、20% 和 30%。

近年来,全国乘用车新车工况百公里油耗水平有所下降,从 2008 年的 7.85 L 下降至 2017 年的 6.77 L,年均降幅约 2.2%,《节能与新能源汽车技术路线图 2.0》提出,2030 年传统乘用车新车百公里平均油耗下降至 4.80 L,混合动力乘用车平均油耗下降至 4.50 L。尽管目前能效提高产生的效果尚不明显,但随着新标准汽车在保有量中占比逐渐提高,车队能耗和碳排放将随之显著下降。

重型商用车燃料消耗量的管理主要参考国家发布的《重型商用车辆燃料消耗量限值》标准,该强制性标准目前已经进展到第三阶段。总体来看,不同类型重型商用车第三阶段标准较之于第二阶段标准严格了 12.5%～15.9%。货车、半挂牵引车、客车、自卸汽车和城市客车分别严格了 13.8%、15.3%、12.5%、14.1% 和 15.9%。预计 2030 年货车平均油耗较 2019 年下降 10%～15%。

2. 航空客机能效提升

客机能效随技术革新和新机型服役而逐年提高。以 1960 年服役的彗星 4 型客机为基准,21 世纪服役的波音 737-800 客机和空客 A380-800 客机的能效分别提高了约 65% 和 75%。若能实现国际民用航空组织(ICAO)提出的平均每年机型能效提高 2% 的目标,考虑民航活动水平增长的情况下,2050 年民航运输碳排放将较 2020 年减少约 13%。客机设计的改进一般都是革命性的,技术研发本身及机队更新成本都较高,因此客机运行的优化是相对经济的能效提高手段。中国民航吨公里油耗为0.287 kg,较2005年下降15.6%,机场运送每名旅客所用能耗较"十二五"末均值下降约12%,对民航碳排放增长减缓作用明显。

3. 船舶能效提升

中国交通运输部及工业和信息化部分别出台了水运船舶的相关能耗及排放标准。船舶能耗标准采用函数对能耗和总载重的关系进行刻画。总载重越大,能耗标准越趋严格,第二阶段标准下5000 t级油轮和集装箱船的每吨公里油耗分别为3000 t级的2.12倍和2.27倍。第二阶段较之于第一阶段严格了约10%。沿海船型能耗标准如图9-2所示。

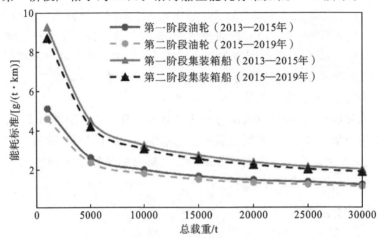

图9-2 不同总载重量的沿海用船能耗标准

对于船舶能效提升而言,有两项主要措施,首先是硬件改造。减速航行是现有船舶运营中降低油耗的主要做法。在减速航行的同时,需要对船舶硬件进行改造,才能达到理想的降耗效果。其次,提升"软实力"。这主要指对船东、运营商和船员等进行培训,在操纵船舵的控制能力、航次计划的制定、气象航线的划定、船体保养等方面打造最佳的实力。专家表示,合理的改善能使船舶能效最大提高9%。此外,设定合理的航速,通过软件系统及时准确检测船舶能效,对于改进船舶能效也具有重要意义。

对硬件改造措施的建议集中在以下三个方面:

(1)改造主机。减速航行时,为了大幅降低燃油消耗,需要对船舶主机进行改造,主要措施包括断开涡轮增压器、更换主机燃料喷嘴、更换活塞密封圈等。这些措施可单独实施,也可混合实施。此外,对于船龄较小的船舶,可考虑更换新型电控主机或双燃料低速机,但需详尽的经济性综合评估;或者以现有柴油发动机为基础,研发生物燃料技术。

(2)改造推进器机桨匹配提高推进效率,即当主机改动时,应对螺旋桨进行相应改造。主要方向包括更改螺旋桨设计形状、尺寸和增加配件。改变设计形状主要指优化桨叶角度;改变尺寸主要指缩小螺旋桨直径,有利于减小螺旋桨重量,降低轴系摩擦等导致的能量损耗;增加配件即节能附体,是通过在螺旋桨上安装鳍或喷嘴等设备来改善桨效。

(3)优化船体结构设计。当船舶减速航行时,兴波阻力减小,可对艏部进行改造。例如,缩小球鼻艏或直接改为垂直艏等。此外,当螺旋桨直径变化时,也可对现有艉部结构进行相应改造。不过,艉部的布置相对艏部要复杂得多,结构更改的空间比较小。

4. 铁路能效提升

铁路节能效应不仅在于通过提高铁路能效来减少能源消费,更在于通过替代公路运输来提升交通行业整体能效,从而体现出更大的外部节能效果。

铁路货运节能技术要重点研究节能型货运机车和轻量型货车的制造技术。研究利用新能源和可再生能源在铁路货运中的节能技术。在牵引领域,积极尝试铁路沿线利用光伏发电技术,使用清洁电能部分替代煤电,实现牵引能耗的进一步优化[18]。

铁路主要是由政府部门运营,因此铁路运输能耗受国家要求影响较大。2010—2017年,中国铁路运输能耗水平下降了约6.4%。高速铁路较之于普通电力机车和内燃机车的单位周转量能耗高。以北京至石家庄的高速铁路为例,单程运行能耗情况与高铁上座率有关。上座率对单位周转量能耗情况影响较大,但是由于乘客质量较整车质量小,因而上座率对单程整体能耗情况影响较小。

综合来看,交通部门能耗强度下降是最直接有效的减碳方式。1985—2009年,能耗强度下降减少了4600万t二氧化碳排放,在所有措施类别中减碳量最高。

9.3 交通部门碳中和路线

碳中和情景下,交通部门碳排放量将在2025年前进入峰值平台期,而后快速下降,2050年降至4.8亿t左右,2025—2050年年均下降3.2%。现代交通体系加快建设将推动交通用能于2025年前后达峰,较参考情景下提前10年左右。交通体系的智能化、数字化、电动化、网联化和共享化将推进交通用能低碳化转型,交通用能中油品占据主导地位的局面将被打破,多元化格局加快形成。道路交通运输的碳减排很大程度上依赖于新能源汽车对传统燃油车的替代。碳中和情景下,新能源汽车保有量占比快速提升,2035年突破30%,2040年约为50%,2050年接近80%[19]。

9.3.1 交通部门碳中和总体路线

交通运输部表明,要积极推动交通运输碳达峰相关研究工作,促进交通运输全面绿色低碳转型。从图9-3中可以看出,交通部门碳中和技术路线主要从五个方面进行,分别为能源替代、源头减量、回收利用、节能提效、工艺改造。

1. 能源替代

以光伏、风电、储能、氢能、新能源汽车为代表的新能源行业,都将对碳中和产生巨大影响。对于道路交通来说,要推动电气化的发展,大力发展燃料电池技术和生物燃料技术,建设绿色交通基础设施,增加电动车和燃料电池车的市场占有率,要推动绿色交通基础设施建设,将生态环保理念贯穿交通基础设施规划、建设、运营和维护全过程,建设绿色交通基础设施如充电桩和加氢站等,统筹利用综合运输通道线位、土地等资源,加大岸线、锚地等资源整合力度,提高利用效率。对于船运和航运,要发展氢能和生物燃料等替代燃料技术。

预计乘用车销量在2040年见顶,电动车的渗透率在2045年达到100%,则电动车的销量将在2045年达到3600万辆/年(图9-4)。随着电动车保有量的提升,假设车桩比在2030年达到1:1,则2060年充电桩总数将超过5亿个。

碳中和与能源绿色发展

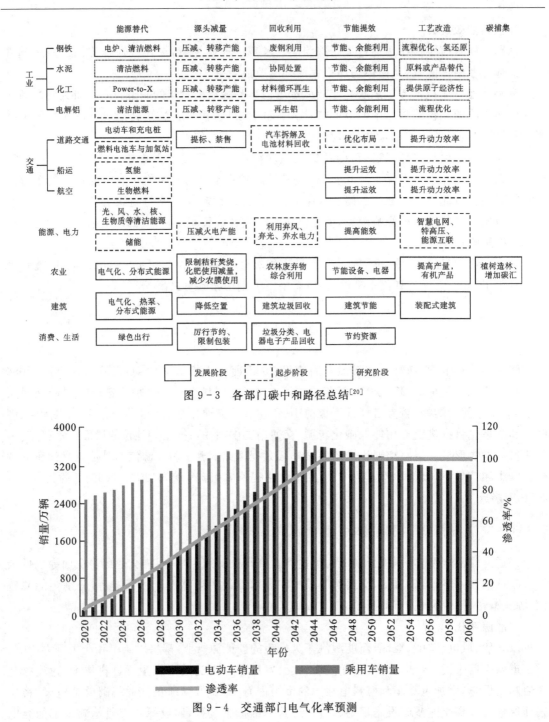

图 9-3　各部门碳中和路径总结[20]

图 9-4　交通部门电气化率预测

2. 源头减量

　　源头减量主要体现在道路交通方面,如提高燃油汽车的排放标准,强化车辆排放检验与维护制度实施,同时考虑禁售燃油车政策。中国科学院院士、清华大学车辆与运载学院教授欧阳明高在"碳达峰碳中和北京行动高端论坛"上建议,北京研究出台禁售燃油车政策,逐步将汽车指标全部改为新能源车指标,以促进碳减排[21]。

3. 回收利用

加强碳排放和污染防治协同控制,推进汽车拆解及电池材料回收利用,车辆企业完成电池性能测试后,将根据电池状况确定是否进行梯级利用或回收,并移交给下游电池回收企业。增加回收设施,对动力电池、驱动电机等电动车核心零部件进行维修和循环利用,以减少废旧零部件特别是废旧电池对环境的影响。同时推进废旧路面、建筑垃圾、工业固废等在交通建设领域的循环利用。

动力电池梯次利用与金属回收是新能源汽车重要的后市场,有助于企业掌握上游资源,同时降低自身生产成本。2030 年三元电池锂、镍、钴、锰回收市场空间预计 103.67 亿、154.24 亿、85.80 亿、5.29 亿元(按 2021 年 1 月 22 日金属价格);2030 年磷酸铁锂电池梯次利用市场空间预计 180.93 亿元。表 9-3 和表 9-4 列出了三元电池各金属回收量和磷酸电池梯次利用与拆解回收量(2021 年后为预测值)。

表 9-3 三元电池各金属回收量   单位:万 t

类别	2019 年	2020 年	2021 年	2022 年	2023 年	2024 年	2025 年	2030 年
锂回收量	0.01	0.04	0.09	0.22	0.44	0.50	0.55	2.09
镍回收量	0.03	0.12	0.30	0.80	1.82	2.24	2.68	11.47
钴回收量	0.03	0.12	0.20	0.47	0.82	0.85	0.86	2.80
锰回收量	0.03	0.11	0.22	0.53	1.00	1.09	1.08	3.23

表 9-4 磷酸电池梯次利用与拆解回收量

项目	2019 年	2020 年	2021 年	2022 年	2023 年	2024 年	2025 年	2030 年
磷酸铁锂电池报废总量/万 t	0.76	3.01	5.20	4.82	5.52	5.41	6.86	31.33
磷酸铁锂梯次利用量/(GW·h)	0.16	1.51	4.12	5.02	7.63	9.21	13.54	109.93
磷酸铁锂梯次利用量/万 t	0.04	0.36	0.99	1.21	1.77	2.11	3.09	25.06
磷酸铁锂拆解回收/万 t	0.72	2.65	4.21	3.62	3.75	3.30	3.77	6.27
拆解回收锂元素量/万 t	0.03	0.12	0.19	0.16	0.17	0.15	0.17	0.28
梯次利用后磷酸铁锂回收量/万 t	0	0	0	0.038	0.361	0.989	1.205	8.604
梯次利用后锂元素回收量/万 t	0	0	0	0.002	0.016	0.043	0.053	0.379
铁锂电池回收锂元素总量/万 t	0.03	0.12	0.19	0.16	0.18	0.19	0.22	0.65

4. 节能提效

最主要是优化调整交通运输结构,加快推进大宗货物和中长距离运输的"公转铁""公转水",大力发展多式联运,提升集装箱铁水联运和水水中转比例,开展绿色出行创建行动。

5. 工艺改造

要加快新能源、清洁能源推广应用,推进营运车船能效提升,深入推进实施船舶排放控制区[22]。

由于道路交通占碳排放的比例很大,因此重点对道路交通提出 2050 年"净零"排放路径,同时对如何发展节能与新能源汽车技术路线图进行分析。此外,对航空、船舶等一些针对碳中和或者和碳中和相关的规划政策进行解读。

9.3.2 中国道路交通 2050 年"净零"排放路径

一是通过交通运输方式的模式转移,为碳中和目标贡献 35% 的减碳量。发展多式联运,开发"公转铁""公转水"和多式联运的新货运模式。同时推广城市绿色出行,加大对公共交通的路权保障,借助车联网与数字道路基础设施的推进,合理分配城市街道功能空间,实施区域化步行和自行车系统规划。

二是通过车辆燃料的脱碳化,为碳中和目标贡献 35% 的减碳量。加速车辆电动化与低碳燃料替代。除了推广新能源乘用车外,进一步加速城市物流与城际货运领域车辆电动化进程。

三是通过减少车辆行驶里程,为碳中和目标贡献 12% 的减碳量。建立基于"碳价"的道路交通客、货运收费机制,建立碳价入费机制,并利用各地零排放区试点示范工作,充分挖掘交通碳中和市场化机制。还有 18% 的减排量需要跨部门合作,通过清洁电网、可再生能源来实现。

9.3.3 节能与新能源汽车技术路线图

1. 节能与新能源汽车技术路线图 2.0

2020 年 10 月,工信部指导编制《节能与新能源汽车技术路线图 2.0》。该技术路线图进一步研究确认了全球汽车技术"低碳化、信息化、智能化"发展方向,客观评估了技术路线图 1.0 发布以来的技术进展和短板弱项,深入分析了新时代赋予汽车产业的新使命、新需求,进一步全面描绘了汽车产品品质不断提高、核心环节安全可控、汽车产业可持续发展、新型产业生态构建完成、汽车强国战略目标全面实现的产业发展愿景,提出了面向 2035 年我国汽车产业发展的六大目标,即我国汽车产业碳排放将于 2028 年先于国家碳减排承诺提前达峰,至 2035 年,碳排放总量较峰值下降 20% 以上;新能源汽车将逐渐成为主流产品,汽车产业基本实现电动化转型;智能网联汽车产业生态持续优化,产品大规模应用;关键核心技术水平显著提升,形成协同高效、安全可控的产业链;建立汽车智慧出行体系,形成汽车、交通、能源、城市深度融合生态;技术创新体系基本成熟,具备引领全球的原始创新能力。

科学规划了"1+9"技术路线图,即总体技术路线图和节能汽车、纯电动和插电式混合动力汽车、氢燃料电池汽车、智能网联汽车、汽车智能制造与关键装备、汽车动力电池、新能源汽车电驱动总成系统、充电基础设施、汽车轻量化九个细分领域技术路线图[23](图 9-5)。

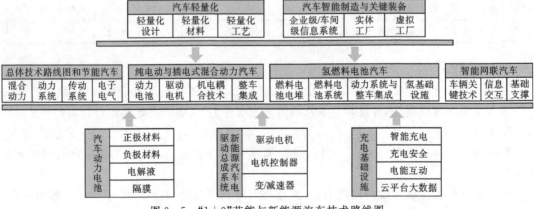

图 9-5 "1+9"节能与新能源汽车技术路线图

其中总体目标为至 2035 年,节能汽车与新能源汽车年销量各占 50%,汽车产业实现电动化转型;氢燃料电池汽车保有量达到 100 万辆,商用车实现氢动力转型;各类网联式高度自动驾驶车辆在国内广泛运行,中国方案智能网联汽车与智慧能源、智慧交通、智慧城市深度融合。九大领域的具体路线如下。

1)节能汽车

路线图 2.0 综合考虑节能汽车进步和测试工况切换带来的影响,提出 2025、2030、2035 年三个阶段,乘用车(含新能源汽车)新车平均油耗分别达到百公里 4.6 L、3.2 L 和 2.0 L;传统能源乘用车(不含新能源汽车)的新车平均油耗分别达到百公里 5.6 L、4.8 L 和 4.0 L。预计在 2035 年,载货汽车油耗较 2019 年水平下降 15%~20%,客车油耗较 2019 年平均油耗降低 20%~25%。

2)纯电动和插电式混合动力汽车

预计到 2035 年,新能源汽车总销量达 50%,其中纯电动汽车将占新能源汽车的 95% 以上。未来纯电动技术将在家庭用车、公务用车、出租车、租赁服务用车及短途商用车等领域全面推广。

3)氢燃料电池汽车

未来将发展氢燃料电池商用车作为氢能燃料电池行业的突破口,以客车和城市物流车作为切入领域,重点在可再生能源制氢、工业副产氢丰富的地区推广大中型客车、物流车,并逐步推广至载重量更大、长途运行的中重型卡车、牵引车、港口拖车及部分乘用车。

2030—2035 年实现氢能及燃料电池汽车的大规模应用,燃料电池汽车保有量可达到 100 万辆左右;同时完全掌握燃料电池核心关键技术,建立完备的燃料电池材料、部件、系统的制备与生产产业链。

4)智能网联汽车

因为智能网联汽车涉及汽车、信息、通信、交通等多个领域,技术架构较为复杂,为了给行业形成更加清晰的技术路线指引,路线图 2.0 深化完善了"三横两纵"的技术架构。"三横"即车辆关键技术、信息交互关键技术、基础支撑关键技术,"两纵"即车载平台和基础设施。预计到 2025 年,高度自动驾驶(HA)级自动驾驶汽车将切入市场;到 2030 年预计实现 HA 级智能网联汽车在高速公路上的广泛应用,以及在部分城市道路情况下的规模化应用;到 2035 年 HA 级、完全自动驾驶(FA)级智能网联汽车将具备与其他交通参与者之间的网联协同决策和控制能力,各类网联式高度自动驾驶车辆能够在中国广泛应用(图 9-6)。

5)汽车动力电池

随着我国节能与新能源汽车产品应用领域和细分市场的逐步清晰,对应的车型产品特征比较显著,涵盖了纯电动、插电式和混合动力三大车型。基于以上这些考虑,路线图 2.0 在动力电池方面涵盖了能量型、能量功率兼顾型和功率型三大技术方向,以乘用车和商用车作为两大应用领域,面向普及型、商用型、高端型三类应用场景,实现动力电池单体、系统集成、新体系动力电池、关键材料、制造技术及关键装备测试评价、梯次利用及回收利用等产业链全链条覆盖。预计到 2035 年我国新能源汽车动力电池技术总体处于国际领先,并形成完整、自主、可控的动力电池产业链。

6)新能源汽车电驱动总成系统

路线图 2.0 显示,未来将以纯电驱动总成、插电式基电耦合总成、商用车动力总成、轮

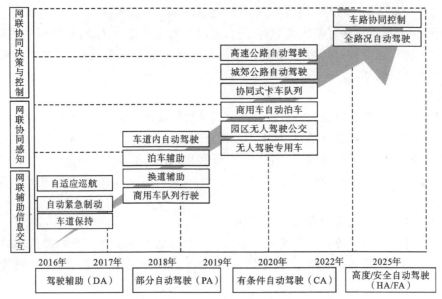

图 9-6　道路交通智能化、网联化发展的趋势

毂/轮边电机总成为重点,以基础核心零部件/元器件国产化为支撑,提升我国电驱动总成集成度与性能水平。预计 2035 年,我国新能源汽车电驱动系统产品总体达到国际先进水平。其中,乘用车电机比功率达到 7.0 kW/kg;乘用车电机控制器功率达到 70 kW/L;纯电驱动系统比功率达到 3.0 kW/kg,综合使用效率 90%。

7)充电基础设施

未来将构建慢充普遍覆盖,快充(换电)网络化部署来满足不同充电需求的立体充电体系。预计到 2035 年,将建成慢充桩端口 1.5 亿端以上(含自有桩及公用桩)、公共快充端口(含专用车辆)146 万端,支撑 1.5 亿辆以上的车辆充电运行;同时实现城市出租车/网约车共享换电模式的大规模应用。

8)汽车轻量化

近期以完善高强度钢应用为体系重点,中期以形成轻质合金应用体系为方向,远期以形成多材料混合应用体系为目标。未来,将摒弃以整车整备质量和轻质材料用量为衡量标准的传统做法,路线图 2.0 引入了新概念,即"整车轻量系数""载质量利用系数""挂牵比"等作为衡量整车轻量化水平的依据。到 2035 年,预计燃油乘用车整车轻量化系数降低 25%,纯电动乘用车整车轻量化系数降低 35%。

9)汽车智能制造与关键装备

以汽车制造"通用化、自适应化、透明化和智能化"为发展目标,到 2035 年,预计关键工序智能化率达到 90% 以上,设备接口综合效率比 2020 年提高 10% 以上,劳动生产率比 2020 年提高 50% 以上。

2.新能源汽车产业发展规划(2021—2035 年)

2020 年 10 月国务院办公厅印发了《新能源汽车产业发展规划(2021—2035 年)》,明确了市场主导、创新驱动、协调推进、开放发展的基本原则,意味着我国新能源汽车产业发展进入了新阶段。从具体内容来看,该规划给出了 2025 年、2035 年电耗、销量占比、自动驾驶智能网联协同、燃料电池应用等多个方面的发展愿景。到 2025 年,我国纯电动乘用车新车平均电耗要降至每百公里 12.0 kW·h,新能源汽车新车销售量达到汽车新车销售总量的 20% 左右。

新能源汽车对我国 2030 年碳排放达峰、2060 年实现净零排放具有不可替代性。然而对于新能源汽车补贴状态,我国直接补贴已进入可预期的退坡后期。补贴自 2017 年开始明显退坡,2019 年加速退坡;原计划于 2020 年退出的补贴政策,因市场销量不及预期及疫情影响,延长 2 年至 2022 年。

从政策导向而言,我国补贴可总结为七个指导趋势:

(1)延长补贴期限,平缓补贴退坡力度和节奏;

(2)适当优化技术指标,促进产业做优做强;

(3)完善资金清算制度,提高补贴精度;

(4)调整补贴方式,开展燃料电池汽车示范应用;

(5)强化资金监管,确保资金安全;

(6)完善配套政策措施,营造良好发展环境;

(7)设置补贴退坡过渡期。

根据当下补贴政策形式,未来政策放缓补贴,3～5 年电动车企补贴断崖式退坡,制造成本上行已成定局。因此,我国纯电汽车想要紧跟碳中和政策导向仍需集中力量,逐步步入由量转质的技术浪潮。

9.3.4　智能航运发展指导意见

2019 年 11 月,交通运输部、中央网信办、国家发改委、教育部、科技部、工业和信息化部、财政部联合印发《智能航运发展指导意见》,指出到 2020 年底,基本完成我国智能航运发展顶层设计,理清发展思路与模式,组织开展基础共性技术攻关和公益性保障工程建设,建立智能船舶、智能航保、智能监管等智能航运试验、试点和示范环境条件。

到 2025 年,突破一批制约智能航运发展的关键技术,成为全球智能航运发展创新中心,具备国际领先的成套技术集成能力,智能航运法规框架与技术标准体系初步构建,智能航运发展的基础环境基本形成,构建以高度自动化和部分智能化为特征的航运新业态,航运服务、安全、环保水平与经济性明显改善。

到 2035 年,较为全面地掌握智能航运核心技术,智能航运技术标准体系比较完善,形成以充分智能化为特征的航运新业态,航运服务、安全、环保水平与经济性进一步提升。

到 2050 年,形成高质量智能航运体系,为建设交通强国发挥关键作用。

9.3.5　航空碳中和路径展望

对于航空运输来说,目前还缺乏碳中和相关政策,但一些专家也对其碳中和路径进行了展望和解读。全国政协委员刘绍勇表示,中国民航应在碳中和领域建立话语权,实现此目标的具体路径应该包括:充分考虑中国民航的发展实际,制定民航碳排放指导方案,保持行业发展与控制碳排放的平衡,促进民航业绿色可持续发展;加快实施空域改革,推广空域精细化管理改革经验,建立行业联动机制,推动航司、机场、空管等各个行业主体协同作战,促进航行新技术的推广应用,着力降低飞机的地面等待时间和滑行等待时间,实现高效运行;根据国家相关部委碳市场建设整体部署,由行业拟定纳入国际、国内碳市场的进程计划,拟定行业碳排放统计、监测、报告和配额分配等相关制度,促进全国碳交易市场的建设;推动可持续燃料、飞机等新技术变革,鼓励开发应用更多碳抵消举措;加大对可持续燃料的研发应用,加强政策扶持,发展自主的生产技术标准和可持续认证标准;促进国产飞机、发动机不断提升效率;鼓励实施林业碳汇和自然资源解决方案、碳捕集和碳储存等技术;在全国统一的碳排放交易市场前提下,建立航空业碳排放交易管理平台;加速出台与能源结构和产业布局等调整相配套的法律法规、指导性意见,为碳达峰、碳中和目标的实现提供法律保障[24]。

本章参考文献

[1]王海林,何建坤.交通部门 CO_2 排放、能源消费和交通服务量达峰规律研究[J].中国人口·资源与环境,2018,28(2):59-65.

[2]新华网.碳中和路线图确定 车企开足马力顺势而变[EB/OL].(2021-01-27)[2023-04-10]. https://baijiahao.baidu.com/s? id=16899987224387986358&wfr=spider&for=pc.

[3]袁志逸,李振宇,康利平,等.中国交通部门低碳排放措施和路径研究综述[J].气候变化研究进展,2021,17(1):9.

[4]刘建国,朱跃中,田智宇.“碳中和”目标下我国交通脱碳路径研究[J].中国能源,2021,43(5):8.

[5]KREJČÍ J, KABÁTOVÁ J, MANOCH F, et al. Development and testing of multicomponent fuel cladding with enhanced accidental performance[J]. Nuclear Engineering and Technology,2020,52(3):597-609.

[6]董瑞华.碳中和目标下的投资机会:5大产业链与18个赛道[EB/OL].(2021-07-13)[2023-04-10]. https://m.thepaper.cn/baijiahao_13572197.

[7]物流前瞻.碳中和,将给物流业带来哪些变化? [EB/OL].(2021-04-09)[2023-04-10]. http://www.chinawuliu.com.cn/xsyj/202104/09/545852.shtml.

[8]范操.城市交通结构优化方法及其作用研究[J].交通运输研究,2010(16):124-127.

[9]孔黎莉.道路运输结构的优化对促进运输经济发展的办法研究[J].中国市场,2020,1042(15):166-167.

[10]柴建,邢丽敏,周友洪,等.交通运输结构调整对碳排放的影响效应研究[J].运筹与管理,2017,26(7):7.

[11]闫紫薇.中国交通碳排放的测算及其影响因素的空间计量分析[D].北京:北京交通大学,2018.

[12]刘灿伟.我国低碳能源发展战略研究[D].济南:山东大学,2010.

[13]戴薇,涂剑波.共享经济蓝皮书:自动驾驶技术与共享出行发展[M].北京:社会科学文献出版社,2019.

[14]几米物联IoT.共享出行未来发展趋势:回归理性,高效高质良性发展[EB/OL].(2020-11-18)[2023-04-10]. https://baijiahao.baidu.com/s? id=16836942673445694358&wfr=spider&for=pc.

[15]ANDERS A. Deposition rates of high power impulse magnetron sputtering:Physics and economics[J]. Journal of Vacuum Science & Technology A,2010,28(4):783-790.

[16]毛鹏.考虑多风险源的自动驾驶车辆接管风险研究[D].重庆:重庆大学,2020.

[17]范立飞.影响汽车油耗的主要因素与驾驶技术分析[J].科学与财富,2013(12):205-206.

[18]周新军.铁路货运节能减排现状与对策研究[J].铁路节能环保与安全卫生,2017,7(4):183-187.

[19]王利宁,彭天铎,向征艰,等.碳中和目标下中国能源转型路径分析[J].国际石油经济,2021(1):7.

[20]新浪财经.碳中和一夜成名,一图看懂路径总结:梳理5大主线,成长空间50倍[EB/OL].(2021-03-02)[2023-04-10].https://baijiahao.baidu.com/s? id=1693102072234141556&wfr=spider&for=pc.

[21]每日经济新闻.汽车行业加速拥抱"碳中和":专家建议研究禁售燃油车政策,燃料电池车年产量有望突破500万辆[EB/OL].(2021-06-09)[2023-04-10].https://baijiahao.baidu.com/s? id=1702044956511134739&wfr=spider&for=pc.

[22]邹晓龙,张艾嘉.全球气候治理发展路径及中国参与探究[J].大理大学学报,2020(9):55-62.

[23]全国能源信息平台.《节能与新能源汽车技术路线图2.0》发布　一文看懂未来15年发展规划[EB/OL].(2020-10-28)[2023-04-10].https://baijiahao.baidu.com/s? id=1681782574731424118&wfr=spider&for=pc.

[24]华夏时报.全国政协委员刘绍勇:中国民航应在碳中和领域建立话语权[EB/OL].(2021-03-05)[2023-04-10].https://baijiahao.baidu.com/s? id=1693394959522447723&wfr=spider&for=pc.

第 10 章
面向碳中和的环境协同治理

10.1　温室气体与大气污染物协同治理

中国目前正面临着温室气体减排与大气污染物减排的双重压力,温室气体与大气污染物同根同源,二者主要由化石燃料燃烧造成,减少温室气体和大气污染物排放在行动上是一致的,实现温室气体和大气污染物协同控制具有现实基础。在减少温室气体排放过程中空气质量可以得到有效改善,由此带来的环境收益会降低减排成本和提高减排技术的成本效率[1]。这意味着以温室气体排放和大气污染物排放"双减"为目标的协同治理成为一项经济有效的环境治理选择[2]。

由于我国处于工业化中期阶段,不仅温室气体排放增量高,而且由于人口众多,基数较大,我国排放量位于世界前列。总结原因,主要是由于中国经济处于蓬勃发展中,并且短期内仍然依赖化石能源。因此,环境保护工作面临着巨大的压力和挑战,特别是大气环境形势总体依然十分严峻,以雾霾、光化学烟雾等污染事件为代表的区域性、复合型大气污染日益突出。

10.1.1　温室气体来源与构成

温室气体主要包括水蒸气、二氧化碳、氧化亚氮、甲烷、氢氟碳化合物、全氟碳化合物、六氟化硫、三氟化氮等。其中除水蒸气外的其他温室气体与人类活动关系密切,成为当前减排的重点。

人类活动排放的温室气体快速增长,导致全球气候变暖、极端天气频发等一系列严重后果。根据政府间气候变化专门委员会的《气候变化2014综合报告》,自1850年以来,全球人为二氧化碳排放快速增长,导致地球表面温度趋势性上行,过去30多年里,每10年的地球表面温度都依次比前一个10年的温度更高。人为温室气体排放与全球温升、海平面上升具有高度相关性。

应对气候变化,需要减少温室气体排放,其核心是要减少二氧化碳排放。一是二氧化碳是最主要的温室气体,在全球和我国温室气体排放总量中的占比分别超过七成和八成。二是在现有技术条件下,二氧化碳减排难度低于其他温室气体。二氧化碳减排目前已有相对清晰的实施路径,如通过风电、光伏等可再生能源发电替代化石能源发电,有效降低电力行业二氧化碳排放;通过使用氢能,降低钢铁等工业二氧化碳排放;通过大规模植树造林,有效吸收二氧化碳。

从全球来看,二氧化碳排放占温室气体排放总量的 75%。根据联合国环境规划署《2020年排放差距报告》,全球温室气体排放持续增长,其中二氧化碳增量最大。2019 年,全球温室气体排放总量为 59.1±5.9 Gt 二氧化碳当量,其中化石(包括化石燃料和碳酸盐)相关二氧化碳排放约 38.0±1.9 Gt,占温室气体排放总量的 65%,加上土地利用变化带来的排放,二氧化碳排放占比上升至 75% 左右。

从我国来看,二氧化碳排放量占温室气体排放总量的 80% 以上。根据《中华人民共和国气候变化第二次两年更新报告》,2014 年我国温室气体排放总量为 123.01 亿 t 二氧化碳当量,其中二氧化碳排放 102.75 亿 t,占 83.5%;若考虑土地利用、土地利用变化和林业带来的吸收量,则二氧化碳净排放占比为 81.6%。需要特别说明的是,2014 年国家温室气体清单是我国官方披露的最近期数据,根据联合国环境规划署数据,2019 年我国温室气体排放总量约在 140 亿 t 二氧化碳当量,较 2014 年上升 14% 左右。

2020 年我国二氧化碳排放量占温室气体总排放量的 82.3%,能源相关二氧化碳排放占 72.7%,如图 10-1 所示。据清华大学气候变化与可持续发展研究院测算,2020 年我国温室气体排放总量约 137.9 亿 t 二氧化碳当量,考虑农林业增汇,净排放量约 130.7 亿 t 二氧化碳当量。其中,二氧化碳排放由能源相关二氧化碳排放和工业过程二氧化碳排放构成,总量为 113.5 亿 t,占温室气体排放总量的 82.3%;能源相关二氧化碳排放为 100.3 亿 t,占温室气体排放总量的 72.7%。

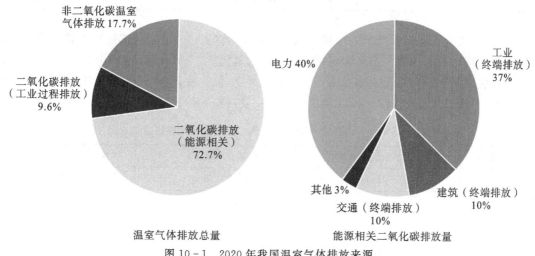

图 10-1　2020 年我国温室气体排放来源

10.1.2　大气污染物来源与构成

大气污染又称空气污染,指自然过程及越来越多的人类生产和生活活动引起一些物质进入大气中,因达到一定浓度并存续足够的时间而危害人的健康、福利或环境的现象。

大气污染是中国面临的最严峻的环境问题之一。社会各界对大气污染关注程度日益提高,各级环保部门实时发布全国空气质量数据,社会公众对企业的排污行为、政府的环境监管行为进行全面有效的监督。政府部门也把防污治霾作为不容忽视的工作任务,产业结构调整、重污染行业去产能、新环境保护税法出台等,都成为"蓝天保卫战"的重要举措[3]。

根据存在状态,大气污染物可分为两类,即气溶胶污染物和气体状态污染物,其中气溶胶污染物是指由直径为 $0.002 \sim 100 \ \mu m$ 的粉尘、烟液滴、雾、降尘、飘尘、悬浮物等组成的固体、液体粒子,及它们在气体介质中的悬浮体。气体状态污染物主要有氮氧化合物、硫氧化合物、碳氧化合物及碳氢化合物等,这些污染物中不仅包含无机污染物,还包含有机污染物。根据大气污染物的形成过程,可将其分为一次污染物和二次污染物,一次污染物指的是首次产生的污染物,从污染源直接排放,二次污染物是在产生了一次污染物的基础上进一步经过某些化学反应再次生成新的污染物,与一次污染物的化学性质不同,且毒性比更强,如表 10-1 所示。

表 10-1　大气污染物分类

依据	类别	定义或特点	举例
依据存在的状态	气溶胶污染物	由粉尘、烟液滴、雾、降尘、飘尘、悬浮物等组成的固体、液体粒子,以及其在气体介质中的悬浮体	降尘、飘尘、悬浮物、PM10、PM2.5
	气体状态污染物	由硫氧、氮氧、碳氧、碳氢化合物等组成的气体状态污染物	SO_2、NO_x、CO
依据形成过程	一次污染物	从污染源直接排放的污染物	SO_2、CO、颗粒物
	二次污染物	一次污染物经过了一定的化学反应或光化学反应形成的污染物	SO_3、NO_2

根据《环境空气质量标准》和《环境空气质量指数(AQI)技术规定(试行)》的相关要求,目前我国各个城市监测的大气污染物包括臭氧、铅、二氧化氮、二氧化硫、一氧化碳、砷、汞、镉、总悬浮颗粒物、细颗粒物、可吸入颗粒物、六价铬、苯并芘、氟化物,同时开展了针对挥发性有机物的相关调查监测。中国 2012—2017 年废气中的主要污染物排放情况如表 10-2 所示。

表 10-2　中国 2012—2017 年废气中的主要污染物排放情况

年份	二氧化硫/万 t	氮氧化物/万 t	颗粒物/万 t
2012	2117.63	2337.76	1235.77
2013	2043.92	2227.36	1278.14
2014	1974.42	2078.00	1740.75
2015	1859.12	1851.02	1538.01
2016	1102.86	1394.31	1010.66
2017	696.32	1785.22	1684.05

资料来源:中国统计年鉴。

10.1.3　协同治理及相关理论

越来越多调查研究发现,以二氧化碳为主的温室气体与大气污染物之间存在着紧密的联系,大气污染与温室气体排放存在着同根同源、相互作用的重要关系,并且两者间的防治及应对方法也具有一定的同质性。

首先,大气污染物通常来自与二氧化碳等温室气体相同的经济活动,国务院发展研究中心资源与环境政策研究所研究发现,化石能源消费是大气污染物、温室气体排放的主要来源,因此,两者排放(消费)趋势之间存在密切的关系。其次,许多大气污染物也会改变辐射强迫,导致升温效应,如二氧化硫排放和随后形成的硫酸盐气溶胶。在对气候变化的研究过程中发现,气溶胶的气候效应对其有着复杂影响,故这种效应成为当下的重点研究对象[4]。尽管温室气体减排对控制大气污染有着重要作用,但并不是完全的正作用关系。研究表明,在某些特定情况下,改善空气质量的措施可能会加剧气候变化,如前文提到的硫酸盐气溶胶。还有一些治理措施需要良好的过程控制,对于技术有着较高要求,否则在减少温室气体排放的同时会增加能源消耗[5]。再次,气候变化可导致受气象影响的排放,形成大气污染物浓度变化。同时由空气污染影响自然系统和农业的功能,对作物生长和碳氮循环产生影响。

相比协同情景下实现路径的一次全局优化,无协同情景下的二次决策很可能会带来成本浪费,甚至增加治理费用。例如,燃煤电厂的末端脱硫措施将增加二氧化碳排放,燃煤电厂的碳捕集与封存技术也将因其自身的电力消耗而引起大气污染物排放的增加。其次,进行协同治理有利于避免高碳锁定效应。以一次能源消耗和高耗能行业引领的工业发展路径在促进我国经济腾飞的同时,也造成了我国工业行业排污比重高的现状。单独的污染排放管控有可能将解决方案锁定在相对高效的末端治理技术上,从而削弱低碳转型的动力,产生进一步的高碳锁定[6]。

协同效应最早于 2001 年由政府间气候变化专门委员会提出,其将协同效应定义为实现温室气体减缓的政策行动带来的其他社会经济效益(除气候改善外)。随后,经济合作与发展组织、美国环境保护局、欧洲环境局均对协同效应作了不同的定义,事实上,协同效应的来源不限于节能政策、温室气体减排政策或大气污染控制政策[7]。协同效应引起了环境研究领域学者越来越多的关注,有学者利用生命周期分析法对风力发电带来的协同效应进行了定量评价,研究发现,与燃煤发电厂相比,风力发电排放的二氧化碳会减少 97.48%,大气污染物二氧化硫、氮氧化物、PM10 排放分别减少 80.38%、57.31%、30.91%[8]。

温室气体排放和大气污染物协同治理的影响是双向的,一方面,温室气体排放减缓政策可以产生大气污染物减排的协同效应;另一方面,减排大气污染物的政策也会产生温室气体排放减少的协同效应[9]。温室气体减排和大气污染物减排的协同效应得到了大量研究的证实。有学者模拟了不同能源政策组合情景下的协同效应,包括温室气体减缓、空气污染物减少和健康效益的提高[10]。

协同治理作为一个现代社会治理的命题,并不是协调一致的单一系统,而是由不同机制联结构成的自组织整体,每个机制都有自己的治理空间。从古希腊直至当代,协同治理与政治学、管理学、社会学和自然科学等许多理论成果相结合。但从协同治理的理论内核来看,协同效应理论、自组织理论、网络化治理理论当是其最为重要的理论渊源。21 世纪以来,对协同效应的关注越来越多,为了适应当前改革的需要,十八届三中全会通过了《中共中央关于全面深化改革若干重大问题的决定》,并指出"必须更加注重改革的系统性、整体性、协同性"。李丽萍认为协同效应具体包括两方面,一方面是温室气体减排过程中减少了大气污染物的排放,另一方面则是在控制局域大气污染物排放或生态建设的过程中也可以进行温室气体的减排[11]。

10.1.4 协同治理实现途径

为实现大气污染物与温室气体在治理过程中的协同效应,国内外学者对相关措施方法展开了广泛研究,主要围绕源头控制、过程控制、末端控制三个方面。

所谓源头控制,即通过政策制度、宣传号召等降低社会各界对能源消费等高污染、高排放领域的需求,来实现大气污染物与温室气体的协同减排。例如,"十二五"和"十三五"规划中引入了一些行为调整,如绿色消费、低碳生活方式、绿色供应链和循环经济的发展[2]。有学者通过使用投入产出模型评估了 1999—2006 年意大利家庭消费相关的能源和环境影响,发现来自第三产业的家庭消费是通常导致温室气体和空气污染物排放的主要行为[12]。龚微分析了中国的大气污染防治法后指出,当下大气污染物与温室气体协同治理的困境主要表现在法律规定上两者地位悬殊,有着不同的治理方式和不同的监管机制,没有切实的法律依据规定对温室气体的防范控制[13]。

过程控制通过清洁生产和技术进步来提高能源利用率,降低化石能源消耗及大气污染物产生量。通过对攀枝花市"十一五"期间的 29 项总量减排方案进行定量研究发现,总量减排措施对温室气体减排的影响呈现正负两面效应。并且不同技术级的减排也有着不同的影响力,但总体上具有显著的正向协同效应[2]。毛显强等从"环境-经济-技术"的角度对协同减排技术进行了优先度排序,研究发现前端控制措施及过程控制措施相较于末端治理措施更有效,并且协同减排技术的优先度与不同的污染物有着密切关系[14]。

末端控制指的是加大污染源及排放源的治理制度。在中国目前的政府管理中,当地空气污染物和二氧化碳减排计划是分开进行的,并且严重依赖于末端政策措施。这种权宜之计策略不具备成本效益和减排潜力。有学者通过定量评估和比较两类政策减排工具,即碳税的经济激励(EI)工具,以及强制实施末端排放控制措施的指挥控制(CAC)工具,得到结果并指出碳税虽可以共同控制多种污染物,但减排率受税率限制,相比之下 CAC 被发现对分别控制不同污染物具有极好的效果,但不能共同控制。这些结果明确了在协同治理中确定政策目标优先事项的必要性,以及不同政府部门之间联防联控,制定综合治理政策的重要性。当前燃煤电厂超低排放改造已累计达 8.9×10^8 kW,占煤电总装机容量的 86%,重点行业和机动车尾气的严格排放标准体系也为挥发性有机物和氮氧化物协同减排做出了重要贡献。然而传统末端控制技术的可持续减排潜力有限,难以有效应对复杂的二次污染治理,且往往不具有显著的碳减排协同效应[15]。

目前国内外很多的研究文献都在定量地评估减排温室气体或大气污染物所产生协同效应的大小。从部门层面上来看,温室气体和大气污染协同治理的主要部门包括能源部门、交通部门、工业部门和居民部门[2]。

能源部门是对温室气体排放和局地空气污染贡献都较大的一个行业,化石能源的燃烧同时增加了这两种环境问题的排放。能源部门治理这两种排放行为的减排政策通常是单独实施,例如,针对煤炭发电厂的碳捕集与碳封存技术,但它仅会减少二氧化碳的排放,却不能减少大气污染物的排放;而常规大气污染物通常采用末端治理技术进行治理,但此技术并不会减少温室气体的排放[16]。能源部门协同治理的实现措施主要集中在发电效率的提升和发电结构的优化。发电效率的提升主要是通过淘汰小型低效的火电机组,新建大机组以持续降低发电煤耗[17];发电结构的优化主要通过提高可再生能源的发电比例,并降低煤炭发电的占比[18]。发电产生的大气排放的影响取决于发电厂的空间分布和电力调度决策,对低碳电力空气质量影响的评估必须考虑到相关排放的空间异质性变化[19]。

交通部门是许多区域空气污染的主要来源之一,全球交通部门的二氧化碳排放量约占

25%[20]。虽然交通部门也存在同时解决两类环境问题的措施,但是很多国家往往更强调解决其中的一种环境问题,而不是致力于探寻双赢的解决方案。因此,很有必要加强对交通部门温室气体和大气污染物协同治理的认识。交通部门主要包括公路、铁路、水运和航空等交通方式,其协同减排温室气体和大气污染物的措施包括能效的提升、交通出行模式的转变、紧凑城市形态的建设和交通基础设施的完善等。

工业部门包括化工、钢铁、水泥、铝、纸张的生产及矿物开采等行业。目前工业部门的大气减排措施主要包括通过新工艺和技术提高能源效率、降低碳强度、减少产品需求、提高物料利用率和回收率等。全球很多大规模的工业生产都依赖于发展中国家的能源密集型产业,而发展中国家的污染减排技术相对落后,存在较大的改进空间。水泥行业也是颗粒物和二氧化碳排放的主要污染源,中国各省份水泥行业不同碳减排技术产生的空气质量协同效应具有很大差异性,在人口密度较高的地区和较为富裕的省份,空气质量的协同效应较为显著。将空气质量协同效应考虑在内,会大大降低碳减排的社会成本,因此,区域协同效应的识别是优化温室气体减排政策设计的关键[21]。

居民部门包括供暖、照明、烹饪、空调、制冷和其他电器的使用等。居民部门的大气排放主要来源于电力和能源的消耗,特别是发展中国家家庭使用的燃烧效率低下的传统固体燃料和生物质燃料等。一些减缓气候变化的措施,如改进炉灶,改用更清洁的燃料,改用更高效、更安全的照明技术等,不仅可以解决气候变化问题,而且可以缓解因室内空气污染造成的健康问题。通过燃料替代解决广大农村地区的散煤使用是中国居民部门实现环境与气候协同治理的关键[22]。虽然目前许多国家和地区正在实施一系列能源创新项目,但特别需要集中精力实现发展中国家家庭能源系统的改善,从而减缓发展中国家居民因室内空气污染而引起的健康损害。

陈菡等[15]认为国家应该在"十四五"时期进一步完善分区域、分批"双达"的原则及其配套机制建设,在每个地级市制定大气环境质量限期达标方案的基础上,要求发达地区和低碳试点城市进一步提出碳排放总量控制目标,推动地方将"双达"目标纳入引领区域经济低碳转型的目标体系和各项专项规划等政策文本,积极探索排污交易、碳市场和电力市场有机融合的市场化治污降碳新方式。

10.1.5　国家政策及效果

当前,气候变化越来越显著,加之大气污染的程度在加剧,使得在选择环境治理措施时,必须采取综合排放政策,双管齐下,同时减少温室气体和污染物的排放。从 2013 年"大气十条"实施起,中国煤炭在能源消费总量中的比重持续数年下降,碳排放总量增速基本为零,提前实现了 2020 年碳排放强度下降 40%～45% 的承诺,带来了显著的协同减排效益。2015 年 8 月中国新修订的大气污染防治法被称为"史上最严大气污染防治法",首次提出了"大气污染物与温室气体协同控制"。《"十三五"控制温室气体排放工作方案》和《"十三五"生态环境保护规划》中已明确将"加强温室气体排放和大气污染物排放协同控制"作为低碳转型的重要途径。此外,《"十三五"生态保护规划》中有八项约束性指标涉及环境质量,国民经济和社会发展"十三五"规划纲要提出了大气污染防治和碳减排的目标,即二氧化硫和氮氧化物等主要污染物排放总量下降 15%,单位国内生产总值二氧化碳排放降低 18%。此外,为了赢得经济长期健康发展,更好地应对气候变化,我国已经确定了长期目标,即二氧化碳排放到 2030 年左右达到峰值,并在这个过程中争取尽早达成,碳排放强度比 2005 年下降 60%~65%,提高清洁能源的消费比重,实现占总能源消耗比重的 20% 左右。

2018 年,应对气候变化和减排职能划入新组建的生态环境部,强化了与生态环境保护工作的统筹协调,这是党中央、国务院对于进一步增强应对气候变化与环境污染防治工作的协同性,增强生态环境保护整体性的重大制度安排。2018 年 6 月,国务院印发《打赢蓝天保卫战三年行动计划》,提出协同控制温室气体和大气污染物的工作要求。2019 年 5 月,生态环境部发布《2018 年中国生态环境状况公报》,纳入控制温室气体排放相关数据信息。2019 年 6—7 月,生态环境部印发《重点行业挥发性有机物综合治理方案》《工业炉窑大气污染综合治理方案》,在推进大气污染治理的同时,协同控制温室气体排放,积极开展生态环境系统应对气候变化能力建设,积极推进数据采集、统计、监测等相关工作领域协同及融合。

我国现阶段采取的许多节能减排政策与行动,在实践中已经产生了显著的协同减排效果。有研究表明,"十一五"期间,通过节能和污染物结构减排等措施,累计实现约 15 亿 t 二氧化碳、470 万 t 二氧化硫和 430 万 t 氮氧化物的协同减排[23]。针对《大气污染防治行动计划》的相关评估研究结果显示,2013—2017 年电力、钢铁、水泥、平板玻璃、焦炭等行业分别淘汰及压减产能 1423 万 kW、53234 万 t、26891 万 t、16903 万重量箱和 8655 万 t,相应减少二氧化碳排放 7.367 亿 t[24]。

10.2　碳排放与固废土壤的协同治理

10.2.1　固废土壤污染物所带来的碳排放的种类及原因

固体废弃物是指人类在生产、消费、生活和其他活动中产生的固态、半固态废弃物质(国外的定义则更加广泛,动物活动产生的废弃物也属于此类),通俗地说就是"垃圾",主要包括固体颗粒、垃圾、炉渣、污泥、废弃的制品、破损器皿、残次品、动物尸体、变质食品、人畜粪便等。无机固废大部分不含碳,因此不会释放出二氧化碳。而有机固废含有大量的碳,因此有机固废的治理对碳排放具有显著的协同效果。

有机固废目前常见的处理方法有填埋法、焚烧法、堆肥法等。填埋法处理固废并没有进行无害化处理,残留着大量的细菌、病毒;其垃圾渗漏液还会长久地污染地下水和土壤资源,潜藏着极大危害,会给子孙后代带来无穷的后患。此外,填埋垃圾等有机物会产生大量的沼气,主要成分为甲烷,其温室效应是二氧化碳的 25 倍,如表 10-3 所示。因此,对有机固废进行资源化处理,不仅可以回收其中的能量和资源,同时可降低其温室气体排放量。

表 10-3　一些气体在特定时间跨度内的全球变暖潜能值(GWP)

气体名称	20 年	100 年	500 年
二氧化碳	1	1	1
甲烷	72	25	7.6
一氧化氮	275	296	156
一氧化二氮	289	298	153

续表

气体名称	20 年	100 年	500 年
二氯二氟甲烷	11000	10900	5200
二氟一氯甲烷	5160	1810	549
六氟化硫	16300	22800	32600
三氟甲烷	9400	12000	10000
四氟乙烷	3300	1300	400

　　土壤污染物大致可分为无机污染物和有机污染物两大类。无机污染物主要包括酸、碱、重金属,盐类,放射性元素铯、锶的化合物,含砷、硒、氟的化合物等。有机污染物主要包括有机农药、酚类、氰化物、石油、合成洗涤剂、3,4-苯并芘,以及由城市污水、污泥及厩肥带来的有害微生物等。当土壤中含有害物质过多,超过土壤的自净能力,就会引起土壤的组成、结构和功能发生变化,微生物活动受到抑制,有害物质或其分解产物在土壤中逐渐积累,通过"土壤→植物→人体",或通过"土壤→水→人体"间接被人体吸收,达到危害人体健康的程度,就是土壤污染。土壤污染物中,有机物通过发酵产生沼气,而且在治理土壤污染的同时消耗能源,这些都会带来碳排放。

　　当前,我国城市生活垃圾清运量约 2 亿 t,农村生活垃圾约 3 亿 t,废弃秸秆约 6 亿 t,畜禽粪便 11 亿 t。如表 10-4 所示,每吨垃圾可产生沼气 123 m³,1 t 玉米秸秆产沼气 557 m³。可见有机固废如果不进行处理,将会产生大量的沼气,而沼气中的主要成分是甲烷,因此折算后有机固废带来的碳排放总量约合 200 亿～300 亿 t 二氧化碳。

表 10-4　粪便和干粪每公斤有机干物及每立方发酵原料的气体产量

原料	固体物/%	有机固体物占固体物比例/%	每公斤固体有机物平均产气量/kg	每吨原料沼气产量/m³
苹果发酵下脚料	3	95	500	14
苹果渣	25	86	700	151
啤酒渣	25	65	700	116
生活垃圾	40	50	615	123
干血粉屑	90	80	900	648
脂肪分离残余物	30	95	1000	285
漂浮淤泥	15	90	1000	135
饲料和甜菜叶	16	79	500	63
蔬菜下脚料	15	76	615	70
绿草	42	90	780	295
草药提取后剩余物	53	55	650	189
鸡粪便	15	77	465	54
椰子壳	95	91	700	605

原料	固体物/%	有机固体物占固体物比例/%	每公斤固体有机物平均产气量/kg	每吨原料沼气产量/m³
土豆茎	25	79	840	166
土豆发酵下脚料	14	90	420	53
污水淤泥	4	70	525	15
苜蓿植物	20	80	800	128
厨房下脚料	14	93	550	72
树叶	85	82	650	453
猪胃内杂物	14	82	420	48
庄稼下脚料	37	93	800	275
青储玉米	32	91	700	204
玉米秸秆	86	72	900	557
水果渣	45	93	615	257
油料作物下脚料	92	97	700	624
内脏（压过）	28	90	500	126
马粪（新鲜）	28	75	580	122
油菜籽提炼后的粉	89	92	633	518
牛粪便	8	81	400	26
牛粪（新鲜）	22	83	420	77
羊粪（新鲜）	27	80	750	162
猪粪便	6	81	450	22
猪粪（新鲜）	85	85	500	361

10.2.2 固废污染物治理实现碳减排的技术路线及前景

1. 生活垃圾处理

1)通过源头减量减少生活垃圾总量

当前我国大力推进垃圾分类,已经实现了垃圾中部分高值资源的回收。随着机械化、自动化、智能化、精细化的垃圾分类设备的进一步开发应用,将来我国生活垃圾的回收利用率会进一步上升,从而减少碳排放。

2)通过能源化转化利用减少碳排放

人类活动产生的生活垃圾本就是一种碳源。垃圾是人类生产生活中伴随的必然产物,只要有人的地方,就会产生垃圾。而垃圾不处理,会对环境造成危害。所以垃圾处理是一种刚需。生活垃圾如果不处置,在自然环境下经过化学反应或者微生物分解会产生温室气体。比如生活垃圾露天倾倒后,在细菌的发酵下就会产生二氧化碳和甲烷。

垃圾的处理过程几乎全部是产生碳排放的活动。如垃圾填埋,垃圾会在地底下通过厌氧发酵产生甲烷；又如堆肥，好氧微生物在发酵过程中会产生大量二氧化碳，之后有机肥施放的过程中也会产生甲烷。

横向对比垃圾焚烧，相对填埋的处理方式，可处理的垃圾成分广，不会产生甲烷这类高增温潜势（GWP）的气体。此外，垃圾焚烧的最大优势就是能够在完全处理垃圾之余，还能进行发电回收能量。因此从碳排放的角度看，垃圾焚烧可达到显著的碳减排目的，属于低碳技术。

2. 畜禽粪便、餐厨垃圾等多元有机固废处理

针对以畜禽粪便、餐厨垃圾及农林生物质为主的多源有机固废，可通过新型的热化学处理技术（如超临界水热液化技术），利用有机固废在反应环境下的断链特性，调控反应参数及物料配比，实现热水解条件下油脂类物质的分离提质，并利用其中的氮、磷、钾等营养元素制成有机肥产品，从而回收有机固废中的能量，减少甲烷排放，同样可以实现碳减排与环境综合治理。

3. 废弃农林生物质热解制氢与生物碳土壤修复相结合

氢能是一种新型的洁净能源，生物质制氢是如今最有前景的制氢方式。生物质制氢技术主要分为两类：一是以生物质为原料，利用热物理化学方法制取氢气，如生物质气化制氢、超临界转化制氢、高温分解制氢等热化学法制氢，以及基于生物质的化学重整转化制氢等；另一类是利用生物转化途径转换制氢，包括直接生物光解、间接生物光解、光发酵、光合异养细菌水气转移反应合成氢气、暗发酵和微生物燃料电池等技术。

农林生物质通过热解产生合成气，合成气再通过热物理化学方法制取氢气，不仅实现了生物质能的高效利用，同时生物质热解后的固体产物可作为生物碳用于土壤修复，也是一种高效的碳封存技术。生物能结合碳捕集与封存技术被视为可行性较高的负排放技术之一，通过农作物或树木的生长过程将二氧化碳从空气中吸收。这样既可以通过燃烧这些树木释放能量，又能捕集燃烧排放的碳。捕集的碳被封存在地下，防止其回到大气中，然后不断重复整个过程。随着时间的推移，只要规模足够大，这项技术理论上可以消除大气中大量的碳。

碳捕集与封存技术尤其受到气候模型研究人员的欢迎，目前是符合《巴黎协定》的脱碳路径的关键部分。但科学家也开发了依靠转变生活方式和快速推广可再生能源的更深层的脱碳路径。

一项研究发现，为达到将全球变暖控制在 2 ℃以内所需的二氧化碳移除量，就需要种植7 亿公顷的生物质能作物。而充分利用现有废弃的秸秆生物质，通过碳捕集与封存技术，将有效降低碳排放。

10.3　碳中和与水污染治理协同路径

过去几个世纪以来，全球经济飞速发展，人类在各个领域不断创造着历史性的突破，各类能源的消耗也使得大气中的温室气体浓度急剧升高。针对该现状，各国学者均开始针对环境碳中和技术及措施展开研究。目前，大部分学者的研究目光主要集中在建筑、运输和发电等高碳排放量行业。然而水作为人类生命活动中重要的组成部分，伴随人类社会活动的增加，工农业及居民生活污水量急剧增加，现有污水处理工程面临着水量大、能耗高等问题，是碳中和背景下开展碳减排的重要战场。

近年来，我国污水产量日益增加，截至 2017 年底，全国累计建成运行污水处理厂 8591 座，形成污水处理能力 2.3×10^8 m³/d[25]。若这些污水不进行处理，则 24 h 后将会发酵产生甲烷

$8.7×10^8$ g/d[26],相当于二氧化碳 $2.46×10^{10}$ g/d。因此污水处理十分必要,现阶段污水治理过程中能源消耗量较高,2020 年全社会用电量约为 75110 亿 kW·h,全国污水处理的耗电量占社会总耗电量的 3%[27]。传统的水污染治理技术如图 10-2 所示,是通过人工手段消耗能量,将污水进行分解、降质、转化处理,其本质是一种"以能耗能"的非绿色手段,故探寻水污染治理过程中的碳中和协同治理路径具有较高的现实意义。在水污染治理过程中以"开源、节流"为指导思想,通过开展节能、废物资源化利用、新能源利用等技术措施,以及实施智慧水务,有望实现水污染治理领域的超低碳排放目标。

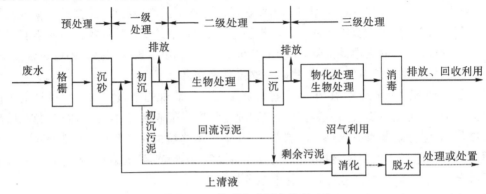

图 10-2 典型市政污水处理工艺

10.3.1 水污染治理过程中的节能减排技术

污水处理过程中的设备耗能,主要集中在曝气设备和水泵上。曝气设备以鼓风机为主,其能耗约占处理厂总能耗的 50% 以上;水泵主要包括污水处理过程中的提升泵、内外循环泵,其能量消耗分别占总能耗的 21.25% 和 12.1%[28]。因此在污水治理过程中对曝气设备和水泵进行节能优化十分必要。

1. 曝气设备节能优化

曝气旨在向污水处理反应器充氧,为微生物生化作用提供溶解氧,使污水产生混合和循环流,并维持足够的水流使微生物污泥悬浮在流体中[29]。污水处理过程中曝气设备的能耗占污水处理总能耗的 50% 以上[30],而在实际污水处理过程中,好氧末端经常进行过度曝气,不仅浪费曝气能源,还会导致污泥膨胀,因此曝气设备的节能优化具有较大的潜力[31]。

为了提高污水处理厂曝气效率,重点在于改善曝气气泡类型和曝气系统运行模式。为增加曝气过程中氧转移效率,应普遍采用微气泡曝气系统[32-33],如图 10-3 所示。微型气泡的直径约为 $2.0 \sim 2.5$ mm,气泡和污水的接触面积大,污水中氧气的利用率可达 10%,微气泡曝气器仅用 80% 的气量,即可达到传统曝气器的曝气效率[34]。相比传统曝气系统,微气泡系统的动力效率、氧转移率系数更高,但微气泡曝气器具有易堵塞、使用寿命短、阻力大等缺点。因此采用微气泡曝气器时,应加强日常设备维护和保养[35],确保曝气器在高氧利用效率下工作,从而提高污水处理厂的氧利用效率。

有学者改进了污水处理厂的运行模式,将变频技术应用于曝气系统,节能效果明显[37]。卢玮[30]应用水质分析仪实现了水质的连续监测,并在典型曝气控制的基础上,增加反馈控制模块。系统采集曝气池末端的氨氮浓度,与设定的期望值进行比较。如果实际氨氮浓度比期

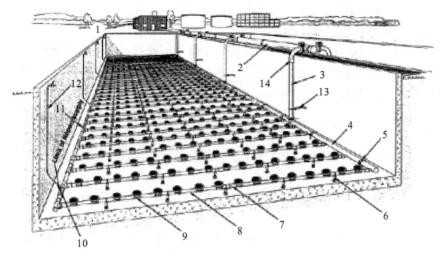

1—鼓风机房；2—供风系统；3—供风立管；4—曝气分配总管；5—不锈钢底部支撑；
6—底部支撑；7—连接套管；8—曝气分配支管；9—曝气器；10—接头；11—冷凝水收集管；
12—冷凝水放空管；13—立管支撑；14—扩展接头。

图 10-3　微孔曝气系统结构图[36]

望值高,则增加曝气量以提高曝气池的消化能力,从而使出水氨氮降低到期望值。如果实际氨氮浓度低于期望值,则在保证出水氨氮不超标的情况下,减少曝气量以降低曝气池的消化能力,达到节能降耗的目的。

在闭环控制系统基础上,还可以增设前馈控制模块。该前馈控制模块在厌氧池前端增加在线氨氮分析仪,能够提前实时掌握进水负荷的变化,解决反馈控制的滞后问题。通过在线采集厌氧池前端氨氮浓度值,以及总悬浮固体、化学需氧量和进水流量,系统可以得知进水负荷,并利用活性污泥模型及自动控制理论,同时考虑厌氧池到曝气池的迟滞效应,计算获取曝气池的最经济曝气量。

2. 水泵能耗优化

污水处理过程中主要依靠水泵进行污水提升和内外循环,水泵耗电量约占污水处理总耗电量的 10%～30%。水泵能耗的降低,可以主要从污水处理厂设计时的管网布置和运行过程中水泵电机适配情况、变频水泵等三个方面进行考虑[38]。

我国污水处理厂在设计之初,主要通过降低水泵扬程来达到降低水泵提升能耗。将污水处理厂中的各建筑布置紧凑,尽可能减少弯头阀门,保证管道内壁干净整洁,减少沿程水力摩阻。针对已投产的污水处理厂,提升泵节能的关键在于选配合适的电机、优化水泵运行及控制方式[39]。

运行过程中选择与水泵运行工况相匹配的电机对于保持电机高效运转非常重要。大功率的电机可以满足高负荷工作的需求,而当负荷降低时电机会出现电机效率较低的情况,增加无功电流。电机的高效工作负荷应大于 70%,当负荷降低至 50%以下时,电机工作效率骤降。水泵电机不能将电能完全转化为机械能,电机效率一般在 70%～96%变化。高效率的电机相对低效率的电机费用往往高 15%～25%,但其运行费用较低,因此长时间使用不仅能降低运行成本,还能减少能耗,降低碳排放量[40]。

采用变频水泵来达到节能的目的,配置不同台数和不同运行速率的水泵进行并联,以满足污水处理的实际工况。在具体搭配中,可通过泵站内大小水泵合理配置,再将其与变频技术相结合,最终达到节能的目的。水泵的变频调节技术是当前水泵节能中一种较为常用的技术,通过改变定子供电电源频率达到调速的目的,其中变频器是通过改变泵的性能曲线使水泵达到高效工作区,从而达到节能的目的。根据部分工程实际表现,应用变频调速的设备可使水泵平均转速比工频转速降低能耗 20%～40%[41]。

10.3.2　水污染治理过程中的能源/资源回收

污水源本身就是一种能源的载体,在污水中的主要污染物多是含能物质,其中每千克化学需氧量中包含 1.4×10^7 J 的代谢热[42];韦超海发现化学需氧量为 5000 mg/L 的 1 m³ 污水中含能物质的化学能相当于标准煤 13.32 kg。通过计算得出,只要开发污水 40% 的内能就可以满足废水处理的费用[43]。

水污染治理过程中的能源回收主要集中在污泥资源化利用、污水余热利用和污泥中的磷回收。实际生产过程中,污水处理厂每处理 1 万 m³ 的污水会产生含水量 80% 的污泥 5～8 t,这些污泥的热值相当于 0.71～1.14 t 标准煤。污水处理过程中 1 万 m³ 二级出水的制冷和制热量各为 1.68×10^5、2.74×10^5 MJ,分别相当于标准煤 4.96、8.09 t。假定污水处理进、出水的磷浓度分别为 5、0.5 mg/L,则 1 万 m³ 污水回收磷 22.5 kg。如果按含量 65% 左右的磷酸二铵肥料计算,等同于磷肥制造单位减少能耗约 0.3 t 标准煤。因此通过该三种方式进行能源回收十分必要。

1. 污泥的资源化利用

伴随活性污泥法在水污染治理过程中的大规模使用,市政污泥的产量也在逐年增加,据估计 2020 年我国污泥产量超过 6000 万 t[44]。污泥中包含细菌细胞物质、夹杂的无机和非生命有机物(如脂质、纤维素等)。其中,有机物在干污泥中质量占比约为 70%～80%,故而污泥蕴含的潜在能量非常可观。若能将污泥中的能量进行回收,势必大幅度减少污水处理过程中对外在能源上的需求度,减少处理过程中的碳排放量。基于该理念,污水处理过程中进行"碳中和"被欧美等发达国家提高至战略高度,尽可能避免水污染治理过程中产生的碳排放量较高的情况[42]。

阿姆斯特丹西区污水处理厂采用传统污泥消化工艺,处理污泥量达 100000 t/a。沼气和消化后污泥送至附近垃圾焚烧厂使用处置,进行焚烧发电,每年发电 20000 MW·h、产热 50000 GJ。再由垃圾焚烧厂向污水处理厂供电供热,可满足污水处理厂电力需求的 40%,每年减少二氧化碳排放 3200 t[45]。

荷兰鹿特丹污水处理厂将脱水污泥送入消化池,厌氧消化生成甲烷,并用于发电和产热:电力用于污水处理厂运行,产热用于消化系统加热和冬季办公室取暖等。每年生产沼气量达 4214081 m³,发电量可达 8282946 kW·h,使得污水处理厂电力自给率达到 43.74%[42]。

肇情莹以三宝屯污水处理厂为例,计算得出三宝屯污水处理厂沼气锅炉产生电 76111.1 (kW·h)/d,其二氧化碳补偿能力为 61480.08 kg/d,通过沼气锅炉可以进行的碳补偿占污水总排放的 44.30%[46]。郝晓地以北京某污水处理厂为例,将污泥厌氧消化后产生的甲烷进行热电联动,产生能量 425484.86 MJ,占污水处理厂总能耗的 53%,二氧化碳减排量 56626.72 kg,占总碳排放量的 50%[47]。

希博伊根污水处理厂于 2002 年全面启动了能源回收计划。该厂于 2006 年将 10 台

30 kW 微型燃气轮机和 2 台热回收处理设备用于能源回收项目,达到每天最大 7200 kW·h 产电量、最大 7032 kW·h 产热量。剩余污泥作为能源载体,每立方污泥(含水率 97.5%)产电当量为 1.9 kW·h,产热当量为 1.86 kW·h。希博伊根污水处理厂产电量已经能弥补其 37% 的耗电量,产热量已基本可以满足厌氧消化加热和为厂区冬季办公供暖[48]。

奥地利的斯特拉斯污水厂,早在 2005 年就实现了碳中和的运行目标,污水厂采用 AB 工艺,74.3% 的进水化学需氧量以剩余污泥的形式进入污泥处理单元,有良好的产气潜力,产出的甲烷气体用于热电联产。2008 年起,该厂又通过厨余垃圾与污泥的共消化进一步提升产气量,能量补偿率达到了 123%,2009 年又提升至 144%,直至 2014 年已接近 200%,不仅可以满足自身的电能需求,还能对外输出以获得一定的经济效益[49]。

综上所述,伴随污泥消化制甲烷-燃烧发电技术日益成熟,能源自给率持续增加,相较于传统污泥焚烧技术有着天然优势。但是仅依靠甲烷热电联动产生的电力往往只能补偿总耗电量的 50%~60%,而斯特拉斯污水厂却有着较高的能量补偿率,因此为实现碳中和治理,仍需改善消化工艺和加大污水中其他资源利用率。

超临界水氧化技术是实现污泥高效彻底无害化与能源化利用的同时,低成本捕集二氧化碳的国际前沿技术。张拓[50]等进行了超临界水氧化法对印染废水及其污泥的处理研究,结果发现,在温度 550 ℃、过氧系数为 2 时,废水和污泥中化学需氧量去除率分别为 99.6% 和 99.9%,此外,该技术对酚、总酚具有良好的去除效果,对重金属锑的去除具有一定的效果。超临界水氧化技术对污染物的去除具有快速、高效的特点。马红和[51]以无锡污泥净化厂污泥为研究对象,实验结果表明,当温度在 370~530 ℃ 变化时,温度每增加 20 ℃,化学需氧量去除率增加 3.12%~4.51%,最终化学需氧量去除率达到 96%。2014 年,徐东海等[52]利用超临界水氧化技术处理污泥,建成了国内首套处理污泥的超临界水氧化(SCWO)中试装置。研究发现,在温度 420 ℃、压力 24 MPa 的超临界水条件下,初始浓度为 1000~2000 mg/L 的油性污泥的化学需氧量去除率可超过 95%[53]。

超临界水氧化技术可以有效地将多种类型的受污染水体和污泥进行处理,处理后化学需氧量和总有机碳含量迅速降低,达到国家排放标准,同时排放出的气体中二氧化碳含量高,便于捕集利用,达到碳中和的目的。

2. 污水的余热利用

针对污泥的能源/资源化利用,仍不能满足碳补偿需求,有必要在污水处理厂内部寻求其他形式的能源来进行碳补偿。市政污水本身具有流量稳定、水量充足、带有余温等特点,使其具有巨大的余热利用潜力。水源热泵是利用地球水所储藏的太阳能资源作为冷、热源进行转换的空调技术,如图 10-4 所示。向污水处理厂引入水源热泵技术,有可能解决可观的能耗赤字问题。

污水处理厂以二级出水作为热源,采用热泵技术,进行供冷、供热。这样不仅可以满足污水处理厂自身对能量的需求,还进行能量输出满足周围居民生活需求,进行污水处理工艺的碳补偿。目前,北京地区污水处理厂的水源热泵普及率较高,如高碑店污水处理厂日处理污水量为 100 万 m³,可实现供暖面积达 860 万 m²、制冷面积达 416 万 m²、供热水 2.8 万 m³[54]。

郝晓地以北京地区为例,假定制冷、制热温差为 5 ℃,水源热泵机组制冷系数和制热系数分别取 4.16、4.24,每万方二级出水的制冷和制热量分别为 1.68×10^5 MJ 和 2.74×10^5 MJ。将热量转换为电能分别为每万方二级出水电量 18625 kW·h 和 30377 kW·h,减去热泵的耗

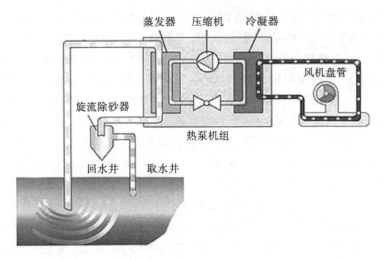

图 10 - 4　水源热泵工作原理图

能,最终得出每万方二级出水补偿电量为 14148 kW·h 和 23213 kW·h[42]。

郭圣杰以沧州市某污水处理厂为例,该污水处理厂日处理量达 6 万 t,设计污水源热泵机组夏季冷凝器温度为 45 ℃或 40 ℃,冬季蒸发器温度为 9 ℃或 6 ℃,最终实现污染物的排放比空气源热泵减少 50%,比电供热减少 75%,比燃煤锅炉节省 50%以上的燃料[55]。

肇倩莹以三宝屯污水处理厂为例,根据其他水厂污水源热泵系统的运行实例,核算得到系统制热期每天的碳补偿量为 49093.39 kg,补偿率为 35.36%;制冷期每天的碳补偿量为 33647.38 kg,补偿率为 24.25%;全年平均碳补偿率为 28.91%[46]。

综上所述,利用热泵技术,可以回收污水处理厂出水蕴藏的低位能源,为处理厂和社会提供高品位的热能,可在一定程度上替代部分燃煤、燃油、耗电锅炉。尽管其能量补偿能力约为 20%~30%,低于污泥消化的能量回收率,但是从污水中进行能量回收可以适当优化我国能源结构,有效实现了对污水处理过程中的碳补偿。

3.污水污泥中的磷回收

在污水治理过程中不仅能进行能量回用,还可以进行磷资源的回收。假定污水的进、出水磷浓度分别为 5、0.5 mg/L,则 1 万 m^3 污水可回收磷 22.5 kg。如果按含量 65%左右的磷酸二铵肥料计算,等同于磷肥制造单位减少能耗 8225 MJ,相当于节约 0.3 t 标准煤,减排二氧化碳 0.75 t。磷回收不仅可以降低污水综合处理成本,还可以改善最终污水处理效果,并在一定程度上改善我国的自然环境和磷资源供应结构[56]。

自 20 世纪 90 年代,国内外学者就已开始污水中磷元素的回收研究。污水处理过程中的磷回收工艺主要可分为三大类,即沉淀、化学萃取和热处理。其中沉淀法的磷回收率约为 40%;化学萃取通过强酸、高温、高压进行磷回收,回收率可达 80%;污泥焚烧法通过焚烧从污泥灰分中回收磷,回收率达 90%以上[57]。

周峰的研究表明,当废水 pH 值为 9.0~9.5、初始磷浓度小于 50 mg/L 时,若氨氮投加量较小,磷回收率为 60%,加大氨氮投放量可以增加磷回收率,最高可达 80%;当初始磷浓度高于 100 mg/L 时,较小的氨氮投放量就可以达到 90%的磷回收率[58]。郝晓地研究了污水处理中磷由液相转变为固相的过程,并指出其与污水中的某些金属离子结合成磷酸盐;在此过程中容易生鸟粪石($MgNH_4PO_4 \cdot 6H_2O$),在 pH 值大于 9.0 时,鸟粪石回收率可达 80% 以上[59]。

市政污泥焚烧后的灰分中常含有 4.9%～11.9% 的磷,该部分磷仅有 29.1% 可以被植物吸收,因此应将灰分中的磷进行回收。常用的灰分磷回收工艺如表 10-5 所示。其中湿化学工艺在 pH 值小于 2 的强酸条件下进行,通过溶解灰分中的磷转化为可利用的形态,然后分离、去除无机污染物。热处理工艺指在高温条件下对部分重金属进行挥发分离,并经过烟道进行回收。通过该方法可以将灰分中磷的平均回收率提高至 87.4%,可节约 0.75 t 标准煤,减少二氧化碳排放 1.31 t。

表 10-5　污泥灰分磷回收工艺[60]

	工艺名称	进展	分离方法	最终产品	磷回收率/%
湿化学法	SEPHOS	未知	顺序沉淀	磷酸钙盐	90
	SESAL-Phos	小试	顺序沉淀	磷酸钙盐	74～78
	LeachPhos	中试	顺序沉淀	磷酸钙盐、磷酸铝盐	70～90
	PASCH	未知	液相萃取	磷酸钙盐、鸟粪石	90
	BioCon	未知	离子交换	磷酸	60
	EcoPhos	运行中	离子交换	磷酸、磷酸氢钙	97
	RecoPhos	运行中	保密	磷酸钙盐	98
	P-bac	中试	生物浸矿	鸟粪石	90
	EasyMining Ash2Phos	运行中	未知	DAP、MAP、SSP 等	＞90
	Phos4life	运行中	未知	磷酸	＞95
热处理法	Mehprec	建设中		富磷炉渣(磷 5%～10%)	80
	Kubota	运行中		富磷炉渣(磷约 13%)	＞80
	Ash Dec	中试		富磷炉渣(磷 5%～10%)	98
	RecoPhos(ICL)	中试		磷酸	89
	EuPhosRe	运行中		富磷灰烬(磷 5%～10%)	98

城市中污水通常具有较高的磷含量,其原因主要为矿石中的磷由于酸性细菌的溶解作用而进入水体,人类使用含磷洗涤剂及排泄物排入污水处理系统等。污水中的磷元素不仅可以推进污泥的减量化,并且回收的磷可以制作成肥料用于农业,从而达到能量的回收及环境碳补偿。

10.3.3　新能源利用及智慧水务系统

1. 基于污水处理构筑物的光伏发电

对于大中型污水处理厂,每 1 万 m^3 污水的主要构筑物占地面积在 1147～1576 m^2,平均值为 1402 m^2,如表 10-6 所示。不难发现,污水处理厂各处理单元皆具有庞大的表面积,这为太阳能光伏发电提供了良好的光伏组件安装空间。这些光伏组件布置在初沉池、二沉池等构筑件上,不仅可以进行光伏发电,还可以覆盖处理单元,对污水、污泥进行隔热保温,以及隔离和收集处理过程中产生的臭气。

表 10-6　国内部分污水厂主要处理单元平面面积[42]

污水厂名称	设计水量/万 m³	初沉池/m²	生物池/m²	二沉池/m²	面积总计/m²	所占面积/(万 m³/m²)
上海临港新城污水厂	10	—	7578	6358	13936	1393.6
西安第五污水厂	20	4200	17280	10048	31528	1576.4
长春北郊污水厂	39	9882	34062	15072	59016	1513.2
重庆鸡冠石污水厂	60	12960	43845	25920	82725	1378.8
上海白龙港污水厂	200	20467	133333	75686	229486	1147.4

吴友焕以湖南某污水处理厂为例,该污水处理厂设计污水处理能力 30 万 m³/d,建筑面积为 32339.5 m²,所建成的发电平台每年可为电网提供电量约 850.6 MW·h,节约标准煤 296.01 t;每年可减排二氧化硫约 7.11 t,减排二氧化碳约 769.63 t,减排烟尘约 0.30 t[61]。以湖南某污水处理厂为例,其共安装 5760 块峰值 300 W 的单晶硅组件,平均每年发电量为 154.7 万 kW·h,每年可减排二氧化硫约 46.4 t,减排二氧化碳约 1542.4 t[47]。

在污水处理厂中进行光伏发电,既合理利用了污水处理厂的空间,又能为污水处理提供能量来源。郝晓地[47]在分析核算北京污水处理厂各能耗时,指出该厂光伏发电产生的能量补偿率为 10.4%,碳补偿率为 11.0%。相比于污泥消化和出水余热利用,虽然光伏发电产生的能量及碳补偿率较低,但其具有可再生、污染小等特点,作为一种能量补充手段十分具有现实意义。

2. 智慧水务系统

伴随云计算、物联网、大数据等新技术不断涌现,智慧水务的思想受到国内学者的广泛关注。目前,智慧水务主要在自来水厂和城市排水管网等领域应用广泛。污水处理系统涉及生物反应、化学反应等,具有多变量性、非线性、时变性、滞后性和不确定性等特点,导致整个污水处理过程建模、参数优化和耦合控制较难。污水处理过程中的关键环节为脱氮除磷,因此该环节是智能控制和节能降耗的关键。污水处理厂构建污水处理智慧系统,旨在进行全智慧、低能耗和高效率的污水处理,主要包括智慧硝化系统、智慧反硝化系统和智慧除磷系统等[62]。

1)智慧硝化系统

智能硝化系统是指通过改变曝气时间及好氧池中的溶解氧量,从时间和空间两个维度对溶解氧进行控制。具体做法是在好氧池每个分区都安装溶解氧测定仪、氨氮仪、空气流量计、线性调节阀等仪表设备,并对进水进行测量,将测量结果用于调节鼓风机的开启数量及进风量、阀门开度等,精确控制溶解氧浓度,在保证出水水质要求的情况下降低能耗。目前精准曝气系统已被应用于污水厂,并取得较好的节能效果。采用曝气系统后,北京某污水处理厂节约用电 $380 \times 10^4 (kW·h)/a$,节约电费 304 万元/年[63]。

2)智慧反硝化系统

智慧反硝化系统是基于进水氮负荷和出水氮浓度进行设计,主要通过控制好氧池末端曝气量、混合液回流量、碳源投加量等因素达到优化运行参数、降低运行能耗的目的。

实际运行过程中,污水处理厂可以通过调控碳源投入量控制反硝化过程,该方式可能增加进水碳源利用率低的风险,并且过量投入碳源会导致水体中化学需氧量和生物需氧量超标。由于生物脱氮是通过多种微生物共同作用的多级反应,不同微生物对环境要求不同,导致反硝化过程复杂。因此,脱氮过程智能感应及反馈控制与微生物活动不能耦合,将对智能运行带来较大阻碍。

反硝化系统控制多采用多段厌氧好氧工艺,运行过程可实现前段缺氧区利用污水自身碳源,后段缺氧区通过外加碳源加强脱氮效果,以实现碳源的精准投加和控制。当水质要求较高时,深度处理可考虑增加反硝化滤池。魏楠等[64]针对昆明市某污水厂进行了前置缺氧段投加、后置缺氧段投加和反硝化滤池投加碳源的研究,结果表明后置缺氧段成本最低,相对节约成本 61%,并且易于控制。

3)智慧除磷系统

污水厂除磷系统由生物除磷、化学除磷两种方式组成,生物除磷通过聚磷菌在生物池内进行好氧吸磷、厌氧释磷实现;化学除磷通过投加絮凝剂和助凝剂使磷形成絮状体进行清除。一般的污水处理厂根据污水中总磷含量调整除磷加药量。该方法不仅滞后性强,而且容易超量投药从而增加成本。

智能除磷系统应将生物除磷和化学除磷统一控制,通过进水负荷、二沉池出水水质反馈控制污泥回流量、污泥排放量等参数;再通过总出水水质反馈化学除磷量。山东某污水处理厂二期采用智能除磷系统,运行一年多结果表明,二期药耗相比一期降低约 17%,减少成本20 万元/年,每万方污水产泥量从 1.5 t 降低至 1.05 t,极大地降低了成本[65]。

综上所述,智慧水务系统可以精准识别环境,能够自动分析匹配相关参数,迅速准确做出优化决策,并反馈至控制系统进行后续处理。因此通过构建智慧水务平台可以极大地降低污水处理厂的能源消耗和人力成本。

污水处理过程中采取的碳中和措施主要集中在"开源、节流"方面,开源指水污染治理过程中的污泥热电联动、水源热泵、光伏发电和磷元素的回收等方面,其中污泥消化后生成的甲烷热电联动进行的碳补偿占碳排放量的 50%左右,剩下的碳排放量缺口需要热源热泵、光伏发电和磷元素回收等措施进行补偿。节流是针对污水处理过程中能耗最高的曝气器和水泵的节能措施进行分析,在此基础上再结合新能源利用和智慧水务系统的应用,对污水处理厂进行降本增效。除了传统的水污染治理手段,超临界水氧化污水处理后的效果达到排放标准,产生纯度高的二氧化碳利于回收。若针对污水处理厂采用开源、节流技术后,节约总量为 25.8%,因此节能后的污水处理能量消耗量应为原总量的 74.2%,开源后计算能量补偿率为原总量的 85.29%,最终能源向外净输出量为 11.09%,因此应用新型技术后基本实现碳中和,如表 10-7 所示。

表 10-7　应用技术能量对比表

指导思想	技术名称	能量补偿或节约/%	补偿或节约电力/(亿 kW·h)	减排二氧化碳/亿 t
节约	压缩机节能	15	337.995	0.337
	水泵节能	10.8	243.356	0.243
补偿	污泥资源化利用	44.3	998.212	0.995
	污水余热回收	29.8	671.483	0.669
	磷回收	1.192	26.859	0.027
	光伏发电	10	225.330	0.225

本章参考文献

[1]YANG X,TENG F,WANG G. Incorporating environmental co-benefits into climate poli-
cies:A regional study of the cement industry in China[J]. Applied Energy,2013(112):
1446-1453.

[2]高壮飞.长三角城市群碳排放与大气污染排放的协同治理研究[D].杭州:浙江工业大学,
2019.

[3]刘阳荷.中国大气污染物排放量变动影响因素分析与精准减排[D].济南:山东大学,2017.

[4]师华定,高庆先,张时煌,等.空气污染对气候变化影响与反馈的研究评述[J].环境科学研
究,2012(25):974-980.

[5]周小光,张建伟.关于大气污染与气候变化协同治理的法律思考[J].社会科学论坛,2017
(5):220-228.

[6]王灿,邓红梅,郭凯迪,等.温室气体和空气污染物协同治理研究展望[J].中国环境管理,
2020,12(4):8.

[7]余博林.温室气体、雾霾污染减排策略及协同减排效应研究[D].徐州:中国矿业大学,
2019.

[8]XUE B,MA Z,GENG Y,et al. A life cycle co-benefits assessment of wind power in China
[J]. Renewable & Sustainable Energy Reviews,2015(41):338-346.

[9]LIANG Q M,DENG H M,LIU M. Co-control of CO_2 emissions and local pollutants in
China:the perspective of adjusting final use behaviors[J]. Journal of Cleaner Production,
2016(131):198-208.

[10]HE K,LEI Y,PAN X,et al. Co-benefits from energy policies in China[J]. Energy,2010
(35):4265-4272.

[11]李丽平,周国梅,季浩宇.污染减排的协同效应评价研究:以攀枝花市为例[J].中国人口·
资源与环境,2010(S2):91-95.

[12]MAURIZIO C,SONIA L,MARINA M. The energy and environmental impacts of Italian
households consumptions:An input-output approach[J]. Renewable and Sustainable
Energy Reviews,2011,15(8):3897-3908.

[13]龚微.大气污染物与温室气体协同控制面临的挑战与应对:以法律实施为视角[J].西南民
族大学学报(人文社科版),2017(1):108-113.

[14]毛显强,曾桉,胡涛,等.技术减排措施协同控制效应评价研究[J].中国人口资源与环境,
2011(21):1-7.

[15]陈菡,陈文颖,何建坤.实现碳排放达峰和空气质量达标的协同治理路径[J].中国人口·
资源与环境,2020(10):12-18.

[16]BOLLEN J,ZWAAN B,BRINK C. Local air pollution and global climate change:A com-
bined cost-benefit analysis[J]. Resource and Energy Economics,2009,31(3):161-181.

[17]TONG D,GENG G,JIANG K,et al. Energy and emission pathways towards PM2.5 air
quality attainment in the Beijing-Tianjin-Hebei region by 2030[J]. Science of The Total

Environment,2019,692:361 - 370.

[18]ABEL D,HOLLOWAY T,HARKEY M,et al. Potential air quality benefits from in-creased solar photovoltaic electricity generation in the Eastern United States[J]. Atmos-pheric Environment,2018,175:65 - 74.

[19]ZHANG S,MENDELSOHN R,CAI W,et al. Incorporating health impacts into a differ-entiated pollution tax rate system:A case study in the Beijing-Tianjin-Hebei region in China[J]. Journal of Environmental Management,2019,250.

[20]THAMBIRAN T,DIAB R D. Air pollution and climate change co-benefit opportunities in the road transportation sector in Durban,South Africa[J]. Atmospheric Environment,2011,45:2683 - 2689.

[21]YANG X,TENG F,WANG G. Incorporating environmental co-benefits into climate policies:A regional study of the cement industry in China[J]. Applied Energy,2013,112:1446 - 1453.

[22]LIU J,KIESEWETTER G,KLIMONT Z,et al. Mitigation pathways of air pollution from residential emissions in the Beijing-Tianjin-Hebei region in China[J]. Environment International,2019,125:236 - 244.

[23]顾阿伦,滕飞,冯相昭. 主要部门污染物控制政策的温室气体协同效果分析与评价[J]. 中国人口·资源与环境,2016(2):10 - 17.

[24]冯相昭,王敏,梁启迪. 机构改革新形势下加强污染物与温室气体协同控制的对策研究[J]. 环境与可持续发展,2020(1):146 - 149.

[25]刘双柳,徐顺青,陈鹏,等. 城镇污水治理设施补短板现状及对策[J]. 中国给水排水,2020,36(22):54 - 60.

[26]周瑜,黄建洪,宁平,等. 昆明市污水排水系统产甲烷规律的模拟实验研究[J]. 环境工程学报,2013,7(9):3531 - 3536.

[27]张延青,秦菲,李雪莹. 全国城镇污水处理设施现状及清洁生产分析[J]. 环保科技,2018,24(2):50 - 55.

[28]谢添. 城市污水处理厂设备能耗及影响因素分析研究[J]. 科技资讯,2021(10):93 - 95.

[29]李军,彭永臻,顾国维,等. 城市污水脱氮除磷 SBR 在线控制系统研究[J]. 给水排水,2006,32(9):90 - 93.

[30]卢玮,黄伟明,武云志,等. 污水处理厂的曝气优化[J]. 中国给水排水,2012,28(22):27 - 30.

[31]羊寿生. 城市污水厂的能源消耗[J]. 建筑技术通讯(给水排水),1984(6):15 - 19.

[32]欧阳云生,贺玉龙,倪明亮. 邛崃市污水处理厂 A2/O 微曝氧化沟系统的设计[J]. 中国给水排水,2008,24(22):30 - 33.

[33]张志峰,虞伟权,薛秀燕. 微孔曝气器合理选用探讨[J]. 给水排水,2007,33(8):101 - 103.

[34]郭昉,吴毅晖,李波,等. 我国城镇污水处理厂节能降耗研究现状及发展趋势[J]. 水处理技术,2017,43(6):7 - 10.

[35]牛克胜,牟晋鹏,戴新,等. 浅谈橡胶膜片式微孔曝气装置的日常维护及保养[J]. 给水排水,2005,31(5):96 - 97.

[36]杨岸明. 城市污水处理厂曝气节能方法与技术[D]. 北京:北京工业大学,2012.

[37]BURRIS. Energy conservation for existing wastewater treatment plants[J]. Water Pollution Control Federation,1981,35(5):536-545.

[38]薛万新. 城市污水处理厂的能耗分布与节能管理对策探析[J]. 甘肃科技纵横,2009,38(6):72-73.

[39]姚远,张丹丹,楚英豪. 城市污水处理厂中的能耗及能源综合利用[J]. 资源开发与市场,2010(3):202-205.

[40]KAYA D,YAGMUR E A,YIGIT K S,et al. Energy efficiency in pumps[J]. Energy Conversion & Management,2008,49(6):1662-1673.

[41]殷步洲. 污水处理厂污水处理节能技术[J]. 大众标准化,2020(24):200-201.

[42]郝晓地. 污水处理碳中和运行技术[M]. 北京:科学出版社,2014.

[43]韦朝海,周红桃,黄晶,等. 污水的内含能及污水处理过程的耗能与节能[J]. 土木与环境工程学报(中英文),2019,41(5):151-163.

[44]苏书宇,郭靖东. 污水厂碳中和运行潜力及能源利用技术[J]. 科技风,2018(22):113.

[45]NIEUWENHUIJZEN A F,HAVEKES M,REITSMA B A,et al. Wastewater Treatment Plant Amsterdam West:New,large,high-tech and sustainable[J]. Water Practice & Technology,2009,4(1):1-8.

[46]肇倩莹. 污水厂碳排放模型建立与碳中和运行潜力测算[D]. 沈阳:沈阳建筑大学,2018.

[47]郝晓地,黄鑫,刘高杰,等. 污水处理"碳中和"运行能耗赤字来源及潜能测算[J]. 中国给水排水,2014,30(20):6.

[48]郝晓地,魏静,曹亚莉. 美国碳中和运行成功案例:Sheboygan污水处理厂[J]. 中国给水排水,2014,30(24):1-6.

[49]郝晓地,程慧芹,胡沅胜. 碳中和运行的国际先驱奥地利Strass污水厂案例剖析[J]. 中国给水排水,2014,30(22):1-5.

[50]张拓,王树众,任萌萌,等. 超临界水氧化技术深度处理印染废水及污泥[J]. 印染,2016,42(16):43-453.

[51]马红和,王树众,周璐,等. 城市污泥在超临界水中的部分氧化实验研究[J]. 化学工程,2010,38(12):44-475.

[52]徐东海,王树众,张峰,等. 超临界水氧化技术中盐沉积问题的研究进展[J]. 化工进展,2014,33(4):1015-1021.

[53]耿飞,刘晓军,马俊逸,等. 危险固体废弃物无害化处置技术探讨[J]. 环境科技,2017,30(1):71-74.

[54]黄磊. 污水厂二级出水用于污水源热泵系统几个问题的探讨[D]. 哈尔滨:哈尔滨工业大学,2008.

[55]郭圣杰,马秀武,佟丽静,等. 污水源热泵工程设计与应用研究[J]. 中国设备工程,2020(3):190-192.

[56]李春光. 污水处理厂磷回收技术研究进展[J]. 中国给水排水,2014,30(24):53-56.

[57]陈利德,王偲. 浅议污水厂的磷回收[J]. 环境工程,2004,22(4):26-27.

[58]周峰. 鸟粪石沉淀法回收废水中磷的研究[D]. 泉州:华侨大学:2006.

[59]郝晓地,周健,王崇臣,等.污水磷回收新产物:蓝铁矿[J].环境科学学报,2018(11):4223-4234.

[60]郝晓地,于文波,时琛,等.污泥焚烧灰分磷回收潜力分析及其市场前景[J].中国给水排水,2021,37(4):5-10.

[61]吴友焕,余国保,张玲,等.污水处理厂光伏发电应用前景初探:以湖南某污水处理厂为例[J].太阳能,2016(5):36-40.

[62]王松,刘振.智慧污水处理厂的内涵与思路[J].中国给水排水,2021,37(12):14-18.

[63]孙慧,王佳伟,吕竹明,等.北京某大型城市污水处理厂节能降耗途径和效果分析[J].中国给水排水,2019,35(16):31-34.

[64]魏楠,赵思东,孙雁,等.污水处理厂强化脱氮过程中碳源投加策略研究[J].中国给水排水,2017,33(1):71-75.

[65]贾玉柱,赵月来,刘成钰,等.P-RTC化学除磷智能实时控制系统在污水厂的应用[J].中国给水排水,2019,35(8):87-90.

第 11 章
碳交易机制与碳经济

在市场经济框架下，借助金融市场，充分发挥资本在资源配置中的主导作用，带动资金和技术向低碳领域发展，这就涉及碳交易的概念。利用碳交易市场机制[1]，借助绿色利益驱动，是发展低碳经济的必由之路。

11.1 碳排放权

碳排放权是指权利主体为了生存和发展的需要，由自然或者法律所赋予的向大气排放温室气体的权利，这种权利实质上是权利主体获取的一定数量的气候环境资源使用权。

碳排放权贸易是指通过合同的形式，一方通过出卖减排剩余额而获得经济利益，另一方则取得碳减排额，可将购得的减排额用于减缓温室效应，从而实现其减排目标的一种互易行为。1997 年制定《京都议定书》之后，工业化国家统一了温室气体排放限制，同意碳排放权可在不同国家间进行交易。欧盟也从 2005 年开始在其范围内引进自主制定的碳排放权交易制度，以每个加盟国为单位向产业界广泛赋予气体排放指标，以促进区内企业之间的交易，并最终减少二氧化碳的排放量。事实上，作为一种新的发展权的碳排放权有两层含义：第一，碳排放权"是一项天然的权利，是每个人与生俱来的权利，是与社会地位和个人财富都无关的权利"；第二，"碳排放权的分配，是意味着利用地球资源谋发展的权利"，对发展中国家而言更是如此。

碳排放权作为一种稀缺的有价经济资源在资本市场流通，它具有自由交易市场，拥有具体产品的定价机制，并以公允价值计量，其价值变动直接增减资产价格。如果企业签订的碳排放权合同条款中没有包括交付现金及其他金融资产给其他单位的合同义务，也没有包括在潜在不利条件下与其他单位交换金融资产或金融负债的合同义务，则确认为权益工具；若企业签订的碳排放权交易合同规定，企业通过交付固定数量的自身权益工具换取固定数额的现金或其他金融资产进行结算，则确认为权益工具；否则企业应将签订的碳排放权合同确认为金融资产或金融负债。关于碳排放权的主体[1]，主要有以下三种类型。

（1）国家。《联合国气候变化框架公约》和《京都议定书》都是从国际公平的角度出发，以国家为单位来界定一国的碳排放权，在国家减排责任中区分了发达国家和发展中国家在不同阶段的"国家碳排放总量"的指标。以国家为主体的国家碳排放权，虽然注意到了国家层面的公平，但是忽略了人与人之间的不公平。

（2）群体。以群体为主体类型的群体碳排放权，主要是指各种企业或营业性机构在满足法律规定的条件下获得排放指标，从而向大气排放温室气体的权利。群体碳排放权具有可转让性,这是国际温室气体排放权交易制度建立的基础。

(3)自然人。以自然人为主体类型的个体碳排放权,是指每个个体为了自己的生存和发展的需要,不论在何处,都有向大气排放温室气体的自然权利。后京都时代碳排放权的分配,应更多地着眼于个体碳排放权问题。

由于碳排放权的价格指数受制于发达国家完成所承担减排义务的难易程度,完成减排义务越难则排放权的价格会越高,而一旦发达国家的生产和生活方式得以调整,减排义务不需要通过清洁发展机制来完成,则碳排放权的价格会降低,因此价格指数所反映出来的市场价格是发达国家投资者充分考虑了节能经济发展与未来减排空间的关系及其不确定性风险之后所形成的共识,该市场价格即为碳排放权的公允价值。本书认为,碳排放权应在获取时或报告期末按不同时点的公允价值进行计量,即应按照碳交易所的价格指数确定排放权的入账价值,并于报告期末按该价格指数的实时数据进行后续计量。

11.2 碳排放的核算方法

对碳排放量的计算,至今仍没有形成统一的标准。国际碳排放核算体系主要由自上而下的宏观层面核算和自下而上的微观层面核算两部分构成[2-3]。前者以联合国政府间气候变化专门委员会的《国家温室气体清单指南》为代表,它对国家主要的碳排放源进行分类,在部门分类下再构建子目录,直到将排放源都包括进来,它本质上是通过自上而下层层分解来进行核算的。该核算清单是迄今为止门类最齐全、体系最合理的清单,涉及人类生产生活的各个领域和各个流程,是各国政府向联合国政府间气候变化专门委员会报告本国碳排放类型和数量的重要参考文本。目前,使用范围较广,兼具宏观、微观特点的碳排放核算方法有三种:排放因子法、质量平衡法和实测法。

排放因子法(emission-factor approach)是联合国政府间气候变化专门委员会提出的第一种碳排放估算方法,也是目前广泛应用的方法。其基本思路是依照碳排放清单列表,针对每一种排放源构造其活动数据和排放因子,以活动数据和排放因子的乘积作为该排放项目的碳排放量估算值:

$$E = A E_F (1 - E_R)$$

式中:E 为温室气体排放量(如二氧化碳、甲烷等);A 为活动水平(单个排放源与碳排放直接相关的具体使用和投入数量);E_F 为排放因子(某排放源单位使用量所释放的温室气体数量);E_R 为消减率(%)。

质量平衡法(mass-balance approach)是近年来提出的一种新方法。根据每年用于国家生产生活的新化学物质和设备,计算为满足新设备能力或替换去除气体而消耗的新化学物质份额。该方法的优势是可反映碳排放发生地的实际排放量,不仅能够区分各类设施之间的差异,还可以分辨单个和部分设备之间的区别;尤其在年际间设备不断更新的情况下,该方法更为简便。

实测法(experiment approach)基于排放源的现场实测基础数据进行汇总,从而得到相关碳排放量。该方法中间环节少、结果准确,但数据获取相对困难,投入较大。现实中多是将现场采集的样品送到有关监测部门,利用专门的检测设备和技术进行定量分析,因此该方法还受到样品采集与处理流程中涉及的样品代表性、测定精度等因素的干扰。目前,实测法在中国的应用还不多。

自下而上的碳核算方式是通过对企业和产品碳足迹的核算,了解各类微观主体包括企业、组织和消费者在生产过程或消费过程中的温室气体排放情况,理论上可以汇总得到关于一定区域内的碳排放总量。该核算方式主要包括三种方法:一是基于产品的核算,主要是基于产品生命周期计算"碳足迹",以 PAS 2050:2008 标准为代表;二是基于企业/组织的核算,通过排放因子法来计算碳排放量,目前较为公认且运用比较广泛的核算企业温室气体排放情况的指南是《温室气体协议:企业核算和报告准则》;三是基于项目的核算,重点确定基准线排放,该方法主要包括《京都议定书》中的清洁发展机制,世界资源研究所和世界可持续发展工商理事会制定的项目核算温室气体协议,以及国际标准组织发布的国际温室气体排放核算、验证标准 ISO14064。

近几年,我国也发布了一些全国性和地方性的碳排放核算体系,例如《上海市温室气体排放核算与报告指南》《江苏省温室气体排放信息平台计算指南》《基于组织的温室气体排放计算方法》等。

11.3　碳交易机制

碳交易[1]是温室气体排放权交易的统称,在《京都协议书》要求减排的六种温室气体中,二氧化碳的量最大,因此温室气体排放权交易以每吨二氧化碳当量为计算单位。在控制排放总量的前提下,包括二氧化碳在内的温室气体排放权成为一种稀缺资源,从而具备了商品属性。碳交易基本原理是,合同的一方通过支付另一方,从而获得温室气体减排额,买方可以将购得的减排额用于减缓温室效应从而实现其减排的目标。

碳交易机制[3]是规范国际碳交易市场的一种制度。碳资产原本并非商品,也没有显著开发价值。然而,1997 年《京都议定书》的签订改变了这一切。《京都议定书》规定,到 2010 年所有发达国家排放的包括二氧化碳、甲烷等在内的六种温室气体数量要比 1990 年减少 5.2%。但由于发达国家能源利用效率高,能源结构优化,新能源技术被大量采用,因此本国进一步减排成本高,难度较大。而发展中国家能源效率低,减排空间大,成本也低。这导致同一减排量在不同国家之间存在不同成本,形成价格差。发达国家有需求,发展中国家有供应能力,碳交易市场由此产生。

清洁发展机制、排放贸易和联合履约是《京都议定书》规定的三种碳交易机制。除此之外,全球的碳交易市场还有另外一个强制性的减排市场,就是欧盟排放交易体系。这是帮助欧盟各国实现《京都议定书》所承诺减排目标的关键措施,并将在中长期持续发挥作用。在这两个强制性的减排市场之外,还有一个自愿减排市场。与强制减排不同的是,自愿减排更多是出于一种责任。这主要是一些比较大的公司、机构,出于自己企业形象和社会责任宣传的考虑,购买一些自愿减排指标(VER)来抵消日常经营和活动中的碳排放。这个市场的参与方主要是一些美国的大公司,也有个人会购买一些自愿减排指标。

(1)清洁发展机制(clean development mechanism,CDM)。《京都议定书》第十二条规范的"清洁发展机制"针对附件一国家(开发中国家)与非附件一国家之间在清洁发展机制登记处的减排单位转让,旨在使非附件一国家在可持续发展的前提下进行减排并从中获益;同时协助附件一国家通过清洁发展机制项目活动获得"排放减量权证"(专用于清洁发展机制),以降低履行《联合国气候变化框架公约》承诺的成本。清洁发展机制详细规定根据第 17/Cp.7 号决定"执行《京都议定书》第十二条确定的清洁发展机制的方式和程序"。

（2）联合履行(joint implementation,JI)。《京都议定书》第六条规范的"联合履行"是附件一国家之间在"监督委员会"监督下,进行减排单位核证的转让或获得,所使用的减排单位为"排放减量单位"(emission reduction unit,ERU)。联合履行详细规定根据第 16/Cp.7 号决定"执行《京都议定书》第六条的指南"。

（3）排放交易(emissions trade,ET)。《京都议定书》第十七条规范的"排放交易"则是在附件一国家的国家登记处之间,进行包括"排放减量单位""排放减量权证""分配数量单位""清除单位"等减排单位核证的转让或获得。"排放交易"详细规定根据第 18/Cp.7 号决定"执行《京都议定书》第十七条的排放量贸易的方式、规则和指南"。

11.4　碳交易市场的含义及其运行机制

11.4.1　碳交易市场

建立碳排放权交易市场,是利用市场机制控制温室气体排放的重大举措,也是深化生态文明体制改革的迫切需要,有利于降低全社会减排成本、加快清洁能源发展、促进能源结构调整、推动经济向绿色低碳转型升级,最终实现清洁能源对传统能源的全面替代。因而,我国必须加快碳市场建设进程,从制度体系、基础设施建设、重点单位管理、基础能力建设等方面着力,确保区域碳交易试点向全国碳市场平稳过渡。

碳交易市场[4],顾名思义就是把以二氧化碳为代表的温室气体视作"商品",通过给予特定企业合法排放权利,让二氧化碳实现自由交易的市场。碳市场的供给方包括项目开发商、减排成本较低的排放实体、国际金融组织、碳基金、各大银行等金融机构、咨询机构、技术开发转让商等。需求方有履约买家,包括减排成本较高的排放实体;自愿买家,包括出于企业社会责任或准备履约进行碳交易的企业、政府、非政府组织、个人。金融机构进入碳市场后也担当了中介的角色,包括经纪商、交易所和交易平台、银行、保险公司、对冲基金等一系列金融机构。现在国际倡导降低碳排放量,各个国家有各自的碳排放量,就是允许排放碳的数量,相当于配额。有些国家(如中国)实际的碳排放量可能低于分到的配额,或者环保做得好的国家实际的碳排放量低于配额,那么这些国家可以把自己用不完的碳排放量卖给那些实际的碳排放量大于分到的配额的国家。欧盟排放权交易体系于 2005 年 4 月推出碳排放权期货、期权交易,碳交易被演绎为金融衍生品。2008 年 2 月,首个碳排放权全球交易平台 BlueNext 开始运行,该交易平台随后还推出了期货市场。其他主要碳交易市场包括英国排放交易体系(UKETS)、澳大利亚国家信托(NSW)和美国的芝加哥气候交易所(CCX)也都实现了比较快速的扩张。加拿大、新加坡和日本也先后建立了二氧化碳排放权的交易机制。

目前,碳市场的运行机制有两种形式:基于配额的交易和基于项目的交易。基于配额的交易是在有关机构控制和约束下,管理者在总量管制与配额交易制度下,向参与者制定、分配排放配额,通过市场化的交易手段将环境绩效和灵活性结合起来,使得参与者以尽可能低的成本达到遵约要求。基于项目的交易是通过项目的合作,买方向卖方提供资金支持,获得温室气体减排额度。由于发达国家的企业在本国减排花费的成本很高,而发展中国家平均减排成本低,因此发达国家提供资金、技术及设备帮助发展中国家或经济转型国家的企业减排,产生的减排额度必须卖给帮助者,这些额度还可以在市场上进一步交易。

11.4.2　我国碳交易市场建设进程

我国碳交易市场建设可以上溯到 2011 年[5],国务院在 2011 年印发了《"十二五"控制温室气体排放工作方案》,并在方案中提出"探索建立碳排放交易市场"的要求。随后,国家发改委印发《关于开展碳排放权交易试点工作的通知》,批准了北京、上海、天津、重庆、湖北、广东和深圳等七省市开展碳交易试点工作。其中,深圳碳市场于 2013 年 6 月 18 日在全国率先启动线上交易,其余试点也先后启动。经过 4 年多的试点,国家发改委于 2017 年 12 月 18 日印发《全国碳排放权交易市场建设方案(发电行业)》的通知,正式启动了全国碳排放交易。具体而言,发改委会同能源部门制定配额分配标准,对每一家参与碳交易的企业进行配额分配。如果一家企业排放量超过能源部门分配的配额标准,就需要花钱从别的企业手中购买配额;反之,如果企业通过节能减排等技术减少了排放,就可把手中富余的配额出售,由此带来收益。截至 2017 年 9 月底,各试点碳市场共纳入 20 余个行业、近 3000 家重点排放单位,累计成交量 2 亿 t 二氧化碳当量,累计成交额达 45.1 亿元。而截至 2017 年底,全国碳配额累计成交 4.7 亿 t,四季度成交总额突破 104 亿元,市场运行总体平稳。

碳交易市场的启动对推进能源结构调整意义巨大,将调动企业使用清洁电力的积极性,推动清洁能源发电占比不断提升,最终实现清洁能源对传统能源的全面替代。

首先,碳交易市场将推动清洁能源快速发展。对于那些重点排放单位来说,节能减排技术只是降低碳排放量的一个方面,从另一方面来说,重点排放单位可以通过开发光伏、风电等清洁能源来降低碳排放。比如自建光伏发电站,将企业用电转换成清洁用电,该光伏电站的发电量可以折算成自愿减排量。而且在相关补贴政策下,光伏发电的电价相比于工商业用电来说要便宜很多。如此一来,企业不但可以通过光伏电站用到更便宜的电,而且能够降低碳排放。在碳交易市场成熟之后,企业将会更加积极地使用清洁能源发电,并对清洁能源发电的发展起到推动作用。近年来,以光伏发电、风电、水电为主的清洁能源发电得到了迅速发展。在电力行业,清洁能源的替代作用正在日益显现,而碳交易市场的启动,对清洁能源的发展是多重利好。

其次,将加快煤电产能退出进程。由于煤电行业是排放大户,碳交易市场的建立必然会加快煤电产能退出进程。2017 年的政府工作报告首次提出防范化解煤电产能过剩风险目标任务,要求 2017 年要淘汰、停建、缓建煤电产能 5000 万 kW 以上。2017 年 7 月 31 日,国家发改委、能源局《关于推进供给侧结构性改革、防范化解煤电产能过剩风险的意见》明确,"十三五"期间,全国停建和缓建煤电产能 1.5 亿 kW,淘汰落后产能 0.2 亿 kW 以上,实施煤电超低排放改造 4.2 亿 kW、节能改造 3.4 亿 kW,到 2020 年全国煤电装机规模控制在 11 亿 kW 以内,煤电装机占比降至约 55%。

最后,碳交易市场将促进煤电企业转型。目前碳交易市场以发电行业的企业为主,其矛头直指碳排放量巨大的煤电企业。煤炭的燃烧会产生大量的温室气体,对环境造成的污染也特别严重,即使经过脱硫、脱硝,煤炭的燃烧依然会产生大量的二氧化碳。对于煤电企业来说,日子是越来越不好过了,在发电量需要满足一定标准的情况下,煤电企业需要通过各种技术手段提高碳能源的利用效率,当用尽办法仍然没法达到减排标准时,他们只好向其他企业购买碳排放配额。目前来看,需要花钱购买碳排放配额的企业必然大部分为管理水平低、单位产品排放高的煤电企业。在此情况下,如果煤电企业将运营的部分煤电厂转变成光伏电站或者风电站,改变自身的电力结构,提高清洁能源发电的占比,一切都将迎刃而解。在碳交易市场的推动下,煤电企业为了保持盈利水平,避免花费过多的资金在购买碳排放配额上,必然会全力提升清洁能源发电占比,向清洁能源电力企业转型。

我国将积极推进全国碳市场建设,《全国碳排放权交易市场建设方案(发电行业)》的印发,标志着全国碳排放交易体系正式启动。这是利用市场机制控制和减少温室气体排放、推动绿色低碳发展的一项重大制度创新实践。当前,全国碳市场建设面临新的形势和要求,要从制度体系、基础设施建设、重点单位管理、基础能力建设等方面着力,积极推进全国碳市场建设。加快建立完善全国碳市场制度体系,推进全国碳市场基础设施建设,推动重点单位碳排放报告、核查和配额管理,强化基础能力建设,为碳市场的顺利运行提供人才保障和技术支持。努力做到"五个确保":确保全国碳市场建设持续稳定推进;确保全国碳市场基础设施安全稳定启动和运行;确保发电行业做好参与全国碳市场的准备;确保历史碳排放数据核算、报告和核查任务的全面完成;确保区域碳交易试点向全国碳市场平稳过渡。

全国碳排放交易体系启动后,碳市场的工作重心已由试点示范转向共同建设全国统一市场。碳交易试点地区要通过继续深化试点工作,进一步完善试点碳市场制度设计,总结梳理试点经验,在保持试点碳市场稳定运行的基础上,在条件成熟后逐步向全国市场过渡。要按照"先易后难、稳中求进"的工作安排,分阶段、有步骤地逐步推进碳市场建设,以发电行业为突破口率先在全国开展交易,逐步扩大参与碳市场的行业范围和交易主体范围,增加交易品种,增加市场活跃度,同时防止过度投机和过度金融化,切实防范金融等方面风险,充分发挥碳市场对控制温室气体排放、降低全社会减排成本的作用。

11.5　碳金融

碳金融的兴起源于国际气候政策的变化,以及两个具有重大意义的国际公约——《联合国气候变化框架公约》和《京都议定书》。碳金融是一种低碳经济投融资活动,或称碳融资和碳物质的买卖,即服务于限制温室气体排放等技术和项目的直接投融资、碳权交易和银行贷款等金融活动[6]。碳金融指运用金融资本去驱动环境权益的改良,以法律法规作支撑,利用金融手段和方式在市场化的平台上使得相关碳金融产品及其衍生品得以交易或者流通,最终实现低碳发展、绿色发展、可持续发展的目的。

我国是最大的清洁发展机制项目供给国。按照《京都议定书》,作为发展中国家,我国在2012 年前无须承担减排义务,在我国境内所有减少的温室气体排放量都可以按照清洁发展机制转变成核证减排单位,向发达国家出售。我国目前是清洁发展机制中二氧化碳核证减排量最大供给国,占到市场总供给的 70% 左右。而在原始清洁发展机制和联合履行项目需求结构中,由于《京都议定书》规定欧盟在 2012 年底前温室气体减排量要比 1990 年水平降低 8%,而且欧盟对碳排放实施严格配额管制,因此欧洲国家需求量占据总需求的 75% 以上。日本也有约 1/5 的需求份额。据世界银行预测,发达国家 2012 年完成 50 亿 t 碳减排目标,其中至少有30 亿 t 来自我国市场供给。

碳金融市场处于发展阶段。我国目前有北京环境交易所、上海环境交易所、天津排放权交易所和深圳环境交易所,主要从事基于清洁发展机制项目的碳排放权交易,碳交易额年均达22.5亿美元,而国际市场碳金融规模已达1419亿美元。总的来说,我国碳治理、碳交易、碳金融、碳服务及碳货币绑定发展路径尚处发端阶段,我国金融机构也没有充分参与到解决环境问题的发展思路上来,碳交易和碳金融产品开发存在法律体系欠缺、监管和核查制度不完备等一系列问题,国内碳交易和碳金融市场尚未充分开展,也未开发出标准化交易合约,与当前欧美碳交易所开展业务的种类与规模都有相当差距。

碳金融市场发展前景广阔。我国正在实施转变经济发展方式,建立"两型社会"的发展战略,过去"三高"(高投入、高能耗、高增长)的粗放型发展模式不具有可持续性,必须转化为"两低一高"(低投入、低能耗、高增长)的集约型发展模式。同时,我国政府高度重视碳减排责任和义务,在哥本哈根会议上,我国政府郑重承诺,到2020年,单位GDP二氧化碳排放比2005年下降40%～45%,并作为约束性指标纳入国民经济和社会发展中长期规划。这种承诺体现了我国加强碳治理的责任感和大国风范,也充分表明我国大幅减排温室气体的决心。按照这一目标,未来几年内我国碳交易和碳金融有巨大的发展空间。特别是我国区域、城乡经济社会发展极不平衡,这也为我国在积极参与国际碳金融市场的同时,创设国内碳交易和碳金融市场创造了条件。

11.6　碳税与奖惩机制

碳税[7]是环境税的一种,主要是对二氧化碳的排放单位征收的一种产品消费税,也是根据排放单位燃烧化石燃料而产生的二氧化碳量计算税收的一种从量税。征收碳税以保护环境、降低二氧化碳排放为目的。目前,大部分征收碳税的国家是以估计碳排放量为计税依据,即根据煤炭、天然气、原油等化石燃料的含碳量测算其燃烧时可能释放的二氧化碳量,然后根据二氧化碳与化石燃料的固定比例对这些化石燃料的投入产出量进行征税。碳减排的财税政策一般都是在税收的基础上再给予一些对碳减排有引导促进作用的企业或者是活动相应的补贴,以做到奖惩同施,避免能耗企业由于税负而减少生产积极性。

1. 财税政策

(1)充分发挥税收手段的激励作用。一方面,对于参与碳交易的企业实行有差别的税收优惠政策,如可以在收入所得税、出口退税等方面给予优惠。具体可以根据交易额度,采用累进的方式鼓励其积极参与交易。另一方面,对于参与碳交易的企业,初期可以免征碳交易税和相关的手续费,降低其进入市场交易的成本。

(2)加大对参与碳交易企业的奖励与补贴力度。专门制定针对碳交易企业的补贴办法,如加大碳交易企业申请项目的资助额度和覆盖范围等。以部分财政资金为主体成立专门的碳交易基金,用于奖励或补贴参与碳交易企业或控制碳排放方面做得较为成功的企业。将一些参与碳交易企业的产品纳入政府采购的优先备选名单。

2. 金融政策

(1)加大对碳交易企业的信贷支持力度。建议制定针对碳交易企业发放信贷的指导政策,加大绿色贷款的执行力度,尽快实行专门针对参与碳交易企业的贴息贷款。对参与碳交易企业适当放宽商业银行的信贷额度控制(对于碳交易企业部分贷款可以从每年的信贷总额度中扣除)。加大商业银行对参与碳交易企业贷款利率的浮动范围,降低贷款资本金要求,相应的利息收入所得给予税收优惠,以鼓励商业银行加大对参与碳交易企业的信贷支持力度。

(2)制定允许同等条件下碳交易企业优先上市融资的优惠政策。为提高企业参与碳交易的积极性,一方面可以在不降低上市准入条件的前提下,在相同申请条件下给予碳交易企业上市的优先权;另一方面可以考虑在资本市场准入标准中,加入诸如能耗和排放总量控制标准(允许通过交易达到)的考核指标等,力促企业通过碳交易获得相应的资格。

(3)适当放宽碳交易企业发行企业债券的资格条件。适当放宽对参与碳交易的企业发债资格的审核,使碳交易企业能够在相对宽松的条件下发行企业债券、中期票据和短期融资券等,以获得债券市场的资金支持。

(4)多渠道引导其他资金投资碳交易企业。加大政策性贷款对参与碳交易企业的倾斜力度;帮助碳交易企业争取国际能源组织或金融机构等国际组织资金的支持;积极推介碳交易企业,引导风险投资等资金投资碳交易企业;尽快出台鼓励投资碳交易企业的扶持与优惠政策,激励其他社会资金投资碳交易企业。

3. 其他激励政策

(1)赋予碳交易企业在项目申报和行政审批中的优先权。赋予碳交易企业在某些项目的优先申报权,获得一些项目实施的先行先试权;适当简化碳交易企业在相关行政审批中的程序,使企业获得更大的经营自主权。

(2)尽力帮助碳交易企业塑造良好的品牌与社会形象。给予碳交易企业参评荣誉称号、评优资格的优先权;定期发布碳减排或社会责任的排行榜,给予碳交易企业优先参评资格;充分利用官方举办的研讨会、展销会等多种方式,以优惠条件为碳交易企业创造推介机会。

(3)强化企业对未来碳管制的预期。在给予企业政策支持和奖励的同时,既要加快推进六省(市)碳排放权交易试点工作,也要更大力度地宣传国家节能减排政策,特别是突出国家对碳减排的重视,强化企业对未来碳管制的预期,增强企业主动参与碳交易的动力。

11.7　碳市场价格影响机制

与一般商品市场相似,较理想的碳价格形成机制应是市场机制,由市场供求关系决定碳价格的涨落。在其他条件不变时,需求增加,则价格上升;供给增加,则价格下降。市场机制发挥作用的前提是碳排放权清晰,碳交易规则公平合理。

11.7.1　碳市场价格形成机制

价格形成机制是指价格形成的制度安排,主要有三方面的内容:一是价格管理权限,即价格决策的主体是谁,由谁定价;二是价格形式,包括价格形成的方式、途径和机理;三是价格调控方式,包括价格调控的对象、目标和措施。价格形成机制是市场机制中的基本机制,在市场机制中居于核心地位,价格形成机制是市场机制中最敏感、最有效的调节机制,市场机制要发挥作用,必须由价格机制来实现。价格的变动对整个社会经济活动有十分重要的影响。商品价格的变动会引起商品供求关系变化;而供求关系的变化又反过来引起价格的变动。

同样,作为一种市场形式,碳市场运行也需要建立有效的价格形成机制来保障市场的正常运行。碳市场价格机制的核心就是确定碳交易对象——碳排放权价格的决策主体、形成方式及调控方式。

11.7.2 市场价格形成机制的主要方式

当前的价格形成机制主要包括三种方式[4]：一是以市场定价为主的价格形成机制；二是以政府定价为主的价格形成机制；三是混合定价机制，即结合市场、政府、中介机构等多方面力量的价格形成机制。

所谓政府定价是指由政府价格主管部门或者其他有关部门按照定价权限制定价格。政府定价是政府直接制定价格的行为，这种行为是经济体制转轨时期价格形成的重要方式。在市场经济体制下，政府定价仍然在经济生活中发挥着重要的作用。完全垄断行业一般采用政府定价方式。政府定价具有强制性，属于行政定价性质。

市场定价是指政府不直接干预价格的制定，主要由交易双方根据碳排放权的市场供求变化和竞争情况来自主商定价格。市场定价主要发挥企业和消费者等市场主体在价格形成中的作用。生产者根据市场的需求状况、本企业的生产能力及有关因素，对所生产的产品或所能提供的服务确定相应的商品价格。同时，需求者或消费者根据自己的收入水平、对商品的偏好程度、消费习惯和消费心理、所需商品或劳务的替代品价格、互补品价格，以及广告对自身的影响等因素，自主决定是否接受生产者提出的价格。

混合定价机制是指市场定价和政府定价相互结合的方式，共同发挥政府和市场在价格决定中的作用。

11.8 碳交易背景下的国际贸易

全球气候变化正在成为世界关注的新热点，包括中国、欧盟、日本等主要经济体都提出了自己的碳达峰及碳中和目标。美国政府正在改变态度，加入减排行列。从经济发展角度来看，绿色发展正在成为全球共识，也是未来各国发展的一个新的主题。在这个背景下，以欧盟为主的国家正在抓紧制定"碳关税"制度设计。这一制度如果实施，不仅对于全球绿色发展具有深远影响，还会成为国际贸易的新变量，将改变全球经济和贸易格局[8]。

"碳关税"的概念起源于欧盟国家，最早由法国前总统希拉克提出，意图是通过关税调节推动区域内的绿色减排。碳关税也称边境调节税，是对在国内没有征收碳税或能源税、存在实质性能源补贴国家的出口商品征收特别的二氧化碳排放关税，主要是发达国家对从发展中国家进口的排放密集型产品，如铝、钢铁、水泥和一些化工产品征收的一种进口关税。2020 年 1 月 15 日，欧盟通过了《欧洲绿色协议》，提出欧盟的碳减排目标——2050 年实现碳中和。这一绿色发展战略提出，要在欧盟区域内实施"碳关税"的新税收制度。欧盟认为，这一举措是为了激励欧盟和非欧盟贸易行业按照《巴黎协定》的目标实现脱碳，也是为了避免因大力减缓气候变化而导致欧盟企业面临不公平价格竞争。2021 年 3 月 10 日，欧洲议会在全体会议上投票通过了"碳边境调节机制（CBAM）"议案，对欧盟进口的部分商品征收碳税，预计将从 2023 年起开始实行。这意味着碳税机制已经成为欧盟新的法律，将进入实施阶段。

在美国方面，随着拜登政府上台，美国改变了特朗普政府对于国际气候问题的保守态度，转而积极参与落实《巴黎协定》。根据美国贸易代表办公室发布的议程，拜登政府正在考虑征收"碳边境税"或"边境调节税"，旨在提高美国认为应对气候变化负责的国家产品的进口关税。与此同时，英国建议推动成员国之间协调征收碳边境税。可见，建立"碳关税"制度正在成为发达国家在气候问题下新的规则博弈。

建立"碳关税"制度的意义在于推动区域内的绿色发展和全球碳减排,但是,对于国际贸易而言,这一新体制意味着过去 WTO 框架下的自由贸易体系将受到冲击。一般认为,这意味着发达国家以碳减排作为"道德高地",试图建立新的贸易壁垒来提高处于"碳排放"仍在高速增长的不发达国家的生产成本,以此保护区域内的相关产业。如果发达国家利用环保技术优势来占据不发达国家市场,将形成新的贸易不平等,这将忽略众多不发达国家的碳排放需求和能力。欧盟认为,"碳关税"的四个关键目标是:限制碳泄漏;防止国内产业竞争力下降;鼓励外国贸易伙伴和外国生产者采取与欧盟相当/等同的措施;其收益可用于资助清洁技术创新和基础设施现代化,或用作国际气候融资。该机制应涵盖电力和能源密集型工业部门,例如水泥、钢铁、铝、炼油厂、造纸、玻璃、化工和化肥等。这种新体系的建立意味着 WTO 框架之下的全球贸易格局将发生变化,各国产业布局和经济结构都会受到影响。有分析认为,如果各个国家和地区各自制定这种事实上的关税制度,有可能会发展为全球性的新一轮贸易战。

据日本媒体报道,日本对这种情况抱有很强的危机感,计划提出展开磋商的建议,积极推动 WTO 展开正式讨论。同时,除了寻求美国的参与之外,日本还打算发挥与碳排放较多的新兴国家之间的桥梁作用,输出对去碳化贡献大的产品降低进口关税的方案,包括适用于风力、燃料氨、蓄电池及太阳能等领域的几百个品种。欧盟正在以非正式方式向主要国家建议,通过 WTO 着手制定环保领域的规则,WTO 可能成为相关讨论的主战场。目前,相关机制协调已经在经合组织(OECD)的基础上展开。

对中国而言,"碳关税"体系将显著影响中国的进出口贸易,其影响可能不亚于中美间的贸易摩擦。根据腾讯研究院的测算,在国际贸易中,中国是碳排放的净输出国。中国 2018 年出口产品隐含二氧化碳排放 15.3 亿 t,进口货物隐含二氧化碳排放 5.42 亿 t,对外贸易隐含二氧化碳净出口约占全国总排放量的 10.5%。其中,出口欧盟隐含二氧化碳排放 2.7 亿 t,占 17.6%;从欧盟进口货物隐含二氧化碳 0.31 亿 t。中国对外出口制造业产品大多处于国际产业链的中低端,能耗高,增加值低,是对外贸易隐含二氧化碳排放的净输出国。考虑到我国的能源结构,煤炭发电是我国电力结构的重要部分,因此我国的电力碳排放因子要远远高于欧盟的平均水平,生产的产品在碳税上不占任何优势。这意味着在"碳关税"实施之后,中国出口企业面临的压力将空前增加。同时,以欧盟为主的低碳产品会更具竞争优势,从而增加对中国的出口。一进一出意味着中国的贸易格局会随之发生变化。

当然,长期来看,这种新的机制会倒逼中国产业调整和升级,推动中国的产业结构优化。可以说,"碳关税"机制落地意味着全球正在形成以气候变化为主题的新国际贸易体系和产业竞争格局。无论是主动调整还是被动转变,都意味着中国经济发展格局转变必将发生。从这一点来看,构建氢能社会的战略思路更具有前瞻性。中国面临的当务之急则是,尽快建立中国自身的"碳交易""碳定价"等绿色发展的制度体系,以便在国际竞争中占据一席之地。

本章参考文献

[1]尹敬东,周兵.碳交易机制与中国碳交易模式建设的思考[J].南京财经大学学报,2010(2):6-10.

[2]周宏春.世界碳交易市场的发展与启示[J].中国软科学,2009(12):39-48.

[3]黄以天.国际碳交易机制的演进与前景[J].上海交通大学学报(哲学社会科学版),2016
(1):28-37.

[4]郭日生,彭斯震.碳市场[M].北京:科学出版社,2010.

[5]王玉海,潘绍明.金融危机背景下中国碳交易市场现状和趋势[J].经济理论与经济管理,
2009(11):57-63.

[6]曾刚,万志宏.国际碳金融市场:现状、问题与前景[J].国际金融研究,2009(10):19-25.

[7]何禹忠.碳税与碳交易机制的比较研究[D].长沙:湖南大学,2011.

[8]章升东,宋维明,李怒云.国际碳市场现状与趋势[J].世界林业研究,2005(5):9-13.

第12章
国外碳中和发展目标及其技术路线

12.1　美国碳排放及碳中和技术路线

12.1.1　美国碳排放历史及现状

　　长期以来,美国的经济增长与全球气候变暖这一事实有着稳定的联系。1917年以后,由于人口的增长、经济的增长和工业化的推进,美国每年都保持了较高的碳排放量。在过去几十年间,美国的GDP总量及人均GDP都保持着增长的态势,这个态势在一定程度上导致了二氧化碳排放量的增加。图12-1为1950年之后美国的二氧化碳排放及GDP总量增长趋势图,从图中我们可以看到随着GDP的增加,其二氧化碳排放量整体呈现上升趋势。1950—1961年,其碳排放还保持在30亿t以下的水平。但是从1962年后,随着经济的快速发展,美国能源消耗二氧化碳排放量快速增长,1969年突破40亿t。

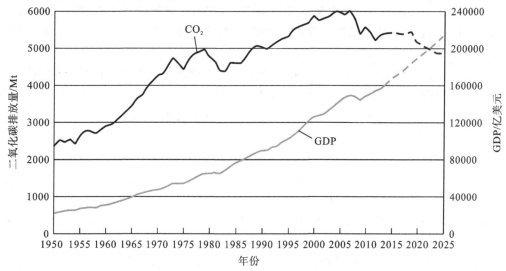

图12-1　1950—2025年美国二氧化碳排放及GDP总量

　　1751—2020年,美国累计碳排放量在全球是最大的,总计达3759亿t[1],而中国为1747亿t,约是美国的一半。美国人均二氧化碳排放量也显著高于全球平均水平。美国的碳排放如此之高与其经济发展及政策息息相关。

20世纪80年代，里根就任总统后提出调整产业结构，推出"再工业化"的政策，却采取了一系列"反环境"措施，要求所有现存和即将提交审议的管制法规都要进行成本-收益分析，以保证各项管制措施在成本最小的同时实现最大收益。另外，为了放松对企业的约束以促进经济增长，当时的美国环保机构削减了大批预算人员。甚至在20世纪80年代末，环境质量委员会基本上停止了一切行政活动。老布什政府在对待环境问题上仍然延续了里根政府的指导思想，在缓解全球变暖趋势上行动迟缓，美国的碳排放量有增无减。

自1993年以来，克林顿政府从一开始就非常重视气候变化的问题，并把气候变化问题在内的环境问题置于战略性的高度。1998年，克林顿政府签署了《京都议定书》，但是，由于美国共和党在国会的阻挠，克林顿政府在其两个任期内对气候变化问题都未能采取实质性的行动，只是在1993年达成了"气候变化行动规划"这一自愿计划。然而，这个时期的经济总量在高速上升，自20世纪90年代以来持续增长了120个月，名义GDP增长率平均维持在5.5%的水平，出现了以低失业率、低通货膨胀和高增长率为标志的经济发展态势。这一时期的人均碳排放量也非常高，大致维持在人均2万t。

2001年，小布什政府以"减少温室气体排放将会影响美国经济发展"和"发展中国家也应该承担减排和限排温室气体的义务"为借口，退出了《京都议定书》。在这个时期，小布什政府在经济理念上强调市场，在第二产业中积极扶持石油及煤炭产业的发展，碳排放量始终居高不下，大部分年度都维持在人均2万t左右。

2007年，美国能源消耗排放的二氧化碳为60.03亿t，是美国能源消耗的碳排放达峰年[2]。2007年以后美国的碳排放开始有所下降。自2009年奥巴马上任后，宣布全面废除布什政府消极的气候政策，正式任命气候问题特使，把经济刺激计划中数量可观的资金用于开发清洁能源，提出《清洁能源与安全法案》等，承诺美国到2025年将在2005年的基础上减排26%～28%[3]。其任期间美国煤炭消费一路走低，老旧煤电机组自2012年开始大规模退役，煤炭占能源消费总量比重陆续被天然气、石油及可再生能源超越，煤炭仅占美国一次能源消费的1/10[4]。

然而，美国总统特朗普2017年6月宣布退出国际社会应对气候变化的《巴黎协定》，放松前任奥巴马政府限制火力发电厂、车辆排放的规定，寻求增加石油、天然气和煤炭产量，偏离了《巴黎协定》所设减排目标的轨道[5]。2018年，美国的石油需求增加50万桶/日，达近年来最高增长[6]。美国能源类二氧化碳排放量在2014—2017年持续下降后，2018年急剧上升3.4%，距离前总统奥巴马在2025年前降低26%～28%的承诺，还有很长一段路要走。

2020年，受新冠肺炎疫情影响，美国碳排放大幅下降，全国碳排放量下降至44.57亿t。美国碳排放量占全球的比重也由2013年的15.9%下降至2020年的13.8%[7]。在碳排放构成中，其交通运输占比最高达到29%，超过电力的25%和工业生产的23%[8]。此外，在退出《巴黎协定》107天后，美国政府宣布2021年2月19日正式重返该协定[9]。拜登政府上台后，重新开始解决气候问题。美国在减排目标上还有很长一段路要走，美国政府不能拖延或是减少努力来应对气候危机。

12.1.2 美国碳中和目标

从历史上来看，大多数美国政府为了发展经济，全然不顾碳排放对全球环境的恶劣影响，尤其是小布什政府及特朗普政府。为了发展经济,小布什政府宣布退出《京都议定书》,而特朗普政府则宣布退出《巴黎协定》,导致美国在其任职期间碳排放量都大幅增加。特别是特朗普政府所采取的政策,使美国偏离了前任总统所宣布的碳排放承诺,在碳减排道路上越走越远。

在过去 200 多年的工业化过程中美国既积累了大量财富,又排放了大量温室气体,其碳排放责任不可推卸,理应拿出行动来承担碳排放责任。

拜登上台后第一天就宣布重返《巴黎协定》,并在气候领域做出承诺,到 2035 年通过向可再生能源过渡实现无碳发电;到 2050 年,让美国实现碳中和,达到净零碳排放,确保美国实现 100％ 的清洁能源经济。

美国从 2007 年碳达峰到自己确立的 2050 年碳中和过程有 43 年之久,相比于中国碳中和过程所需要的 30 年来说,显得不是非常急迫。美国重新加入《巴黎协定》,也意在修复因特朗普退出导致与欧盟的紧张关系,因为欧盟非常注重气候变化问题。在中国提出"30·60"碳中和目标后,美国提出"35·50"目标,比中国提前 10 年,很显然拜登政府不希望美国在碳减排上被中国夺走话语权。由此来看美国确立碳中和目标更多是出于政治考虑。

12.1.3　美国碳中和技术路线

为了实现美国的"35·50"碳中和目标,拜登政府计划拿出 2 万亿美元用于基础设施、清洁能源等重点领域的投资。这意味着美国将对特朗普支持化石能源和煤电的政策彻底改革,全面继承奥巴马路线,大力发展以风电和光伏为代表的清洁能源发电[10]。

美国提出的零碳排放行动计划(ZCAP)将重点关注电力、交通、建筑、工业、土地、材料六个部门,它们几乎占据了美国全部的碳排放。

(1)电力部门。根据减排计划要求,发电方式将向太阳能和风能转变;其他零碳能源,特别是核能和水电将继续生产。同时,为了维持电力系统的可靠性,大量的燃气发电机仍保持到 2050 年,但它们将以低效率运转。

(2)交通运输。交通脱碳的主要策略是所有轻型车辆、城市卡车、公共汽车、铁路、大部分长途卡车,以及一些短途运输和航空运输的电气化(包括普通、混合动力和氢燃料电池);对于长途航空和长途海运来说,先进的低碳生物燃料和可再生能源是其主要发展方向。

(3)建筑行业。美国 2020—2050 年建造的建筑预计将占 2050 年建筑存量的 30％,这使得低碳建筑成为任何深度脱碳战略都要考虑的基本要素。为此,零碳排放行动计划提议了一项新的建筑能源法规,以确保 2025 年之后的新建房屋能够使用低碳技术和材料,以实现高度节能。

(4)工业生产。美国工业生产约占能源相关二氧化碳排放的 20％。轻工业中的大多数,如耐用品制造、食品和纺织加工,甚至是采矿和有色金属生产,都可以通过提高效率、电气化和发电脱碳来实现碳减排。其他行业,如钢铁、水泥和化学原料生产的技术解决方案主要为碳捕集与储存,使用其他合成燃料替换现有能源等。

(5)土地利用。有关土地利用的政策会从各方面影响其向零碳排放的过渡,包括可再生能源(含新一代生物燃料的利用)、林业再造、农业和畜牧业的排放等。这一领域政策的复杂性要求在研究和开发方面作出新的努力,同时进行跨部门的规划,加强国际及国内各级政府之间的合作。

(6)材料行业。在美国,许多负面的气候影响来自材料和食物,包括整个材料供应链从制造、运输、使用到材料的最终处置。鉴于此,零碳排放行动计划呼吁建立一个新的国家可持续材料管理框架(SMM))和一个以"减少、再利用、再循环"为支柱的循环经济(CE)体系[11]。

美国实现净零碳排放过程中,在 2030 年前需要实施的八大行动分别为:风光装机容量增加 3.5 倍达 500 GW;淘汰大多数燃煤发电厂;保持当前天然气发电能力以确保电力可靠性;增加零排放汽车销量比例达 50%;提升建筑热泵的使用比例至 50%;所有新建筑物和家用电器满足严格的能效目标;更多投入碳捕集、碳固和碳中和燃料技术的研发;建立电力传输线路,以及二氧化碳和氢气传输管道。

此外,拜登政府推出《清洁能源革命和环境正义计划》[12]。拜登将签署一系列行政命令,并且要求国会在其任期的第一年颁布立法,即建立执行机制以实现 2050 年的目标;对能源、气候的研究与创新,以及相关基础设施建设进行有史以来最大的投资;大力发展清洁能源在整个经济活动中的广泛应用。

拜登将调动相关政府部门的全部人力、物力以实现快速降低排放水平。为更快地实现碳中和目标,将积极采取以下行动:

(1)对新增和现有的石油、天然气运营要求严格的甲烷污染限值。

(2)使用联邦政府的采购系统(每年花费 5000 亿美元)来实现 100% 的清洁能源和零排放车辆。

(3)通过维护和实施现有的清洁空气法,并制定更加严格的燃油排放标准,减少运输中的温室气体排放,以确保 100% 新销售的轻型/中型车辆实现电动化,对重型车辆进行较大改进升级。

(4)将未来的液体燃料加倍,建造首批生物燃料工厂,运用新解决方案减少飞机、远洋船舶等排放,同时创造更多就业机会。

(5)承诺每项联邦基础设施投资都应减少气候污染,并要求任何联邦许可都需要考虑温室气体排放和气候变化的影响。

(6)要求上市公司披露其运营和供应链中的气候风险及温室气体排放情况。

(7)制订有针对性的计划,加强环保建设和可再生能源(风电、光伏、水电等)的开发,目标是到 2030 年将海上风能增加一倍。

(8)计划在未来 10 年内对能源、气候的研究与创新,以及清洁能源的基础设施建设进行 4000 亿美元的投资,并专门设立专注于气候的跨机构高级研究机构 ARPA-C,帮助美国实现 100% 清洁能源经济的目标。技术的不断突破和进步也将有效促进清洁能源的推广,例如可以在用电需求高峰时应用储能电池,以此来缓解用电压力。

(9)确定了核能的未来。为了实现碳排放中和的目标,有必要研究所有低碳和零碳相关技术。因此,拜登将通过 ARPA-C 支持核能研究,包括成本、安全及废物处理系统的问题,这些问题一直是当今核电所面临的主要挑战。

(10)为了达成碳排放目标水平,拜登将加快电动车的推广。目前,美国保有 100 万辆电动车,而充电站及充电网络的建设难以满足现有需求,亟须各级政府之间的协调,共同完善充电设施布局和建设。拜登将与美国各州州长、市长合作,目标为在 2030 年底之前建设超过 50 万个新增公共充电站。此外,拜登还将恢复全额电动车税收抵免,鼓励购买新能源车,并制定更加严格的燃油排放新标准。

12.2　日本碳排放及碳中和技术路线

12.2.1　日本碳排放历史及现状

日本作为亚洲的发达国家,在早期经历了经济高速增长后,其碳排放增加、产业公害等环境问题严重恶化。20 世纪 60 年代日本在池田勇人倡导的"国民收入倍增计划"下,GDP 实际增长率保持在 11% 以上,并且这一时期石油代替煤炭成为主要能源,10 年间能源消耗增加了 3 倍。与经济高速发展初期相比,1970 年化工、钢铁、机械等重化学工业产值占工业生产总值的比重达到 62.6%,重化学工业的快速发展使得碳排放增加。可见,大量石化能源的消耗及重化学工业的发展,加快了日本经济高速发展时期碳排放的增加。日本政府过度追求经济的快速发展,大量消耗高污染的一次能源,并且未及时采取强有力的政治、法律措施对环境进行保护。随着经济的高速发展,日本人的生活水平不断提高,医疗水平及卫生条件都得到了很大的改善,死亡率明显降低,人口规模不断扩大。因而随着人口的不断增长,碳排放也不断增加。

1985 年之后日本碳排放不断增加,甚至一段时间内呈垂直上升趋势。这主要是由于 1985 年的"广场协议"导致日元快速升值,日本进入泡沫经济,国内兴起了大规模进行设备投资的热潮,仅 1988—1990 年,日本国内企业设备投资的力度甚至大于日本经济高速增长时期。大规模的设备投资对于当时还以制造业为主的日本来说,主要是用于扩大产能。产能的不断扩张又需要大量的能源投入,因而在日本经济低速发展时期又出现了碳排放的大幅度上升[13]。

图 12-2 为 1990—2018 年日本温室气体排放量[14]。在 2007 年,日本的温室气体排放达到 13.96 亿 t,其中二氧化碳排放量达到 12.18 亿 t。虽然在 2009 年温室气体排放量减少到 12.51 亿 t,然而之后排放量却再次增加,在 2013 年达到峰值 14.1 亿 t[15]。这次日本二氧化碳排放量增加的原因主要有两方面:一是经济恢复带来日本经济活动的活跃;二是化石燃料消耗增加。自从 2011 年东京电力福岛第一核电站核泄漏事故发生后,日本全国核电站全部停运,开始重新使用化石能源,使得碳排放量激增[16]。

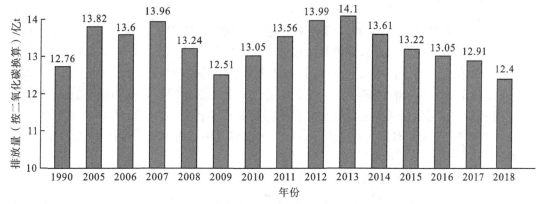

图 12-2　1990—2018 年日本温室气体排放量

日本在 1965—2014 年间累计碳排放量达到 557.57 亿 t,位居世界前五[17]。图 12-3 为日本 1960—2018 年人均二氧化碳排放量[18],从历史来看,日本的人均碳排放量是比较高的。

在 2013 年碳达峰后,日本碳排放开始逐步下降。2017 年日本的温室气体总排放量为

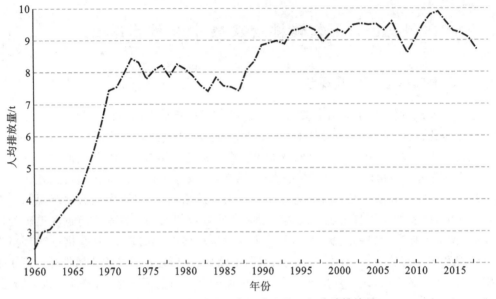

图 12-3　1960—2018 年日本人均二氧化碳排放量

12.91 亿 t,同比减少 1.2%。与史上排放量最高的 2013 年(14.1 亿 t)相比减少 8.4%,比 2005 年(13.82 亿 t)减少 6.5%。碳排放量减少的原因主要是,光伏发电和风力发电等可再生能源导入量的增加,以及核电站重新投入运转,非化石燃料在日本能源供应量中的占比升高,来自能源消耗的二氧化碳排放量减少[14]。日本核电产业逐步重启,截至目前,日本已重启了 9 座核电站。2019 年,日本核电占电力供给的比例达到 6%,较上一年度出现翻倍。另外,近几年来日本可再生能源也得到了快速发展,可再生能源发电量占日本电力供给的 17% 左右,同比上涨 1%[19]。2019 年的二氧化碳排放量从上一年度的 12.4 亿 t 下降至 12.1 亿 t,创下 1990 年有记录以来的最低水平,这也是日本连续 6 年减排[15]。

12.2.2　日本碳中和目标

日本经济产业省发布了《2050 年碳中和绿色增长战略》,确定了日本到 2050 年实现碳中和目标,构建"零碳社会",以此来促进日本经济的持续复苏,预计到 2050 年该战略每年将为日本创造近 2 万亿美元的经济增长。此外,日本还力争 2030 年温室气体排放量比 2013 年减少 46%,并将朝着减少 50% 的目标努力。由于早期经济及工业化发展迅速,日本的碳达峰时间要比中国早 17 年,但他们所确立的碳中和目标时间只比中国提前 10 年,日本从 2013 年碳达峰到确立的 2050 年碳中和目标跨度为 37 年,比中国多 7 年。图 12-4 为日本 2050 年碳中和路线图[20]。

《2050 年碳中和绿色增长战略》为实现碳中和目标制定了全面的脱碳路线图,在海上风能、氢能源、电动汽车、太阳能等 14 个重点领域提出了财政预算、税收、金融、法规和标准化、国际合作五个方面的政策措施,通过技术创新和绿色投资的方式确保产业脱碳转型更为平稳。该战略的提出考虑到日本至 2050 年对电力的需求由于产业、交通运输和家庭部门的电气化,将比现在增加 30%~50%,虽然日本计划最大限度地开发利用可再生能源及氢、氨等无碳燃料,并对二氧化碳进行回收再利用,但是也不可能做到 100% 的电力需求都由可再生能源发电

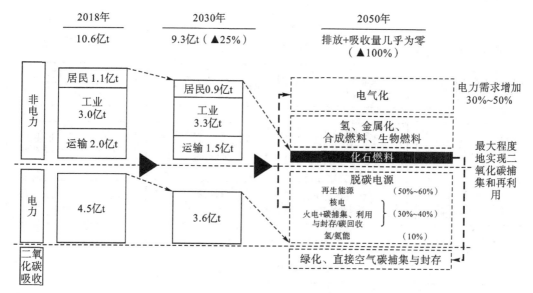

图 12 - 4 日本 2050 年碳中和路线图

加以满足。

12.2.3 日本碳中和技术路线

为实现 2050 年碳中和目标,日本政府公布了脱碳路线图草案,其主要有三大目标:15 年内淘汰燃油车,清洁能源发电占比过半和引入碳价机制[21]。

首先,日本将在 15 年内逐步停售燃油车,采用混合动力汽车和电动汽车填补燃油车的空缺,并将在此期间加速降低动力电池的整体成本。为了加速电动汽车的普及,日本政府计划到 2030 年将电池成本"砍半"至 1 万日元/(kW·h),同时降低充电等相关费用,使电动汽车用户的花费降至燃油车用户相当的水平。

其次,日本对清洁电力发展进行了明确规划,目标是到 2050 年,可再生能源发电占比较目前水平提高 3 倍,达到 50%~60%,同时将最大限度地利用核能、氢、氨等清洁能源。此外,海上风电也将是日本未来电力领域的发力重点。由于工业、交通和家庭加速电气化,预计到 2050 年,日本国内电力需求将激增 30%~50%,届时一半左右的电力将由可再生能源满足,10% 的电力将由氢和氨提供,剩余 30%~40% 的电力则由核能及配有碳捕集技术的燃煤电站满足。在核能领域,日本将推动开发新的小型反应堆,预计 2040 年实现规模化发展;氢能领域的目标则是到 2030 年将电力和运输领域的氢消费量提高至 1000 万 t,到 2050 年提高至 2000 万 t。日本政府表示,将向氢能行业提供 2 万亿日元(约合 192 亿美元)的资金支持,还将予以一定的税收优惠。

最后,日本政府还计划引入碳价机制来助力减排,在 2021 年制定一项根据二氧化碳排放量收费的制度。2020 年圣诞节前后,日本首相菅义伟要求日本相关部门详细讨论碳定价的问题。碳定价是根据二氧化碳排放量要求企业与家庭负担经费的机制,旨在通过定价减少二氧化碳排放。

此外,日本重点加强如图 12 - 5 所示的 14 个重点领域的投资与建设,以下是这 14 个重点领域的发展目标及其任务。

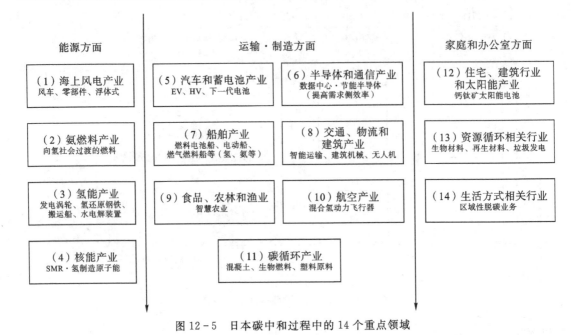

图 12-5　日本碳中和过程中的 14 个重点领域

（1）海上风电产业。到 2030 年安装 10 GW 海上风电装机容量，到 2040 年达到 30～45 GW，同时在 2030—2035 年间将海上风电成本削减至 8～9 日元/(kW·h)；到 2040 年风电设备零部件的国内采购率提升到 60%。推进风电产业人才培养，完善产业监管制度；强化国际合作，推进新型浮体式海上风电技术研发，参与国际标准的制定工作；打造完善的具备全球竞争力的本土产业链，减少对外国零部件的进口依赖。

（2）氨燃料产业。计划到 2030 年实现氨作为混合燃料在火力发电厂的使用率达到 20%，到 2050 年实现纯氨燃料发电。开展混合氨燃料/纯氨燃料的发电技术实证研究；围绕混合氨燃料发电技术，在东南亚进行市场开发，到 2030 年计划吸引 5000 亿日元投资；建造氨燃料大型存储罐和输运港口；与氨生产国建立良好合作关系，构建稳定的供应链，增强氨的供给能力和安全，到 2050 年实现 1 亿 t 的年供应能力。

（3）氢能产业。到 2030 年将年度氢能供应量增加到 300 万 t，到 2050 年达到 2000 万 t。力争在发电和交通运输等领域将氢能成本降低到 30 日元/m³，到 2050 年降至 20 日元/m³。发展氢燃料电池动力汽车、船舶和飞机；开展燃氢轮机发电技术示范；推进氢还原炼铁工艺技术开发；研发废弃塑料制备氢气技术、新型高性能低成本燃料电池技术；开展长距离远洋氢气运输示范，参与氢气输运技术国际标准制定；推进可再生能源制氢技术的规模化应用；开发电解制氢用的大型电解槽；开发高温热解制氢技术研发和示范。

（4）核能产业。到 2030 年争取成为小型模块化反应堆（SMR）全球主要供应商，到 2050 年将相关业务拓展到全球主要的市场地区（包括亚洲、非洲、东欧等）；到 2050 年将利用高温气冷堆过程热制氢的成本降至 12 日元/m³；在 2040—2050 年间开展聚变示范堆建造和运行。积极参与 SMR 国际合作（如参与技术开发、项目示范、标准制定等），融入国际 SMR 产业链；开展利用高温气冷堆高温热能进行热解制氢的技术研究和示范；继续积极参与国际热核聚变反应堆计划（ITER），学习先进的技术和经验，同时利用国内的 JT-60SA 聚变设施开展自主聚变研究，为最终的聚变能商用奠定基础。

（5）汽车和蓄电池产业。到 21 世纪 30 年代中期时，实现新车销量全部转变为纯电动汽车（EV）和混合动力汽车（HV）的目标，实现汽车全生命周期的碳中和目标；到 2050 年将替代燃料的经济性降到比传统燃油车价格还低的水平。制定更加严格的车辆能效和燃油指标；加大电动汽车公共采购规模；扩大充电基础设施部署；出台燃油车换购电动汽车补贴措施；大力推进电化学电池、燃料电池和电驱动系统技术等领域的研发和供应链的构建；利用先进的通信技术发展网联自动驾驶汽车；推进碳中性替代燃料的研发降低成本；开发性能更优异但成本更低廉的新型电池技术。

（6）半导体和通信产业。将数据中心市场规模从 2019 年的 1.5 万亿日元提升到 2030 年的 3.3 万亿日元，届时实现将数据中心的能耗降低 30%；到 2030 年半导体市场规模扩大到 1.7 万亿日元；2040 年实现半导体和通信产业的碳中和目标。扩大可再生能源电力在数据中心的应用，打造绿色数据中心；开发下一代云软件、云平台以替代现有的基于半导体的实体软件和平台；开展下一代先进的低功耗半导体器件（如 GaN、SiC 等）及其封装技术研发，并开展生产线示范。

（7）船舶产业。在 2025—2030 年间开始实现零排放船舶的商用，到 2050 年将现有传统燃料船舶全部转化为氢、氨、液化天然气等低碳燃料动力船舶。促进面向近距离、小型船只使用的氢燃料电池系统和电推进系统的研发和普及；推进面向远距离、大型船只使用的氢、氨燃料发动机，以及附带的燃料罐、燃料供给系统的开发和实用化进程；积极参与国际海事组织（IMO）主导的船舶燃料性能指标修订工作，以减少外来船舶二氧化碳排放；提升液化天然气燃料船舶的运输能力，提升运输效率。

（8）交通、物流和建筑产业。到 2050 年实现交通、物流和建筑产业的碳中和目标。制定碳中和港口的规范指南，在全日本范围内布局碳中和港口；推进交通电气化、自动化发展，优化交通运输效率，减少排放；鼓励民众使用绿色交通工具（如自行车），打造绿色出行；在物流行业中引入智能机器人、可再生能源和节能系统，打造绿色物流系统；推进公共基础设施（如路灯、充电桩等）节能技术开发和部署；推进建筑施工过程中的节能减排，如利用低碳燃料替代传统的柴油应用于各类建筑机械设施中，制定更加严格的燃烧排放标准等。

（9）食品、农林和渔业。打造智慧农业、林业和渔业，发展陆地和海洋的碳封存技术，助力 2050 年碳中和目标实现。在食品、农林和渔业中部署先进的低碳燃料用于生产电力和能源管理系统；智慧食品供应链的基础技术开发和示范；智慧食品连锁店的大规模部署；积极推进各类碳封存技术（如生物固碳），实现农田、森林、海洋中二氧化碳的长期、大量贮存。

（10）航空产业。推动航空电气化、绿色化发展，到 2030 年左右实现电动飞机商用，到 2035 年左右实现氢动力飞机的商用，到 2050 年航空业全面实现电气化，碳排放较 2005 年减少一半。开发先进的轻量化材料；开展混合动力飞机和纯电动飞机的技术研发、示范和部署；开展氢动力飞机技术研发、示范和部署；研发先进低成本、低排放的生物喷气燃料；发展回收二氧化碳，并利用其与氢气合成航空燃料技术；加强与欧美厂商合作，参与电动航空的国际标准制定。

（11）碳循环产业。发展碳回收和资源化利用技术，到 2030 年实现二氧化碳回收制燃料的价格与传统喷气燃料相当，到 2050 年二氧化碳制塑料实现与现有的塑料制品价格相同的目标。发展将二氧化碳封存进混凝土技术；发展二氧化碳氧化还原制燃料技术，实现 2030 年 100 日元/L 目标；发展二氧化碳还原制备高价值化学品技术，到 2050 年实现与现有塑料相当的价格竞争力;研发先进、高效、低成本的二氧化碳分离和回收技术,到 2050 年实现大气中直接回收二氧化碳技术的商用。

(12)住宅、建筑行业和太阳能产业。到 2050 年实现住宅和商业建筑的净零排放。针对下一代住宅和商业建筑制定相应的用能、节能制度;利用大数据、人工智能、物联网等技术实现对住宅和商业建筑用能的智慧化管理;建造零排放住宅和商业建筑;开发先进的节能建筑材料;加快包括钙钛矿太阳能电池在内的具有发展前景的下一代太阳能电池技术研发、示范和部署;加大太阳能建筑的部署规模,推进太阳能建筑一体化发展。

(13)资源循环相关行业。到 2050 年实现资源产业的净零排放。发展各类资源回收再利用技术(如废物发电、废热利用、生物沼气发电等);通过制定法律和计划来促进资源回收再利用技术的开发和社会普及;开发可回收利用的材料和再利用技术;优化资源回收技术和方案降低成本。

(14)生活方式相关行业。到 2050 年实现碳中和生活方式。普及零排放建筑和住宅;部署先进智慧能源管理系统;利用数字化技术发展共享交通(如共享汽车),推动人们出行方式的转变。

12.3　欧盟:欧洲绿色新政

2019 年 12 月 11 日,新一届欧盟委员会发布了《欧洲绿色新政》(*European Green Deal*),提出到 2050 年欧洲要在全球范围内率先实现气候中和。《欧洲绿色新政》被誉为欧洲绿色新纲领,对后巴黎时代应对气候变化进行了中长期战略布局,成为提高全球应对气候变化雄心和力度、推动全球可持续发展的重要风向标,也必将对中国应对气候变化立法、谋划应对气候变化专项规划和长期温室气体低排放发展战略产生积极影响。

12.3.1　欧洲碳排放历史及现状

作为第一次工业革命的发源地,欧洲经济发展早而充分,同经济发展一道,欧洲的二氧化碳排放也是起步早、规模大。1950 年,欧洲的二氧化碳排放量累计占全球二氧化碳排放量的一半以上,不过其中很大一部分是英国贡献的。欧盟 27 国(无英国)作为整体早在 1979 年就实现了碳排放达峰,碳排放峰值为 41.14 亿 t 二氧化碳当量,如图 12-6 所示。中国与欧盟的人均二氧化碳排放情况如图 12-7 所示,不难看出欧盟的人均碳排放在很长一段历史时期内是远高于中国的。

2017 年欧盟的温室气体排放量比 1990 年低 21.7%。根据初步估计,2017—2018 年排放量下降了 2%,即欧盟 2018 年排放量比 1990 年的水平低 23.2%。如图 12-8 所示,1990—2018 年,除交通运输外,大多数行业的温室气体排放量均有所下降。从绝对值来看,排放量下降幅度最大的是能源和工业行业,此外农业、建筑/商业及废弃物行业也为温室气体减排做出了积极贡献。生物质燃烧产生的二氧化碳排放增加,尽管在此期间土地利用、土地利用变化和林业带来的二氧化碳净清除量有所增加,但生物质燃烧产生的二氧化碳排放量的强劲增长突显了欧盟迅速增加使用生物质替代化石燃料。

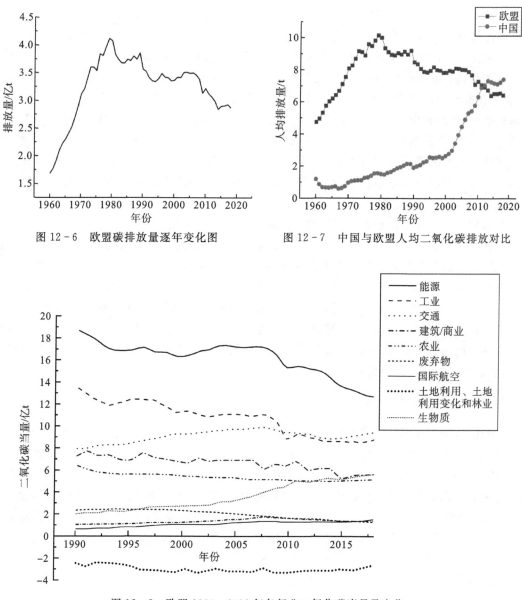

图 12-6　欧盟碳排放量逐年变化图　　　图 12-7　中国与欧盟人均二氧化碳排放对比

图 12-8　欧盟 1990—2018 年各行业二氧化碳当量及变化

按照当前各欧盟成员国已经制定的政策和措施,预计到 2030 年欧盟温室气体排放量将减少 30%(与 1990 年的水平相比)。随着新的、计划的政策和措施的加入,这一数据可能达到 36%,但依然低于 40% 的预计目标。

1. 欧盟现有减排目标及进展与国际社会雄心和力度之间存在差距

虽然 1990—2018 年,欧洲温室气体排放减少了 23%,GDP 增加了 61%,率先实现了经济增长和碳排放脱钩,但在生物多样性、资源利用、气候和环境健康等领域仍面临着风险和不确定性。根据 2019 年 12 月 4 日欧洲环境署发布的《欧洲环境状况与展望 2020 报告》,按照欧洲目前的行动进展,到 2050 年只能减少 60% 的温室气体排放。在能效方面,欧洲自 2014 年以来的最终能源需求实际已增加,能效目标很可能难以完成。另据德国、法国等国开展的国内气候目标进展评估显示,依靠既定的战略和政策不足以实现其在《巴黎协定》下承诺的减排目标,需要通过强有力的政策手段,加快推进绿色低碳发展,并提出更有雄心和力度的减排目标。

2. 强化绿色发展政策与行动在欧洲有较好的民意基础和下位法保障

据调查,95％的欧洲人认为保护自然对应对气候变化至关重要,保护环境可以促进经济增长,支持在欧盟层面开展环境立法并资助环保活动,认为应采取果断行动应对气候变化。《欧洲绿色新政》的出台顺应了公众呼声,具有充足的民意基础。在欧盟成员国内,通过开展高位阶的立法,以提高控制温室气体排放目标和政策落实力度,已成为很多国家在后巴黎时代应对气候变化的主要思路。2015 年后,法国《能源转型法》、芬兰《气候变化法》、德国《联邦气候保护法》、丹麦《气候法案》等相继出台,为在欧盟层面制定更为宏观的中长期减排战略,出台《欧洲气候法》奠定了良好的基础。

3. 欧盟通过强化绿色新政可以将气候风险转化为可持续发展的契机

欧洲原来提出的 2020 年、2030 年减排目标的主要驱动因素是提高能效和发展可再生能源,但事实证明,仅基于提高能效和发展可再生能源控制温室气体排放的动力不足。有必要为了应对气候变化,动员一切可以动员的环境手段,在"大环境观"指引下,实现更大范围的目标耦合,提出一套综合性的绿色、低碳、循环发展的政策框架,进而建立更严格的法律框架。《欧洲绿色新政》旨在将气候危机和环境挑战转化为动力,推进欧盟经济转型和可持续发展。欧盟委员会主席冯·德莱恩称,绿色新政是欧盟一项新的增长战略,它将在减少温室气体排放的同时创造就业机会,完成公正合理且具包容性的转型。

12.3.2 欧洲碳减排目标

《欧盟 2020 战略》提出"到 2020 年欧盟的温室气体排放在 1990 年基础上减少 20％,可再生能源占比提高到 20％,能效提高 20％"的"三个 20％"战略目标,在成员国范围内进行了目标分解,并通过实行碳排放总量控制和交易机制来保持一定的灵活性。《欧盟 2030 气候与能源政策框架》提出"到 2030 年温室气体排放量比 1990 年减少 40％,提高可再生能源占比至少到 27％,能效提高 30％"的目标。在《巴黎协定》中提出"到 2030 年把温室气体排放量较 1990 年减少 40％,提高可再生能源占比到 32％,能效提高 32.5％"的目标。

基于原有的 2020 年、2030 年减排目标进展迟滞的评估结果,欧盟委员会于 2020 年夏提出一项影响评估计划,将 2030 年欧盟减排目标从原有的在 1990 年水平上至少减排 40％提高到 50％,并努力提高到 55％,到 2050 年实现气候中和。

12.3.3 《欧洲绿色新政》路线

为了到 2050 年成为全球首个净零排放的洲,《欧洲绿色新政》从能源、工业、建筑、交通、粮食、生态和环境七个方面规划了行动路线图,并呼吁各国携手努力。

1. 提供清洁、可负担、安全的能源

能源系统的脱碳对实现欧洲 2030 年和 2050 年减排目标至关重要,但能源生产和使用占欧洲温室气体排放量的 75％以上,且 2017 年欧洲只有 17.5％的最终能源消费来自可再生能源。为提升 2030 年控温目标,进而确保到 2050 年实现净零排放,《欧洲绿色新政》明确要求加速能源领域的立法、修法进程。同时,欧盟委员会在 2020 年 6 月完成对《国家能源气候计划》的评估,在 2020 年内制定《海上风电战略》,并对泛欧能源网的相关规则进行评估;2021 年 6

月对欧洲能源领域的相关法律进行审定,并提出修订《能源税指令》的建议。《欧洲绿色新政》还要求各成员国应在 2023 年内完成其国内能源和气候计划的修订,以契合新的欧洲气候雄心。

2. 提出面向清洁生产、循环经济的工业战略

虽然工业排放占欧洲温室气体排放的 20％,但欧洲工业原料的使用量还是不小,且其中仅有 12％的工业原料可以回收或再利用。因此,要实现欧洲的气候和环境目标,需要一种新的、以循环经济为基础的工业政策。根据《欧洲绿色新政》,欧盟委员会 2020 年 3 月提出欧洲工业战略,出台《循环经济行动计划》,其中包括一项关于可持续产品的倡议,并以纺织、建筑、电子和塑料等资源密集型行业为重点。从 2020 年开始,欧洲开展了关于废物处置的立法,并在能源密集的工业部门采取利于气候中性和产品循环的市场激励措施,力求到 2030 年欧洲所有的包装都是可重复使用或可回收的。欧盟委员会还在 2020 年提出"实现炼钢过程到 2030 年零排放"的建议,在 2020 年 10 月制定电池法。

3. 掀起建筑业的绿色"革新浪潮"

建筑业占欧洲能源消耗的 40％,且目前的公共及私人建筑翻修率将至少翻一番。《欧洲绿色新政》要求于 2020 年在建筑业掀起"革新浪潮",以能源资源更有效的方式新建和翻修建筑。欧盟将制定差别化的能源价格,提高建筑数字化管理水平,实施更广泛的建筑防护措施,执行更严格的建筑节能规范,努力符合循环经济的要求。欧盟委员会将推出一个融合了建筑管理部门、地方政府、建筑师和工程师的开放平台,促进金融创新和建筑节能,并通过集中整修大型街区获得规模经济效益。为保证社会公平,欧盟秉持"不让任何人掉队"原则,将为 5000 万名消费者提供取暖费资助,并特别注意改造社会福利性住房、学校和医院,帮助那些难以支付能源账单的家庭。

4. 发展可持续和智能的交通

交通运输占欧洲温室气体排放量的 1/4,且其占比还在继续增长。《欧洲绿色新政》要求到 2050 年将交通领域的排放减少 90％。为实现这一雄心,新政计划制定《可持续和智能交通战略》并评估相关的立法选择,确保不同运输方式的替代燃料均具有可持续性。欧盟委员会于 2021 年提出修订《联合运输指令》的提案,评估《关于化石燃料替代的基础设施指令》和《泛欧交通网条例》。到 2025 年,欧洲道路上的 1300 万辆零排放和低排放汽车将需要大约 100 万个公共充电桩和加油点,为此《欧洲绿色新政》提出从 2020 年开始,筹资部署公共充电桩和加油点,开展替代燃料的基础设施建设。欧盟在 2021 年提出更严格的内燃机车空气污染物排放标准,并于 2021 年改进铁路和内河航道的运力管理。

5. 建立公平、健康、环境友好的"从农场到餐桌"的食品体系

欧盟委员会于 2020 年发布《从农场到餐桌战略》,力求保持欧洲食品的安全、营养和高质量。该战略要求食品必须以对自然影响最小的方式生产,并将农民和渔民作为改革的关键。《从农场到餐桌战略》将有助于建立"公众意识提升—食品生产系统更高效—存储和包装更科学—消费更健康/食物浪费更少—农业加工和运输更可持续"这一闭环的、从生产到消费的食品循环体系。《欧洲绿色新政》要求,2020—2021 年欧盟委员会应基于《从农场到餐桌战略》对照检查原有的国家战略、计划和草案;在 2021 年采取包括立法在内的措施,以显著减少化学农药、化肥和抗生素的使用和风险;在欧盟 2021—2027 年的预算中,应确保 40％的农业政策有利于气候行动,30％的海洋渔业基金能够为气候目标做出贡献。

6. 保护恢复生态系统和生物多样性

生态系统能够提供食物、淡水、清洁空气和人类庇护所,有助于减轻自然灾害、减少病虫害并调节气候。《欧洲绿色新政》基于保护生态系统、保护生物多样性和应对气候变化之间的关系,提出三方面要求:在生物多样性方面,欧盟委员会于 2020 年 3 月出台《欧盟生物多样性2030 年战略》,于 2020 年 10 月举行的联合国生物多样性大会上提出保护生物多样性的全球目标,建议增加城市空间中的生物多样性,并从 2021 年开始围绕生物多样性丧失的主要因素综合施策;在森林保护方面,欧盟委员会将制定一项新的欧盟森林战略,开展植树造林和森林修复,以达到气候中和目标,从 2020 年开始欧洲采取措施支持无森林砍伐的价值链,尽量减少全球森林风险;在海洋保护方面,要求蓝色经济必须在应对气候变化中发挥核心作用,充分利用海洋资源。

7. 走向无毒、零污染的环境防治

《欧洲绿色新政》提出,2020 年实施《可持续发展的化学品战略》,于 2021 年出台防治空气、水和土壤污染的《零污染行动计划》,修订有关大型工业设施污染治理的相关措施。新政要求提高上市产品评价标准,将更好的健康保护与增强全球竞争力结合起来。在水污染治理方面,新政要求保护湖泊、河流和湿地的生物多样性,依托《从农场到餐桌战略》减少因营养过剩、微型塑料和药品滥用造成的污染;在大气污染治理方面,新政要求根据世界卫生组织的要求审查欧洲空气质量标准,向地方政府提供支持,为市民提供更洁净的空气;在工业治理方面,新政要求减少大型工业设施的污染;在化学品治理方面,将采用无毒的技术创新以保护公民免受危险化学品侵害,开发可持续的替代品。

12.4 英国碳中和计划

随着全球变暖形势的加剧,以及英国本土碳排放量的不断饱和,英国正面临如何实现碳中和问题。英国提出在 2045 年实现净零排放,在 2050 年实现碳中和。2020 年 12 月英国政府宣布,预计至 2030 年温室气体排放量较 1990 年下降至少 68%。2021 年《工业脱碳战略》的发布是英国实现其净零排放目标计划的又一关键步骤。

12.4.1 英国排放历史及现状

由于早在 1840 年就率先开展工业革命,英国的历史二氧化碳排放量相当可观,长期处于高值。如图 12-9 所示,直到 1882 年,世界累计二氧化碳排放量的一半以上来自英国。早在 1972 年英国就已经实现本土碳排放达峰,人均碳排放量 11.85 t,如图 12-10 和图 12-11 所示。可以看出,在相当长一段时间里英国人均碳排放远远高于中国,直到近些年中

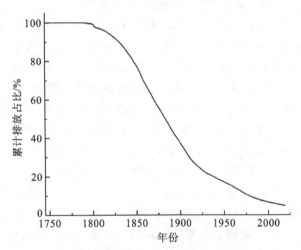

图 12-9 英国累计二氧化碳排放量占世界
总二氧化碳排放量变化

国人均碳排放才略高于英国。若考虑人均历史累计碳排放,则中国依然低于英国。

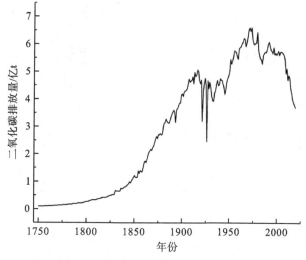

图 12-10　英国二氧化碳排放量变化

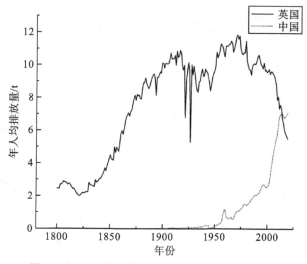

图 12-11　中国与英国人均二氧化碳排放量对比

　　英国于 2008 年正式通过并生效了《气候变化法案》,确定了到 2050 年温室气体排放量将比 1990 年减少 80% 的长期减排目标,以及基于碳预算的执行机制。该法案使英国成为世界上第一个在针对减少温室气体排放、适应气候变化问题上拥有受法律约束的长期目标和构架的国家,也标志着其能源转型正式进入低碳化阶段。

　　在法案通过后的 10 年里,英国温室气体减排初具成效。2018 年,英国温室气体总排放量为 4.49 亿 t 二氧化碳当量,其中碳排放量为 3.64 亿 t,比 2008 年下降了 30%。人均排放量接近世界平均水平。能源行业碳排放量为 3.51 亿 t(分别占英国全部温室气体和全部二氧化碳排放量的 78% 和 89.5%)。但细分领域的碳减排量并不均衡,工业和电力行业减排较快;而受技术性因素制约,交通、农业和建筑等行业的减排不显著(图 12-12)。

　　2018 年英国的二氧化碳排放量已降至 1890 年维多利亚时代晚期的水平。英国 2020 年

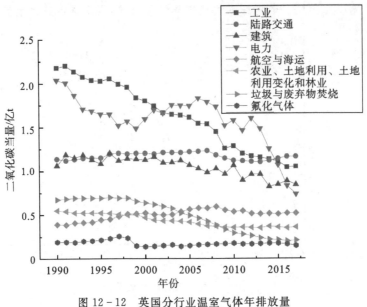

图 12-12　英国分行业温室气体年排放量

的二氧化碳排放量更是达到 1879 年以来的最低水平(受总罢工影响的年份除外)。

12.4.2　英国碳减排目标

1.《2050 年目标修正案》

2019 年 6 月,英国政府在《巴黎协定》全球应对气候变化目标的基础上,提出了 2008 年《气候变化法案》的《2050 年目标修正案》。法案最核心的修订内容是将原定的温室气体排放量减少 80% 的目标修订为减少 100%,即到 2050 年英国也实现净零碳排放。这使英国与法国及北欧国家(除芬兰)一道,成为目前少数对 2050 年碳中和目标立法的国家。

2. "绿色工业革命"计划

2020 年 11 月,英国政府颁布"绿色工业革命"计划,围绕英国 10 个优势方面设立目标,其中,海上风能产业将通过不断扩大风力涡轮机尺寸跻身于制造业最前沿;英国政府将投资 1.6 亿英镑用于现代化港口和制造业基础设施建设。住宅和公共建筑行业的目标是让住宅、学校和医院变得更加绿色清洁、保暖和节能。英国政府将投入 10 亿英镑,通过"脱碳计划"减少学校和医院等公共建筑的排放,通过"房屋升级补助金"升级供暖系统,通过"脱碳基金"继续升级效率最低的社会住房。对于工业脱碳,英国政府计划投入 10 亿英镑在 4 个工业集群中进行碳捕集、利用与封存,在东北、汉伯、西北、苏格兰和威尔士等地创建"超级区域",鼓励私营部门对工业碳捕集和制氢项目的投资。

3.《工业脱碳战略》

2021 年 3 月 17 日,英国商业和能源大臣宣布了一项新的蓝图——在 2020 年"绿色工业革命"计划基础上实施新的《工业脱碳战略》。该战略将拨款超 10 亿英镑用于降低工业和公共建筑的排放,使英国处于全球绿色工业革命的最前沿,未来 30 年内创造并支持 8 万个英国就业机会,同时在短短 15 年内将排放量减少 2/3。为实施这一战略,英国启动了 1.71 亿英镑 9 个绿色技术项目,以开展脱碳基础设施的工程和设计研究,如碳捕集、利用和封存及氢能;以及

9.32 亿英镑的公共部门脱碳计划,资助低碳加热系统如热泵,以及能源效率提升措施如绝缘和 LED 照明。除此之外,英国政府还将引入新的规则,以衡量英国最大商业和工业建筑的能源和碳排放绩效。

4.《能源白皮书:赋能净零排放未来》

这是英国十几年来的第一份能源白皮书,以实现新冠肺炎疫情后的绿色复苏,并为 2050 年实现净零排放设定路线图。白皮书重申,到 2030 年停止销售新的汽油和柴油汽车,新建 40 GW 的海上风电,以及为英国居民提供 30 亿英镑的家庭能效改善资金。该白皮书针对能源转型、支持绿色复苏及为消费者创造公平交易环境这三项关键议题制定了多项举措,致力于通过高达 2.3 亿 t 的二氧化碳减排量,在 2032 年前减少能源、工业和建筑领域的碳排放。

12.4.3　英国碳减排路线图——绿色工业革命十点计划

2020 年 11 月 18 日,英国政府发布《绿色工业革命十点计划:更好地重建、支持绿色就业并加速实现净零排放》,提出了 10 个走向净零排放并创造就业机会的计划要点,预计将动员约 210 亿英镑的政府经费推动该计划执行。

1. 发展海上风电

到 2030 年,英国政府将投资约 1.6 亿英镑建设现代化港口和海上风电基础设施,其 40 GW 海上风电目标的承诺将吸引约 200 亿英镑的私人投资,届时其海上风力发电能力将提高 4 倍。预计到 2030 年将支持多达 6 万个工作岗位。在 2023—2032 年温室气体减排量将达 21 Mt 二氧化碳当量,占 2018 年英国排放量的 5%。

2. 推动低碳氢发展

到 2030 年,英国政府投资约 5 亿英镑推动低碳氢发展,并吸引超过 40 亿英镑的私人投资,实现 5 GW 的低碳氢产能目标,并建成首个氢能城镇试点。预计到 2030 年,将支持 8000 个工作岗位,有可能在 2050 年支持多达 10 万个工作岗位。2023—2032 年的温室气体减排量将达到 41 Mt 二氧化碳当量,约占英国 2018 年排放量的 9%。

3. 提供先进核电

到 2030 年,英国政府将投入约 5.6 亿英镑发展大型核电厂,并研发下一代小型模块化反应堆(SMR)和先进模块化反应堆(AMR),使核能发展成为英国可靠的低碳电力来源。预计大型核电站将提供约 1 万个工作岗位。政府支持可能会吸引大量的私人投资。1 GW 核能发电量将为 200 万户家庭提供清洁电力。

4. 加速向零排放车辆过渡

到 2030 年,英国政府将投入约 23.82 亿英镑,并吸引约 30 亿英镑的私人投资,通过为购买电动汽车的消费者提供补贴、安装电动汽车充电桩、研发和批量生产电动汽车电池,加速英国向零排放车辆过渡,到 2030 年(比原计划提前 10 年)实现停止售卖新的汽油和柴油汽车及货车,到 2035 年实现停止售卖混合动力汽车的目标。预计到 2030 年,提供约 4 万个工作岗位。到 2032 年,温室气体减排量将达到 5 Mt 二氧化碳当量,在 2050 年达到 300 Mt 二氧化碳当量。

5. 绿色公共交通、骑行和步行

到 2030 年,英国政府将斥资约 92 亿英镑加强和更新铁路网、零排放公共交通体系,将骑行和步行打造成更受欢迎的出行方式。预计到 2025 年,将提供约 3000 个工作岗位。2023—2032 年,绿色公共交通、骑行和步行的温室气体减排量可达到 2 Mt 二氧化碳当量。

6. "净零飞行"和绿色航海

到 2030 年,英国政府将投入约 5000 万英镑研发净零排放飞机、可持续航空燃料(SAF)和清洁海洋技术,帮助航空业和航海业变得更加绿色清洁。预计可持续航空燃料制造业将提供多达 5200 个工作岗位,航空航天业的经济价值将达到 120 亿英镑。到 2032 年,清洁海洋的温室气体减排量约 1 Mt 二氧化碳当量;到 2050 年,可持续航空燃料的温室气体减排量将达到 15 Mt 二氧化碳当量。

7. 绿色建筑

英国政府将投入 10 亿英镑,并吸引大约 110 亿英镑的私人投资,使新老住宅、公共建筑变得更加节能、舒适。预计到 2030 年,提供约 5 万个工作岗位。2023—2032 年,绿色建筑的温室气体减排量将达到 71 Mt 二氧化碳当量,占 2018 年英国排放量的 16%。

8. 投资与碳捕集、利用和封存

到 2030 年,英国政府将投入 10 亿英镑,创建 4 个碳捕集、利用和封存集群,引领全球碳捕集、利用和封存技术的发展。预计到 2030 年,提供约 5 万个工作岗位。2023—2032 年的碳捕集、利用和封存的温室气体减排量将达到 40 Mt 二氧化碳当量,占 2018 年英国排放量的 9%。

9. 保护自然环境

英国政府将投入约 52 亿英镑的防洪资金和 8000 万英镑的绿色复苏挑战基金,通过创建新的国家公园和杰出自然风景区(AONB),创造更多绿色就业机会,减少企业和社区来自洪水的威胁,保护景观,恢复野生动物的栖息地,遏制生物多样性丧失,适应气候变化,同时创造绿色就业机会。预计到 2027 年,通过提高防洪能力,将增加约 20 万个工作岗位。保护国家景观,减缓气候变化,遏制生物多样性丧失。

10. 绿色金融与创新

将启动净零创新投资组合,该投资组合将包括 10 亿英镑的政府资金、10 亿英镑的配对资金,以及来自私营部门的 25 亿英镑资金。投资组合将侧重于以下 10 个优先领域:浮动式海上风电,小型模块化反应堆,能源灵活储存,生物能源,氢能,绿色建筑,直接空气捕获,碳捕集、利用和封存,工业燃料转换,应用于能源领域的人工智能等颠覆性技术。预计到 2030 年将创造约 30 万个就业岗位,实现低碳行业的碳减排。

本章参考文献

[1] 同花顺财经. 从 1751 年至今美国累计碳排放量最大,达 3759 亿吨[EB/OL]. (2020 - 12 - 01)[2023 - 05 - 15]. https://baijiahao. baidu. com/s? id=1684869576393597658&wfr=spider&for=pc.

[2] 山东省电力行业协会. 碳达峰:美国的现状与启示[EB/OL]. (2021 - 05 - 05)[2023 - 05 - 15]. https://www. sohu. com/a/464636019_777961.

[3] 环球网. 美国 2018 年能源碳排放增加 3.4%[EB/OL]. (2019 - 01 - 10)[2023 - 05 - 15]. https://baijiahao. baidu. com/s? id=1622257324705135526&wfr=spider&for=pc.

[4] 工业能源圈. 碳排放大战③:大国之争[EB/OL]. (2021 - 05 - 06)[2023 - 05 - 15]. https://www. sohu. com/na/465026536_803358.

[5] 新华社新媒体. 美国 2018 年能源碳排放显著增加[EB/OL]. (2019 - 01 - 09)[2023 - 05 -

15］．https：//baijiahao．baidu．com/s？id＝1622189277363527364＆wfr＝spider＆for＝pc．

［6］21世纪经济报道．2018年全球碳排放创新高 美国创下多项能源世界纪录［EB/OL］．（2019 － 07 － 31）［2023 － 05 － 15］．http：//finance．eastmoney．com/a/201907311192563593．html．

［7］前瞻经济学人．2021年全球及主要国家碳排放市场现状及分析 全球减排仅一国增长［EB/OL］．（2021 － 07 － 13）［2023 － 05 － 15］．https：//baijiahao．baidu．com/s？id＝1705165729203243257＆wfr＝spider＆for＝pc．

［8］刘岱宗．道路交通是全球交通运输最大的温室气体最终活动［EB/OL］．（2023 － 04 － 27）［2023 － 05 － 15］．http：//www．logclub．com/articleInfo/NjIxNDM＝．

［9］郑嘉禹，杨润青．美国正式重返《巴黎协定》［EB/OL］．（2021 － 04 － 14）［2023 － 05 － 15］．http：//www．tanjiaoyi．com/article － 33295 － 1．html．

［10］木头视点．拜登新政：2035美国无碳发电，2050实现碳中和［EB/OL］．（2021 － 01 － 26）［2023 － 05 － 15］．https：//baijiahao．baidu．com/s？id＝1689910836931517037＆wfr＝spider＆for＝pc．

［11］易碳家．美国零碳排放行动计划［EB/OL］．（2020 － 12 － 09）［2023 － 05 － 15］．http：//m．tanpaifang．com/article/75726．html．

［12］中项网．拜登的清洁能源革命和环境正义计划［EB/OL］．（2020 － 11 － 09）［2023 － 05 － 15］．https：//www．ccpc360．com/f/bencandybs．php？id＝7122．

［13］施锦芳，吴学艳．中日经济增长与碳排放关系比较：基于EKC曲线理论的实证分析［J］．现代日本经济，2017(1)：81 － 94．

［14］客观日本．日本公布2017年度温室气体排放确定值［EB/OL］．（2019 － 04 － 25）［2023 － 05 － 15］．http：//www．tanjiaoyi．com/article － 26825 － 1．html．

［15］索比光伏网．2019 － 20财年度日本碳排放降至历史新低［EB/OL］．（2021 － 04 － 15）［2023 － 05 － 15］．https：//www．sohu．com/a/460859302_418320．

［16］王欢．日本2013年碳排放量达历史最高 全球减排形势严峻［EB/OL］．（2014 － 11 － 17）［2023 － 05 － 15］．https：//world．huanqiu．com/article/9CaKrnJFPYK．

［17］国际能源小数据．要看怎么算：总量，人均，累计，累计人均？［EB/OL］．（2016 － 06 － 08）［2023 － 05 － 15］．http：//www．tanjiaoyi．com/article － 17180 － 1．html．

［18］美国田纳西州橡树岭国家实验室环境科学部二氧化碳信息分析中心．二氧化碳排放量(人均公吨数)［DB/OL］．（2018 － 12 － 30）［2023 － 05 － 15］．https：//data．worldbank．org．cn/indicator/EN．ATM．CO2E．PC？end＝2018＆locations＝JP＆most_recent_year_desc＝false＆start＝1960＆view＝chart．

［19］李丽旻．日本碳排放量创新低［EB/OL］．（2020 － 04 － 24）［2023 － 05 － 15］．http：//www．tanpaifang．com/jienenjianpai/2020/0424/70313．html．

［20］中国科学院武汉文献情报中心．日本2050碳中和绿色增长战略［EB/OL］．（2021 － 02 － 04）［2023 － 05 － 15］．https：//www．sohu．com/a/450800386_825950．

［21］王林．日本"碳中和"路线图出炉：绿色投资超2.33万亿美元，15年内淘汰燃油车［EB/OL］．（2021 － 01 － 05）［2023 － 05 － 15］．https：//baijiahao．baidu．com/s？id＝1688041484870202534＆wfr＝spider＆for＝pc．